"十二五"普通高等教育本科国家级规划教材

教育部—微软精品课程教学成果

汇编语言程序设计

（第5版）

钱晓捷　主编

电子工业出版社

Publishing House of Electronics Industry

北京·BEIJING

内 容 简 介

本书为"十二五"普通高等教育本科国家级规划教材，是教育部—微软精品课程教学成果。

本书以 Intel 80x86 指令系统和 MASM 6.x 为主体，共 10 章，分为基础和提高两部分。前 5 章为基础部分，以当前"汇编语言程序设计"课程的教学为目标，讲解 16 位基本整数指令及其汇编语言程序设计的知识，包括：汇编语言程序设计基础知识，8086 指令详解，MASM 伪指令和操作符，程序格式，程序结构及其设计方法。后 5 章为提高部分，介绍汇编语言程序设计的深入内容和实际应用知识，包括：32 位 80x86 CPU 的整数指令系统及其编程，汇编语言与 C/C++混合编程，80x87 FPU 浮点指令系统及其编程，多媒体扩展指令系统及其编程，64 位指令简介。

本书可作为高等院校"汇编语言程序设计"课程的教材或参考书。本书内容广博、语言浅显、结构清晰、实例丰富，也适合电子信息、自动控制等专业的高校学生和成教学生、计算机应用开发人员、深入学习微机应用技术的普通读者阅读。

图书在版编目(CIP)数据

汇编语言程序设计/钱晓捷主编. –5 版. —北京：电子工业出版社，2018.6

ISBN 978-7-121-31588-6

I. ① 汇…　Ⅱ. ① 钱…　Ⅲ. ① 汇编语言－程序设计－高等学校－教材　Ⅳ. ① TP313

中国版本图书馆 CIP 数据核字（2017）第 116755 号

策划编辑：章海涛

责任编辑：章海涛　　　　特约编辑：何　雄

印　　刷：北京七彩京通数码快印有限公司

装　　订：北京七彩京通数码快印有限公司

出版发行：电子工业出版社

　　　　　北京市海淀区万寿路 173 信箱　　邮编：100036

开　　本：787×1092　1/16　　印张：23　　字数：584 千字

版　　次：2005 年 1 月第 1 版

　　　　　2018 年 6 月第 5 版

印　　次：2024 年 6 月第 11 次印刷

定　　价：52.00 元

凡所购买电子工业出版社图书有缺损问题，请向购买书店调换。若书店售缺，请与本社发行部联系，联系及邮购电话：（010）88254888，88258888。

质量投诉请发邮件至 zlts@phei.com.cn，盗版侵权举报请发邮件至 dbqq@phei.com.cn。

本书咨询联系方式：192910558（QQ 群）。

前　言

本书以 Intel 80x86 指令系统和 MASM 6.x 为主体，在个人微机的 MS-DOS 和 Windows 操作系统平台上，依据循序渐进的原则，以浅显的语言、清晰的结构、丰富的实例，全面而系统地介绍整数指令、浮点指令、多媒体指令的汇编语言程序设计方法，以及汇编语言的模块化开发、32位 Windows 应用程序的编写、与 C/C++混合编程等高级技术。

全书共 10 章，分为前 5 章的基础部分和后 5 章的提高部分。

第 1 章总结性地给出进行汇编语言程序设计所需要学习的基本知识，包括微型计算机系统的软件和硬件组成、数据表示，并重点展开 8086 通用寄存器和寻址方式。第 2 章详尽讲述 8086 微处理器整数指令的功能和使用，并引导读者正确书写每条指令、理解程序段的功能，以及编写常见问题的汇编语言程序。第 3 章结合汇编语言源程序格式，引出程序开发、语句格式、常用伪指令和操作符、段定义等内容。第 4 章以程序设计技术为主线，结合大量的程序实例详述顺序、分支、循环、子程序结构的汇编语言程序设计方法。第 5 章介绍汇编语言的高级程序设计技术，包括 MASM 的高级语言特性、宏结构程序、模块化程序设计和 I/O 程序设计。

第 6 章首先将 16 位指令及编程扩展到 32 位环境，其次介绍新增整数指令及其应用，最后重点展开利用汇编语言编写 32 位 Windows 控制台和窗口应用程序的开发环境与基本方法。第 7 章讨论汇编语言与高级语言 Turbo C 和 Visual C++的混合编程，并说明如何利用汇编语言优化 C++代码，以及利用 Visual C++集成环境开发汇编语言程序的方法。第 8 章介绍 Intel 80x87 浮点数据格式、浮点指令及其程序设计方法。第 9 章介绍 MMX、SSE、SSE2 和 SSE3 多媒体指令及其编程方法。第 10 章简介 Intel 64 结构的 64 位指令。

附录内容包括：① DEBUG 调试程序，可用于配合前 5 章，尤其是第 1 章和第 2 章寻址方式、指令功能、程序片段的学习；② CodeView 调试程序的使用方法，可用于第 3 章以后进行源程序级的程序调试；③ 汇编程序 MASM 6.11 的伪指令、Intel 80x86 整数指令和常见汇编错误列表；④ 与本书配套的输入/输出子程序库的使用说明。

每章最后配有相当数量的习题，既可以作为课后作业，也可以作为上机练习。

本书特点

本书自 2000 年出版以来获得广大师生读者好评，相继被评为普通高等教育"十一五"国家级规划教材、"十二五"普通高等教育本科国家级规划教材。作者主持的"汇编语言程序设计"课程为教育部—微软精品课程和河南省精品课程。总结教学经验和改革思路，结合师生反馈，我们在前 4 版的基础上编写了本书，并保持了原来的诸多特点。

（1）知识全面

本书的编写参照国内高校和自学考试"汇编语言程序设计"课程的本、专科教学大纲，兼顾相关专业教学要求，既满足当前教学需求，又面向今后改革方向。

本书全面讲解 80x86 指令系统及编程，除完整的 8086 指令外，还包括 32 位指令、浮点指令、多媒体指令。本书不仅介绍基本的汇编语言程序设计知识，还介绍高级汇编语言程序设计技术，如开发大型程序需要的模块化方法、实际应用中的混合编程实用技术、32 位 Windows 应用程序编写等。本书采用 MASM 6.x 汇编程序，采用简化段定义源程序格式，涉及 DOS 和 Windows 操作系统平台的汇编语言程序设计。

（2）教材实用

本书示例中的指令、程序片段和完整的源程序都经过验证，能够运行通过。本书经过 4 个版本、16 年的使用，已经发现并纠正了绝大多数错误。

本书采用浅显、明晰、循序渐进的描述方法，具有前后对照、贯穿始终的风格，加上清晰的结构、丰富的示例，使得本书既适合课堂教学，又适合读者自学。配合本书，作者制作有精美的多媒体电子教案（PowerPoint 演示文档），为教师利用现代化教学手段提供方便。

（3）突出实践

本书特别强调上机实践，不仅在正文中引导读者通过调试程序或者带输出结果的源程序理解指令、程序功能，各章还配有丰富的习题和上机练习题；附录介绍调试程序的使用方法、调试指令和程序的步骤。

本书的结构安排适合尽早上机实践，并将实践过程贯穿始终。第 1 章引出 MASM 开发软件包，可用于熟悉命令行 MS-DOS 基本操作（基于 Windows），第 2 章充分利用调试程序学习指令功能和调试程序段，第 3 章引出完整的源程序格式，并给出程序开发方法。后续章节通过大量程序强化编程开发，还介绍了开发 Windows 应用程序的 MASM32 环境、利用 Visual C++开发调试汇编语言程序的方法。

写给教师

"汇编语言程序设计"的教学内容在高校相关学科的教学中有两种处理方式。一种作为独立的课程，这主要用在计算机专业的本科、专科教学中；而在电子、通信、自动控制等专业则将汇编语言作为主体融入微机原理课程。本书内容自成一个相对完整的知识体系，适合作为独立课程的教材，也可以作为微机原理课程的参考书和补充教材。传统上，"汇编语言程序设计"课程在 MS-DOS 操作系统平台上采用微软的 MASM 汇编程序，介绍 16 位 8086 微处理器指令系统的程序设计。当前，有些院校已将汇编语言的教学重点转向 32 位 IA-32 微处理器指令系统，操作系统平台也过渡为 Windows，也出现在 Linux 环境下的汇编语言课程中。

本书从简单的 16 位汇编语言入手，使其满足当前教学要求（包括与"微机原理与接口技术""计算机组成原理"等课程的配合）；在 32 位汇编语言展开许多深入的内容，使其面向以后的应用需求。本书在组织教学内容上，体现了许多新的理念。例如，没有从纯软件角度介绍汇编语言，教学的重点是硬指令而不是伪指令，强调程序设计不是程序格式，引出实用技术但淡化具体应用，通过程序实例和上机实践掌握程序设计方法，而不是通过大量细节的描述讲解程序设计。

汇编语言的基本语句是处理器指令。对于 Intel 80x86 系列微处理器，由于其属于复杂指令集计算机 CISC，再加上几十年发展的历史沉淀，因此它的指令系统非常庞大和复杂。虽然作为本书的一个特色，介绍了 Pentium 4 及之前处理器的所有指令，但教材的重点教学内容却是常用的简单指令，全书的实例程序也主要采用各种处理器指令系统所共有的基本指令编写。教师尤其应该注意这个问题，否则许多学生会面对繁杂的指令望而却步，失去进一步学习的兴趣。

在各种高级语言程序设计的教学中，调试程序及程序的调试方法往往被忽略或回避，但作为低级程序语言的汇编语言不应避而不谈。在汇编语言的教学过程中，可以利用调试程序的单步执行和断点执行能力，直观地理解指令和程序的功能，进而掌握程序的动态调试和排错。对于专科层次或程度较低的学生，掌握调试程序本身就是一个似乎不可逾越的难关。一方面，教师可以通过多媒体教学手段，演示调试程序的使用；学生通过上机实践学习调试程序。另一方面，本书自编了一个显示输出和键盘输入的 I/O 子程序库，教师和学生可以直接使用其中的子程序来编写具有显示结果的源程序，同时可以配合列表文件，暂时避开调试程序这个难点。这个 I/O 子程序库可以作为一个教学案例，用于组织学习中有余力的学生围绕输入输出子程序库进行项目开发。

教材在主体教学内容上保持了兼容，仍然遵循由浅入深、循序渐进的原则：首先介绍 16 位 8086 指令系统、基本汇编语言编程技术，然后介绍 32 位指令编程，并将汇编语言知识加深，从混合编程、浮点编程、多媒体编程等角度展开。

与前一版相比，本书保持整体结构不变，主要修改集中在前 4 章，对相关知识单元（或知识点）进行更清晰的描述，具体如下：

① 第 1 章：改写 1.2 节（数据表示），修改寄存器等部分内容，添加若干数据寻址的图形、增写 1.6.5 节（数据寻址的组合）。

② 第 2 章：修改堆栈、符号扩展指令、指令寻址等部分内容，添加条件转移、循环和子程序指令的若干图形。

③ 第 3 章：改写 3.1.1 节（语句格式）和 3.1.2 节（源程序框架），强调源程序框架的作用，删除第 3、4、5 章中示例程序的框架性语句，修改配套软件包组成，增加 64 位平台操作方法等。

④ 第 4 章：改写 4.1 节（顺序程序设计），增加了多分支和循环的 3 个图示。

⑤ 其他章：改写 8.1.1 节（浮点格式），增写舍入处理示例，第 10 章中补充 64 位寄存器图示和一个 64 位 Windows 示例程序。

写给学生

学习汇编语言到底有什么用途？ 这是许多学生首先要提问的。

在计算机科学与技术的知识体系中，"汇编语言程序设计"课程的教学内容属于计算机系统结构的一个方面。汇编语言配合"计算机组成原理"和"微机原理及接口技术"等相关课程，帮助学生从软件角度理解计算机工作原理；同时，为"操作系统""编译原理"等课程提供必需的基础知识，也是自动控制等与硬件相关应用领域的程序设计基础。"汇编语言程序设计"课程是继"高级语言程序设计"后的又一门计算机语言程序设计课程，但汇编语言是一种低级语言。通过汇编语言的学习，学生能比较全面地了解程序设计语言，利于更深入地学习和应用高级语言。

随着高级语言的发展、可视化开发工具的应用，汇编语言往往被应用程序开发人员忽略，其应用领域也逐渐萎缩。但是，作为一种面向机器的程序设计语言，汇编语言具有直接有效控制硬件的能力，能够编写出运行速度快、代码量小的高效程序，在许多场合具有不可替代的作用，如操作系统的核心程序段、实时控制系统的软件、智能仪器仪表的控制程序、频繁调用的子程序或动态连接库、加密解密软件、分析和防治计算机病毒等。

学习什么样的汇编语言呢？ 这是许多学生感到困惑的。

汇编语言与处理器指令系统相关，不同的处理器指令系统具有不同的汇编语言。但是，作为一个底层开发语言，它还是有许多共性的。从指令系统的典型性、实用性、编程环境以及教学内容连续性等方面考虑，Intel 80x86 指令系统作为"汇编语言程序设计"课程的主要教学内容具有显而易见的优势，应成为计算机及相关学科的首选。

日常工作和学习中广泛使用的个人微机（PC）采用 Intel 80x86 或与之兼容的微处理器。个人微机过去使用 DOS 操作系统，现在主要使用 Windows 或 Linux 操作系统。由于 DOS 操作系统平台比较简单，对程序员限制少，是一个相对理想的教学环境，所以本书利用这个平台展开汇编语言，选用 DOS 和 Windows 平台下最常用的微软 MASM 汇编程序。

许多学生总感觉 16 位指令、8086 微处理器、DOS 操作系统都是很"古老"和"陈旧"的内容，但它们实际上是 32 位指令、Pentium 4 微处理器、Windows 或 Linux 操作系统的基础，都是基本知识。它们已经足够复杂，完全能够满足教学要求。当然，本书在提高部分也对使用 32 位指令编写 Windows 应用程序进行了详细讲解。因为有了 16 位汇编语言基础，这部分提高内容也就比较容易掌握。如果直接从 32 位指令和 Windows 平台入门，往往需要大家学习很多其他内容才能够真正进入汇编语言的教学。国内外以所谓 32 位保护方式展开 Windows 汇编语言教学的教材，实际上利用了 Windows 控制台环境。而 Windows 控制台环境的操作和外观与 DOS 操作系统一样，其基本教学内容几乎相同，不同的仅仅是调用操作系统功能的方法。介绍用汇编语言编写 Windows 窗口应用程序的教材都要求读者初步掌握汇编语言程序设计，并具有调用 Windows 应用程序接口 API 的编程经验（往往需要学习 Visual C++之后才能够达到这个要求）。本书从基础知识入手，囊括上述所有教学内容。相信读者阅读本书后，会对此有深刻的体会。

怎样才能学好汇编语言呢？ 这又是许多学生深感无助的。

其实，学习汇编语言程序设计对先修知识要求不高。学生如果具备微机软件的操作能力，尤其是 DOS 环境和常用命令的使用，那么可以更好地完成上机实践（本书补充有这方面的知识，并构造了一个 MASM 开发环境）。学生的高级语言（如 C/C++）程序设计知识或经验，将有助于更好地理解程序结构和混合编程。程序设计属于软件方面的内容，但由于汇编语言与硬件相关的特点，学生在计算机或微型机原理方面的知识对于深刻体会指令功能大有益处。"汇编语言程序设计"课程的相关课程是"微机原理与接口技术"或者"计算机组成原理"，后者是微机的硬件知识，加强了汇编语言在输入/输出和中断等方面的应用。两者共同为学生建立微型计算机的完整知识体系。

循序渐进的学习对任何课程都是有效的。不以循序渐进方式进行学习，往往会浪费宝贵的时间去盲目探索，最终学习到的内容可能是相对零散的知识，不能建立完整的、系统的知识结构。所以，建议学生遵循循序渐进的方法进行学习。首先，学生应理解每条常用指令的功能，能够正确书写每条指令；其次，学生通过阅读示例程序，掌握常见功能程序段的编写；再次，学生利用伪指令将程序段扩展成完整的源程序文件；随后，学生就各种程序结构编写常见问题的程序；最后，学生才编写较大型程序和有一定难度的程序。

对程序设计类课程，没有上机编程的实践是无法真正掌握的。所以，学生需要加强实践环节，应完成基本的上机指导编程要求，同时争取多进行编程实践，因为只有通过实际编程才能发现程序设计中的许多问题。不要轻视调试程序的作用，它是深入理解指令功能和程序执行过程的关键。请不要直接复制源程序代码，一条一条语句的录入编辑过程是书写正确语句、加深语句理解的绝好机会。

本书由钱晓捷主编，咎红英、穆玲玲、邱保志参与了前两版的编写和修订，关国利、张青、程楠也给予了帮助。作者对十多年来合作的同事深表谢意，大家共同的努力成就了本书，创建了精品课程。作者要特别感谢使用本书的教师、学生和读者，是你们宝贵的意见建议和一贯支持催生了本版教材。

本书为任课教师提供配套的教学资源（含电子教案），需要者可登录华信教育资源网站（http://www.hxedu.com.cn），注册之后进行免费下载。

作　者

目　录

第 1 章　汇编语言基础知识 ··· 1

  1.1　计算机系统概述 ··· 1

    1.1.1　计算机的硬件 ·· 1

    1.1.2　计算机的软件 ·· 3

    1.1.3　计算机的程序设计语言 ·· 3

  1.2　数据表示 ··· 5

    1.2.1　数制 ·· 5

    1.2.2　数值的编码 ·· 8

    1.2.3　字符的编码 ·· 10

  1.3　Intel 80x86 系列微处理器 ·· 13

    1.3.1　16 位 80x86 微处理器 ··· 13

    1.3.2　IA-32 微处理器 ··· 14

    1.3.3　Intel 64 处理器 ·· 15

  1.4　微型计算机系统 ··· 16

  1.5　8086 微处理器 ·· 18

    1.5.1　8086 的功能结构 ··· 18

    1.5.2　8086 的寄存器 ·· 19

    1.5.3　8086 的存储器组织 ·· 22

  1.6　8086 的寻址方式 ··· 25

    1.6.1　8086 的机器代码格式 ··· 26

    1.6.2　立即数寻址方式 ··· 27

    1.6.3　寄存器寻址方式 ··· 28

    1.6.4　存储器寻址方式 ··· 28

    1.6.5　数据寻址的组合 ··· 30

  习题 1 ·· 31

第 2 章　8086 的指令系统 ··· 33

  2.1　数据传送类指令 ··· 33

    2.1.1　通用数据传送指令 ··· 33

    2.1.2　堆栈操作指令 ·· 36

    2.1.3　标志传送指令 ·· 38

    2.1.4　地址传送指令 ·· 39

  2.2　算术运算类指令 ··· 39

    2.2.1　状态标志 ·· 39

    2.2.2　加法指令 ·· 41

2.2.3 减法指令 42

2.2.4 乘法指令 44

2.2.5 除法指令 44

2.2.6 符号扩展指令 45

2.2.7 十进制调整指令 46

2.3 位操作类指令 49

2.3.1 逻辑运算指令 49

2.3.2 移位指令 50

2.3.3 循环移位指令 51

2.4 控制转移类指令 52

2.4.1 无条件转移指令 53

2.4.2 条件转移指令 54

2.4.3 循环指令 57

2.4.4 子程序指令 58

2.4.5 中断指令 59

2.5 处理机控制类指令 61

习题 2 63

第 3 章 汇编语言程序格式 68

3.1 汇编语言程序的开发 68

3.1.1 汇编语言程序的语句格式 68

3.1.2 汇编语言的源程序框架 70

3.1.3 汇编语言程序的开发过程 73

3.1.4 DOS 系统功能调用 82

3.2 参数、变量和标号 84

3.2.1 数值型参数 84

3.2.2 变量定义伪指令 86

3.2.3 变量和标号的属性 90

3.3 程序段的定义和属性 92

3.3.1 DOS 的程序结构 92

3.3.2 简化段定义的格式 93

3.3.3 完整段定义的格式 97

3.4 复杂数据结构 100

3.4.1 结构 100

3.4.2 记录 102

习题 3 103

第 4 章 基本汇编语言程序设计 106

4.1 顺序程序设计 106

4.2 分支程序设计 107

4.2.1 单分支结构 ··· 107

4.2.2 双分支结构 ··· 108

4.2.3 多分支结构 ··· 109

4.3 循环程序设计 ··· 112

4.3.1 计数控制循环 ··· 113

4.3.2 条件控制循环 ··· 114

4.3.3 多重循环 ·· 115

4.3.4 串操作类指令 ··· 116

4.4 子程序设计 ·· 121

4.4.1 过程定义伪指令 ·· 122

4.4.2 子程序的参数传递 ·· 124

4.4.3 子程序的嵌套、递归和重入 ·· 127

4.4.4 子程序的应用 ··· 129

习题 4 ·· 134

第 5 章 高级汇编语言程序设计 ··· 137

5.1 高级语言特性 ·· 137

5.1.1 条件控制伪指令 ·· 137

5.1.2 循环控制伪指令 ·· 139

5.1.3 过程声明和过程调用伪指令 ·· 141

5.2 宏结构程序设计 ·· 143

5.2.1 宏汇编 ·· 144

5.2.2 重复汇编 ··· 149

5.2.3 条件汇编 ··· 150

5.3 模块化程序设计 ·· 153

5.3.1 源程序文件的包含 ·· 153

5.3.2 目标代码文件的连接 ·· 158

5.3.3 子程序库的调入 ·· 160

5.4 输入 / 输出程序设计 ··· 162

5.4.1 输入/输出指令 ··· 163

5.4.2 程序直接控制输入/输出 ·· 164

5.4.3 程序查询输入/输出 ·· 165

5.4.4 中断服务程序 ··· 166

习题 5 ·· 173

第 6 章 32 位指令及其编程 ·· 176

6.1 32 位 CPU 的指令运行环境 ·· 176

6.1.1 寄存器 ·· 177

6.1.2 寻址方式 ··· 179

6.1.3 机器代码格式 ··· 180

6.2　32 位扩展指令 ··· 182

　　6.2.1　数据传送类指令 ·· 182

　　6.2.2　算术运算类指令 ·· 184

　　6.2.3　位操作类指令 ··· 185

　　6.2.4　串操作类指令 ··· 185

　　6.2.5　控制转移类指令 ·· 186

6.3　DOS 下的 32 位程序设计 ··· 189

6.4　32 位新增指令 ··· 193

　　6.4.1　80386 新增指令 ··· 193

　　6.4.2　80486 新增指令 ··· 196

　　6.4.3　Pentium 新增指令 ·· 197

　　6.4.4　Pentium Pro 新增指令 ··· 201

6.5　用汇编语言编写 32 位 Windows 应用程序 ·· 202

　　6.5.1　32 位 Windows 应用程序的特点 ·· 203

　　6.5.2　32 位 Windows 控制台程序 ··· 204

　　6.5.3　Windows 应用程序的开发 ·· 208

　　6.5.4　创建消息窗口 ··· 209

　　6.5.5　创建窗口应用程序 ·· 210

习题 6 ··· 217

第 7 章　汇编语言与 C/C++的混合编程 ··· 221

7.1　Turbo C 嵌入汇编方式 ·· 221

　　7.1.1　嵌入汇编语句的格式 ··· 222

　　7.1.2　汇编语句访问 C 语言的数据 ··· 223

　　7.1.3　嵌入汇编的编译过程 ··· 224

7.2　Turbo C 模块连接方式 ·· 225

　　7.2.1　混合编程的约定规则 ··· 225

　　7.2.2　汇编模块的编译和连接 ··· 227

　　7.2.3　混合编程的参数传递 ··· 228

　　7.2.4　汇编语言程序对 C 语言程序的调用 ··· 235

7.3　汇编语言在 Visual C++中的应用 ·· 238

　　7.3.1　嵌入汇编语言指令 ·· 238

　　7.3.2　调用汇编语言过程 ·· 241

　　7.3.3　使用汇编语言优化 C++代码 ··· 245

　　7.3.4　使用 Visual C++开发汇编语言程序 ·· 248

习题 7 ··· 251

第 8 章　80x87 浮点指令及其编程 ·· 254

8.1　浮点数据格式 ·· 254

　　8.1.1　实数和浮点格式 ·· 254

　　　8.1.2　80x87 的数据格式 ·· 257

　8.2　浮点寄存器 ·· 259

　8.3　浮点指令的程序设计 ·· 262

　　　8.3.1　浮点传送类指令 ·· 263

　　　8.3.2　算术运算类指令 ·· 265

　　　8.3.3　超越函数类指令 ·· 268

　　　8.3.4　浮点比较类指令 ·· 269

　　　8.3.5　FPU 控制类指令 ·· 273

　习题 8 ··· 277

第 9 章　多媒体指令及其编程 ·· 280

　9.1　MMX 指令系统 ·· 280

　　　9.1.1　MMX 的数据结构 ·· 280

　　　9.1.2　MMX 指令 ··· 282

　　　9.1.3　MMX 指令的程序设计 ······································ 289

　9.2　SSE 指令系统 ··· 291

　　　9.2.1　SIMD 浮点指令 ··· 291

　　　9.2.2　SIMD 整数指令 ··· 299

　　　9.2.3　高速缓存优化处理指令 ······································ 301

　　　9.2.4　SSE 指令的程序设计 ·· 302

　9.3　SSE2 指令系统 ·· 306

　　　9.3.1　SSE2 的数据类型 ·· 306

　　　9.3.2　SSE2 浮点指令 ··· 307

　　　9.3.3　SSE2 扩展指令 ··· 312

　　　9.3.4　SSE2 指令的程序设计 ······································ 314

　9.4　SSE3 指令系统 ·· 316

　　　9.4.1　SSE3 指令 ··· 316

　　　9.4.2　SSE3 指令的程序设计 ······································ 318

　习题 9 ··· 319

第 10 章　64 位指令简介 ··· 321

　10.1　64 位方式的运行环境 ·· 321

　10.2　64 位方式的指令 ·· 324

附录 A　调试程序 DEBUG ··· 328

　A.1　DEBUG 程序的调用 ·· 328

　A.2　DEBUG 命令的格式 ·· 328

　A.3　DEBUG 的命令 ·· 329

　A.4　程序片段的调试方法 ·· 333

　A.5　可执行程序文件的调试方法 ··· 334

    A.6   使用调试程序的注意事项 ·· 336

附录 B　调试程序 CodeView ·· 338

    B.1   CodeView 的菜单命令 ·· 338

    B.2   CodeView 的窗口 ·· 340

    B.3   CodeView 的设置 ·· 342

    B.4   使用 CodeView 的调试示例 ·· 343

附录 C　汇编程序 MASM 的伪指令和操作符 ························· 346

附录 D　80x86 整数指令系统 ·· 347

附录 E　常见汇编错误信息 ··· 352

附录 F　输入/输出子程序库 ·· 354

参考文献 ·· 356

第1章　汇编语言基础知识

　　程序设计语言是开发软件的工具，其发展经历了由低级语言到高级语言的过程。汇编语言是一种面向机器的低级程序设计语言。汇编语言以助记符形式表示每条计算机指令，每条指令对应着计算机硬件的一个具体操作。利用汇编语言编写的程序与计算机硬件密切相关，程序员可直接对处理器内的寄存器、主存储器的存储单元及外设的端口等进行操作，从而有效地控制硬件。利用汇编语言编写的程序具有执行速度快、占用存储空间小的特点，这是高级语言无法替代的优势。所以，计算机专业人员应该熟悉汇编语言，并掌握其程序设计方法。

　　本章介绍使用汇编语言进行程序设计需要了解的基本知识，并引出有关基本概念。首先，介绍计算机系统的一般知识，包括计算机系统的硬件、软件及程序设计语言的发展，特别说明了汇编语言的特点和应用场合。其次，简述计算机中数据的表示，如二进制数和十六进制数、BCD 码和 ASCII 码、补码和反码、二进制数运算等。然后，认识 Intel 80x86 系列微处理器和以其为核心的微机系统。最后，展开 8086 微处理器的结构和数据寻址，作为第 2 章学习的重要基础。

1.1　计算机系统概述

　　计算机系统分为硬件和软件两大部分。硬件（Hardware）是计算机系统的机器部分，是计算机工作的物质基础。软件（Software）是为了运行、管理和维护计算机而编制的各种程序的总和，广义的软件还应该包括与程序有关的文档。利用汇编语言所编写的程序是软件，但是每条汇编语言指令都使计算机某个具体硬件部件产生相应的动作，因此，利用汇编语言进行程序设计体现了计算机硬件和软件的结合。

1.1.1　计算机的硬件

　　源于冯·诺依曼设计思想的计算机由五大部件组成：控制器、运算器、存储器、输入设备和输出设备。控制器是整个计算机的控制核心；运算器是对信息进行运算处理的部件；存储器是用来存放数据和程序的部件；输入设备将数据和程序变换成计算机内部能够识别和接受的信息方式，并把它们送入存储器中；输出设备将计算机处理的结果以人们能接受的或其他机器能接受的形式送出。

　　现代计算机在很多方面都对冯·诺依曼计算机结构进行了改进，如五大部件演变为三个硬件子系统：处理器、存储系统和输入/输出系统。处理器（Processor）也被称为中央处理单元（Central Processing Unit，CPU），包括运算器和控制器，是计算机的核心部件。微型计算机（PC）中的处理器常采用一块大规模集成电路芯片构成，称为微处理器（Microprocessor），它代表着整个微型计算机系统的性能。存储系统由处理器内的寄存器（Register）、高速缓冲存储器、主存储器和辅助存储器构成层次结构。处理器和存储系统在信息处理中起主要作用，是计算机硬件的主体部分，通常被称为"主机"。输入（Input）设备和输出（Output）设备统称为外部设备（Peripheral），简称为外设或 I/O 设备；输入/输出系统的主体是外设，还包括外设与主机之间相互连接的 I/O 接口电路。

为了简化各部件的相互连接，现代计算机广泛应用总线结构，如图 1-1 所示，使得计算机系统具有组合灵活、扩展方便的特点。

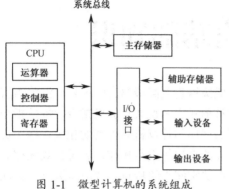

图 1-1　微型计算机的系统组成

1．处理器

除包括运算器和控制器外，处理器还有一些高速存储单元，即寄存器，它们提供各种操作需要的数据。高性能处理器内部非常复杂，如为了提高存取主存储器的速度而增加了高速缓冲存储器（Cache），运算器中不仅有基本的整数运算器，还有浮点处理单元甚至多媒体数据运算单元，控制器还包括存储管理单元、代码保护机制等。

2．存储器

存储器（Memory）是计算机的记忆部件，用来存放程序及所涉及的数据。存储器的内容并不因为被读出而消失，可以重复取出；只有存入新的信息后，原来的信息才会被更改。

按所起作用，存储器可以分为主存储器和辅助存储器，即主存（内存）和辅存（外存）。主存储器存放当前正在执行的程序和使用的数据，由半导体存储器芯片构成，成本高、容量小，但速度快，可以直接被 CPU 存取。辅助存储器可用于长期保存大量程序和数据，CPU 需要通过 I/O 接口访问，由磁盘或光盘构成，成本低、容量大，但速度较慢。在计算机系统中，主存的容量是有限的，需要辅存来补充；辅存的容量比主存大得多，但存取速率比主存慢得多。一般来说，程序和数据以文件的形式保存在辅存中，只有在用到它们时，才从辅存读到主存的某个区域中，由中央处理单元控制执行。

按读/写能力，存储器可以分为随机存取存储器 RAM 和只读存储器 ROM。CPU 可以从 RAM 中读出信息，也可以向 RAM 中写入信息，所以 RAM 也被称为读/写存储器；而 ROM 中的信息只能被读出，不能被修改。RAM 型半导体存储器可以按地址随机读/写，但断电后不能保存信息；ROM 型半导体存储器通常只能被读出，在断电后仍能保存信息。磁盘存储器是可读可写的，而 CD-ROM 光盘是只读的，这两种存储器都是辅存，都可以长期保存数据，但它们的存取速率都慢于半导体存储器。

主存储器由大量存储单元组成。为了区别每个单元，我们将它们编号，于是每个存储单元就有了存储器地址（Address）。每个存储单元存放 1 字节的数据。1 字节（byte，B）包含 8 个二进制位（bit，b）。

存储容量是指存储器所具有的存储单元个数，其基本单位是字节（B）。为了表达更大的容量，常用的单位有 KB（千字节）、MB（兆字节）、GB（吉字节）、TB（太字节）、PB（Petabyte）、EB（Exabyte）。$1\,KB=2^{10}\,B=1024\,B$，$1\,MB=2^{20}\,B$，$1\,GB=2^{30}\,B$，$1TB=2^{40}\,B$。

3．外部设备

外部设备是实现人机交互和机间通信的一些机电设备。在微机系统中，常用的输入设备有键盘、鼠标器等，输出设备有显示器、打印机等；起辅存作用的磁盘和光盘也是以外设的形式连接到系统中的，可以认为它们既是输入设备也是输出设备。

外设的种类繁多、工作原理各异，所以每个外设必须通过输入/输出接口（I/O 接口）电路与系统连接。程序员所见的 I/O 接口由一组寄存器组成。为了区别它们，对每个寄存器进行了编号，形成 I/O 地址，通常被称为 I/O 端口（Port）。系统实际上就是通过这些端口与外设进行通信的。

4．系统总线

总线（Bus）是用于多个部件相互连接、传递信息的公共通道，物理上就是一组公用导线。例如，处理器芯片的对外引脚（Pin）常被称为处理器总线。系统总线（System Bus）是指计算机系统中主要的总线，如处理器与存储器和 I/O 设备进行信息交换的公共通道。

对汇编语言程序员来说，处理器、存储器和外部设备依次被抽象为寄存器、存储器地址和输入/输出地址，因为编程过程中将只能通过寄存器和地址实现处理器控制、存储器和外设的数据存取与处理等操作。

1.1.2　计算机的软件

软件是计算机系统的重要组成部分，可以使机器更好地发挥作用，分为系统软件和应用软件。

1．系统软件

系统软件是指为了方便使用、维护和管理计算机系统而编制的一类软件及其文档，包括操作系统、语言翻译程序等。系统软件是面向计算机系统的、通常由计算机厂家提供的程序及其文档，是用户使用计算机时为产生、准备和执行用户程序所需的程序。

系统软件中最重要的软件是操作系统。操作系统负责管理整个系统的软件、硬件资源，向用户提供交互的界面，是所有其他程序运行的基础。用户借助操作系统使用计算机系统，程序员也要采用操作系统提供的驱动程序编写用户程序。

程序员采用某种程序设计语言编写源程序，利用语言翻译程序将源程序转变成可运行的程序。例如，本书介绍用汇编语言设计源程序的方法，但必须利用"汇编程序"完成源程序的翻译工作。高级语言则采用编译类或解释类程序来完成这个工作。

2．应用软件

应用软件是解决某一问题的程序及其文档，覆盖了计算机应用的所有方面，每个应用都有相应的应用程序。微机系统具有多种多样的应用软件。例如，进行程序设计时要采用文本编辑软件编写源程序，带有丰富格式的字处理软件帮助用户书写文章，排版软件则用于书刊出版。

大型的程序设计项目往往要借助软件开发工具（包）。开发工具是进行程序设计所用到的各种软件的有机集合，所以也被称为集成开发环境，包括文本编辑器、语言翻译程序、用于形成可执行文件的连接程序，以及进行程序排错的调试程序等。

1.1.3　计算机的程序设计语言

程序设计语言有很多，可以分为低级语言和高级语言。低级语言有机器语言和汇编语言，高级语言有 C/C++、Java、Python 等。

1．机器语言

计算机能够直接识别的是二进制数 0 和 1 组成的代码。机器指令（Instruction）就是用二进制编码的命令，一条机器指令控制计算机完成一个操作。每种处理器都有各自的机器指令集，某处理器支持的所有指令的集合就是该处理器的指令集（Instruction Set）。指令集及使用它们编写程序的规则被称为机器语言（Machine Language）。

用机器语言形成的程序是计算机唯一能够直接识别并执行的程序，用其他语言编写的程序必须经过翻译，转换成机器语言程序，所以机器语言程序常称为目标程序（或目的程序）。

机器指令一般由操作码（Opcode）和操作数（Operand）构成。操作码表明处理器要进行的操作，操作数表明参加操作的数据对象。一条机器指令是一组二进制代码，一个机器语言程序就是一段二进制代码序列。因为二进制数表达比较烦琐，常用对应的十六进制数形式表达。例如，完成两个数据 100 和 256 相加的功能，在 8086 CPU 上用十六进制数表达的代码序列如下：

```
B86400
050001
```

几乎没有人能够直接读懂该程序段的功能，因为机器语言看起来就是毫无意义的一串代码。

用机器语言编写程序的最大缺点是，难以理解，极易出错，也难以发现错误。所以，只是在计算机发展的早期或不得已的情况下，才用机器语言编写程序。现在，除了有时在程序某处需要直接采用机器指令填充外，几乎没有人采用机器语言编写程序了。

2．汇编语言

为了克服机器语言的缺点，人们采用便于记忆并能描述指令功能的符号来表示机器指令。表示指令操作码的符号称为指令助记符，简称助记符（Memonic），一般是表明指令功能的英语单词或其缩写。指令操作数同样可以用易于记忆的符号表示。

用助记符表示的指令就是汇编格式指令。汇编格式指令及使用它们编写程序的规则形成汇编语言（Assembly Language）。用汇编语言书写的程序就是汇编语言程序，或称为汇编语言源程序。例如，实现 100 与 256 相加的 MASM 汇编语言程序段表达如下：

```
mov   ax, 100        ; 取得一个数据 100（mov 是传送指令）
add   ax, 256        ; 实现 100+256（add 是加法指令）
```

这时候，如果熟悉了有关助记符及对应指令的功能，就可以读懂上述程序段了。

汇编语言是一种符号语言，用助记符表示操作码，比机器语言容易理解和掌握，也容易调试和维护。但是，汇编语言源程序要翻译成机器语言程序才可以由处理器执行。这个翻译的过程被称为"汇编"，完成汇编工作的程序就是汇编程序（Assembler）。

3．高级语言

汇编语言虽然较机器语言直观一些，但仍然烦琐难记。于是在 20 世纪 50 年代，人们研制出了高级程序设计语言（High-level Programming Language），简称高级语言。高级语言比较接近于人类自然语言的语法习惯及数学表达形式，与具体的计算机硬件无关，更容易被广大计算机工作者掌握和使用。利用高级语言，即使一般的计算机用户也可以编写软件，而不必懂得计算机的结构和工作原理。当然，用高级语言编写的源程序不会被机器直接执行，而需经过编译或解释程序的翻译才可变为机器语言程序。

广泛应用的高级语言有十多种，如简单易用的 BASIC 语言、算法语言 FORTRAN、结构化语言 Pascal、系统程序语言 C/C++等。用高级语言表达 100 与 256 相加，就是通常的数学表达形式"100+256"。

4．汇编语言程序设计的意义

高级语言简单、易学，而汇编语言复杂、难懂，是否就没有必要采用汇编语言了呢？首先来看汇编语言和高级语言的特点。

① 汇编语言与处理器密切相关。每种处理器都有自己的指令系统，相应的汇编语言各不相同，所以汇编语言程序的通用性、可移植性较差。相对来说，高级语言与具体计算机无关，高级语言程序可以在多种计算机上编译后执行。

② 汇编语言功能有限，又涉及寄存器、主存单元等硬件细节，所以编写程序比较烦琐，调试起来也比较困难。高级语言提供了强大的功能，采用类似自然语言的语法，所以容易被掌握和应用，也不必关心诸如标志、堆栈等琐碎问题。

③ 汇编语言本质上就是机器语言，可以直接、有效地控制计算机硬件，因而容易产生运行速度快、指令序列短小的高效率目标程序。高级语言不易直接控制计算机的各种操作，编译程序产生的目标程序往往比较庞大、程序难以优化，所以运行速度较慢。

可见，汇编语言的主要优点就是可以直接控制计算机硬件部件，可以编写在"时间"和"空间"方面最有效的程序，使得汇编语言在程序设计中占有重要的位置，是不可被取代的。

汇编语言的缺点也是明显的。它与处理器密切相关，要求程序员比较熟悉计算机硬件系统、考虑许多细节问题，导致编写程序烦琐，调试、维护、交流和移植困难。因此，有时可以采用高级语言和汇编语言混合编程的方法，取长补短，更好地解决实际问题。

汇编语言主要应用场合如下。

① 程序要具有较快的执行时间，或者只能占用较小的存储空间，如操作系统的核心程序段、实时控制系统的软件、智能仪器仪表的控制程序等。

② 程序与计算机硬件密切相关，程序要直接、有效地控制硬件，如 I/O 接口电路的初始化程序段、外部设备的低层驱动程序等。

③ 大型软件需要提高性能、优化处理的部分，如计算机系统频繁调用的子程序、动态链接库等。

④ 没有合适的高级语言或只能采用汇编语言的时候，如开发最新的处理器程序时、暂时没有支持新指令的编译程序。

⑤ 汇编语言还有许多实际应用，如分析具体系统尤其是该系统的低层软件、加密解密软件、分析和防治计算机病毒等。

事实上，汇编语言被称为低层程序设计语言（Low-level Programming Language）更合适。因为程序设计语言是按照计算机系统的层次结构区分的，本没有"高低贵贱"之分，只是某种语言更适合某种应用层面（或说场合）而已。

1.2 数据表示

计算机只能识别 0 和 1 两个数码，进入计算机的任何信息都要转换成 0 和 1 数码。整数指令支持的基本数据类型是 8、16、32、64 位无符号整数和有符号整数，也支持字符、字符串和BCD 码操作。本节主要介绍这些数据类型的数据表示。

1.2.1 数制

人有 10 个手指，所以习惯了十进制计数。计算机的硬件基础是数字电路，它处理具有低电平和高电平两种稳定状态的电平信号，所以使用了二进制。为了便于表达二进制数，人们又常用到十六进制数。

为了便于区别各种进制的数据，汇编语言中通常使用后缀字母 B 或 b 结尾表示一个数据采用二进制（Binary）表达，使用后缀字母 H 或 h 结尾表示采用十六进制（Hexadecimal）表达。而十进制（Decimal）数据可以用后缀字母 D 或 d 结尾，以示强调或区别，也可以按照习惯不加任何结尾字母。在高级语言 C/C++中，表示十六进制数要添加前缀 0x。

1. 二进制

计算机中为便于存储及物理实现，采用二进制表达数值。

二进制数的特点为：逢 2 进 1，由 0 和 1 两个数码组成，基数为 2，各位权以 2^k 表示。例如，二进制数 $a_n a_{n-1} \cdots a_1 a_0 b_1 b_2 \cdots b_m$ 可表示为

$$a_n \times 2^n + a_{n-1} 2^{n-1} + \cdots + a_1 \times 2^1 + a_0 \times 2^0 + b_1 \times 2^{-1} + b_2 \times 2^{-2} + \cdots + b_m \times 2^{-m}$$

其中，a_i、b_j 非 0 即 1。

二进制数的算术运算类似十进制，只不过是逢 2 进 1、借 1 当 2，如表 1-1 所示。

表 1-1 二进制运算规则

加法运算	减法运算	乘法运算
1＋0＝1	1－0＝1	1×0＝0
1＋1＝0（进位 1）	1－1＝0	1×1＝1
0＋0＝0	0－0＝0	0×0＝0
0＋1＝1	0－1＝1（借位 1）	0×1＝0

【例 1.1】 4 位二进制数的算术运算。

1101+0011=0000（进位 1）　　　　　　　　1101-0011=1010

1101×0011=00100111　　　　　　　　01001001÷1101=0101（余数 1000）

图 1-2 示例了上述 4 位二进制的加减乘除运算，注意加减法会出现进位或借位，乘积和被除数是双倍长的数据，除法有商和余数两部分。

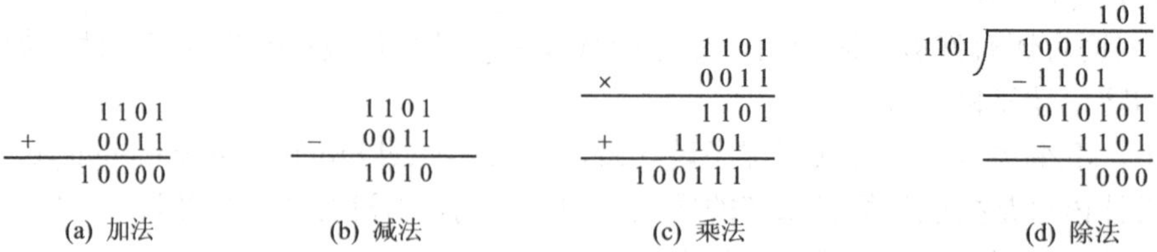

图 1-2 二进制数的算术运算

2. 十六进制

由于二进制数书写较长、难以辨认，因此常用易于与之转换的十六进制数来描述二进制数。十六进制数的基数是 16，共有 16 个数码：0、1、2、3、4、5、6、7、8、9 和 A、B、C、D、E、F（也可以使用小写字母 a～f，依次表示十进制的 10～15），逢 16 进位，各个位的位权为 16^k。例如，十六进制数 $a_n a_{n-1} \cdots a_1 a_0 b_1 b_2 \cdots b_m$ 可以表达为

$$a_n \times 16^n + a_{n-1} 16^{n-1} + \cdots + a_1 \times 16^1 + a_0 \times 16^0 + b_1 \times 16^{-1} + b_2 \times 16^{-2} + \cdots + b_m \times 16^{-m}$$

其中，a_i、b_j 为 0～9 和 A～F 中的一个数码。

涉及计算机学科知识的文献中，常使用十六进制数表达地址、数据、指令代码等，需要熟

悉十六进制数的加减运算。十六进制数的加减运算也类似十进制，但注意逢 16 进位 1，借 1 当 16。例如，23D9H+94BEH=B897H，A59FH–62B8H=42E7H，这里的后缀字母 H（或小写 h）表示十六进制形式表达的数据。

3. 数制之间的转换

【例 1.2】 十进制整数转换为二进制数和十六进制数。

　　　　126=01111110B=7EH

十进制数的整数部分转换为二进制数和十六进制数可用除法，把要转换的十进制数的整数部分不断除以二进制和十六进制数的基数 2 或 16，并记下余数，直到商为 0 为止。由最后一个余数起逆向取各余数，则为该十进制数整数部分转换成的二进制和十六进制数，如图 1-3 所示。

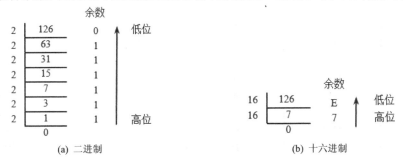

图 1-3　十进制整数的转换

【例 1.3】 十进制小数转换为二进制数和十六进制数

　　　　0.8125=0.1101B=0.DH

十进制数的小数部分转换为二进制数和十六进制数需要分别乘以各自的基数，记录整数部分，直到小数部分为 0 为止或者选取一定的位数，如图 1-4 所示。

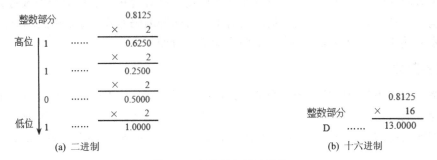

图 1-4　十进制小数的转换

小数部分的转换会发生总是无法乘到为 0 的情况，这时可选取一定位数（精度）。当然，这将产生无法避免的转换误差。

【例 1.4】 二进制数和十六进制数转换为十进制数。

　　　　0011.1010B=$1\times2^1+1\times2^0+1\times2^{-1}+0\times2^{-2}+1\times2^{-3}$=3.625

　　　　1.2H=$1\times16^0+2\times16^{-1}$=1.125

二进制数、十六进制数转换为十进制数，可分别套用各自的按权展开公式。

【例 1.5】 二进制数和十六进制数相互转换。

　　　　00111010B=3AH　　　　　　　F2H=11110010B

二进制和十六进制数之间具有对应关系：以小数点为基准，整数从右向左（从低位到高位）、小数从左向右（从高位到低位），每 4 个二进制位对应一个十六进制位，如表 1-2 所示，所以相互转换非常简单。表 1-2 还给出了 BCD 码以及常用的二进制位权值。

表 1-2　不同进制间（含 BCD 码）的对应关系

十进制	二进制	十六进制	BCD 码	常用二进制位权
0	0000	0	0	$2^{-3}=0.125$
1	0001	1	1	$2^{-2}=0.25$
2	0010	2	2	$2^{-1}=0.5$
3	0011	3	3	$2^{0}=1$
4	0100	4	4	$2^{1}=2$
5	0101	5	5	$2^{2}=4$
6	0110	6	6	$2^{3}=8$
7	0111	7	7	$2^{4}=16$
8	1000	8	8	$2^{5}=32$
9	1001	9	9	$2^{6}=64$
10	1010	A		$2^{7}=128$
11	1011	B		$2^{8}=256$
12	1100	C		$2^{9}=512$
13	1101	D		$2^{10}=1024$
14	1110	E		$2^{15}=32768$
15	1111	F		$2^{16}=65536$

1.2.2　数值的编码

编码是用文字、符号或者数码来表示某种信息（数值、语言、操作指令、状态等）的过程。组合 0 和 1 码就是二进制编码。用 0 和 1 数码的组合在计算机中表达的数值被称为机器数；对应地，现实中真实的数值被称为真值。数值主要有两种编码方式：定点格式和浮点格式。定点整数是本书的主要讨论对象，浮点实数将在第 8 章介绍。

1. 定点整数

定点格式固定小数点的位置表达数值，计算机中通常将数值表达成纯整数或纯小数，这种机器数称为定点数。整数可以将小数点固定在机器数的最右侧，实际上并不用表达出来，这就是整数处理器支持的定点整数，如图 1-5 所示。如果将小数点固定在机器数的最左侧就是定点小数。

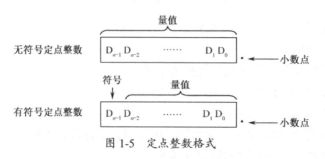

图 1-5　定点整数格式

如果不考虑正负，定点整数只表达 0 和正整数，就是无符号整数（简称无符号数）。在上面的数值转换和运算中，默认采用无符号整数。8 位二进制有 256 个编码，依次是：00000000、

00000001、00000010、…、11111110、11111111，使用十六进制形式是：00、01、02、…、FE、FF，对应表达无符号整数真值为：0、1、2、…、254、255。

n 位二进制共有 2^n 个编码，表达真值：$0 \sim 2^n-1$。例如，16 位和 32 位二进制所能表示的无符号整数范围分别是：$0 \sim 2^{16}-1$ 和 $0 \sim 2^{32}-1$。

如果要表达数值正负，需要占用一个位，通常用机器数的最高位（故称为符号位），用 0 表示正数、1 表示负数，这就是有符号整数（简称有符号数、带符号数）。有符号整数有多种表达形式，如原码、反码、补码等，计算机中默认采用补码，如表 1-3 所示。

表 1-3　8 位二进制数的原码、反码和补码

十进制数	原　码	反　码	补　码
+127	01111111	01111111	01111111
+126	01111110	01111110	01111110
+2	00000010	00000010	00000010
+1	00000001	00000001	00000001
+0	00000000	00000000	00000000
-0	10000000	11111111	00000000
-1	10000001	11111110	11111111
-2	10000010	11111101	11111110
-126	11111110	10000001	10000010
-127	11111111	10000000	10000001
-128			10000000

2. 原码

最高有效位表示符号（正数用 0，负数用 1），其他位直接表示数值大小；有符号数的这种表示法就称为原码表示法。

【例 1.6】　有符号数的原码表示

$X = 105 = 01101001B$　　　　　　$[X]_原 = 01101001B$

$X = -105$　　　　　　　　　　$[X]_原 = 11101001B$

其中，最高位为符号位，在字长为 8 位时，后面 7 位是数值（若字长为 16 位，则后面的 15 位是数值）。例如，用原码表示有符号数时，+105 和–105 它们的数值位相同，而符号位不同。

原码表示简单易懂，而且与实际的"真值"转换方便。但若是两个异号数相加（或两个同号数相减），就要做减法。为了把减法运算转换为加法运算，以便只使用加法电路实现加减运算，就引进了反码和补码。

3. 反码

正数的反码与原码相同，最高符号位用 0 表示，其余位为数值位。负数的反码则为它的正数的各位（包括符号位）按位取反而形成的，即：0 变成 1，1 变成 0。

【例 1.7】　有符号数的反码表示。

$X = 105 = 01101001B$　　　　$[X]_反 = 01101001B$

$X = -105$　　　　　　　　$[X]_反 = 10010110B$

负数的反码与原码有很大的区别：最高符号位仍用 1 表示，但数值位不同。

对于数值 0，在原码和反码中有+0 和–0 两种表示法。所以，8 位二进制原码和反码所能表示的数值范围为+127～–127。

4. 补码

补码中最高位表示符号：正数用 0，负数用 1；正数补码同无符号数，直接表示数值大小；负数补码是将对应正数补码取反（即将 0 变为 1，1 变为 0）、然后加 1 形成。

【例 1.8】 有符号数的补码表示。

$X = 105 = 01101001B$　　　　$[X]_补 = 01101001B$

$X = -105$　　　　$[X]_补 = [01101001B]_{取反} + 1 = 10010110B + 1 = 10010111B$

8 位带符号位的补码也列在表 1-3 中。它不分所谓 +0 或 –0，0 只有一个表示形式。8 位二进制补码所能表示的数值为 +127～–128。

【例 1.9】 一个负数在用补码表示时，需要一个"取反加 1"的过程。

$[20H]_原 = [20H]_反 = [20H]_补 = 00100000B$

$[-20H]_原 = 10100000B$　　　$[-20H]_反 = 11011111B$　　　$[-20H]_补 = 11100000B$

正数的补码表示与原码、反码和无符号数相同，即最高符号位为 0 表示正，其余位为数值位。负数的补码则为原码的反码并在最低有效位（即 D_0 位）加 1 所形成。

【例 1.10】 将一个负数的补码转换成真值时，也需要一个"取反加 1"的过程。

$[11100000B]_补 = -(00011111B + 1) = -00100000B = -2^5 = -32$

进行负数求补运算，在数学上等效于用带借位的 0 作减法（下面等式中用 [ ] 表达借位）。

例如：

真值：–8　　　　补码：$[-8]_{补码} = [1]0 - 8 = [1]00000000B - 00001000B = 11111000B$

补码：11111000B　　　真值：$-([1]00000000B - 11111000B) = -00001000B = -8$

注意，求补只针对负数进行，正数不需要求补。另外，十六进制更便于表达，上述运算过程可以直接使用十六进制数。

由于符号要占用一个数位，8 位二进制补码中只有 7 个数位表达数值，其所能表示的数值范围是：–128～–1、0～+127，对应补码是：10000000～11111111、000000000～011111111，若用十六进制表达是：80～FF、00～7F。16 位和 32 位二进制补码所能表示的数值范围分别是：$-2^{15}～+2^{15}-1$、$-2^{31}～+2^{31}-1$。用 n 位二进制编码有符号整数，仍有 2^n 个编码，但表达的真值范围是：$-2^{n-1}～+2^{n-1}-1$。使用补码表达有符号整数，和无符号整数表达的数值个数一样，但范围不同。

因为采用补码，减法运算可以变换成加法运算，这样硬件电路只需设计加法器，所以在计算机中，有符号数默认采用补码形式。

1.2.3　字符的编码

在计算机中，各种字符需要用若干位的二进制码的组合表示，即字符的二进制编码。由于字节为计算机的基本存储单位，所以常以 8 个二进制位为单位表达字符。

1. BCD

一个十进制数位在计算机中用 4 位二进制编码来表示，这就是二进制编码的十进制数 BCD（Binary Coded Decimal）。常用的 BCD 码是 8421 BCD 码，用 4 位二进制编码的低 10 个编码表示 0～9 这 10 个数字，见表 1-2。

【例 1.11】 BCD 码和十进制真值之间的转换

BCD 码：0100 1001 0111 1000.0001 0100 1001B

对应的十进制真值：4978.149

BCD 码比较直观，很容易实现与十进制真值之间的转换。实际上，BCD 码和十进制数的相互转换，与二进制数和十六进制数相互转换一样，都是二进制（BCD 码）4 位对应十六进制（十进制）1 位。而且 BCD 码更简单，因为它没有使用大于 10 的 6 个编码。

BCD 码虽然浪费了 6 个编码，但能够比较直观地表达十进制数，也容易与 ASCII 相互转换，便于输入、输出，还可以比较精确地表达数据。例如，对于一个简单的数据 0.2，采用浮点格式（详见第 8 章）无法精确表达，采用 BCD 码可以只使用"0010"表达。最初的计算机支持十进制运算，8086 处理器中使用调整指令实现十进制运算。

实际应用中，通常至少使用 1 字节表达数值。如果将二进制 8 位即 1 字节的高 4 位设置为 0，仅用低 4 位表达一位 BCD 码，则被称为非压缩（Unpacked）BCD 码；通常用 1 字节表达两位 BCD 码，就被称为压缩（Packed）BCD 码。

【例 1.12】 十进制真值"87"分别使用压缩 BCD 码和非压缩 BCD 码表达。

压缩 BCD 码：10000111B（87H）　　非压缩 BCD 码：00001000 00000111B（0807H）

2. ASCII

字母和各种字符也必须按特定的规则用二进制编码才能在计算机中表示。编码方式可以有多种，其中最常用的是 ASCII（American Standard Code for Information Interchange，美国标准信息交换码）。现在使用的 ASCII 码源于 20 世纪 50 年代，完成于 1967 年，由美国标准化组织 ANSI 定义在 ANSI X3.4-1986 中。

标准 ASCII 用 7 位二进制编码，故有 128 个，如表 1-4 所示。计算机存储单位为 8 位，表达 ASCII 时最高 D_7 位通常作为 0；通信时，D_7 位通常用作奇偶校验位。

ASCII 表中的前 32 个和最后一个编码是不可显示的控制字符，用于表示某种操作。并不是所有设备都支持这些控制字符，也不是所有设备都按照同样的功能应用这些控制字符。不过，有些控制字符获得广泛使用。例如，0DH 表示回车 CR（Carriage Return），控制屏幕光标时就是使光标回到本行首位；0AH 表示换行 LF（Line Feed），使光标进入下一行，但列位置不变；08H 实现退格 BS（Backspace），7FH 实现删除 DEL（Delete）。另外，07H 表示响铃 BEL（Bell），1BH（ESC）常对应键盘的 Esc 键（多数人称其为 Escape 键）。ESC（Extra Services Control）字符常与其他字符一起发送给外设（如打印机），用于启动一种特殊功能，很多程序中常使用它表示退出操作。

ASCII 表中从 20H 开始（含 20H）的 95 个编码是可显示和打印的字符，其中包括数码、英文字母、标点符号等。从表中可看到，数码 0~9 的 ASCII 编码为 30H~39H，去掉高 4 位（或者说减去 30H）就是（非压缩）BCD 码。大写字母 A~Z 的 ASCII 编码为 41H~5AH，而小写字母 a~z 是 61H~7AH。大写字母和对应的小写字母相差 20H（32），所以大、小写字母容易相互转换。ASCII 中的 20H 表示空格，尽管显示空白，但要占据一个字符的位置，也是一个字符，用 SP（Space）表示。熟悉这些字符的 ASCII 规律对解决一些应用问题很有帮助，如英文字符就是按照其 ASCII 编码的大小进行排序的。

处理器只是按照二进制数操作字符编码，并不区别可显示（打印）字符和非显示（控制）字符，只有外部设备才区别对待，产生不同的作用。例如，ASCII 字符设备总是以 ASCII 形式处理数据，要显示（打印）数字"8"，必须将其 ASCII 编码（38H）给显示器（打印机）。

表 1-4 标准 ASCII 编码及对应字符

ASCII	字符	ASCII	字符	ASCII	字符	ASCII	字符
00H	NUL	20H	SP	40H	@	60H	`
01H	SOH	21H	!	41H	A	61H	a
02H	STX	22H	"	42H	B	62H	b
03H	ETX	23H	#	43H	C	63H	c
04H	EOT	24H	$	44H	D	64H	d
05H	ENQ	25H	%	45H	E	65H	e
06H	ACK	26H	&	46H	F	66H	f
07H	BEL	27H	'	47H	G	67H	g
08H	BS	28H	(	48H	H	68H	h
09H	HT	29H	)	49H	I	69H	i
0AH	LF	2AH	*	4AH	J	6AH	j
0BH	VT	2BH	+	4BH	K	6BH	k
0CH	FF	2CH	,	4CH	L	6CH	l
0DH	CR	2DH	-	4DH	M	6DH	m
0EH	SO	2EH	.	4EH	N	6EH	n
0FH	SI	2FH	/	4FH	O	6FH	o
10H	DLE	30H	0	50H	P	70H	p
11H	DC1	31H	1	51H	Q	71H	q
12H	DC2	32H	2	52H	R	72H	r
13H	DC3	33H	3	53H	S	73H	s
14H	DC4	34H	4	54H	T	74H	t
15H	NAK	35H	5	55H	U	75H	u
16H	SYN	36H	6	56H	V	76H	v
17H	ETB	37H	7	57H	W	77H	w
18H	CAN	38H	8	58H	X	78H	x
19H	EM	39H	9	59H	Y	79H	y
1AH	SUB	3AH	:	5AH	Z	7AH	z
1BH	ESC	3BH	;	5BH	[	7BH	{
1CH	FS	3CH	<	5CH	\	7CH		
1DH	GS	3DH	=	5DH	]	7DH	}
1EH	RS	3EH	>	5EH	^	7EH	~
1FH	US	3FH	?	5FH	-	7FH	Del

另外，PC 采用扩展的 ASCII，主要表达各种制表用的符号等。扩展 ASCII 编码的最高 D_7 位为 1，以与标准 ASCII 的区别。

3. Unicode

ASCII 码表达了英文字符，却无法表达世界上所有语言的字符，如中文、日文、韩文、阿拉伯文等。为此，各国定义了各自的字符集，但相互之间并不兼容。例如，1981 年我国制定了《信息交换用汉字编码字符集基本集 GB2312—1980》国家标准（简称国标码）。规定每个汉字使用 16 位二进制编码即 2 字节表达，共计 7445 个汉字和字符。实际应用中，为了保持与标准 ASCII 兼容、不产生冲突，国标码 2 字节的最高位被设置为 1，这称为汉字的机内码。不过，汉字机内码会与扩展 ASCII 冲突（因它们的最高位都是 1），所以一些西文制表符有时会显示为莫明其妙的汉字。

为了解决世界范围的信息交流问题，1991 年，国际上成立了统一码联盟（Unicode Consortium），制定了国际信息交换码 Unicode。在其网站上对"什么是 Unicode？"给出了如下解答："Unicode 给每个字符提供了一个唯一的数字，不论是什么平台，不论是什么程序，不论是什么语言"。Unicode 使用 16 位编码，能够对世界上所有语言的大多数字符进行编码，并提供了扩展能力。Unicode 作为 ASCII 的超集，与其保持兼容。Unicode 的前 256 个字符对应 ASCII 字符，16 位编码的高字节为 0、低字节等于 ASCII 编码值。例如，大写字母 A 的 ASCII 编码是 41H，其 Unicode 的编码是 0041H。

现在 Unicode 已经越来越被大家认同，很多程序设计语言和计算机系统支持它。例如，Java 语言和微机 Windows 操作系统的默认字符集就是 Unicode。Unicode 标准还在发展，2017 年 6 月 20 日发布 Unicode 10.0.0 版本，详情请访问统一码联盟网站（http://www.unicode.org）。

1.3 Intel 80x86 系列微处理器

美国 Intel（英特尔）公司是目前世界上最有影响的处理器生产厂家，也是世界上第一个微处理器芯片的生产厂家。Intel 80x86 系列微处理器一直是个人微机的主流处理器。汇编语言的主体是处理器指令，所以有必要了解一下其发展概况。

1.3.1 16 位 80x86 微处理器

1971 年，Intel 公司生产的 4 位微处理器芯片 4004 宣告了微型计算机时代的到来。1972 年，Intel 公司开发了 8 位微处理器 8008 芯片，1974 年生产了 8080 芯片。1977 年，Intel 公司将 8080 及其支持电路集成在一块集成电路芯片上，形成了性能更高的 8 位微处理器 8085。1978 年，Intel 公司在其 8 位微处理器基础上，陆续推出了 16 位结构的 8086、8088 和 80286 等微处理器，它们在 IBM PC 系列机中获得广泛应用，被称为 16 位 80x86 微处理器。

1. 8086

1978 年，Intel 正式推出 16 位 8086 CPU，这是该公司生产的第一个 16 位结构微处理器芯片。8086 芯片的对外引脚共 40 个，其中包括 16 位数据总线、20 位地址总线，支持 1MB（兆字节）主存容量、5 MHz（兆赫兹）时钟频率。8086 具有的所有指令，即指令系统（Instruction Set），成为整个 Intel 80x86 系列微处理器的 16 位基本指令集。

为了方便与当时的 8 位外部设备连接，1979 年，Intel 推出了被称为"准 16 位"的 8088 芯片。8088 只是将外部数据总线设计为 8 位，内部仍保持 16 位结构，指令系统等都与 8086 相同。随后的 Intel 80186 和 Intel 80188 分别以 8086 和 8088 为核心并配以支持电路构成的芯片；但它们在 8086 指令系统的基础上新增若干条实用指令，涉及堆栈操作、输入/输出指令、移位指令、乘法指令、支持高级语言的指令。

2. 80286

1982 年，Intel 推出仍为 16 位结构的 80286 微处理器，但地址总线扩展为 24 位、即主存储器具有 16 MB 容量。80286 设计有与 8086 工作方式一样的实方式（Real Mode），新增了保护方式（Protected Mode）。在实方式下，80286 相当于一个快速 8086。在保护方式下，80286 提供了存储管理、保护机制和多任务管理的硬件支持。为支持保护方式，80286 引入了系统指令，为操作系统等核心程序提供处理器控制功能。

1.3.2 IA-32 微处理器

IBM PC 系列机的广泛应用推动了处理器芯片的生产。Intel 公司在推出 32 位结构的 80386 微处理器后，明确宣布 Intel 80386 芯片的指令集结构（Instruction Set Architecture，ISA）被确定为以后开发的 80x86 系列微处理器的标准，称为英特尔 32 位结构：IA-32（Intel Architecture 32）。Intel 公司的 80386、80486、Pentium 各代微处理器被统称为 IA-32 微处理器或 32 位 80x86 微处理器。由于通用微处理器的性能越来越强大，现在人们经常省略"微"字，直接称之为 IA-32 处理器或 32 位 80x86 处理器。

1. 80386

1985 年，Intel 80x86 CPU 进入第 3 代 80386。Intel 80386 处理器采用 32 位结构，数据总线 32 位，地址总线也是 32 位，可寻址 4 GB 主存，时钟频率有 16 MHz、25 MHz 和 33 MHz。除保持与 80286 兼容外，80386 又提供了虚拟 8086 工作方式（Virtual 8086 Mode）。虚拟 8086 方式是在保护方式下的一种特殊状态，类似 8086 工作方式但又接受保护方式的管理，能够模拟多个 8086 处理器。80386 指令系统在兼容原 16 位 80286 指令系统基础上，全面升级为 32 位，还新增了有关位操作、条件设置等指令。

2. 80486

1989 年，Intel 公司出品 80486 CPU。从结构上来说，80486 把 80386 处理器与 80387 数学协处理器和 8 KB 高速缓冲存储器（Cache）集成在一个芯片上，使其性能大大提高。

传统上，中央处理单元 CPU 主要是整数处理器。为了协助处理器处理浮点数据（实数），Intel 设计有数学协处理器，后被称为浮点处理单元（Floating-Point Unit，FPU）。配合 8086 和 8088 整数处理器的数学协处理器是 8087，配合 80286 的是 80287，80386 采用 80387。从 Intel 80486 开始，FPU 已经被集成到一个处理器中，80284 指令系统包含了浮点指令，能够直接支持对浮点数据的处理。80486 新增了用于多处理器和内部 Cache 操作的 6 条指令。

3. Pentium 系列

Pentium 芯片原来应该被称为 80586 处理器，因为数字很难进行商标版权保护的缘故而特意取名。其实，Pentium 源于希腊文 "pente"（数字 5），加上后缀-ium（化学元素周期表中命名元素常用的后缀）变化而来。同时，Intel 公司为其取了一个响亮的中文名称：奔腾，并进行了商标注册，形成了系列产品。

Intel 公司于 1993 年制造成功 Pentium，于 1995 年正式推出 Pentium Pro（原来被称为 P6，即"高能奔腾"）。在处理器结构上，Pentium 主要引入了超标量（Superscalar）技术，Pentium Pro 主要采用了动态执行技术来提升处理器性能。它们增加了若干整数指令，完善了浮点指令。

前面所述的各代 IA-32 处理器，都新增了若干实用指令，但非常有限。为了顺应微机向多媒体和通信方向发展的趋势，Intel 公司及时在其处理器中加入了 MMX（MutliMedia eXtension，多媒体扩展）技术。MMX 技术于 1996 年正式公布，在 IA-32 指令系统中新增了 57 条整数运算多媒体指令，可以用这些指令对图像、音频、视频和通信方面的程序进行优化，使微型机对多媒体的处理能力较原来有了大幅度提升。MMX 指令应用于 Pentium 处理器就是 Pentium MMX（多能奔腾）。MMX 指令应用于 Pentium Pro 处理器就是 Pentium II，于 1997 年推出。

1999 年，针对国际互联网和三维多媒体程序的应用要求，Intel 在 Pentium II 的基础上新增了 70 条 SSE（Streaming SIMD Extensions）指令（原称为 MMX-2 指令），开发了 Pentium III。

SSE 指令侧重于浮点单精度多媒体运算，极大地提高了浮点 3D 数据的处理能力。SSE 指令类似 AMD 公司发布的 3DNow!指令。这些多媒体指令具有显著的 SIMD(Single Instruction Multiple Data，单指令多数据) 处理能力，即一条指令可以同时进行多组数据的操作，现在统称为 SIMD 指令。

2000 年 11 月，Intel 公司推出 Pentium4，新增 76 条 SSE2 指令集，侧重于增强浮点双精度多媒体运算能力。2003 年的新一代 Pentium4 处理器新增了 13 条 SSE3 指令，用于补充完善 SIMD 11 指令集。

1.3.3 Intel 64 处理器

随着互联网、多媒体、三维视频等的发展，信息时代的应用对计算机性能提出了越来越高的要求，32 位单核处理器已不能适应这一要求。

1. Intel 64 结构

一直以来，80x86 处理器的更新换代都保持与早期处理器的兼容，以便继续使用现有的软硬件资源。但是，Intel 公司迟迟不愿将 80x86 处理器扩展为 64 位，这给了 AMD 公司一个机会。AMD 公司是生产 IA-32 处理器兼容芯片的厂商，是 Intel 公司最主要的竞争对手。AMD 公司的 IA-32 兼容处理器的价格低于 Intel 芯片，但性能没有超越对应的 Intel 芯片。于是，AMD 公司于 2003 年 9 月率先推出支持 64 位、兼容 80x86 指令集结构的 Athlon 64 处理器(K8 核心)，将桌面 PC 引入了 64 位领域。

2005 年，在 PC 用户对 64 位技术的企盼和 AMD 公司 64 位处理器的压力下，Intel 公司推出了扩展存储器 64 位技术（Intel Extended Memory 64 Technology，Intel EM64T）。EM64T 技术是 IA-32 结构的 64 位扩展，首先应用于支持超线程技术的 Pentium4 终极版（支持双核技术）和 6xx 系列 Pentium4 处理器。随着 EM64T 技术的出现，IA-32 指令系统也扩展成为 64 位，后来被称为 Intel64 结构。之后的 Pentium4 处理器以及 PentiumE 系列多核处理器、酷睿（Core）2 和酷睿 i 系列多核处理器等都支持 Intel 64 结构。

Intel 64 结构为软件提供了 64 位线性地址空间，支持 40 位物理地址空间，并引入一个新的工作方式：32 位扩展工作方式（IA-32e）。IA-32e 除有一个运行 32 位和 16 位软件的兼容方式外，还有一个 64 位方式。在 64 位工作方式下，允许 64 位操作系统运行存取 64 位地址空间的应用程序，还可以存取 8 个附加的通用寄存器、8 个附加的 SIMD 多媒体寄存器、64 位通用寄存器和 64 位指令指针等。

2. 多核技术

单纯以提高时钟频率等传统的增加处理器复杂度的方法已经很难提升处理器性能，还将带来功耗剧增、发热量巨大的问题，于是多核（Multi-core）技术应运而生。多核处理器是在一个集成电路芯片上制作了两个或多个处理器执行核心，依靠多个处理器核心相互协作同时执行多个程序线程提升性能。基于不同的处理器内部结构，Intel 也推出了多款多核处理器，主要有 Intel 奔腾 E 系列多核处理器、酷睿 2 和酷睿 i 系列多核处理器。

另一方面，SSE 系列指令集继续丰富，酷睿 2 补充了 SSE3 指令（即 32 条 SSSE3 指令），又推出增加了 54 条指令的 SSE4 指令集。其中，47 条指令在 Intel 面向服务器领域的至强（Xeon）5400 系列和酷睿 2 至尊版 QX9650 引入，被称为 SSE4.1 指令，致力于提升多媒体、3D 处理等的性能；其余 7 条指令被称为 SSE4.2 指令。

Intel 公司充分利用集成电路生产的先进技术和处理器结构的革新技术，推出了多种 Intel 80x86 系列处理器芯片。就目前的发展来看，Intel 公司正在利用单芯片多处理器技术生产双核、四核等多核处理器，并推广支持 64 位处理器和 64 位软件的个人计算机。

1.4 微型计算机系统

1981 年，IBM 公司采用 8088 CPU 推出了具有划时代意义的个人计算机——IBM PC，次年底又推出了扩展型——PC/XT 机。1984 年，IBM 用 80286 推出了增强型 IBM PC/AT 机。IBM PC、XT、AT 通常被称为 PC 系列，它们都是 16 位的。后来的 32 位 PC 都是采用 32 位 Intel 80x86 或其兼容的 CPU 而形成的微机，但其基本结构仍然源于 PC/AT 机。现在，人们谈论的微机或 PC（Personal Computer）就是上述微型计算机系统的统称。

1. PC 的硬件

从外观上看，微机系统由如下几部分组成：主机、键盘和鼠标、显示器等。其中，键盘是微机的标准输入设备，通过电缆与主板上的键盘接口相连；显示器是微机的标准输出设备，与主机中的显示卡连接。键盘和显示器又合称为控制台（Console）。

主机一般是指机箱所包含的部分，其中最主要的部件是主机板（简称主板），还有硬盘、光盘驱动器和电源等。主板又称为母板，是机箱内的一块大型印刷电路板。主板上有 CPU、主存储器、I/O 接口电路，还有若干插槽用于扩展系统功能及外部接口连接外设。

16 位 PC 一般采用 8088 或 80286 CPU，32 位 PC 则采用 32 位 80x86 CPU 或者与之兼容的芯片。80x86 兼容 CPU 执行同样的指令集，对应用程序来说是没有区别的。

2. 主存空间的分配

IBM PC 和 IBM PC/XT 机使用 8088 微处理器，支持 1 MB 存储空间。IBM PC/AT 机使用 80286 微处理器，支持 16 MB 存储空间。32 位 PC 使用 32 位 80x86 微处理器，具有 4 GB 主存空间，其使用情况如图 1-6 所示。

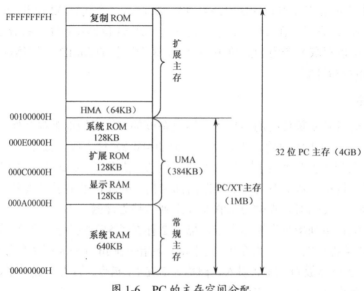

图 1-6　PC 的主存空间分配

8086 CPU 的地址线是 20 位的，这样其最大可寻址空间为 2^{20} B=1 MB，其地址范围为 00000H～FFFFFH。整个 1 MB 主存空间从低位地址到高位地址可分为 4 个区段：基本 RAM 区、保留 RAM 区、扩展 ROM 区和基本 ROM 区。

① 基本 RAM 区（00000H～9FFFFFH）：共 640 KB，由 DOS 进行管理。在这个区域中，操作系统要占用掉一部分低地址空间，其他则向用户程序开放。

② 保留 RAM 区（A0000H～BFFFFH）：为系统安排的"显示缓冲存储区"，共 128 KB，由显卡上的 RAM 芯片提供支持，用于存放屏幕显示信息。但这部分地址空间实际上没有全部使用。

③ 扩展 ROM 区（C0000H～DFFFFH）：共 128 KB，由 I/O 接口卡上的 ROM 芯片提供支持，用于为系统不直接提供支持的外设安排设备驱动程序。用户固化的 ROM 程序就可安排在这一区段，系统的 ROM-BIOS 会对它进行确认和连接。

④ 系统 ROM 区（E0000H～FFFFFH）：共 128 KB，由系统占用，主要提供 ROM-BIOS 程序。BIOS（Basic Input/Output System，基本输入/输出程序）是操作系统的重要组成部分，主要用来驱动输入、输出设备，也负责系统的上电检测、磁盘 DOS 引导等初始化操作。ROM-BIOS 中还有微机 CMOS 设置程序，以及供输出使用的字符/图符点阵信息等内容。

上述 1 MB 被称为实方式主存，其空间分配在所有采用 80x86 微处理器的 PC 上都一样。其中，最低 640 KB 的系统 RAM 区被称为常规主存（Conventional Memory）或基本主存（Base Memory），其后 384 KB 主存称为上位主存区（Upper Memory Area，UMA）。

对于 80286 的 16 MB 主存、IA-32 微处理器的 4 GB 空间，1 MB 后的 64 KB 可以作为高端主存区 HMA 使用，最后的 64 KB 复制 ROM-BIOS，其他主存空间都作为 RAM 区域使用，被称为扩展主存（Extended Memory）。扩展主存只能在保护方式使用。Lotus（莲花）、Intel（英特尔）、Microsoft（微软）和 AST 公司制定了扩展主存使用规范 XMS（eXtended Memory Specifications）。DOS（Disk Operation System，磁盘操作系统） 5 及以上系统中的 himem.sys 文件就是遵循该规范的驱动程序。

由于历史的原因，DOS 不能直接管理 1 MB 以上的主存，随着应用程序规模的增大，640 KB 的常规 RAM 成了非常宝贵的资源。为了充分利用主存空间，DOS 5 及以后版本可以利用 himem.sys 存储管理软件转换到保护方式来使用扩展内存。Windows、Linux 等操作系统则重新规划了主存空间，使用虚拟存储器实现存储管理。

3. PC 的软件

微机早期的操作系统是 DOS，其主要任务是进行文件管理和磁盘管理。DOS 平时驻留于磁盘上，在启动机器时才被调入内存。现在，通常使用它的最终版本 MS-DOS 6.22。由于 MS-DOS 是被设计运行在 8086 CPU 上的 1 MB 内存中，它的管理极限是 640 KB 的基本 RAM 区。因而，DOS 不能直接管理更大的扩展内存，这一点限制了它的功能。现在，微机上常用的操作系统是 Windows，但 32 位 Windows 操作系统仍然保留了 MS-DOS 模拟环境。本书介绍的汇编语言程序设计环境主要运行在 DOS 平台或 32 位 Windows 的 MS-DOS 模拟环境中。不过，64 位 Windows 不再支持 16 位 MS-DOS 模拟环境。运行 16 位 DOS 应用程序需要使用虚拟机软件模拟 DOS 环境，如简单的 DOS Box 或者功能强大的 Vmware 虚拟机（详见第 3 章）。

PC 上的应用软件可谓丰富多彩，但进行汇编语言程序设计主要利用如下一些软件。

❖ 录入、修改源程序的文本编辑软件，如 DOS 的全屏幕编辑器 EDIT，Windows 的记事本 Notepad，Turbo C 或 Visual Studio 集成开发系统中的编辑器。

❖ 汇编源程序成为目标模块的汇编程序，本书采用微软的 MASM6.x 版本，较著名的还有 Turbo ASM，两者差别不大。

❖ 连接目标模块为可执行程序的连接程序，如 LINK 程序，连接 16 位 DOS 程序的连接程序与连接 32 位 Windows 程序的连接程序不同。

❖ 进行程序排错等的调试程序，本书附录介绍 DOS 的 DEBUG 程序和 MASM 配套的 Code View。

❖ 集编辑、汇编、连接和调试为一体的综合开发环境，如 MASM 的程序员工作平台 PWB、微软的 Visual Studio 开发系统。

20 世纪 80 年代初，Microsoft 公司推出 MASM 1.0，最后一个独立软件包是 MASM 6.11。MASM 4.0 支持 80286/80287 的处理器和协处理器；MASM 5.0 支持 80386/80387 处理器和协处理器，并加进了简化段伪定义指令和存储模式伪指令，汇编和连接的速度更快。MASM 6.0 是 1991 年推出的，支持 80486 处理器，对 MASM 进行重新组织，并提供了许多类似高级语言的新特点。MASM 6.0 之后又有一些改进，Microsoft 又推出 MASM 6.11，利用它的免费补丁程序可以升级到 MASM 6.14，支持 MMX Pentium、Pentium II 及 PentiumIII 指令系统。以后的 MASM 都存在于 Visual C++开发工具中。例如，可以从 Visual C++ 6.0 中复制出 MASM 6.15，以便支持 Penium4 的 SSE2 指令系统。Visual C++ .NET 2003 中有 MASM 7.10，但没有什么大的更新。Visual C++ .NET 2005 提供的 MASM 才支持 Penium 4 的 SSE3 指令系统，同时提供一个 ML64.exe 程序，用于支持 64 位指令系统。

本书主要以 MASM 6.x 为标准，但大部分程序同样适合 MASM 5.x。为了方便初学者学习，本书利用 MASM 6.x，介绍了用于模拟 DOS 环境（和 32 位控制台）开发汇编语言程序的有关软件，创建一个基本但完整的 MASM 6.15 汇编语言开发系统，详见第 3 章。

1.5　8086 微处理器

微处理器是微型计算机的硬件核心，即 CPU。微处理器包括指令执行需要的运算和控制部件，还有暂存数据、地址等的寄存器。了解微处理器基本结构、熟悉其寄存器作用是学习指令系统的基础。

1.5.1　8086 的功能结构

Intel 公司按两大功能模块描绘了 8086 的内部结构，如图 1-7 所示。相对于 8086 内部结构，8088 内部除指令队列为 4 字节、对外的数据总线是 8 位外，其他都相同。

图 1-7 右半部分是总线接口单元（Bus Interface Unit，BIU），由 6 字节的指令队列、指令指针（IP）、段寄存器（CS、DS、SS、ES）、地址加法器和总线控制逻辑等构成。该单元管理着 8086 与外部总线的接口，负责 CPU 对存储器和外设进行访问。8086 所连接的总线由 16 位双向数据线、20 位地址线和若干控制线组成。

图 1-7 左半部分是执行单元（Execution Unit，EU），由算术逻辑单元 ALU、数据寄存器、地址寄存器、标志寄存器和指令译码的 EU 控制逻辑等构成。EU 负责指令的译码、执行和数据的运算。

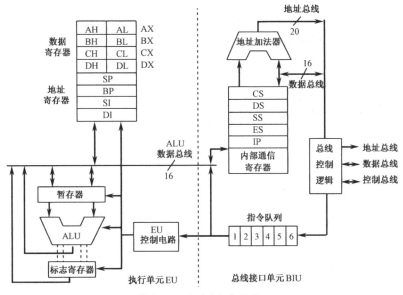

图 1-7　8086 的内部结构

完成一条指令的功能可以分成两个主要阶段：取指和执行。

取指是从主存储器中取出指令代码进入 CPU。8086 CPU 中，指令在存储器中的地址由代码段寄存器 CS 和指令指针寄存器 IP 共同提供，再由地址加法器得到 20 位存储器地址。总线接口单元 BIU 负责从存储器取出这个指令代码，送入指令队列。

执行是将指令代码翻译成它代表的功能（被称为译码），并发出有关控制信号实现这个功能。在 8086 CPU 中，EU 从指令队列中获得预先取出的指令代码，在 EU 控制电路中进行译码，然后发出控制信号，由算术逻辑单元进行数据运算、数据传送等操作。指令执行过程需要的操作数据有些来自 CPU 内部的寄存器，有些来自指令队列，有些来自存储器和外设。如果需要来自外部存储器或外设的数据，则 EU 控制 BIU 从外部获取。

1.5.2　8086 的寄存器

处理器内部需要高速存储单元，用于暂时存放程序执行过程中的代码和数据，这些存储单元被称为寄存器（Register）。处理器内部设计有多种寄存器，每种寄存器还可能有多个，从应用的角度可以分成两类：透明寄存器和可编程寄存器。

有些寄存器对应用人员来说不可见、不能直接控制，如保存指令代码的指令寄存器，它们被称为透明寄存器。这里的"透明（Transparency）"是计算机学科中常用的一个专业术语，表示实际存在但从某个角度看好像没有。"透明"思想可以使我们抛开不必要的细节，而专注于关键问题。

底层语言程序员需要掌握可编程（Programmable）寄存器。它们具有引用名称、供编程使用，还可以进一步分成通用寄存器和专用寄存器。

通用寄存器：在处理器中数量较多、使用频度较高，具有多种用途。例如，它们可用来存放指令需要的操作数据，可用来存放地址以便在主存或 I/O 接口中指定操作数据的位置。

专用寄存器：只用于特定目的。例如，8086 的指令指针寄存器 IP 只用于记录将要执行指令的主存地址，标志寄存器保存指令执行的辅助信息。

图 1-8 是 8086 的寄存器组。8086 的寄存器组分成 8 个通用寄存器、4 个段寄存器、1 个标志寄存器和 1 个指令指针寄存器，它们均为 16 位。本节介绍各寄存器的一般用途，具体应用将在每条指令的学习时详细论述。

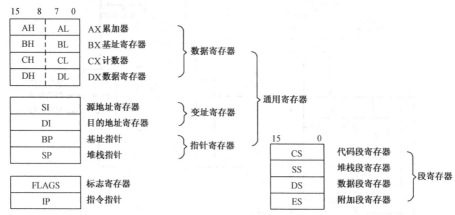

图 1-8　8086 的寄存器组

1. 通用寄存器

通用寄存器（General-Purpose Register）一般是指处理器最常使用的整数通用寄存器，可用于保存整数数据、地址等。8086 处理器有 8 个 16 位通用寄存器，分别被命名为：AX、BX、CX、DX、SI、DI、BP 和 SP。

通用寄存器是多用途的，可以保存数据、暂存运算结果，也可以存放存储器地址、作为变量的指针。但在 8086 处理器中，每个寄存器又有它们各自的特定作用，并因而得名。程序中通常也按照其含义使用它们，如表 1-5 所示。

表 1-5　8086 处理器的通用寄存器

名称	中英文含义	作　用
AX	累加器（Accumulator）	使用频度最高，用于算术、逻辑运算以及与外设传送信息等
BX	基址寄存器（Base）	常用来存放存储器地址，以方便指向变量或数组中的元素
CX	计数器（Counter）	作为循环操作等指令中的计数器
DX	数据寄存器（Data）	存放数据，在输入、输出指令中存放外设端口地址
SI	源变址寄存器（Source Index）	指向字符串或数组的源操作数
DI	目的变址寄存器（Destination Index）	指向字符串或数组的目的操作数
BP	基址指针寄存器（Base Pointer）	默认指向程序堆栈区域的数据，主要用于在子程序中访问通过堆栈传递的参数和局部变量
SP	堆栈指针寄存器（Stack Pointer）	专用于指向程序堆栈区域顶部的数据，在涉及堆栈操作的指令中会自动增加或减少，以使其总是指向堆栈顶部

（1）数据寄存器

8086 有 4 个 16 位数据寄存器：AX、BX、CX 和 DX。它们还都可以进一步分成高字节 H（High）和低字节 L（Low）两部分，这样有了 8 个 8 位通用寄存器：AH 和 AL、BH 和 BL、CH 和 CL、DH 和 DL。编程应用中，可以整个使用 16 位寄存器（如 AX），也可以分成 2 个 8 位使用：$D_{15} \sim D_8$（如 AH）和 $D_7 \sim D_0$（如 AL），对其中低或高 8 位的操作不影响对应高或低 8 位的数据。

（2）变址寄存器

许多指令需要表达两个操作数（操作对象，如加法指令的被加数以及加法结果）：源操作数，指被传送或参与运算的操作数（如加法的被加数）；目的操作数，指保存传送结果或运算结果的操作数（如加法的和值结果）。

SI 和 DI 是变址寄存器，常通过改变寄存器表达的地址指向数组元素。SI 常用于指向源操作数，而 DI 常用于指向目的操作数。

（3）指针寄存器

堆栈（Stack）是一个特殊的存储区域，采用先进后出 FILO（First In Last Out，也称为后进先出 LIFO，Last In First Out）的操作方式存取数据。堆栈用于调用子程序时暂存数据、传递参数、存放局部变量，也可以用于临时保存数据。BP 和 SP 是（堆栈）指针寄存器，用于指向堆栈中的数据。其中，SP 是指向堆栈栈顶的指针，它会随着处理器执行有关指令自动增大或减小，所以 SP 不应该再用于其他目的，实际上可归类为专用寄存器。但是，SP 又可以像其他通用寄存器一样灵活的改变。BP 是指向堆栈某处的指针，常以此为基址访问该处前后的数据。

2. 标志寄存器

标志（Flag）用于反映指令执行结果或控制指令执行形式，是汇编语言程序设计中必须特别注意的。许多指令执行之后将影响有关的标志位，不少指令的执行要利用某些标志。当然，也有很多指令与标志无关。8086 处理器中各种常用的标志形成一个 16 位的标志寄存器 FLAGS，也被称为程序状态字寄存器 PSW。标志寄存器 FLAGS 中的各种标志分成了两类：6 个状态标志和 3 个控制标志，如图 1-9 所示。

图 1-9　标志寄存器 FLAGS

（1）状态标志

状态标志是最基本的标志，用来记录指令执行结果的辅助信息。加、减运算和逻辑运算指令是主要设置它们的指令，有些其他指令的执行也会相应地设置它们。8086 的状态标志有 6 个，但主要使用其中 5 个构成各种条件，分支指令判断这些条件实现程序分支。它们从低位到高位是：进位标志 CF（Carry Flag）、奇偶标志 PF（Parity Flag）、调整标志 AF（Adjust Flag）、零标志 ZF（Zero Flag）、符号标志 SF（Sign Flag）、溢出标志 OF（Overflow Flag）。

（2）控制标志

控制标志位可由程序根据需要用指令设置，用于控制处理器执行指令的方式。8086 的控制标志有 3 个：方向标志 DF（Direction Flag），仅用于串操作指令中；中断允许标志 IF（Interruptenable Flag），或简称中断标志，用于控制外部可屏蔽中断是否可以被处理器响应；陷阱标志 TF（Trap Flag），也常称为单步标志，用于控制处理器是否进入单步操作方式。

3. 指令指针寄存器

程序由指令组成，指令存放在主存储器中。处理器需要一个专用寄存器表示将要执行的指令在主存的位置，这个位置用存储器地址表示。在 8086 微处理器中，这个存储器地址保存在 16 位指令指针寄存器 IP（Instruction Pointer）中。

IP 是专用寄存器，具有自动增量的能力。处理器执行完一条指令，IP 中的值就加上该指令的字节数，从而指向下一条指令，实现程序的顺序执行。需要实现分支、调用等操作时要修改 IP，它的改变将引起程序转移到指定的指令执行。但 IP 寄存器不能像通用寄存器那样直接赋值修改，需要执行控制转移指令（如跳转、分支、调用和返回指令）、出现中断或异常时被处理器赋值而相应改变。

4．段寄存器

程序中包括可以执行的指令代码，还有指令操作的各类数据等。遵循模块化程序设计思想，希望将相关的代码安排在一起，相关数据安排在一起，于是段（Segment）的概念自然出现。一个段安排一类代码或数据。程序员在编写程序时，可以自然地把程序的各部分放在相应的段中。应用程序主要涉及 3 类段：存放程序中指令代码的代码段（Code Segment）、存放当前运行程序所用数据的数据段（Data Segment）、指明程序使用的堆栈区域的堆栈段（Stack Segment）。为了表明段在主存中的位置，8086 设计了 4 个 16 位段寄存器：代码段寄存器 CS（Code Segment）、堆栈段寄存器 SS（Stack Segment）、数据段寄存器 DS（Data Segment）和附加段寄存器 ES（Extra Segment）。其中，附加段也是用于存放数据的数据段，专为处理数据串设计的串操作指令必须使用附加段作为其目的操作数的存放区域。

1.5.3　8086 的存储器组织

存储器是计算机存储信息的地方。程序运行所需要的数据，程序执行的结果以及程序本身均保存在存储器中。

1．数据的存储格式

计算机存储信息的基本单位是一个二进制位（bit），1 位可存储一个二进制数 0 或 1。8 个二进制位组成 1 字节（Byte），位编号由右向左从 0 开始递增计数为 $D_7 \sim D_0$，如图 1-10 所示。

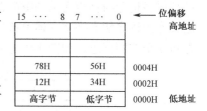

图 1-10　8086 的存储格式

8086 和 80286 的字长为 16 位，由 2 字节组成，称为字（Word），位编号自右向左为 $D_{15} \sim D_0$。80386 和 80486 的字长为 32 位，由 4 字节组成，称为双字（Double Word），位编号自右向左为 $D_{31} \sim D_0$。其中最低位称为最低有效位（Least Significant Bit，LSB），即 D_0 位；最高位称为最高有效位（Most Significant Bit，MSB），对应字节、字、双字分别指 D_7、D_{15}、D_{31} 位。

存储器中以字节为单位存储信息。为了正确存取信息，每个存储单元被赋予一个地址，即存储器地址。地址编号从 0 开始，顺序加 1，是一个无符号二进制整数，常用十六进制数表示。

存储单元中存放的信息称为该存储单元的内容。图 1-10 表示在 0002H 地址的存储器中存放的信息为 34H，即 2 单元的内容为 34H，表示为[0002H]=34H 或(0002H)=34H（本书中主要以[ ]表示存储单元的内容）每个存储单元的内容是 1 字节，很多数据是以字或双字来表示的，在存储器中如何来存放一个字或双字呢？字或双字在存储器中占相邻的 2 个或 4 个存储单元；存放时，低字节存入低地址，高字节存入高地址；字或双字单元的地址用它的低地址来表示。80x86 处理器采用的这种"低对低、高对高"的存储形式被称为"小端方式（Little Endian）"。例如，在图 1-10 中，2 号"字"单元的内容为[0002H]=1234H，2 号"双字"单元的内容为[0002H]=78561234H。

因此，同一个地址既可以看做字节单元的地址，也可以看做字单元的地址，还可以看做双字单元的地址，这要根据具体情况来确定。

对于以字节为存储单位的主存储器来说，多字节数据还涉及是否对齐地址边界问题。对 n（$n = 2, 2^2, 2^3, 2^4, \cdots$）字节的数据，如果起始于能够被 n 整除的存储器地址位置（也称为模 n 地址）存放，则称地址边界对齐（Align）。例如，16 位 2 字节数据起始偶地址（模 2 地址，地址最低 1 位为 0），32 位 4 字节数据起始模 4 地址（地址最低 2 位为 00），就是对齐地址边界。

难道不允许 *n* 字节数据起始于非模 *n* 地址吗？是，也不是。有很多处理器要求数据存放必须对齐地址边界，否则会发生非法操作。8086 处理器比较灵活，允许不对齐边界存放数据。不过，访问未对齐地址边界的数据，处理器需要更多的读写操作，性能不及对齐地址边界的数据访问，尤其大量、频繁的存储器数据操作时。所以，为了获得更好的性能，常要进行地址边界对齐。

2．存储器的分段管理

对于 16 位字长的 8086 CPU 来说，可以方便地表达 16 位存储器地址：编号为 0000H～FFFFH，即 2^{16} B =64 KB 容量。但是 8086 CPU 的地址线是 20 位的，这样最大可寻址空间应为 2^{20} B =1 MB，其物理地址范围为 00000H～FFFFFH。那么，这 1 MB 空间如何用 16 位寄存器表达呢？

8086 将 1 MB 存储器空间分成许多逻辑段（Segment），每个段最大限制为 64 KB。这样，每个存储器单元就可以用"段基地址：段内偏移地址"表达其准确的物理位置。

段基地址：说明逻辑段在主存中的起始位置，简称段地址。为了能用 16 位寄存器表达段地址，8086 规定段地址必须是模 16 地址，即 xxxx0H 形式。省略低 4 位的 0，段地址就可以用 16 位数据表示，它通常被保存在 16 位的段寄存器中。

段内偏移地址：说明主存单元距离段起始位置的偏移量（Displacement），简称偏移地址（Offset）。由于限定每段不超过 64 KB，所以偏移地址也可以用 16 位数据表示。

每个存储器单元都有的一个唯一的 20 位地址，被称为该单元的物理地址或绝对地址。在 8086 内部和用户编程时，采用的"段地址:偏移地址"形式被称为逻辑地址。将逻辑地址中的段地址左移 4 位，加上偏移地址就得到 20 位物理地址。例如，逻辑地址"1460H:100H"表示物理地址 14700H。同一个物理地址可以有多个逻辑地址，如图 1-11 所示。

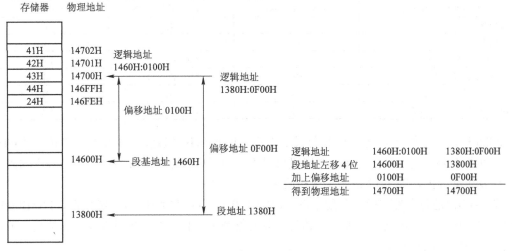

图 1-11　逻辑地址和物理地址

3．段寄存器的作用

8086 的段寄存器保存对应逻辑段的段基地址，每种段均有各自的用途。

代码段寄存器（Code Segment，CS）：存放程序的指令序列。CS 存放代码段的段地址，指令指针寄存器 IP 指示代码段中指令的偏移地址。处理器利用 CS:IP 取得下一条要执行的指令。

堆栈段寄存器（Stack Segment，SS）：确定堆栈所在的主存区域。SS 存放堆栈段的段地址，堆栈指针寄存器 SP 指示堆栈栈顶的偏移地址。处理器利用 SS : SP 操作堆栈中的数据。

数据段寄存器（Data Segment，DS）：存放当前运行程序所用的数据。DS 存放数据段的段地址，存储器中操作数的偏移地址则由各种主存寻址方式得到，称为有效地址（Effective Address，EA）。

附加段寄存器（Extra Segment，ES）：附加的数据段，也用于数据的保存。另外，串操作指令将附加段作为其目的操作数的存放区域。

将存储器分段管理符合程序的模块化思想，利于编写模块化结构的程序。程序员在编制程序时，可以自然地把程序的各部分放在相应的逻辑段中。

❖ 程序的指令序列必须安排在代码段中。

❖ 程序使用的堆栈一定在堆栈段中。

❖ 程序中的数据默认安排在数据段中，也经常安排在附加段中，尤其是串操作的目的区必须是附加段。但是，数据的存放是比较灵活的，实际上可以存放在任何一种逻辑段中。这时，只要明确指明是哪个逻辑段就可以了。为此，8086 设计有 4 个段超越前缀指令，分别如下：

```
cs:                        ; 代码段超越，使用代码段的数据
ss:                        ; 堆栈段超越，使用堆栈段的数据
ds:                        ; 数据段超越，使用数据段的数据
es:                        ; 附加段超越，使用附加段的数据
```

段寄存器的使用规定总结在表 1-6 中。注意允许段超越的情况：一般的数据访问使用 DS 段，允许进行段超越，即可以是其他段；若使用 BP 基址指针寄存器访问主存，则默认是 SS 段，也允许段超越。

表 1-6   段寄存器的使用规定

访问存储器的方式	默认的段寄存器	可超越的段寄存器	偏移地址
取指令	CS	无	IP
堆栈操作	SS	无	SP
一般数据访问（下列除外）	DS	CS，ES，SS	EA
串操作的源操作数	DS	CS，ES，SS	SI
串操作的目的操作数	ES	无	DI
BP 作为基址的寻址方式	SS	CS，DS，ES	EA

8086 规定段地址低 4 位均为 0，每段最大不超过 64 KB。但是，每段并不要求必须是 64KB，各段之间并不要求完全分开。两个逻辑段可以部分重叠，甚至完全重叠。当然，各段的内容是不允许发生冲突的，图 1-12 说明了这种情况。

图 1-12(a)是各自独立段的分配示例。CS=0150H，DS=4200H，SS=1CD0H，ES=B000H，它们分别为代码段、数据段、堆栈段和附加段的首地址。自每个首地址开始，各段均占 64 KB 的范围，各段之间互不重叠。

图 1-12(b)则是相互重叠段的分配示例。CS = 0200H，DS = 0400H，SS = 0480H，这样代码段、数据段和堆栈段的首地址分别为 02000H、04000H 和 04800H。其中代码段大小为 8 KB，数据段占 2 KB，而堆栈段只有 256 B，SP = 0100H。该程序没有使用附加段，所以没有设置 ES。可以看出，各段大小应根据实际需要来分配，可以重叠。有时甚至可以将所有 4 种段集中在一个逻辑段内，形成一个短小紧凑的程序，其大小不超过 64 KB。在图 1-12(b)所示的情况下，

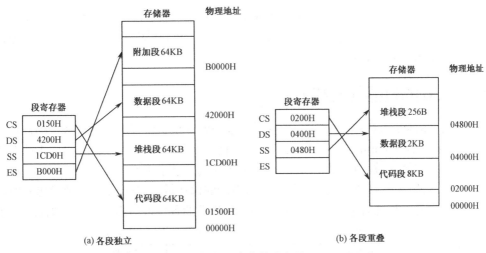

图 1-12 存储器的分段

CS=DS=SS=0200H，这时代码段将占据该逻辑段偏移地址为 0000~1FFFH 的 8 KB，而数据段在偏移地址为 2000H~27FFH 位置，堆栈顶指针 SP=2900H。

1.6 8086 的寻址方式

笼统地说，数据来自主存或外设，但这个数据可能事先已经保存在处理器的寄存器中，也可能与指令操作码一起进入了处理器。主存和外设在汇编语言当中被抽象为存储器地址或 I/O 地址，寄存器以名称表达，机器代码中同样用地址编码区别寄存器，所以指令的操作数需要通过地址指示。通过地址才能查找到数据本身，这就是操作数的寻址方式（Addressing Mode），也称为数据寻址方式。对处理器的指令系统来说，绝大多数指令采用相同的寻址方式。寻址方式对处理器工作原理和指令功能的理解以及汇编语言程序设计至关重要。

汇编语言中，操作码用助记符表示，操作数则由寻址方式体现。8086 只有输入/输出指令与外设交换数据（将在 5.4 节中学习）。除外设数据外的操作数寻址方式有 3 类：用常量表达的具体数值（立即数寻址），用寄存器名表示的其中内容（寄存器寻址），用存储器地址代表保存的数据（存储器寻址）。

为了能够从一开始就形成正确的书写格式，为以后编写汇编语言源程序打好基础，在此先简单介绍汇编语言的语句格式（详细内容参考第 3.1 节）。

汇编语言的每条语句一般占一行，由分隔符分成 4 部分组成，又可以分成两种。

① 执行性语句：用于表达处理器指令（将在第 2 章学习）。执行性语句汇编后对应一条指令代码。由处理器指令组成的代码序列是程序设计的主体，其格式如下：

标号：   处理器指令助记符 操作数，操作数   ；注释

② 说明性语句：用于表达汇编程序命令（将在第 3 章学习），指示源程序如何汇编、变量怎样定义、过程怎么设置等。相对于真正的处理器指令（也称为真指令、硬指令），汇编程序命令也称为伪指令（Pseudoinstruction）、指示性语句或指示符（Directive），其格式如下：

名字   伪指令助记符 参数，参数，…   ；注释

其中，标号和名字是用户定义的标识符，用于指示指令的逻辑地址；助记符是表达处理器指令或汇编语言命令的标识符（属于保留字），操作数和参数是指令或命令需要的数据，";" 后的

内容则是注释。通常，在双操作数的指令语句中"，"右边的操作数是源操作数，表示参与指令操作的一个对象；"，"左边的操作数是目的操作数，不仅可以作为指令操作的一个对象，还可以用来存放指令操作的结果。

1.6.1　8086 的机器代码格式

机器代码（Machine Code）格式是指令用二进制数 0 和 1 进行编码的形式，也被称为指令编码格式（Instruction Format）。8086 的机器代码格式如图 1-13 所示。操作码占 1 或 2 字节，后面的各字节指明操作数。其中，"mod　reg r/m"表明寻找操作数的方式（即采用的寻址方式），"位移量"字节给出某些寻址方式需要的相对基地址的偏移量，"立即数"字节给出立即寻址方式需要的数值本身。设计有多种寻址方式，因此操作数的各字段有多种组合，如表 1-7 所示。

1/2 字节	0/1 字节	0/1/2 字节	0/1/2 字节
操作码	mod reg r/m	位移量	立即数

图 1-13　8086 的机器代码格式

表 1-7　8086 指令的寻址方式字节编码

R/M	0 0	0 1	1 0	1 1		REG
				w=0	w=1	
000	[BX+SI]	[BX+SI+D8]	[BX+SI+D16]	AL	AX	000
001	[BX+DI]	[BX+DI+D8]	[BX+DI+D16]	CL	CX	001
010	[BP+SI]	[BP+SI+D8]	[BP+SI+D16]	DL	DX	010
011	[BP+DI]	[BP+DI+D8]	[BP+DI+D16]	BL	BX	011
100	[SI]	[SI+D8]	[SI+D16]	AH	SP	100
101	[DI]	[DI+D8]	[DI+D16]	CH	BP	101
110	[D16]	[BP+D8]	[BP+D16]	DH	SI	110
111	[BX]	[BX+D8]	[BX+D16]	BH	DI	111

8086 指令最多可以有两个操作数。在"mod　reg r/m"字节中，reg 字段表示一个采用寄存器寻址的操作数，reg 占用 3 位，不同编码指示 8 个 8 位（w=0）或 16 位（w=1）通用寄存器之一；mod 和 r/m 字段表示另一个操作数的寻址方式，分别占用 2 位和 3 位。

❖ mod=00 时，为无位移量的存储器寻址方式。其中，当[r/m]=110 时，为直接寻址方式，此时该字节后跟 16 位有效地址 D16。

❖ mod=01 时，为带有 8 位位移量的存储器寻址方式。此时该字节后跟 1 字节量，表示 8 位位移量 D8，它是一个有符号数。

❖ mod=10 时，为带有 16 位位移量的存储器寻址方式。此时该字节后跟 2 字节（字）量，表示 16 位位移量 D16，它也是一个有符号数。

❖ mod=11 时，为寄存器寻址方式，由 r/m 指定寄存器，此时的编码与 reg 相同。

除上述一般机器代码的格式外，8086 还有其他机器代码格式，详见参考文献。

为了更清楚地掌握寻址方式，下面以最常用的 MOV 指令（详见 2.1 节）来举例说明。MOV 指令是一个数据传送指令，相当于高级语言的赋值语句，其格式为：

```
mov     dest, src ①                    ; DEST←SRC
```

MOV 指令的功能是将源操作数 SRC 传送至目的操作数 DEST。我们固定目的操作数采用寄存器寻址，而用源操作数反映各种寻址方式。

---

① 汇编语言程序中对大小写不敏感，为了行文方便，除特殊说明外，代码全部采用小写格式。全书同。

【例 1.13】 将寄存器 BX 的内容传送给 AX 寄存器。

mov   ax, bx   ; 指令功能: AX←BX, 机器代码为 89 D8（十六进制数, 下同）

其中，第 1 字节 "89" 是操作码，还包含 w=1（字节中的最低位），表示进行 16 位操作；第 2 字节 "D8" 表示 "mod reg r/m" 寻址方式，用二进制数表示为 11011000。对应表 1-7 可以看出：reg=011，表示一个操作数 BX；mod=11 和 r/m=000，表示另一个操作数 AX。

【例 1.14】 将寄存器 BX 的内容加寄存器 SI 的内容再加 6 的值作为存储器地址，从该地址单元传送 1 字节数据给 AL 寄存器。

mov   al, [bx+si+6]   ; 指令功能: AL←[BX+SI+6], 机器代码为 8A 40 06

其中，第 1 个操作码 "8A"，包含 w=0，表示进行 8 位操作，第 2 个寻址方式 "40" 用二进制数表示为 01000000。从表 1-7 可以看出：REG=000，表示一个操作数 AL；MOD=01 和 R/M=000，表示另一个操作数[BX+SI+D8]是带 8 位位移量的存储器寻址，这里[D8]=06，由第 3 字节表达。

为了体会指令功能和查看机器代码，可以利用调试程序。在入门学习阶段，建议利用 MS-DOS 平台的调试程序 DEBUG.exe。虽然功能不够强大、使用也不够灵活，但简单的 DEBUG 调试程序却具有基本的调试手段，不仅适合学习要求（前 5 章，尤其是第 2 章的指令学习），也是熟悉其他调试程序的基础。

要进入 DEBUG.exe 程序，在 32 位 Windows 图形界面下需要启动命令行窗口，输入 "DEBUG" 即可（详见第 3 章）。在调试程序中，使用汇编命令输入指令，使用反汇编命令查看指令及其机器代码，用单步命令执行一条指令，通过观察结果体会指令功能。调试程序 DEBUG 的使用参见附录 A。

1.6.2 立即数寻址方式

在立即数寻址方式下，指令中的操作数直接存放在机器代码中，紧跟在操作码之后，如图 1-14 左侧。这条指令汇编成机器代码后，操作数作为指令的一部分存放在操作码之后的主存单元中。这种操作数称为立即数 IMM，可以是 8 位数值 i8（00H～FFH），也可以是 16 位数值 i16（0000H～FFFFH）。立即数寻址方式常用来给寄存器或存储单元赋值。

【例 1.15】 将立即数 05H（字节，即 8 位立即数）传送给 AL 寄存器。

mov   al, 05h   ; 功能: AL←05H, 机器代码为 B0 05

其中，B0 为该指令的操作码，紧接其后的 05 就是立即数 05H。

【例 1.16】 将 16 位立即数 0102H 送至 AX 寄存器。

mov   ax, 0102h   ; 功能: AX←0102H, 机器代码为 B8 02 01

在该指令机器代码所在主存单元后的 2 字节单元的内容为 0102H，可见 16 位立即数 0102H 紧跟在 MOV 指令后，存放在代码段中。注意，高字节 01H 存放于高地址中，低字节存放于低地址单元中，如图 1-14 右侧所示。

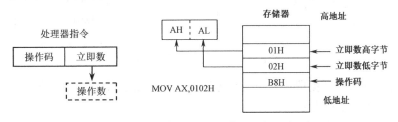

图 1-14　立即数寻址方式

1.6.3　寄存器寻址方式

寄存器寻址方式的操作数存放在 CPU 的内部寄存器 REG 中，可以是 8 位寄存器 R8（AH、AL、BH、BL、CH、CL、DH、DL）或者 16 位寄存器 R16（AX、BX、CX、DX、SI、DI、BP、SP）。另外，操作数可以存放在 4 个段寄存器 SEG（CS、DS、SS、ES）中。

```
mov    ax, 1234h      ; 目的操作数采用寄存器寻址，源操作数为立即数寻址 AX←1234H
mov    bx, ax         ; 两个操作数均为寄存器寻址：BX←AX，机器代码为 89 C3
```

执行上述两条指令之后，结果是 BX=1234H。

寄存器寻址方式的操作数存放于 CPU 的某个内部寄存器中，不需要访问存储器，因而执行速度较快，是经常使用的方法。

1.6.4　存储器寻址方式

寄存器寻址虽然速度较快，但 CPU 中寄存器数目有限，不可能把所有参与运算的数据都存放在寄存器中。在多数情况下，操作数还是要存储在主存中。如何寻址主存中存储的操作数称为存储器寻址方式，也称为主存寻址方式。在这种寻址方式下，指令中给出的是有关操作数的主存地址信息。我们知道，8086 的存储器是分段管理的，所以这里给出的地址只是偏移地址（即有效地址 EA），而段地址在默认的或用段超越前缀指定的段寄存器中。

为了方便各种数据结构的存取，8086 设计了多种主存寻址方式。

1. 直接寻址方式

在直接寻址方式下，指令中直接包含了有效地址，如图 1-15 左侧。例如：

```
mov    ax, [2000h]    ; AX←DS：[2000H]，机器代码为 A1 00 20
```

该指令中给定了有效地址 2000H，它不是存储器的物理地址。在默认情况下，有效地址要与数据段寄存器 DS 一起构成操作数所在存储单元的物理地址。在汇编语言中，用[ ]表示存储单元的内容。

该例指令的执行结果是将 DS:[2000H]单元的内容传送至 AX 寄存器，其中高字节内容送 AH 寄存器，低字节内容送 AL 寄存器，如图 1-15 右侧所示。

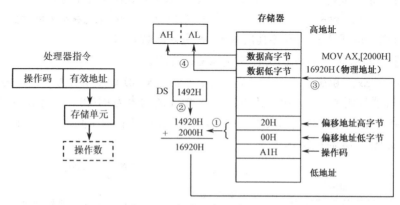

图 1-15　存储器直接寻址方式

数据不仅可以存放于数据段中，也可根据需要存放于附加段、代码段或堆栈段中，这时指令中应指明段超越前缀。例如：

```
mov    ax, es:[2000h]    ; AX←ES：[2000H]，机器代码为 26 A1 00 20
```

该指令中的操作数存放在附加段中。

2. 寄存器间接寻址方式

在这种寻址方式中，有效地址存放在寄存器中（如图 1-16(a)所示），8086 中寄存器只能是基址寄存器 BX 或变址寄存器 SI、DI 中。其默认的段地址在 DS 段寄存器中，但可使用段超越前缀改变。例如：

```
        mov     ax, [si]                ; AX←DS:[SI], 机器代码为 8B 04
```

该指令中有效地址存放于 SI 寄存器中，操作数则存放在数据段主存单元中。假设 SI 内容设置为 2000H，则该指令等同于"mov   ax, [2000H]"。

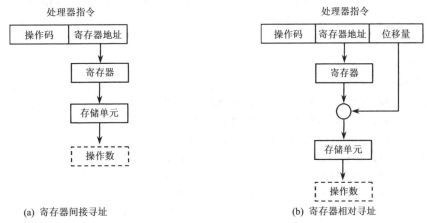

(a) 寄存器间接寻址   (b) 寄存器相对寻址

图 1-16   寄存器间接寻址和相对寻址

3. 寄存器相对寻址方式

在寄存器相对寻址方式下，有效地址是寄存器内容与有符号 8 位或 16 位位移量之和（如图 1-16(b)所示），寄存器可以是 BX、BP 或 SI、DI。操作数的 EA=BX/BP/SI/DI+8/16 位位移量。其中，BX、SI、DI 寄存器默认数据段 DS，BP 寄存器默认堆栈段 SS。当使用非默认段时，可用段超越前缀。

```
        mov     ax, [di+06h]            ; AX←DS:[DI+06H], 机器代码为 8B 45 06
```

这条指令使用的是 DI 寄存器，位移量为 06H，那么操作数的 EA=DI+06H，与 DI 寄存器约定的段是数据段 DS。再如：

```
        mov     ax, [bp+06h]            ; AX←SS:[BP+06H], 机器代码为 8B 46 06
```

该指令使用的是 BP 寄存器，与之约定的段为堆栈段 SS。另外，采用 BP 相对寻址时，如果偏移量为 0，也可以不写，形式上与寄存器间接寻址一样。例如：

```
        mov     ax, [bp]                ; 等同于 MOV  AX, [BP+0H], 机器代码均为 8B 46 00
```

指令代码中的位移量采用补码表示，如果是 8 位，则被带符号扩展为 16 位。当得到的有效地址 EA 超过 FFFFH 时，则取 64K（即 64×1024）的模。例如，如果上例中的 DI 为 FFFEH（如作为补码，表示–2），则[DI+6]后的有效地址为 0004H。

4. 基址变址寻址方式

基址变址寻址方式是把一个基址寄存器（BX 或 BP）的内容加上变址寄存器（SI 或 DI）的内容构成有效地址 EA。这样，操作数的 EA =BX/BP+SI/DI。若基址寄存器使用 BX，其默认段为数据段 DS。若基址寄存器使用 BP，其默认段为堆栈段 SS。

```
        mov     ax, [bx+si]             ; AX←DS:[BX+SI], 机器代码为 8B 00
```

```
        mov     ax, [bp+di]              ; AX←SS:[BP+DI], 机器代码为 8B 03
        mov     ax, ds:[bp+di]           ; AX←DS:[BP+DI], 机器代码为 3E 8B 03
```

当得到的有效地址 EA 超过 FFFFH 时，则取其 64K 的模。

5. 相对基址变址寻址方式

相对基址变址寻址方式也使用基址寄存器（BX/BP）和变址寄存器（SI/DI），还在指令中指定一个 8 位或 16 位的位移量，这三者之和构成操作数的有效地址 EA，即 EA = BX/BP+ SI/DI + 8/16 位位移量。与 BX 寄存器约定的段为数据段 DS，与 BP 寄存器约定的段为堆栈段 SS。例如：

```
        mov     ax, [bx+si+06h]          ; ax←ds:[bx+si+06h], 机器代码为 8B 40 06
```

指令中的位移量采用补码表示，如果是 8 位，则被带符号扩展为 16 位。如果得到的有效地址 EA 超过 FFFFH，则取其 64K 的模。

需要说明的是：

① 在寄存器相对寻址或相对基址变址寻址方式中，位移量可用符号表示，如：

```
        mov     ax, [si+count]           ; count 是事先定义的变量或常量, 此处就是一个数值
        mov     ax, [bx+si+wnum]         ; wnum 也是变量或常量
```

② 同一寻址方式有时可以写成不同的形式，如：

```
        mov     ax, [bx][si]             ; 也可写成: mov  ax, [bx+si]
        mov     ax, count[si]            ; 也可写成: mov  ax, [si+count]
        mov     ax, wnum[bx][si]         ; 也可写成: mov  ax, wnum[bx+si]
                                         ; 或       mov  ax, [bx+si+wnum]
```

1.6.5 数据寻址的组合

至此，已经学习了绝大多数指令采用的数据寻址方式，下面做一个简单总结，便于在以后的编程实践中掌握它们的具体应用。

① 立即数寻址只能用于源操作数，其类型由另一个操作数的类型或指令决定。本书统一使用符号 IMM 表示立即数，而 8086 处理器支持 16 位立即数（使用符号 i16 表示）和 8 位立即数（使用符号 i8 表示）。

② 寄存器寻址主要是指通用寄存器寻址，最常使用、可以单独或同时用于源和目的操作数，寄存器本身包含有类型。本书统一使用符号 REG 表示通用寄存器，对 8086 来说有 8 个 16 位通用寄存器 R16（AX、BX、CX、DX、SI、DI、BP 和 SP）和 8 个 8 位通用寄存器 R8（AH、AL、BH、BL、CH、CL、DH 和 DL）。部分指令可以使用专用寄存器，例如段寄存器 SEG（CS、DS，SS，ES）。

③ 存储器寻址访问的数据在主存，利用逻辑地址指示。段基地址由默认或指定的段寄存器指出，指令代码只表达偏移地址、称为有效地址，有多种形式、对应多种存储器寻址方式。本书统一用 MEM 表示存储器操作数，可以是 16 位或 8 位数据，分别用符号 M16 和 M8 表示。

典型的指令操作数有两个：一个书写在左边，被称为目的操作数 DEST；另一个用“,”分隔，书写在右边，被称为源操作数 SRC。数据寻址方式在指令中并不是任意组合的，但有规律、符合逻辑。例如，绝大多数指令（数据传送、加减运算、逻辑运算等常用指令）都支持如下组合，如图 1-17 所示。

```
        处理器指令助记符     reg, imm/reg/mem
        处理器指令助记符     mem, imm/reg
```

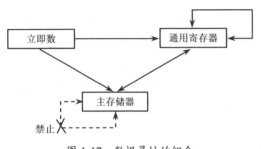

图 1-17 数据寻址的组合

在这两个操作数中，源操作数可以由立即数、寄存器或存储器寻址，而目的操作数只能是寄存器或存储器寻址，并且两个操作数不能同时为存储器寻址方式。格式中的"/"表示"或者"，即可以是多个中的任意一个操作数。

第 2 章将学习 8086 指令，并使用约定符号，如表 1-8 所示。除特别说明的新符号外，凡不符合指定格式的指令都是不存在的非法指令。附录 D 中罗列了全部指令。

表 1-8 寻址方式及其符号

寻址方式	符号及说明
立即数寻址	IMM（包括 8 位立即数 i8，16 位立即数 i16）
寄存器寻址	通用寄存器 REG（包括 8 位通用寄存器 R8，16 位通用寄存器 R16），段寄存器 SEG
存储器寻址	MEM（包括 8 位存储器操作数 M8，16 位存储器操作数 M16）

高级语言虽然不讨论数据寻址，但实际上其复杂数据类型和构造的数据结构都需要处理器数据寻址的支持，这也是处理器设计多种灵活的访问数据方式的重要原因。

习 题 1

1-1　简述计算机系统的硬件组成及各部分作用。

1-2　明确下列概念或符号：

主存和辅存　　　　RAM 和 ROM　　　　存储器地址和 I/O 端口

KB　　　　　　　 MB　　　　　　　 GB　　　　　　　　　TB

1-3　什么是汇编语言源程序、汇编程序、目标程序？

1-4　汇编语言与高级语言相比有什么优缺点？

1-5　将下列十六进制数转换为二进制数和十进制数表示。

（1）FFH　　　　（2）0H　　　　　（3）5EH　　　　（4）EFH

（5）2EH　　　　（6）10H　　　　　（7）1FH　　　　（8）ABH

1-6　将下列十进制数转换为（压缩）BCD 码表示。

（1）12　　　　　（2）24　　　　　（3）68　　　　　（4）127

（5）128　　　　　（6）255　　　　　（7）1234　　　　（8）2458

1-7　将下列（压缩）BCD 码转换为十进制数。

（1）10010001　　（2）10001001　　（3）00110110　　（4）10010000

（5）00001000　　（6）10010111　　（7）10000001　　（8）00000010

1-8　将下列十进制数分别用 8 位二进制数的原码、反码和补码表示。

（1）0　　　　　（2）-127　　　　（3）127　　　　　（4）-57

（5）126　　　　（6）-126　　　　（7）-128　　　　（8）68

1-9　完成下列二进制数的运算。

（1）1011+1001　　（2）1011-1001　　（3）1011×1001　　（4）10111000÷1001

（5）1011∧1001　　　（6）1011∨1001　　　（7）~1011　　　　　（8）1011⊕1001

1-10　数码0～9、大写字母A～Z、小写字母a～z对应的ASCII码分别是多少？ASCII码为0DH、0AH对应的是什么字符？

1-11　计算机中有一个"01100001"编码，如果把它认为是无符号数，则转换为十进制数是什么？如果认为它是BCD码，则转换为十进制数是什么？如果它是某个ASCII码，则代表哪个字符？

1-12　简述Intel 80x86系列微处理器在指令集方面的发展。

1-13　什么是DOS和ROM-BIOS？

1-14　简述PC的最低1 MB主存空间的使用情况。

1-15　罗列8086 CPU的8个8位和16位通用寄存器，并说明各自的作用。

1-16　什么是标志？它有什么用途？状态标志和控制标志有什么区别？画出标志寄存器FLAGS，说明各标志的位置和含义。

1-17　指令指针寄存器IP的作用是什么？

1-18　字和双字在存储器中如何存放，什么是"小端方式"？对字和双字存储单元，什么是它们的对齐地址？为什么要对齐地址？

1-19　什么是8086中的逻辑地址和物理地址？逻辑地址如何转换成物理地址？请将如下逻辑地址用物理地址表达（表达地址默认采用十六进制数）：

（1）FFFF：0　　　（2）40：17　　　（3）2000：4500　　　（4）B821：4567

1-20　8086有哪4种逻辑段？各种逻辑段分别是什么用途？

1-21　数据的默认段是哪个？是否允许其他段存放数据？如果允许，如何实现？有什么要求？

1-22　什么是操作码、操作数和寻址方式？有哪3种给出操作数的方法？

1-23　什么是有效地址EA？8086的操作数如果在主存中，有哪些寻址方式可以存取它？

1-24　说明下列指令中源操作数的寻址方式？如果BX=2000H，DI=40H，给出DX的值或有效地址EA的值。

（1）mov　dx, [1234H]

（2）mov　dx, 1234H

（3）mov　dx, bx

（4）mov　dx, [bx]

（5）mov　dx, [bx+1234H]

（6）mov　dx, [bx+di]

（7）mov　dx, [bx+di+1234H]

第2章　8086 的指令系统

计算机是通过指令序列来解决问题的，每种计算机都有支持的指令集合。计算机的指令系统就是指该计算机能够执行的全部指令的集合。Intel 8086 指令系统可分为 6 类：数据传送类指令，算术运算类指令，位操作类指令，控制转移类指令，串操作类指令，处理机控制类指令。

本章的重点是理解 8086 常用指令的功能，这是进行汇编语言程序设计的基础。为了更好地掌握每条指令，可以利用调试程序 DEBUG 作为实践环境进行指令汇编和单步执行，观察各种指令执行的实际效果。

下面将分类讲解每条指令。在学习每条指令时，请注意如下几方面。

- ❖ 指令的功能——该指令能够实现何种操作。通常，指令助记符就是指令功能的英文单词或其缩写形式。
- ❖ 指令支持的寻址方式——该指令中的操作数可以采用何种寻址方式。1.6 节介绍了大多数指令支持的各种寻址方式，并给出本书采用的符号。
- ❖ 指令对标志的影响——该指令执行后是否对各标志位有影响，以及如何影响。
- ❖ 其他方面——该指令其他需要注意的地方，如指令执行时的约定设置、必须预置的参数、隐含使用的寄存器等。

2.1　数据传送类指令

数据传送是计算机中最基本、最重要的一种操作。传送指令也是最常使用的一类指令。数据传送指令的功能是把数据从一个位置传送到另一个位置。8086 有 14 种数据传送指令，实现寄存器和寄存器之间、主存和寄存器之间、AL/AX 与外设端口之间（见 5.4.1 节）的字与字节的多种传送操作。

数据传送类指令除标志寄存器传送指令外，均不影响标志位。指令介绍中不再说明。

2.1.1　通用数据传送指令

通用数据传送指令包括 MOV、XCHG 和 XLAT 指令，提供方便灵活的通用传送操作。

1. 传送指令 MOV

传送指令 MOV 的格式如下：

```
    mov     dest, src                       ; dest←src
```

MOV 指令把 1 字节或字的操作数从源地址 src 传送至目的地址 dest（其中，"←"表示赋值，下同）。源操作数可以是立即数、寄存器或主存单元，目的操作数可以是寄存器或主存单元，但不能是立即数。MOV 指令是采用寻址方式最多的指令，用约定的符号可以表达如下：

```
    mov     reg/mem, imm                    ; 立即数送寄存器或主存
    mov     reg/mem/seg, reg                ; 寄存器送寄存器（包括段寄存器）或主存
    mov     reg/seg, mem                    ; 主存送寄存器（包括段寄存器）
```

mov	reg/mem, seg	; 段寄存器送主存或寄存器

也就是说，MOV 指令可以实现立即数到寄存器、立即数到主存的传送，以及寄存器与寄存器之间、寄存器与主存之间、寄存器与段寄存器之间的传送、主存与段寄存器之间的传送。

（1）立即数传送至通用寄存器（不包括段寄存器）或存储单元

mov	reg/mem, imm	; reg/mem←imm

【例 2.1】 立即数传送。

mov	al, 4	; al←4，字节传送
mov	cx, 0ffh	; cx←00ffh，字传送
mov	si, 200h	; si←0200h，字传送
mov	byte ptr[si], 0ah	; ds:[si]←0ah，byte ptr 说明是字节操作
mov	word ptr[si+2], 0bh	; ds:[si+2]←0bh，word ptr 说明是字操作

注意观察每条指令。例如，在上述第 2 条指令中，立即数（0FFH）使用了前导 0。因为在程序设计语言中字母开头通常表示标识符（如常量、变量、标号等），所以 MASM 规定十六进制数如果以字母开头需要添加前导 0，以便与标识符区别。同样，最后 2 条指令的立即数也使用了前导 0（0AH 和 0BH），如果缺少这个 0，则会被理解为寄存器（AH 和 BH）。

在包括传送指令的绝大多数双操作数指令中（除非特别说明），目的操作数与源操作数必须类型一致，或者同为字，或者同为字节，否则为非法指令。例如：

mov	al, 050ah	; 非法指令：050ah 为字，而 al 为字节

指定的寄存器有明确的字节或字类型，所以对应的立即数必须分别是字节或字。但在涉及存储器单元时，指令中给出的立即数可以理解为字，也可以理解为字节，此时必须显式指明。为了区别字节传送还是字传送，可用汇编操作符 byte ptr（字节）和 word ptr（字）指定。

注意，8086 不允许立即数传送至段寄存器，所以下列指令是非法的：

mov	ds, 100h	; 非法指令：不允许立即数至段寄存器的传送

（2）寄存器传送至寄存器（包括段寄存器）或存储单元

mov	reg/mem/seg, reg	; reg/mem/seg←reg

【例 2.2】 寄存器传送。

mov	ax, bx
mov	ah, al
mov	ds, ax
mov	[bx], al

（3）存储单元传送至寄存器（包括段寄存器）

MOV	REG/SEG, MEM	; REG/SEG←MEM

【例 2.3】 存储器传送。

mov	al, [bx]	
mov	dx, [bp]	; dx←ss:[bp]
mov	es, [si]	; es←ds:[si]

8086 指令系统除串操作类指令外，不允许两个操作数都是存储单元，所以没有主存至主存的数据传送，要实现这种传送可通过寄存器间接实现。

【例 2.4】 buffer1 单元的数据传送至 buffer2 单元。buffer1 和 buffer2 是两个字变量。

mov	ax, buffer1	; ax←buffer1（将 buffer1 内容送 ax）
mov	buffer2, ax	; buffer2←ax
		; buffer1、buffer2 实际表示直接寻址方式

虽然存在通用寄存器和存储单元向 CS 段寄存器传送数据的指令，却不允许执行，因为这

样直接改变 CS 值将引起程序执行混乱。例如：

```
mov    cs, [si]              ; 不允许使用的指令
```

（4）段寄存器传送至通用寄存器（不包括段寄存器）或存储单元

```
mov    reg/mem, seg          ; reg/mem←seg
```

【例2.5】 段寄存器传送。

```
mov    [si], ds
mov    ax, es
mov    ds, ax
```

注意，不允许段寄存器之间的直接数据传送。例如：

```
mov    ds, es               ; 非法指令: 不允许 seg←seg 传送
```

2. 交换指令 XCHG

交换指令用来将源操作数和目的操作数内容交换，其格式为：

```
xchg   reg, reg/mem         ; reg←→reg/mem, 也可表达为: xchg  reg/mem, reg
```

XCHG 指令中操作数可以是字也可以是字节，可以在通用寄存器与通用寄存器或存储器之间对换数据，但不能在存储器与存储器之间交换数据。

【例2.6】 用交换指令实现寄存器之间的数据交换。

```
mov    ax, 1234h            ; ax=1234h
mov    bx, 5678h            ; bx=5678h
xchg   ax, bx              ; ax=5678h, bx=1234h
xchg   ah, al              ; ax=7856h
```

【例2.7】 用交换指令实现寄存器与存储器之间的数据交换。

```
xchg   ax, [2000h]          ; 也可以表达为 xchg [2000h], ax
xchg   al, [2000h]          ; 也可以表达为 xchg [2000h], al
```

3. 换码指令 XLAT

换码指令用于将 BX 指定的缓冲区中，AL 指定的位移处的数据取出赋给 AL，格式为：

```
xlat   label
xlat                        ; al←ds:[bx+al]
```

这两种格式完全等效。第一种格式中，label 表示首地址的符号，既便于阅读也便于明确缓冲区所在的逻辑段；第二种格式也可以用 XLATB 助记符。实际的首地址在 BX 寄存器中。

【例2.8】 将首地址为100H 的表格缓冲区中的 3 号数据取出。

```
mov    bx, 100h
mov    al, 03h
xlat
```

换码指令常用于将一种代码转换为另一种代码，如扫描码转换为 ASCII 编码，数字 0～9 转换为 7 段显示码等。使用前，首先在主存中建立一个字节量表格，表格的内容是要转换成的目的代码，表格的首地址存放于 BX 寄存器中，需要转换的代码存放于 AL 寄存器，要求被转换的代码应是相对表格首地址的位移量。设置好后，执行换码指令，即将 AL 寄存器的内容转换为目标代码。

最后说明一点，因为 AL 的内容实际上是距离表格首地址的位移量，只有 8 位，所以表格的最大长度为 256，超过 256 的表格需要采用修改 BX 和 AL 的方法才能转换。

XLAT 指令中没有显式指明操作数，而是默认使用 BX 和 AL 寄存器。这种采用默认操作

数的方法称为隐含寻址方式，指令系统中有许多指令采用隐含寻址方式。

2.1.2 堆栈操作指令

堆栈是一个"先进后出"的主存区域，位于堆栈段中，使用 SS 段寄存器记录其段地址。堆栈只有一个出口，即当前栈顶。栈顶是地址较小的一端（低端），它用堆栈指针寄存器 SP 指定。在图 2-1(a)中，堆栈内还没有数据，是空的，此时栈顶和栈底指向同一个单元。

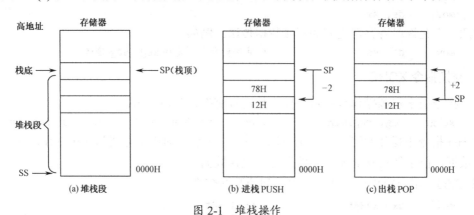

图 2-1 堆栈操作

堆栈有两种基本操作，对应有两条基本指令：进栈指令 PUSH 和出栈指令 POP。

1. 进栈指令 PUSH

进栈指令先使堆栈指针 SP 减 2，然后把一个字操作数存入堆栈顶部。堆栈操作的对象只能是字操作数，进栈时，低字节存放于低地址，高字节存放在高地址，SP 相应向低地址移动 2 字节单元。

```
push    r16/m16/seg              ; sp←sp-2, ss:[sp]←r16/m16/seg
```

【例 2.9】 将 7812H 压入堆栈（见图 2-1(b)）。

```
mov     ax, 7812h
push    ax
```

再如，将主存单元 DS:[2000H]的一个字压入堆栈。

```
push    [2000h]
```

2. 出栈指令 POP

出栈指令把栈顶的一个字传送至指定的目的操作数，然后堆栈指针 SP 加 2。目的操作数应为字操作数，字从栈顶弹出时，低地址字节送低字节，高地址字节送高字节。

```
pop     r16/m16/seg              ; r16/m16/seg←ss:[sp], sp←sp+2
```

【例 2.10】 将栈顶一个字的内容弹出送 AX 寄存器（见图 2-1(c)）。

```
pop     ax
```

再如，将栈顶一个字送入主存 DS:[2000H]：

```
pop     [2000h]
```

堆栈是系统中不可缺少的数据区域。堆栈可用来临时存放数据，以便随时恢复它们。堆栈也常用于在子程序间传递参数。在子程序中，通常需要保存被修改的寄存器内容，以便在返回时恢复它们，这时可用下例的方法。

【例 2.11】 现场的保护与恢复。

```
push    ax                  ; 进入子程序后（或调用子程序前）
push    bx
push    ds
…
pop     ds                  ; 返回主程序前（或调用子程序后）
pop     bx
pop     ax
```

注意：POP 指令的顺序与 PUSH 指令相反，因为堆栈是一个先进后出的区域，只有这样才能使各寄存器恢复原来内容。

8086 处理器的堆栈建立在主存区域中，使用 SS 段寄存器指向段基地址。堆栈段的范围由堆栈指针寄存器 SP 的初值确定，这个位置就是堆栈底部（不再变化）。堆栈只有一个数据出入口，即当前栈顶（不断变化），由堆栈指针寄存器 SP 的当前值指定栈顶的偏移地址，如图 2-2 所示。随着数据进入堆栈，SP 逐渐减小；数据依次弹出、SP 逐渐增大。随着 SP 增大，弹出的数据不再属于当前堆栈区域中；随后进入堆栈的数据也会占用这个存储空间。当然，如果进入堆栈的数据超出了设置的堆栈范围，或者已无数据可以弹出，即 SP 增大到栈底，就产生堆栈溢出错误。堆栈溢出，轻者使程序出错，重者导致系统崩溃。

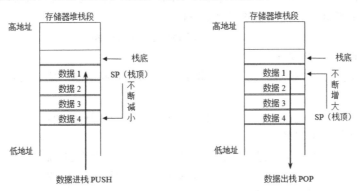

图 2-2　8086 处理器堆栈操作

堆栈操作常被比喻为"摆盘子"。盘子一个压着一个叠起来放进箱子里，就像数据进栈操作；叠起来的盘子应该从上面一个接一个拿走，就像数据出栈操作。最后放上去的盘子被最先拿走，就是堆栈的"后进先出"操作原则。不过，8086 处理器的堆栈段是"向下生长"的，即随着数据进栈，堆栈顶部（指针 SP）逐渐减小，所以可以想像成为一个倒扣的箱子，盘子（数据）从下面放进去。

3. 堆栈的应用

堆栈是程序中不可或缺的一个存储区域。除堆栈操作指令外，还有子程序调用 CALL 和子程序返回 RET、中断调用 INT 和中断返回 IRET 等指令，以及内部异常、外部中断等情况都会使用堆栈、修改 SP 值（将在后续章节中逐渐展开）。

堆栈可用来临时存放数据，以便随时恢复它们。使用 POP 指令时，应该明确当前栈顶的数据是什么，可以按程序执行顺序向前观察由哪个操作压入了该数据。

既然堆栈是利用主存实现的，当然能以随机存取方式读写其中的数据。通用寄存器之一的堆栈基址指针 BP 就是出于这个目的而设计的。例如：

```
mov     bp, sp              ; bp←sp
```

```
        mov     ax, [bp+4]                    ; ax←ss:[bp+4]，bp 默认与堆栈段配合
        mov     [bp], ax                      ; ss:[bp]←ax
```

利用堆栈实现主、子程序间传递参数就利用上述方法，这也是堆栈的主要作用之一。

堆栈还常用于子程序的寄存器保护和恢复。由于堆栈的栈顶和内容随着程序的执行不断变化，因此编程时要注意入栈和出栈的数据要成对，要保持堆栈平衡。

2.1.3　标志传送指令

1. 标志寄存器传送

标志寄存器传送指令用来传送标志寄存器的内容，包括 LAHF/SAHF、PUSHF/POPF 指令。

（1）标志送 AH 指令 LAHF

LAHF 指令将标志寄存器 FLAGS 的低字节送寄存器 AH，即状态标志位 SF/ZF/AF/PF/CF 分别送入 AH 的第 7/6/4/2/0 位，而 AH 的第 5/3/1 位任意。

```
        lahf                                  ; ah←flags 的低字节
```

（2）AH 送标志指令 SAHF

SAHF 将 AH 寄存器内容送 FLAGS 的低字节，即根据 AH 的第 7、6、4、2、0 位相应设置 SF、ZF、AF、PF、CF 标志。由此可见，SAHF 和 LAHF 是一对功能相反的指令，它们只影响标志寄存器的低 8 位，而对高 8 位无影响。

```
        sahf                                  ; flags 的低字节←ah
```

（3）标志进栈指令 PUSHF

PUSHF 指令将标志寄存器的内容压入堆栈，同时栈顶指针 SP 减 2。这条指令可用来保存全部标志位。

```
        pushf                                 ; sp←sp-2，ss:[sp]←flags
```

（4）标志出栈指令 POPF

POPF 指令将栈顶字单元内容送标志寄存器，同时栈顶指针 SP 加 2。

```
        popf                                  ; flags←ss:[sp]，sp←sp+2
```

【例 2.12】　置位单步标志 TF。

```
        pushf                                 ; 保存全部标志到堆栈
        pop     ax                            ; 从堆栈中取出全部标志
        or      ax, 0100h                     ; 设置 d8=tf=1，而 ax 其他位不变
        push    ax                            ; 将 ax 压入堆栈
        popf                                  ; 将堆栈内容取到标志寄存器，即 flags←ax
```

2. 标志位操作

标志位操作指令可用来对 CF、DF 和 IF 三个标志位进行设置，除影响其所设置的标志外，均不影响其他标志。

```
        clc                                   ; 复位进位标志：CF←0
        stc                                   ; 置位进位标志：CF←1
        cmc                                   ; 求反进位标志：CF←~CF
        cld                                   ; 复位方向标志：DF←0
        std                                   ; 置位方向标志：DF←1
        cli                                   ; 复位中断标志，禁止可屏蔽中断：IF←0
        sti                                   ; 置位中断标志，允许可屏蔽中断：IF←1
```

许多指令的执行都会影响标志，上述指令提供了直接改变 CF、DF、IF 的方法。标志寄存

器中的其他标志需要用 LAHF/SAHF 或 PUSHF/POPF 指令间接改变。

2.1.4 地址传送指令

地址传送指令将存储器的逻辑地址送至指定的寄存器。

1. 有效地址传送指令 LEA

LEA 指令将存储器操作数的有效地址传送至指定寄存器。

```
lea     r16, mem                    ; r16←mem 的有效地址 ea
```

【例 2.13】 有效地址的获取。

```
mov     bx, 0400h
mov     si, 3ch
lea     bx, [bx+si+0f62h]           ; bx←bx+si+0f62h=0400h+3ch+0f62h=139eh
```

这里，BX 得到的是主存单元的有效地址，不是物理地址，也不是该单元的内容。

2. 指针传送指令

LDS 和 LES 指令将主存中 MEM 指定的字送至 R16，并将 MEM 的下一字送 DS 或 ES 寄存器。实际上，MEM 指定了主存的连续 4 字节作为逻辑地址，即 32 位的地址指针。

```
lds     r16, mem                    ; r16←mem, ds←mem+2
les     r16, mem                    ; r16←mem, es←mem+2
```

【例 2.14】 地址指针的传送。

```
mov     word ptr [3060h], 0100h
mov     word ptr [3062h], 1450h
lds     si, [3060h]                 ; ds=1450h, si=0100h
les     di, [3060h]                 ; es=1450h, di=0100h
```

2.2 算术运算类指令

算术运算类指令用来执行二进制数及十进制数的算术运算：加、减、乘、除。这类指令会根据运算结果影响状态标志，有时要利用某些标志才能得到正确的结果。

2.1 节介绍的数据传送类指令中，除了标志为目的操作数的标志传送指令外，其他传送指令并不影响标志；也就是说，标志并不因为传送指令的执行而改变，所以没有涉及标志问题。但现在我们需要了解它们了。

2.2.1 状态标志

一方面，状态标志作为加、减运算和逻辑运算等指令的辅助结果，另一方面，用于构成各种条件、实现程序分支，是汇编语言编程中非常重要的方面。

1. 进位标志 CF（Carry Flag）

处理器设计的进（借）位标志类似十进制数据加减运算中的进位和借位，不过只是体现二进制数据最高位的进位或借位。具体来说，当加减运算结果的最高有效位有进位（加法）或借位（减法）时，将设置进位标志为 1，即 CF=1；如果没有进位或借位，则设置进位标志为 0，即 CF=0。换句话说，加减运算后，如果 CF=1，则说明数据运算过程中出现了进位或借位；如果 CF=0，则说明没有进位或借位。

例如，有两个 8 位二进制数 00111010 和 01111100，如果相加，运算结果是 10110110。运算过程中，最高位没有向上再进位，所以这个运算结果将使得 CF=0。但如果是 10101010 和 01111100 相加，结果是[1]00100110，出现了向高位进位（用[ ]表达），所以这个运算结果将使得 CF=1。

进位标志是针对无符号整数运算设计的，反映无符号数据加减运算结果是否超出范围、是否需要利用进（借）位反映正确结果。N 位无符号整数表示的范围是：$0 \sim 2^N-1$。如果相应位数的加减运算结果超出了其能够表示的这个范围，就是产生了进位或借位。

在上面例子中，二进制数据 00111010+01111100=10110110 被转换成十进制数表示是 58+124=182。运算结果 182 仍在 0～255 范围之内，没有产生进位，所以 CF=0。

对于二进制数据 10101010+01111100=[1]00100110，将它们转换成十进制数表示是 170+1 = 294=256+38。运算结果 294 超出了 0～255 范围，所以使得 CF=1。这里，进位 CF=1 表示了十进制数据 256。

2. 溢出标志 OF（Overflow Flag）

把水倒入茶杯时，如果超出了茶杯容量，水会漫出来，这就是溢出的本意：一个容器不能存放超过其容积的物体。同理，处理器设计的溢出标志用于表示有符号整数进行加减运算的结果是否超出范围。若超出范围，就是有溢出，将设置溢出标志 OF=1，否则 OF=0。

溢出标志是针对有符号整数运算设计的，反映有符号数据加减运算结果是否超出范围。处理器默认采用补码形式表示有符号整数，N 位补码表达的范围是：$-2^{N-1} \sim +2^{N-1}-1$。如果有符号整数运算结果超出了这个范围，就是产生了溢出。

对上面例子的两个 8 位二进制数 00111010 和 01111100，按照有符号数的补码规则它们都是正整数，即十进制数 58 和 124。它们求和的结果是二进制数 10110110，即十进制数 182。运算结果 182 超出了-128～+127 范围，产生溢出，所以 OF=1。另一方面，按照补码规则，8 位二进制数结果 10110110 的最高位为 1，实际上表达的是负数，所以在溢出情况下的运算结果是错误的。

对于二进制数 10101010，最高位是 1，按照补码规则表达负数，求反加 1 得到绝对值，即十进制数-86。它与二进制数 01111100（十进制数表示为 124）相加，结果是[1]00100110。因为进行有符号数据运算，所以不考虑无符号运算出现的进位，00100110 才是我们需要的结果，即 38（-86+124）。运算结果 38 没有超出-128～+127 范围，将使得 OF=0。所以，有符号数据进行加减运算，只有在没有溢出情况下才是正确的。

注意，溢出标志 OF 和进位标志 CF 是两个意义不同的标志。进位标志表示无符号整数运算结果是否超出范围，超出范围后加上进位或借位运算结果仍然正确；而溢出标志表示有符号整数运算结果是否超出范围，超出范围运算结果不正确。处理器对两个操作数进行运算时，按照无符号整数求得结果，并相应设置进位标志 CF；同时，根据是否超出有符号整数的范围设置溢出标志 OF。应该利用哪个标志，则由程序员来决定。也就是说，如果将参加运算的操作数认为是无符号数，就应该关心进位；若认为是有符号数，则要注意是否溢出。

处理器利用异或门等电路判断运算结果是否溢出。按照处理器硬件的方法或者前面论述的原则进行判断会比较麻烦，这里给出一个人工判断的简单规则：只有当两个相同符号数相加（含两个不同符号数相减）而运算结果的符号与原数据符号相反时，才产生溢出，因为此时的运算结果显然不正确，在其他情况下则不会产生溢出。

3．其他状态标志

零标志 ZF（Zero Flag）反映运算结果是否为 0。若运算结果为 0，则设置 ZF=1，否则 ZF=0。例如，8 位二进制数 00111010+01111100=10110110，结果不是 0，所以设置 ZF=0。如果是 8 位二进制数 10000100+01111100=[1]00000000，最高位进位有进位 CF 标志反映，除此之外的结果是 0，所以这个运算结果将使得 ZF=1。注意，零标志 ZF=1，反映结果是 0。

符号标志 SF（Sign Flag）反映运算结果是正数还是负数。处理器通过符号位可以判断数据的正负，因为符号位是二进制数的最高位，所以运算结果最高位（符号位）是符号标志的状态，即运算结果最高位为 1，则 SF=1，否则 SF=0。例如，8 位二进制数 00111010+01111100= 10110110，结果最高位是 1，所以设置 SF=1。如果是 8 位二进制数 10000100+01111100 = [1]00000000，最高位是 0（进位 1 不是最高位），所以这个运算结果将使得 SF=0。

奇偶标志 PF（Parity Flag）反映运算结果最低字节中"1"的个数是偶数还是奇数，便于用软件编程实现奇偶校验。最低字节中"1"的个数为零或偶数时，PF=1；为奇数时，PF=0。例如，8 位二进制数 00111010+01111100=10110110，结果中"1"的个数为 5 个，是奇数，故设置 PF=0。如果是 8 位二进制数 10000100+01111100=[1]00000000，除进位外的结果是零个"1"，所以这个运算结果将使得 PF=1。注意，PF 标志仅反映最低 8 位中"1"的个数是偶数或奇数，不管进行 16 位或 32 位操作。

加减运算结果将同时影响上述 5 个标志，表 2-1 总结了前面示例，便于对比理解。

表 2-1　加法运算结果对标志的影响

加法运算及其结果	CF	OF	ZF	SF	PF
00111010+01111100=[0]10110110	0	1	0	1	0
10101010+01111100=[1]00100110	1	0	0	0	0
10000100+01111100=[1]00000000	1	0	1	0	1

调整标志 AF（Adjust Flag）反映加减运算时最低半字节有无进位或借位。最低半字节（即 D_3 位向 D_4 位）有进位或借位时，AF=1，否则 AF=0。调整标志主要由处理器内部使用，用于十进制数算术运算的调整指令，用户一般不必关心。例如，8 位二进制数 00111010+ 01111100 = 10110110，低 4 位有进位，所以 AF=1。

2.2.2　加法指令

加法指令包括 ADD、ADC 和 INC 指令，执行字或字节的加法运算。

1．加法指令 ADD

加法指令 ADD 将源操作数与目的操作数相加，结果送到目的操作数，支持寄存器与立即数、寄存器、存储单元，以及存储单元与立即数、寄存器间的加法运算。

```
        add     reg, imm/reg/mem            ; reg←reg+imm/reg/mem
        add     mem, imm/reg                ; mem←mem+imm/reg
```

【例 2.15】　加法运算。

```
        mov     al, 0fbh                    ; al=0fbh
```

```
add       al, 07h                      ; al=02h
mov       word ptr [200h], 4652h       ; [200h]=4652h
mov       bx, 1feh                     ; bx=1feh
add       al, bl                       ; al=00h
add       word ptr [bx+2], 0f0f0h      ; [200h]=3742h
```

ADD 指令按照状态标志的定义相应设置这些标志的 0 或 1 状态。例如二进制 8 位加法 07+FBH→02H 运算后，标志为 OF=0，SF=0，ZF=0，AF=1，PF=0，CF=1；用调试程序单步执行后，上述标志状态依次为 NV，PL，NZ，AC，PO，CY。

同样，进行二进制 16 位加法 4652H+F0F0H→3742H 运算后，标志为 OF=0，SF=0，ZF=0，AF=0，PF=1，CF=1；调试程序依次显示为 NV，PL，NZ，NA，PE，CY。注意，PF 仅反映低 8 位中 "1" 的个数，AF 只反映 D_3 对 D_4 位是否有进位。

2. 带进位加法指令 ADC

ADC 指令除完成 ADD 加法运算外，还要加进位 CF，其用法及对状态标志的影响也与 ADD 指令一样。ADC 指令主要用于与 ADD 指令相结合实现多精度数相加。

```
adc       reg, imm/reg/mem             ; reg←reg+imm/reg/mem+cf
adc       mem, imm/reg                 ; mem←mem+imm/reg+cf
```

【例 2.16】 无符号双字加法运算。

```
mov       ax, 4652h                    ; ax=4652h
add       ax, 0f0f0h                   ; ax=3742h, cf=1
mov       dx, 0234h                    ; dx=0234h
adc       dx, 0f0f0h                   ; dx=f325h, cf=0
```

上述程序段完成 DX.AX=0234 4652H+F0F0 F0F0H=F325 3742H。

3. 增量指令 INC

INC 指令对操作数加 1（增量），是一个单操作数指令，操作数可以是寄存器或存储器。

```
inc       reg/mem                      ; reg/mem←reg/mem+1
```

例如：

```
inc       bx
inc       byte ptr [bx]
```

设计加 1 指令和后面介绍的减 1 指令的目的是用于对计数器和地址指针的调整，所以它们不影响进位 CF 标志，对其他状态标志位的影响与 ADD、ADC 指令一样。

2.2.3 减法指令

减法指令包括 SUB、SBB、DEC、NEG 和 CMP，执行字或字节的减法运算，除 DEC 不影响 CF 标志外，其他减法指令按定义影响全部状态标志位。

1. 减法指令 SUB

减法指令 SUB 使目的操作数减去源操作数，结果送目的操作数，支持的操作数类型同加法指令。

```
sub       reg, imm/reg/mem             ; reg←reg-imm/reg/mem
sub       mem, imm/reg                 ; mem←mem-imm/reg
```

【例 2.17】 减法运算。

```
mov       al, 0fbh                     ; al=0fbh
```

```
sub      al, 07h                    ; al=0f4h, cf=0
mov      word ptr[200h], 4652h      ; [200h]=4652h
mov      bx, 1feh                   ; bx=1feh
sub      al, bl                     ; al=0f6h, cf=1
sub      word ptr[bx+2], 0f0f0h     ; [200h]=5562h, cf=1
```

2. 带借位减法指令 SBB

带借位减法指令 SBB 使目的操作数减去源操作数，还要减去借（进）位 CF，结果送到目的操作数。SBB 指令主要用于与 SUB 指令相结合，实现多精度数相减。

```
sbb      reg,imm/reg/mem            ; reg←reg-imm/reg/mem-cf
sbb      mem,imm/reg                ; mem←mem-imm/reg-cf
```

【例 2.18】 无符号双字减法运算。

```
mov      ax, 4652h                  ; ax=4652h
sub      ax, 0f0f0h                 ; ax=5562h, of=0, sf=0, zf=0, af=0, pf=0, cf=1
mov      dx, 0234h                  ; dx=0234h
sbb      dx, 0f0f0h                 ; dx=1143h, of=0, sf=0, zf=0, af=0, pf=0, cf=1
```

上述程序段完成 DX.AX=0234 4652H–F0F0 F0F0H=1143 5562H，有借位 CF=1。

3. 减量指令 DEC

DEC 指令对操作数减 1（减量），是一个单操作数指令，操作数可以是寄存器或存储器。

```
dec      reg/mem                    ; reg/mem←reg/mem-1
```

同 INC 指令一样，DEC 指令不影响 CF，但影响其他状态标志。例如：

```
dec      cx
dec      word ptr [si]
```

4. 求补指令 NEG

NEG 指令也是一个单操作数指令，对操作数执行求补运算，即用零减去操作数，然后将结果返回操作数。求补运算也可以表达成：将操作数按位取反后加 1。NEG 指令对标志的影响与用零做减法的 SUB 指令一样。

```
neg      reg/mem                    ; reg/mem←0-reg/mem
```

【例 2.19】 求补运算。

```
mov      ax, 0ff64h
neg      al                         ; ax=ff9ch, of=0, sf=1, zf=0, pf=1, cf=1
sub      al, 9dh                    ; ax=ffffh, of=0, sf=1, zf=0, pf=1, cf=1
neg      ax                         ; ax=0001h, of=0, sf=0, zf=0, pf=0, cf=1
dec      al                         ; ax=0000h, of=0, sf=0, zf=1, pf=1, cf=1
neg      ax                         ; ax=0000h, of=0, sf=0, zf=1, pf=1, cf=0
```

5. 比较指令 CMP

```
cmp      reg, imm/reg/mem           ; reg-imm/reg/mem
cmp      mem, imm/reg               ; mem-imm/reg
```

比较指令将目的操作数减去源操作数，但结果不回送目的操作数。也就是说，CMP 指令与减法指令 SUB 执行同样的操作，同样影响标志，只是不改变目的操作数。

CMP 指令用于比较两个操作数的大小关系。执行比较指令之后，可以根据标志判断两个数是否相等、大小关系等。所以，CMP 指令后面常跟条件转移指令，根据比较结果不同产生不同的分支。另外，CMP 指令的操作数与 ADD/ADC、SUB/SBB 指令都一样。

```
        cmp     al, 100              ; al-100
        jb      below                ; al<100, 跳转到 below 执行
        sub     al, 100              ; al≥100, al←al-100
        inc     ah                   ; ah←ah+1
below:  …
```

2.2.4 乘法指令

乘法指令用来实现两个二进制操作数的相乘运算,包括两条指令:无符号数乘法指令 MUL 和有符号数乘法指令 IMUL。

```
        mul     r8/m8                ; 无符号字节乘: ax←al×r8/m8
        mul     r16/m16              ; 无符号字乘: dx.ax←ax×r16/m16
        imul    r8/m8                ; 有符号字节乘: ax←al×r8/m8
        imul    r16/m16              ; 有符号字乘: dx.ax←ax×r16/m16
```

乘法指令隐含使用一个操作数 AX 和 DX,源操作数则显式给出,可以是寄存器或存储单元。若是字节量相乘,则 AL 与 r8/m8 相乘得到 16 位的字,存入 AX 中;若是 16 位数据相乘,则 AX 与 r16/m16 相乘,得到 32 位的结果,其高字存入 DX,低字存入 AX 中。

乘法指令利用对 OF 和 CF 的影响,可以判断相乘的结果中高一半是否含有有效数值。如果乘积的高一半(AH 或 DX)没有有效数值,即对 MUL 指令高一半为 0,对 IMUL 指令高一半是低一半的符号扩展,则 OF=CF=0;否则 OF=CF=1。

乘法指令对其他状态标志的影响没有定义,即成为任意,不可预测。注意,这与对标志没有影响是不同的,没有影响是指不改变原来的状态。

【例 2.21】 无符号数 0B4H 与 11H 相乘。

```
        mov     al, 0b4h             ; al=b4h=180d
        mov     bl, 11h              ; bl=11h=17d
        mul     bl                   ; ax=0bf4h=3060d,of=cf=1 (ax 高 8 位不为 0)
```

注意:含有结尾字母 D 表示这是一个十进制数,目的是便于与十六进制数进行比较。

这里 B4H 按照无符号整数编码是真值 180,与 17 相乘结果为 3060,即十六进制数 0BF4H。如果 B4H 按有符号整数编码(补码)理解,则真值是–76,与 17 相乘结果为–1292,用补码表示是 FAF4H。进行有符号乘法的程序片段如下:

```
        mov     al, 0b4h             ; al=b4h=-76d
        mov     bl, 11h              ; bl=11h=17d
        imul    bl                   ; ax=faf4h=-1292d,of=cf=1
                                     ; ax 高 8 位不是低 8 位的符号扩展,表示含有有效数字
```

计算二进制数乘法:B4H×11H。如果把它当做无符号数,用 MUL 指令,则结果为 0BF4H;如果看做有符号数,用 IMUL 指令,则结果为 FAF4H。由此可见,同样的二进制数看做无符号数与有符号数相乘,即采用 MUL 与 IMUL 指令,其结果是不相同的。

2.2.5 除法指令

除法指令执行两个二进制数的除法运算,包括无符号二进制数除法指令 DIV 和有符号二进制数除法指令 IDIV 两条指令。

```
        div     r8/m8                ; 无符号字节除: al←ax÷r8/m8 的高
```

		; ah←ax÷r8/m8 的余数
div	r16/m16	; 无符号字除: ax←dx.ax÷r16/m16 的商
		; dx←dx.ax÷r16/m16 的余数
idiv	r8/m8	; 有符号字节除: al←ax÷r8/m8 的商
		; ah←ax÷r8/m8 的余数
idiv	r16/m16	; 有符号字除: ax←dx.ax÷r16/m16 的商
		; dx←dx.ax÷r16/m16 的余数

除法指令隐含使用 DX 和 AX 作为一个操作数,指令中给出的源操作数是除数。如果是字节除法,AX 除以 R8/M8,8 位商存入 AL,8 位余数存入 AH。如果是字除法,DX.AX 除以 R16/M16,16 位商存入 AX,16 位余数存入 DX。余数的符号与被除数符号相同。

【例 2.22】 无符号数 0400H 除以 B4H。

mov	ax, 0400h	; ax=400h=1024d
mov	bl, 0b4h	; bl=b4h=180d
div	bl	; 商 al=05h,余数 ah=7ch=124d

同样,若是有符号数 0400H 除以 B4H,则

mov	ax, 0400h	; ax=400h=1024d
mov	bl, 0b4h	; bl=b4h=-76d
idiv	bl	; 商 al=f3h=-13d,余数 ah=24h=36d

除法指令 DIV 和 IDIV 对标志的影响没有定义,却可能产生溢出。当被除数远大于除数时,所得的商就有可能超出它所能表达的范围。如果存放商的寄存器 AL/AX 不能表达,便产生溢出,8086 CPU 中就产生编号为 0 的内部中断(见 2.4.5 节)。实用的程序中应该考虑这个问题,操作系统通常只提示出错。

对 DIV 指令,除数为 0,或者在字节除时商超过 8 位,或者在字除时商超过 16 位,则发生除法溢出。对 IDIV 指令,除数为 0,或者在字节除时商不在–128~127 范围内,或者在字除时商不在–32768~32767 范围内,则发生除法溢出。

2.2.6 符号扩展指令

8086 处理器支持 8 和 16 位数据操作,大多数指令要求两个操作数类型一致。但是,实际的数据类型不一定满足要求。例如,16 位与 8 位数据的加减运算,需要先将 8 位扩展为 16 位;16 位除法需要将被除数扩展成 32 位。不过,位数扩展后数据大小不能因此改变。

对无符号数据,只要在前面加 0 就实现了位数扩展、大小不变,这就是零位扩展(Zero Extension)。例如,8 位无符号数据 80H(=128),零位扩展为 16 位 0080H(=128)。8086 没有设计实现零位扩展的指令,需要时可以直接对高位进行赋值 0 实现。

对有符号数据(补码)表示,增加位数而保持数据大小不变,需要进行符号扩展(Flag Extension),即用一个操作数的符号位(即最高位)形成另一个操作数,增加的各位全部是符号位的状态。例如,8 位有符号数据 64H(=100)为正数,符号位为 0,(高位)符号扩展成 16 位是 0064H(=100)。再如:16 位有符号数据 FF00H(=-256)为负数,符号位为 1,符号扩展成 32 位是 FFFFFF00H(=-256)。典型的例子是真值"–1",字节量补码表达是 FFH,字量补码是 FFFFH,双字量补码表达为 FFFFFFFFH。

8086 设计有 2 条符号扩展指令 CBW 和 CWD。CBW 指令将 AL 的最高有效位 D_7 扩展至 AH,即:如果 AL 的最高有效位是 0,则 AH=00;AL 的最高有效位为 1,则 AH=FFH,AL 不变。CWD 将 AX 的内容符号扩展形成 DX,即:如果 AX 的最高有效位 D_{15} 为 0,则 DX=0000H;

如果 AX 的最高有效位 D_{15} 为 1，则 DX=FFFFH。

```
        cbw                 ; al 符号扩展到 ax
        cwd                 ; ax 符号扩展到 dx 和 ax 寄存器对（dx.ax）
```

【例 2.23】 符号扩展

```
        mov     al, 80h     ; al=80h
        cbw                 ; ax=ff80h
        add     al, 255     ; al=7fh
        cbw                 ; ax=007fh
```

符号扩展指令常用来获得除法指令所需要的被除数。

【例 2.24】 进行有符号数除法 AX÷BX

```
        cwd
        idiv    bx
```

整数数据经过零位或者符号扩展增加了位数，大小没有变化，新扩展的位数只是数据的符号，并没有数值含义。反过来说，如果高位部分都是符号位，可以截断这些高位部分，也不改变数据大小。例如，真值–1 用 32 位补码表达为 FFFFFFFFH，高位都是符号位，所以截断高 16 位，得到 16 位表达是 FFFFH；其实"–1"用 8 位就可以表达了，所以可以再截断高 8 位。

这时，回过来理解乘法指令对标志 OF 和 CF 影响的设计原因。两个 N 位数据相乘，可能得到 $2N$ 位的乘积。但如果乘积的高一半是低一半的符号位扩展，说明高一半不含有效数值，就可以放心地截断高一半而不影响正确的结果。

2.2.7 十进制调整指令

前面介绍的算术运算指令都是针对二进制数的。然而，十进制是我们日常使用的进制。为了方便进行十进制数的运算，8086 提供一组十进制数调整指令。这组指令对二进制数运算的结果进行十进制调整，以得到十进制数的运算结果。

十进制数在计算机中也要用二进制编码表示，这就是二进制编码的十进制数：BCD 码。8086 支持压缩 BCD 码和非压缩 BCD 码，相应地，十进制调整指令分为压缩 BCD 码调整指令和非压缩 BCD 码调整指令。

1. 压缩 BCD 码调整指令

压缩 BCD 码是通常的 8421 码，它用 4 个二进制位表示一个十进制位，1 字节可以表示两个十进制位，即 00～99。压缩 BCD 码调整指令包括加法和减法的十进制调整指令 DAA 和 DAS，用来对二进制数加、减法指令的执行结果进行调整，得到十进制数结果。注意，在使用 DAA 或 DAS 指令前，应先执行加法或减法指令。DAA 指令跟在以 AL 为目的操作数的 ADD 或 ADC 指令后，对 AL 的二进制数结果进行十进制调整，并在 AL 中得到十进制数结果。DAS 指令跟在以 AL 为目的操作数的 SUB 或 SBB 指令之后，对 AL 的二进制数结果进行十进制调整，并在 AL 中得到十进制数结果。

```
        daa                 ; al←将 al 中的加和调整为压缩 bcd 码
        das                 ; al←将 al 中的减差调整为压缩 bcd 码
```

DAA 和 DAS 指令对 OF 标志无定义，按结果影响所有其他标志，其中 CF 反映压缩 BCD 码相加减的进借位状态。

【例 2.25】 压缩 BCD 码的加法运算。

```
        mov     al, 68h     ; al=68h，表示压缩 bcd 码 68
```

mov	bl, 28h	; bl=28h, 表示压缩 bcd 码 28
add	al, bl	; 二进制数加法: al=68h+28h=90h
daa		; 十进制调整: al=96h
		; 实现压缩 bcd 码加法: 68+28=96

再如，压缩 BCD 码的减法运算：

mov	al, 68h	; al=68h, 表示压缩 bcd 码 68
mov	bl, 28h	; bl=28h, 表示压缩 bcd 码 28
sub	al, bl	; 二进制数减法: al=68h-28h=40h
das		; 十进制调整: al=40h
		; 实现压缩 bcd 码减法: 68-28=40

【例 2.26】 已知 AX=1234H，BX=4612H，计算 1234-4612 的差。

sub	al, bl	
das		
xchg	al, ah	
sbb	al, bh	
das		
xchg	al, ah	; ax=6622h, cf=1

把 1234H 和 4612H 认为是无符号十进制数，则利用借位 1，则 1234-4612=6622，结果正确。如果认为是有符号十进制数，则 1234-4612=-(4612-1234)=-3378，结果仍然正确吗？正确，因为用补码表示-3378 就是 6622（0000-6622=9999-6622+1）。实际上，位数为 n 的十进制整数 d，其补码定义为：10^n-d。

2. 非压缩 BCD 码调整指令

非压缩 BCD 码用 8 个二进制位表示一个十进制位，实际上只是用低 4 个二进制位表示一个十进制位 0~9，高 4 位任意，但通常默认为 0。0~9 的 ASCII 编码是 30H~39H，所以 0~9 的 ASCII 编码（高 4 位变为 0）就可以认为是非压缩 BCD 码。

对非压缩 BCD 码，8086 提供 AAA、AAS、AAM 和 AAD 四条指令，分别用于对二进制数加、减、乘、除指令的结果进行调整，以得到非压缩 BCD 码表示的十进制数结果。由于只要在调整后的结果中加上 30H 就成为 ASCII 编码，所以这组指令实际上也是针对 ASCII 编码的调整指令的。

（1）加法的非压缩 BCD 码调整指令 AAA

aaa	; al←将 al 中的加和调整为非压缩 bcd 码
	; ah←ah+调整产生的进位

该指令跟在以 AL 为目的操作数的 ADD 或 ADC 指令之后，对 AL 进行非压缩 BCD 码调整。如果调整中产生了进位，则将进位 1 加到 AH 中，同时 CF=AF=1，否则 CF=AF=0。AAA 指令对其他标志无定义。另外，该指令使 AL 的高 4 位清 0。

【例 2.27a】 非压缩 BCD 码的加法运算。

mov	ax, 0608h	; ax=0608h, 表示非压缩 bcd 码 68
mov	bl, 09h	; bl=09h, 表示非压缩 bcd 码 9
add	al, bl	; 二进制数加法: al=08h+09h=11h
aaa		; 十进制调整: ax=0707h
		; 实现非压缩 bcd 码加法: 68+9=77

（2）减法的非压缩 BCD 码调整指令 AAS

```
        aas                ; al←将 al 中的减差调整为非压缩 BCD 码，ah←ah-调整产生的借位
```

该指令跟在以 AL 为目的操作数的 SUB 或 SBB 指令之后，对 AL 进行非压缩 BCD 码调整。如果调整中产生了借位，则将 AH 减去借位 1，同时 CF=AF=1，否则 CF=AF=0。AAS 指令对其他标志无定义。另外，该指令使 AL 的高 4 位清 0。

【例 2.27b】 非压缩 BCD 码的减法运算。

```
        mov    ax, 0608h    ; ax=0608h，表示非压缩 BCD 码 68
        mov    bl, 09h      ; bl=09h，表示非压缩 BCD 码 9
        sub    al, bl       ; 二进制数减法：al=08h-09h=ffh
        aas                 ; 十进制调整：ax=0509h
                           ; 实现非压缩 BCD 码减法：68-9=59
```

（3）乘法的非压缩 BCD 码调整指令 AAM

```
        aam                ; ax←将 ax 中的乘积调整为非压缩 BCD 码
```

该指令跟在以 AX 为目的操作数的 MUL 指令后，对 AX 进行非压缩 BCD 码调整。利用 MUL 相乘的两个非压缩 BCD 码的高 4 位必须为 0。AAM 指令根据结果设置 SF、ZF 和 PF，但 OF、CF 和 AF 无定义。

【例 2.27c】 非压缩 BCD 码的乘法运算。

```
        mov    ax, 0608h    ; ax=0608h，表示非压缩 BCD 码 68
        mov    bl, 09h      ; bl=09h，表示非压缩 BCD 码 9
        mul    bl           ; 二进制数乘法：ax=08h×09h=0048h
        aam                 ; 十进制调整：ax=0702h，实现非压缩 BCD 码乘法：8×9=72
```

（4）除法的非压缩 BCD 码调整指令 AAD

```
        aad                ; ax←将 ax 中的非压缩 BCD 码扩展成二进制数，即：
                           ; al←10×ah+al，ah←0
```

AAD 调整指令与其他调整指令的应用情况不同，是先将存放在 AX 寄存器中的两位非压缩 BCD 码数进行调整，再用 DIV 指令除以一个非压缩 BCD 码数，这样得到非压缩 BCD 码数的除法结果。其中，要求 AL、AH 和除数的高 4 位为 0。AAD 指令根据结果设置 SF、ZF 和 PF，但 OF、CF 和 AF 无定义。

【例 2.27d】 非压缩 BCD 码的除法运算。

```
        mov    ax, 0608h    ; ax=0608h，表示非压缩 BCD 码 68
        mov    bl, 09h      ; bl=09h，表示非压缩 BCD 码 9
        aad                 ; 二进制扩展：ax=68=0044h
        div    bl           ; 除法运算：商 al=07h，余数 ah=05h
                           ; 实现非压缩 BCD 码除法：68=7×9+5
```

十进制调整指令只针对要求 BCD 码运算的应用，并且要与对应的运算指令配合。表 2-2 总结了 8086 算术运算的各种情况。

表 2-2 8086 支持的 4 种数据类型的算术运算

	加法	减法	乘法	除法
无符号二进制数	ADD，ADC	SUB，SBB	MUL	DIV
有符号二进制数	ADD，ADC	SUB，SBB	IMUL	IDIV
压缩 BCD 码	ADD，ADC，DAA	SUB，SBB，DAS		
非压缩 BCD 码	ADD，ADC，AAA	SUB，SBB，AAS	MUL，AAM	AAD，DIV

2.3 位操作类指令

位操作类指令对二进制数的各位进行操作，包括逻辑运算指令和移位指令。

2.3.1 逻辑运算指令

逻辑运算指令用来对字或字节按位进行逻辑运算，包括 5 条指令：逻辑与 AND、逻辑或 OR、逻辑非 NOT、逻辑异或 XOR 和测试 TEST。

1. 逻辑与指令 AND

AND 指令对两个操作数执行按位的逻辑与运算，即只有相"与"的两位都是 1 结果才是 1，否则结果为 0。逻辑与的结果送目的操作数。

```
AND      DEST, SRC                    ; DEST←DEST∧SRC（符号∧表示逻辑与）
```

AND 指令及后面介绍的其他双操作数逻辑指令 OR、XOR 和 TEST 指令，所支持的操作数组合同加减法指令一样。

```
逻辑运算助记符    reg, imm/reg/mem     ; reg←reg 逻辑运算 imm/reg/mem
逻辑运算助记符    mem, imm/reg         ; mem←mem 逻辑运算 imm/reg
```

在这两个操作数中，源操作数可以是任意寻址方式，目的操作数只能是立即数外的其他寻址方式，并且两个操作数不能同时为存储器寻址方式。

所有双操作数的逻辑指令均设置 CF=OF=0，根据结果设置 SF、ZF 和 PF 状态，而对 AF 未定义。

【例 2.28】 逻辑与运算。

```
mov      al, 45h
and      al, 31h                      ; AL=01H, CF=OF=0, SF=0, ZF=0, PF=0
```

AND 指令可用于复位一些位，但不影响其他位。这时只需将要置 0 的位同 0 相"与"，而维持不变的位同 1 相"与"就可以了。

再如，将 BL 中 D_0 和 D_3 清 0，其余位不变，则

```
and      bl, 11110110b
```

2. 逻辑或指令 OR

OR 指令对两个操作数执行按位的逻辑或运算，即只要相"或"的两位中有一位是 1，结果就是 1，否则结果为 0。逻辑或的结果送目的操作数。所支持的操作数如 AND 指令。

```
or       dest, src                    ; dest←dest∨src（符号∨表示逻辑或）
```

【例 2.29】 逻辑或运算。

```
mov      al, 45h
or       al, 31h                      ; AL=75H, CF=OF=0, SF=0, ZF=0, PF=0
```

OR 指令可用于置位某些位，而不影响其他位。这时只需将要置 1 的位同 1 相"或"，维持不变的位同 0 相"或"即可。

再如，将 BL 中 D_0 和 D_3 置 1，其余位不变，则

```
or       bl, 00001001b
```

3. 逻辑异或指令 XOR

XOR 指令对两个操作数执行按位的逻辑异或运算，即相"异或"的两位不相同时，结果

就是 1，否则结果为 0。其结果送目的操作数。所支持的操作数如 AND 指令。

```
xor      dest, src                    ; dest←dest⊕src（符号⊕表示逻辑异或）
```

【例 2.30】 逻辑异或运算。

```
mov      al, 45h
xor      al, 31h                      ; AL=74H, CF=OF=0, SF=0, ZF=0, PF=1
```

XOR 可用于求反某些位，而不影响其他位。要求求反的位同 1 相"异或"，维持不变的位同 0相"异或"。

再如，将 BL 中 D_0 和 D_3 求反，其余位不变，则

```
xor      bl, 00001001b
```

XOR 指令经常给寄存器清 0，同时使 CF 清 0。例如：

```
xor      ax, ax                       ; AX=0, CF=OF=0, SF=0, ZF=1, PF=1
```

4. 逻辑非指令 NOT

NOT 指令对操作数按位取反，即原来为 0 的位变成 1，原来为 1 的位变成 0。NOT 指令是一个单操作数指令，该操作数可以是立即数外的任何寻址方式。注意，NOT 指令不影响标志位。

```
not reg/mem                          ; reg/mem← ~reg/mem（符号~表示逻辑反）
```

【例 2.31】 逻辑非运算。

```
mov      al, 45h
not      al                           ; AL=0BAH，标志不变
```

5. 测试指令 TEST

TEST 指令对两个操作数执行按位的逻辑与运算，但结果不回到目的操作数。TEST 指令执行的操作与 AND 指令相同，但不保存执行结果，只根据结果来设置状态标志。

```
test     dest, src                    ; dest∧src（符号∧表示逻辑与）
```

TEST 指令通常用于检测一些条件是否满足又不希望改变原操作数的情况。这条指令之后一般是条件转移指令，目的是利用测试条件转向不同的程序段。

【例 2.32】 TEST 指令用于测试某一（几）位是否（同时）为 0 或为 1。

```
test     al, 01h                      ; 测试 al 的最低位 d0
jnz      there                        ; 标志 zf=0，即 d0=1，则程序转移到 there
...                                    ; 否则 zf=1，即 d0=0，顺序执行
there:   ...
```

2.3.2　移位指令

移位（Shift）指令分成逻辑（Logical）移位指令和算术（Arithmetic）移位指令，分别具有左移（Left）或右移（Right）操作，如图 2-3 所示。

```
shl      reg/mem, 1/cl    ; 逻辑左移：reg/mem 左移 1/cl 位，最低位补 0
                          ; 最高位进入 cf
shr      reg/mem, 1/cl    ; 逻辑右移：reg/mem 右移 1/cl 位，最高位补 0，最低位进入 cf
sal      reg/mem, 1/cl    ; 算术左移，功能与 shl 相同
sar      reg/mem, 1/cl    ; 算术右移：reg/mem 右移 1/cl 位，最高位不变，最低位进入 cf
```

4 条（实际为 3 条）移位指令的目的操作数可以是寄存器或存储单元。后一个操作数表示移位位数，该操作数为 1，表示移动 1 位；当移位位数大于 1 时，则用 CL 寄存器值表示，该操作数表达为 CL。

移位指令按照移入的位设置进位标志 CF，根据移位后的结果影响 SF、ZF、PF，对 AF 没有定义。如果进行 1 位移动，则按照操作数的最高符号位是否改变，相应设置溢出标志 OF：如果移位前的操作数最高位与移位后操作数的最高位不同（有变化），则 OF=1，否则 OF=0。当移位次数大于 1 时，OF 不确定。

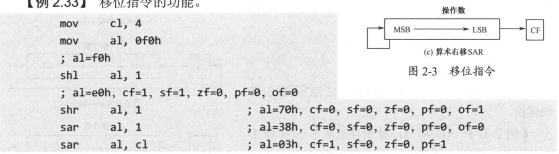

图 2-3　移位指令

【例 2.33】　移位指令的功能。

```
        mov    cl, 4
        mov    al, 0f0h
        ; al=f0h
        shl    al, 1
        ; al=e0h, cf=1, sf=1, zf=0, pf=0, of=0
        shr    al, 1            ; al=70h, cf=0, sf=0, zf=0, pf=0, of=1
        sar    al, 1            ; al=38h, cf=0, sf=0, zf=0, pf=0, of=0
        sar    al, cl           ; al=03h, cf=1, sf=0, zf=0, pf=1
```

逻辑左移和算术左移实际上是同一条指令的两种助记符形式，两者完全相同，建议采用 SHL。在指令系统中还有类似的情况。采用多个助记符只是为了方便使用，增加可读性。

逻辑左移指令 SHL 执行一次移位，相当于无符号数乘 2；逻辑右移指令 SHR 执行 1 位移位，相当于无符号数除以 2，商在目的操作数中，余数由 CF 标志反映。

算术右移指令 SAR 执行 1 位移位，相当于有符号数除以 2。注意，当操作数为负（最高位为 1）且最低位有 1 移出时，SAR 指令产生的结果与等效的 IDIV 指令的结果不同。例如，–5（FBH）经 SAR 右移 1 位等于–3（FDH），而 IDIV 指令执行–5÷2 的结果为–2。

【例 2.34】　利用移位指令计算 DX←3×AX+7×BX，假设为无符号数运算，无进位。

```
        mov    si, ax
        shl    si, 1            ; si←2×ax
        add    si, ax           ; si←3×ax
        mov    dx, bx
        mov    cl, 03h
        shl    dx, cl           ; dx←8×bx
        sub    dx, bx           ; dx←7×bx
        add    dx, si           ; dx←7×bx+3×ax
```

2.3.3　循环移位指令

循环（Rotate）移位指令类似移位指令，但要从一端移出的位返回到另一端形成循环，分为不带进位循环移位和带进位循环移位，分别具有左移或右移操作，如图 2-4 所示。

```
        rol    reg/mem, 1/cl    ; 不带进位循环左移
        ror    reg/mem, 1/cl    ; 不带进位循环右移
        rcl    reg/mem, 1/cl    ; 带进位循环左移
        rcr    reg/mem, 1/cl    ; 带进位循环右移
```

前两条指令不将进位 CF 纳入循环位中。后两条指令将进位标志 CF 纳入循环位中，与操作数一起构成的 9 位或 17 位二进制数一起移位。

循环移位指令的操作数形式与移位指令相同，如果仅移动 1 次，可以用 1 表示；如果移位多次，则需用 CL 寄存器表示移位次数。循环移位指令按照指令功能设置进位标志 CF，不影响

SF、ZF、PF、AF 标志。对 OF 标志的影响，循环移位指令与前面介绍的移位指令一样。

【例 2.35】将 DX.AX 中的 32 位数值左移 1 位。

```
SHL      AX, 1
RCL      DX, 1
```

【例 2.36】把 AL 最低位送 BL 最低位，但保持 AL 不变。

```
ROR      BL, 1
ROR      AL, 1
RCL      BL, 1
ROL      AL, 1
```

利用移位或循环移位指令可以方便地实现 BCD 码转换。

【例 2.37】AH 和 AL 分别存放着非压缩 BCD 码的两位，将其合并成为一个压缩 BCD 码存入 AL。

```
MOV      CL, 4
ROL      AH, CL    ; 也可以用 SHL   AH, CL
ADD      AL, AH    ; 也可以用 OR   AL, AH
```

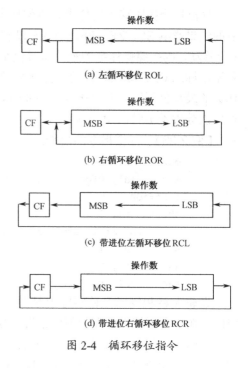

图 2-4　循环移位指令

2.4　控制转移类指令

在 Intel 8086 中，程序的执行序列是由代码段寄存器 CS 和指令指针 IP 确定的。CS 包含当前指令所在代码段的段地址，IP 则是要执行的下一条指令的偏移地址。程序的执行一般依指令序列顺序执行，但有时需要改变程序的流程。控制转移类指令通过修改 CS 和 IP 寄存器的值来改变程序的执行顺序，包括 5 组指令：无条件转移指令、有条件转移指令、循环指令、子程序指令和中断指令。本节介绍指令功能本身，第 4 章中介绍指令应用。

一条指令执行后，需要确定下一条执行的指令，也就是确定下条执行指令的地址，这被称为指令寻址。程序顺序执行，下一条指令在存储器中紧邻着前一条指令，指令指针寄存器 IP 自动增量，这就是指令的顺序寻址。程序转移则控制程序流程从当前指令跳转到目的地指令，实现程序分支、循环或调用等结构，这就是指令的跳转寻址。目的地指令所在的存储器地址称为目的地址、目标地址或转移地址，指令寻址实际上主要是指跳转寻址，也称为目标地址寻址。8086 处理器设计有相对、直接和间接 3 种指明目标地址的方式，其基本含义类似于对应的存储器数据寻址方式。图 2-5 汇总了各种寻址方式（含 1.6 节的数据寻址）。

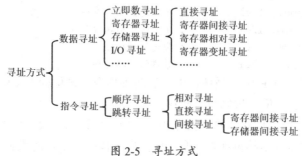

图 2-5　寻址方式

控制转移类指令采用的指令寻址方式如下。

❖ 相对寻址方式：指令代码中提供目的地址相对于当前 IP 的位移量，转移到的目的地址（转移后的 IP 值）就是当前 IP 值加上位移量（如图 2-6(a)所示）。当向地址增大方向转移时，位移量为正；向地址减小方向转移时，位移量为负。

❖ 直接寻址方式：指令代码中提供目的地的逻辑地址（如图 2-6(b)所示），转移后的 CS 和 IP 值直接来自指令操作码后的目的地址操作数。

❖ 间接寻址方式：指令代码中指示寄存器或存储单元，目的地址从寄存器或存储单元中间接获得，分别被称为指令寻址的寄存器间接寻址（如图 2-6(c)所示）和存储器间接寻址（如图 2-6(d)所示）。

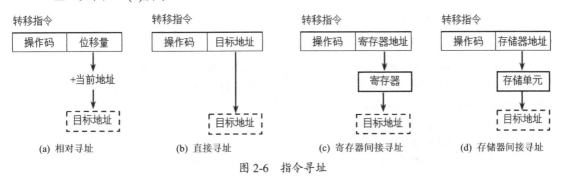

图 2-6　指令寻址

2.4.1　无条件转移指令

无条件转移就是无任何先决条件就能使程序改变执行顺序。处理器只要执行无条件转移指令 JMP，就使程序转到指定的目标地址处，从目标地址处开始执行那里的指令。

JMP 指令可以将程序转移到 1 MB 存储空间的任何位置。根据跳转的距离，JMP 指令分为段内转移和段间转移。

段内转移是指在当前代码段 64 KB 范围内转移，因此不需要更改 CS 段地址，只要改变 IP 偏移地址。如果转移范围可以用一个 8 位数（–128～+127 之间的位移量）表达，则可以形成"短转移"（short jump）；如果地址位移用一个 16 位数表达，则形成"近转移"（near jump），±32 KB 范围内。

段间转移是指从当前代码段跳转到另一个代码段，此时需要更改 CS 段地址和 IP 偏移地址，这种转移也称为"远转移"（far jump）。转移的目标地址必须用一个 32 位数表达，叫做 32 位远指针，它就是逻辑地址。

由此可见，JMP 指令根据目标地址不同的提供方法和内容，可以分成 4 种格式。

1. 段内转移，相对寻址

指令代码中的位移量是指紧接着 JMP 指令后的那条指令的偏移地址到目标指令的偏移地址的地址位移。当向地址增大方向转移时，位移量为正；向地址减小方向转移时，位移量为负。通常，汇编程序能够根据位移量大小自动形成短转移或近转移指令。同时，汇编程序也提供近转移 near ptr 操作符。

```
jmp     label                        ; ip←ip+位移量
```

2. 段内转移，间接寻址

```
jmp     r16/m16                      ; ip←r16/m16
```

这种形式的 JMP 指令，将一个 16 位寄存器或主存单元内容送入 IP 寄存器，作为新的指令指针，但不修改 CS 寄存器的内容。例如：

```
jmp     ax                          ; ip←ax
jmp     word ptr[2000h]             ; ip←[2000h]
```

3. 段间转移，直接寻址

段间直接转移指令是将标号所在段的段地址作为新的 CS 值，标号在该段内的偏移地址作为新的 IP 值。这样，程序就能跳转到新的代码段执行。

```
jmp     far ptr label               ; ip←label 的偏移地址, cs←label 的段地址
```

一个标号在同一个段内还是在另一个段中，汇编程序能够自动识别。如果要强制一个段间远转移，则可以用汇编伪指令 far ptr。

4. 段间转移，间接寻址

```
jmp     far ptr mem                 ; ip←[mem], cs←[mem+2]
```

段间间接转移指令用一个双字存储单元表示要跳转的目标地址。这个目标地址存放在主存中连续的两个字单元中，其中低位字送 IP 寄存器，高位字送 CS 寄存器。例如：

```
mov     word ptr[bx], 0
mov     word ptr[bx+2], 1500h
jmp     far ptr[bx]                 ; 转移到 1500h: 0
```

2.4.2　条件转移指令

条件转移指令 JCC 根据指定的条件确定程序是否发生转移。如果满足条件，则程序转移到目标地址去执行程序；如果不满足条件，则程序将顺序执行下一条指令（如图 2-7 所示）。其通用格式为：

```
jcc     label                       ; 条件满足, 发生转移: ip←ip+8 位位移量
                                    ; 否则, 顺序执行: ip←ip+2
```

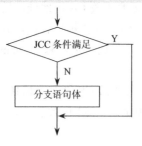

图 2-7　条件转移指令 JCC 的执行流程

其中，label 表示目标地址（8 位位移量）。因为 JCC 指令为 2 字节，所以顺序执行就是当前指令偏移指针 IP 加 2。条件转移指令跳转的目标地址只能用前面介绍的段内相对短跳转，即目标地址只能在同一段内，且在当前 IP 地址−128～+127 个单元的范围内。

与其他控制转移指令一样，条件转移指令不影响标志，但它要利用标志。条件转移指令 JCC 中的 CC 表示利用标志判断的条件，有 16 种，如表 2-3 所示。表中斜线分隔了同一条指令的多个助记符形式，根据判定的标志位的不同分为 3 种情况。

1. 判断单个标志位状态

这组指令单独判断 5 个状态标志之一，根据某一个状态标志是 0 或 1 决定是否跳转。

（1）JZ/JE 和 JNZ/JNE 利用零标志 ZF，判断结果是否为零（或相等）

【例 2.38】　如果 AL 最高位为 0，则设置 AH=0；如果 AL 最高位为 1，则设置 AH=FFH（也就是用一段程序实现符号扩展指令 CBW 的功能）。

使用"不等于零转移 JNZ 指令"：

```
test    al, 80h                     ; 测试最高位
```

表 2-3 条件转移指令中的条件

助记符	标志位	英文含义	中文说明
JZ/JE	ZF=1	Jump if Zero/Equal	等于零/相等转移
JNZ/JNE	ZF=0	Jump if Not Zero/NotEqual	不等于零/不相等转移
JS	SF=1	Jump if Sign	符号为负转移
JNS	SF=0	Jump if Not Sign	符号为正转移
JP/JPE	PF=1	Jump if Parity/Parity Even	"1" 的个数为偶转移
JNP/JPO	PF=0	Jump if Not Parity/Parity Odd	"1" 的个数为奇转移
JO	OF=1	Jump if Overflow	溢出转移
JNO	OF=0	Jump if Not Overflow	无溢出转移
JC/JB/JNAE	CF=1	Jump if Carry/Below/Not Above or Equal	进位/低于/不高于等于转移
JNC/JNB/JAE	CF=0	Jump if Not Carry/Not Below/Above or Equal	无进位/不低于/高于等于转移
JBE/JNA	CF=1 或 ZF=1	Jump if Below or Equal/Not Above	低于等于/不高于转移
JNBE/JA	CF=0 且 ZF=0	Jump if Not Below or Equal/Above	不低于等于/高于转移
JL/JNGE	SF≠OF	Jump if Less/Not Greater or Equal	小于/不大于等于转移
JNL/JGE	SF=OF	Jump if Not Less/Greater or Equal	不小于/大于等于转移
JLE/JNG	SF≠OF 或 ZF=1	Jump if Less or Equal/Not Greater	小于等于/不大于转移
JNLE/JG	SF=OF 且 ZF=0	Jump if Not Less or Equal/Greater	不小于等于/大于转移

```
        jz      next0           ; 最高位为 0 (zf=1)，转移到 next0
        mov     ah, 0ffh        ; 最高位为 1，顺序执行
        jmp     done            ; 无条件转向 done
next0:  mov     ah, 0
done:   …
```

上述程序段也可以用"等于零转移 JZ 指令":

```
        test    al, 80h         ; 测试最高位
        jnz     next1           ; 最高位为 1 (zf=0)，转移到 next1
        mov     ah, 0h          ; 最高位为 0，顺序执行
        jmp     done            ; 无条件转向 done
next1:  mov     ah, 0ffh
done:   …
```

（2）JS 和 JNS 利用符号标志 SF，判断结果是正是负

【例2.39】计算 $|X-Y|$，X 和 Y 为存放于 X 单元和 Y 单元的 16 位操作数，结果存入 RESULT 中。

```
        mov     ax, x
        sub     ax, y           ; ax←x-y，下面求绝对值
        jns     nonneg          ; 为正数，不需处理，直接转向保存结果
        neg     ax              ; 为负数，进行求补，得到绝对值
nonneg: mov     result, ax      ; 保存结果
```

（3）JO 和 JNO 利用溢出标志 OF，判断结果是否产生溢出

【例2.40】计算 $X-Y$，X 和 Y 分别为存放于 X 单元和 Y 单元中的 16 位有符号操作数。若溢出，则转移到 OVERFLOW 处理。

```
        mov     ax, x
        sub     ax, y
        jo      overflow
        …                       ; 没有溢出，结果正确
overflow:…                      ; 溢出处理
```

（4）JP/JPE 和 JNP/JPO 利用奇偶标志 PF，判断结果中"1"的个数是偶数还是奇数

数据通信为了可靠常要进行校验。最常用的校验方法是奇偶校验，如把字符的 ASCII 码的最高位用做校验位，使包括校验位在内的字符中为"1"的个数恒为奇数（这就是奇校验），或恒为偶数（偶校验）。若采用奇校验，在字符的 ASCII 码中为"1"的个数已为奇数时，则令其最高位为"0"，否则令最高位为"1"。

【例 2.41】 设字符的 ASCII 编码在 AL 寄存器中，将字符加上奇校验位。

```
        and     al, 7fh                 ; 最高位置"0"，同时判断"1"的个数
        jnp     next                    ; 个数已为奇数，则转向 next
        or      al, 80h                 ; 否则，最高位置"1"
next:   …
```

（5）JC/JB/JNAE 和 JNC/JNB/JAE，利用进位标志 CF，判断结果是否进位或借位

CF 标志是比较常用的一个标志，所以程序中经常利用这个条件转移指令。

【例 2.42】 记录 BX 中"1"的个数。

```
        xor     al, al
again:  test    bx, 0ffffh              ; 等价于 cmp   bx, 0
        je      next
        shl     bx,1                    ; 还可以用哪个（循环）移位指令实现？
        jnc     again
        inc     al
        jmp     again
next:   …                               ; al 保存 1 的个数
```

这个指令除能判断 CF 是 0 或 1 外，还能判断两个无符号数的大小，见下面的介绍。

2. 用于比较无符号数高低

为了区别有符号数的大小，无符号数的大小用高（Above）、低（Below）表示，需要利用 CF 确定高低、利用 ZF 标志确定相等（Equal）。两数的高低分成 4 种关系：低于（不高于等于）、不低于（高于等于）、低于等于（不高于）、不低于等于（高于）；也就分别对应 4 条指令：JB（JNAE）、JNB（JAE）、JBE（JNA）、JNBE（JA）。

【例 2.43】 比较无符号数大小，将较大的存入 RESULT 主存单元。

```
        cmp     ax, bx                  ; 比较 ax 和 bx
        jnb     next                    ; 若 ax≥bx，转移到 next
        xchg    ax, bx                  ; 若 ax<bx，交换
next:   mov     result, ax
```

3. 用于比较有符号数大小

判断有符号数的大（Greater）、小（Less），需要组合 OF、SF 标志，并利用 ZF 标志确定相等与否。两数的大小分成 4 种关系：小于（不大于等于）、不小于（大于或等于）、小于等于（不大于）、不小于等于（大于）；也就分别对应 4 条指令：JL（JNGE）、JNL（JGE）、JLE（JNG）、JNLE（JG）。

【例 2.44】 比较有符号数大小，将较大的存入 RESULT 主存单元。

```
        cmp     ax, bx                  ; 比较 ax 和 bx
        jnl     next                    ; 若 ax≥bx，转移到 next
        xchg    ax, bx                  ; 若 ax<bx，交换
next:   mov     result, ax
```

由上可见，条件转移指令之前常有 CMP、TEST、加减运算、逻辑运算等影响标志的指令，利用这些指令执行后的标志或其组合状态形成条件。

2.4.3 循环指令

循环是一种特殊的转移流程，当满足（或不满足）某条件时，反复执行一系列操作，直到不满足（或满足）条件为止。循环流程的条件一般是循环计数，在程序中用循环计数来控制循环次数。循环流程可以用前面条件转移指令来实现。8086 还设计了专门的循环指令用于控制循环流程，其格式为：

```
jcxz       label          ; cx=0, 则转移; 否则顺序执行
loop       label          ; cx←cx-1; 若 cx≠0, 循环: ip←ip+位移量, 否则顺序执行
loopz/loope     label     ; cx←cx-1; 若 cx≠0 且 zf=1, 循环: ip←ip+位移量
                          ; 否则, 顺序执行
loopnz/loopne   label     ; cx←cx-1; 若 cx≠0 且 zf=0, 循环: ip←ip+位移量
                          ; 否则, 顺序执行
```

JCXZ 指令在 CX 寄存器为 0 时，退出循环。

LOOP 指令首先将计数值 CX 减 1，然后判断计数值 CX 是否为 0。CX 不为 0，则继续执行循环体内的指令；CX 为 0，表示循环结束，于是程序退出循环，顺序执行后面的指令。LOOPZ 和 LOOPNZ 指令中要求同时 ZF 为 1 或 0 才进行循环，用于判断结果是否为 0 或相等，以便提前结束循环。

循环指令中的操作数 label 采用相对寻址方式，表示循环的目标地址是一个 8 位位移量。另外，循环指令不影响标志。

【例 2.45】记录附加段中 STRING 字符串包含空格字符的个数。假设字符串长度为 COUNT 字节，结果存入 RESULT 单元。

```
        mov     cx, count           ; 设置循环次数
        mov     si, offset string
        xor     bx, bx              ; bx 清 0, 用于记录空格数
        jcxz    done                ; 如果长度为 0, 则退出
        mov     al, 20h
again:  cmp     al, es:[si]
        jnz     next                ; zf=0, 不是空格, 转移
        inc     bx                  ; zf=1, 有空格, 空格个数加 1
next:   inc     si
        loop    again
                ; 字符个数减 1, 不为 0 继续循环
done:   mov     result, bx          ; 保存结果
```

使用 LOOP 指令实现循环有三个要点：在 CX 中存放循环次数，LOOP 指令的标号一般应在前面，要执行的循环程序段应写在标号和 LOOP 指令之前。为了防止 CX 初值为 0 导致循环次数出错，可以在循环之前使用 JCXZ 指令进行判断，典型的应用流程如图 2-8 所示。

另外，循环指令 LOOP 等效于如下两条指令：

```
dec     cx              ; 计数器 cx 减 1
jnz     again           ; 然后判断 cx 是否为 0
```

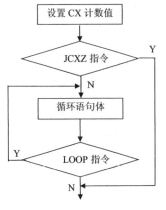

图 2-8　循环指令的典型应用

为了顺序访问字符串中的每个字符，本例程序使用 SI 寄存器间接寻址。首先，将 SI 等于字符串首地址（或未地址），这样[SI]指向首个（或最后一个）字符；然后通过增量（或减量）SI，就可以指向后（或前）一个字符。本例程序也可以采用寄存器相对寻址访问字符串，需要将 SI 设置为 0，表示首个字符，然后使用 STRING[SI]相对寻址。

一般来说，当需要有规律地访问数组元素时，必须使用寄存器间接寻址或者寄存器相对寻址。当算法比较复杂，或者访问两维数组时，可能要使用基址变址或者相对基址变址寻址方式。

2.4.4　子程序指令

程序中有些部分可能要实现相同的功能，只是参数不一样，而且这些功能需要经常用到，这时用子程序实现这个功能是很合适的。使用子程序可以使程序的结构更清楚，程序的维护也更方便，也有利于大程序开发时多个程序员分工合作。

子程序通常是与主程序分开的、完成特定功能的一段程序。当主程序（调用程序）需要执行这个功能时，就可以调用该子程序（被调用程序），于是程序转移到这个子程序的起始处执行。当运行完子程序后，再返回调用它的主程序。子程序由主程序执行子程序调用指令 CALL来调用；而子程序执行完后用子程序返回指令 RET，返回主程序继续执行。CALL 和 RET 指令均不影响标志位。

1. 子程序调用指令 CALL

CALL 指令用在主程序中实现子程序的调用。子程序和主程序可以在同一个代码段内，也可以在不同段内。因而，类似无条件转移 JMP 指令，子程序调用 CALL 指令可以分为段内调用（近调用）和段间调用（远调用）；同时，CALL 目标地址也可以采用相对寻址、直接寻址或间接寻址方式。但是，子程序执行结束是要返回的，所以 CALL 指令不仅要同 JMP 指令一样改变 CS:IP 以实现转移，还要保留下一条要执行指令的地址，以便返回时重新获取它。保护CS:IP 值的方法是压入堆栈，获取 CS:IP 值的方法是弹出堆栈（如图 2-9 所示）。

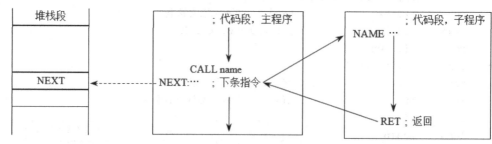

图 2-9　调用和返回指令的功能

CALL 指令的 4 种格式如下：

```
    call    label           ; 段内调用，相对寻址: sp←sp-2, ss：[sp]←ip
                            ; ip←ip+16 位位移量
    call    r16/m16         ; 段内调用，间接寻址: sp←sp-2, ss：[sp]←ip, ip←r16/m16
    call    far ptr label   ; 段间调用，直接寻址: sp←sp-2, ss：[sp]←cs
                            ; sp←sp-2, ss：[sp]←ip
                            ; ip←label 偏移地址, cs←label 段地址
    call    far ptr mem     ; 段间调用，间接寻址: sp←sp-2, ss：[sp]←cs, sp←sp-2
                            ; ss：[sp]←ip, ip←[mem], cs←[mem+2]
```

根据过程伪指令（见第 4 章），汇编程序可以自动确定段内还是段间调用，也可以采用 near ptr 或 far ptr 操作符强制成为近调用或远调用。其过程同段内或段间转移一样。

2. 子程序返回指令 RET

子程序执行完后，应返回主程序中继续执行，该功能由 RET 指令完成。要回到主程序，只要获得离开主程序时，由 CALL 指令保存于堆栈的指令地址即可。根据子程序与主程序是否同处于一个段内，返回指令分为段内返回和段间返回。

RET 指令的 4 种格式如下：

```
        ret                     ; 无参数段内返回: ip←ss:[sp], sp←sp+2
        ret     i16             ; 有参数段内返回: ip←ss:[sp], sp←sp+2, sp←sp+i16
        ret                     ; 无参数段间返回: ip←ss:[sp], sp←sp+2
                                ; cs←ss:[sp], sp←sp+2
        ret     i16             ; 有参数段间返回: ip←ss:[sp], sp←sp+2
                                ; cs←ss:[sp], sp←sp+2, sp←sp+i16
```

尽管段内返回和段间返回具有相同的汇编助记符，但汇编程序会自动产生不同的指令代码，也可以分别采用 RETN 和 RETF 表示段内和段间返回。返回指令还可以带有一个立即数 I16，则堆栈指针 SP 将增加，即 SP←SP+I16。这个特点使得程序可以方便地废除若干执行 CALL 指令以前入栈的参数。

【例 2.46】 利用子程序完成将 AL 低 4 位中的 1 位十六进制数转换成对应的 ASCII 码。

```
                                ; 主程序
        mov     al, 0fh         ; 提供参数 al
        call    htoasc          ; 调用子程序
        ...

                                ; 子程序
htoasc: and     al, 0fh         ; 只取 al 的低 4 位
        or      al, 30h         ; al 高 4 位变成 3
        cmp     al, 39h         ; 是 0~9, 还是 a~f
        jbe     htoend
        add     al, 7           ; 是 a~f, 其 ascii 还要加上 7（见表 1.4）
htoend: ret                     ; 子程序返回
```

4 位二进制数对应一位十六进制数，有 16 个数码：0~9 和 A~F，依次对应的 ASCII 码是 30H~39H 和 41H~46H，所以十六进制数 0~9 只要加 30H 就转换为了 ASCII 码，而对 A~F（大写字母）需要再加 7。例如，数码"B"加 30H、再加 7 等于 42H，正是大写字母 B 的 ASCII 码（0BH+30H+7=42H）。之所以再加 7，是因为大写字母 A 的 ASCII 码与数字 9 的 ASCII 码相隔 7。

2.4.5 中断指令

在程序运行时，遇到某些紧急情况（如停电），或者一些重要错误（如溢出），当前程序应能够暂停，处理器中止当前程序运行，转去执行处理这些紧急情况的程序段。这种情况叫做"中断"（Interrupt），而转去执行的处理中断的子程序叫做"中断服务程序"或"中断处理程序"。当前程序被中断的地方称为"断点"。中断服务程序执行完后应返回原来程序的断点，继续执行被中断的程序。中断提供了又一种改变程序执行顺序的方法。处理器一般都具有处理中断的能力。

1. 8086 的中断类型

8086 CPU 的中断系统具有 256 个中断，每个中断用一个唯一的中断向量号标识。向量号也称为矢量号或类型号，用 1 字节表示：0~255，对应 256 个中断。8086 的中断可以分为外部中断和内部中断两类。

（1）外部中断

外部中断是来自 8086 CPU 之外的原因引起的程序中断，又分为可屏蔽中断和非屏蔽中断两种。

可屏蔽中断是指外部的中断请求可以在 CPU 的内部被屏蔽掉，即 CPU 可以控制是否引起程序中断。标志寄存器中的中断允许标志 IF 就是用于控制可屏蔽中断的。

在系统复位后，任何一个中断服务程序被执行后，以及执行关中断指令 CLI 后，都使 IF=0，这是 CPU 不让可屏蔽中断中止程序的情况，被称为关中断状态。执行开中断指令 STI，使 IF=1，这是 CPU 允许可屏蔽中断中止程序的情况，被称为开中断状态。另外，中断服务程序结束，执行中断返回指令 IRET，将恢复进入该中断前的 IF 状态。

除可屏蔽中断外的其他中断都不受 IF 标志控制。可屏蔽中断的向量号由外部提供。

非屏蔽中断是指外部的这个中断请求不能在 CPU 的内部被屏蔽，CPU 必须执行它的处理程序。8086 为非屏蔽中断分配了中断向量号 02。IBM PC 中，利用它来处理奇偶校验出错、浮点运算出错等情况。

（2）内部中断

内部中断是由于 8086 CPU 内部执行程序引起的程序中断，也称为异常（Exception），分为 4 种情况。

除法错中断是指在执行除法指令时，若除数为 0 或商超过了寄存器所能表达的范围，则产生除法错中断。8086 为它分配的向量号为 0。

指令中断是指执行中断调用指令 INT n 就产生指令中断，也称为软件中断，它的向量号就是 n。INT n 指令为 2 字节指令（机器码为 11001101-n-，第 2 字节就是中断向量号 n），但向量号为 3 的指令中断（INT 3）是 1 字节指令（11001100），较特殊，常用做程序调试的断点中断。调试程序中的 G 命令就是利用断点中断（3 号中断）中止被调试程序的。使用调试程序时，如果在程序段最后加上一条 INT 3 指令，就可以停止程序运行，而不必设置断点。

溢出中断是指在执行溢出中断指令 INTO 时，若溢出标志 OF 为 1，则产生溢出中断。它的向量号为 4。

单步中断是指若单步标志 TF 为 1，则在每条指令执行结束后都产生单步中断。它的向量号为 1。调试程序中的 T 命令可以利用单步中断。

2. 8086 的中断过程

中断服务程序可以被认为是一种特殊的子程序，可以被存放在主存的任何位置。中断服务程序的首（起始、入口）地址被安排在中断向量表中。

中断向量表设置在主存的最低 1KB 区域内，物理地址为 000H~3FFH。向量表从 0 开始，每 4 字节（双字）对应一个中断，低字存放中断服务程序的偏移地址 IP，高字存放其段地址 CS。向量号 n 的中断服务程序存放在中断向量表 4×n 的物理地址，如图 2-10 所示。

获得中断向量号 n 之后，8086 CPU 对任何一个中断的处理过程都是一样的。

① 标志寄存器入栈保存：SP←SP–2，SS:[SP]←FLAGS。

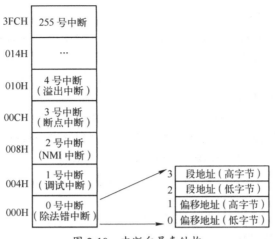

图 2-10　中断向量表结构

② 禁止新的可屏蔽中断和单步中断：IF=TF←0。

③ 断点地址入栈保存：SP←SP–2，SS: [SP]←CS；SP←SP–2，SS: [SP]←IP。

④ 读取中断服务程序的起始地址：IP←[n×4]，CS←[n×4+2]。

中断时，为了保证中断服务程序正确返回原来的程序，要把被中断程序的断点处逻辑地址 CS:IP 压入堆栈保存，还要保存反映现场状态的标志寄存器 FLAGS，然后将中断服务程序的入口地址送 CS 和 IP 寄存器转去执行中断服务程序。

中断服务程序执行完后返回原程序时，应恢复堆栈中保存的断点地址 CS:IP 及标志寄存器。中断返回指令 IRET 实现从中断服务程序返回原程序，其过程如下：

① 断点地址出栈恢复：IP←SS:[SP]，SP←SP+2；CS←SS:[SP]，SP←SP+2。

② 标志寄存器出栈恢复：FLAGS←SS:[SP]，SP←SP+2。

3. 8086 的中断指令

中断调用指令的执行过程非常类似于子程序的调用，只不过要保存和恢复标志寄存器。计算机系统常利用它为用户提供硬件设备的驱动程序。IBM PC 系列微机中的基本输入/输出系统 BIOS 和操作系统 DOS 都提供了丰富的中断服务程序来让程序员调用。

```
int      i8        ; 中断调用指令：产生 i8 号中断
iret               ; 中断返回指令：实现中断返回
into               ; 溢出中断指令：溢出标志 of=1，则产生 4 号中断，否则顺序执行
```

2.5　处理机控制类指令

处理机控制类指令用来控制各种 CPU 的操作，如暂停、等待或空操作等。

（1）空操作指令 NOP

空操作指令不执行任何有意义的操作，但占用 1 字节存储单元，空耗一个指令执行周期。该指令常用于程序调试。

```
nop
```

例如，在需要预留指令空间时用 NOP 填充，代码空间多余时也可以用 NOP 填充，还可以用 NOP 实现软件延时。事实上，NOP 就是 XCHG　AX, AX 指令，它们的代码一样。

（2）段超越前缀指令 SEG

在允许段超越的存储器操作数之前，使用段超越前缀指令，将不采用默认的段寄存器，而是采用指定的段寄存器寻址操作数。

```
seg:                          ; 即 cs:, ss:, ds:, es:, 取代默认段寄存器
```

（3）封锁前缀指令 LOCK

封锁前缀指令是一个指令前缀，使得在这个指令执行时间内，8086 处理器的封锁输出引脚有效，即把总线封锁，使别的控制器不能控制总线，直到该指令执行完后，总线封锁解除。当CPU 与其他处理机协同工作时，该指令可避免破坏有用信息。

```
lock                          ; 封锁总线
```

（4）暂停指令 HLT

暂停指令使 CPU 进入暂停状态，这时 CPU 不进行任何操作。当 CPU 发生复位或来自外部的中断时，CPU 脱离暂停状态。

```
hlt                           ; 进入暂停状态
```

暂停指令可用于程序中等待中断。当程序中必须等待中断时，可用 HLT 指令，而不必用软件死循环。然后，中断使 CPU 脱离暂停状态，返回执行 HLT 的下一条指令。注意，该指令在计算机中将引起所谓的"死机"，一般的应用程序不要使用。

（5）交权指令 ESC

交权指令 ESC 把浮点指令交给浮点处理器执行。

```
esc      6 位立即数，reg/mem   ; 把浮点指令交给浮点处理器
```

为了提高系统的浮点运算能力，8086 系统中可加入浮点运算协处理器 8087。但是，8087的浮点指令是与 8086 的整数指令组合在一起的，8086 主存中存储 8087 的操作码及其所需的操作数。当 8086 发现是一条浮点指令时，就利用 ESC 指令将浮点指令交给 8087 执行，6 位立即数即为浮点指令的操作码，REG/MEM 指示浮点指令的操作数。当操作数为寄存器时，它的编码也作为操作码；如果为存储器操作数，CPU 读出这个操作数送给协处理器。例如：

```
wait     6, [si]              ; 就是 32 位实数除法指令: fdiv  dword ptr[si]
esc      20h, al              ; 就是 32 位整数加法指令: fadd  st(0), st
```

实际编写程序时，一般采用易于理解的浮点指令助记符格式，详见第 8 章。

（6）等待指令 WAIT

WAIT 指令在 8086 的测试输入引脚为高电平无效时，使 CPU 进入等待状态，这时 CPU 并不做任何操作；测试为低电平有效时，CPU 脱离等待状态，继续执行后面的指令。

```
wait                          ; 进入等待状态
```

浮点指令经由 8086 CPU 处理发往 8087，并与 8086 本身的整数指令在同一个指令序列；而 8087 执行浮点指令较慢，所以 8086 必须与 8087 保持同步。8086 就是利用 WAIT 指令和测试引脚实现与 8087 同步运行的。

本章详细介绍了除输入/输出指令和串操作类指令外，8086 所支持的 16 位指令系统。由于指令较多，又各有特色，希望读者进行一下整理（总结），诸如各种寻址方式、指令支持的操作数形式、指令对标志的影响、常见编程问题等。通过整理复习，形成指令系统的整体知识。

建议读者应该重点掌握常用的指令如下：

MOV、XCHG、PUSH、POP、LEA

ADD、ADC、INC,SUB、SBB、DEC、NEG、CMP,MUL、IMUL、DIV、IDIV

AND、OR、XOR、NOT、TEST,SHL/SAL、SHR、SAR、ROL、ROR、RCL、RCR

JMP、JCC、LOOP、CALL、RET、INT

同时要熟悉一些特殊的指令、了解不常使用的指令的功能。

习 题 2

2.1 已知 DS=2000H，BX=0100H，SI=0002H，存储单元[20100H]～[20103H]中依次存放 12H、34H、56H、78H，[21200H]～[21203H]中依次存放 2AH、4CH、B7H、65H，说明下列每条指令执行后 AX 寄存器的内容。

（1）mov   ax, 1200h

（2）mov   ax, bx

（3）mov   ax, [1200h]

（4）mov   ax, [bx]

（5）mov   ax, [bx+1100h]

（6）mov   ax, [bx+si]

（7）mov   ax, [bx][si+1100h]

2.2 指出下列指令的错误。

（1）mov   cx, dl   （2）mov   ip, ax   （3）mov   es, 1234h

（4）mov   es, ds   （5）mov   al, 300   （6）mov   [sp], ax

（7）mov   ax, bx+di   （8）mov   20h, ah

2.3 已知数字 0～9 对应的格雷码依次为：18H、34H、05H、06H、09H、0AH、0CH、11H、12H、14H，它存在于以 table 为首地址（设为 200H）的连续区域中。为如下程序段的每条指令加上注释，说明每条指令的功能和执行结果。

```
lea    bx, table
mov    al, 8
xlat
```

2.4 什么是堆栈？它的工作原则是什么？它的基本操作有哪两个？对应哪两种指令？

2.5 已知 SS=2200H，SP=00B0H，画图说明执行下面指令序列时，堆栈区和 SP 的内容如何变化？

```
mov    ax, 8057h
push   ax
mov    ax, 0f79h
push   ax
pop    bx
pop    [bx]
```

2.6 给出下列各条指令执行后 AL 值，以及 CF、ZF、SF、OF 和 PF 的状态。

```
mov    al, 89h
add    al, al
add    al, 9dh
cmp    al, 0bch
sub    al, al
dec    al
inc    al
```

2.7 设 X、Y、Z 均为双字数据，分别存放在地址为 X、X+2、Y、Y+2、Z、Z+2 的存储单元中，它们的运算结果存入 W 单元。阅读如下程序段，给出运算公式。

```
mov     ax, x
mov     dx, x+2
add     ax, y
adc     dx, y+2
add     ax, 24
adc     dx, 0
sub     ax, z
sbb     dx, z+2
mov     w, ax
mov     w+2, dx
```

2.8 分别用一条汇编语言指令完成如下功能。

（1）把 BX 寄存器和 DX 寄存器的内容相加，结果存入 DX 寄存器。

（2）用寄存器 BX 和 SI 的基址变址寻址方式把存储器的 1 字节与 AL 寄存器的内容相加，并把结果送到 AL 中。

（3）用 BX 和位移量 0B2H 的寄存器相对寻址方式把存储器中的一个字和 CX 寄存器的内容相加，并把结果送回存储器中。

（4）用位移量为 0520H 的直接寻址方式把存储器中的一个字与数 3412H 相加，并把结果送回该存储单元中。

（5）把数 0A0H 与 AL 寄存器的内容相加，并把结果送回 AL 中。

2.9 设 X、Y、Z、V 均为 16 位带符号数，分别存放在 X、Y、Z、V 存储单元中，阅读以下程序段，得出它的运算公式，并说明运算结果存于何处。

```
mov     ax, x
imul    y
mov     cx, ax
mov     bx, dx
mov     ax, z
cwd
add     cx, ax
adc     bx, dx
sub     cx, 540
sbb     bx, 0
mov     ax, v
cwd
sub     ax, cx
sbb     dx, bx
idiv    x
```

2.10 指出下列指令的错误。

（1）XCHG   [SI], 30H   （2）POP   CS   （3）SUB   [SI], [DI]
（4）PUSH   AH   （5）ADC   AX, DS   （6）ADD   [SI], 80H
（7）SHL   [SI],1   （8）ROR   DX, AL

2.11 给出下列各条指令执行后的结果，以及状态标志 CF、OF、SF、ZF、PF 的状态。

```
mov     ax, 1470h
and     ax, ax
```

```
or      ax, ax
xor     ax, ax
not     ax
test    ax, 0f0f0h
```

2.12 假设例题 2.34 的程序段中，AX=08H，BX=10H，请说明每条指令执行后的结果和各个标志位的状态。

2.13 编写程序段完成如下要求。

（1）用位操作指令实现 AL（无符号数）乘以 10。

（2）用逻辑运算指令实现数字 0～9 的 ASCII 码与非压缩 BCD 码的互相转换。

（3）把 DX.AX 中的双字右移 4 位。

2.14 已知 AL=F7H（表示有符号数-9），分别编写用 SAR 和 IDIV 指令实现的除以 2 的程序段，并说明各自执行后所得的商是什么？

2.15 指令指针 IP 是通用寄存器还是专用寄存器？有指令能够直接赋值吗？哪类指令的执行会改变它的值？

2.16 控制转移类指令中有哪三种寻址方式？

2.17 什么是短转移 short jump、近转移 near jump 和远转移 far jump？什么是段内转移和段间转移？8086 有哪些指令可以实现段间转移？

2.18 8086 的条件转移指令的转移范围有多大？实际编程时，如何处理超出范围的条件转移？

2.19 假设 DS=2000H，BX=1256H，SI=528FH，位移量 TABLE=20A1H，[232F7H]=3280H，[264E5H]=2450H，试问执行下列段内间接寻址的转移指令后，转移的目的地址是什么？

（1）JMP   BX   （2）JMP   TABLE[BX]   （3）JMP   [BX][SI]

2.20 判断下列程序段跳转的条件。

（1）
```
xor     ax, 1e1eh
je      equal
```
（2）
```
test    al, 10000001b
jnz     there
```
（3）
```
cmp     cx, 64h
jb      there
```

2.21 设置 CX=0，则 LOOP 指令将循环多少次？例如：
```
        mov     cx, 0
delay:  loop    delay
```

2.22 假设 AX 和 SI 存放的是有符号数，DX 和 DI 存放的是无符号数，请用比较指令和条件转移指令实现以下判断：

（1）若 DX>DI，转到 ABOVE 执行。

（2）若 AX>SI，转到 GREATER 执行。

（3）若 CX=0，转到 ZERO 执行。

（4）若 AX-SI 产生溢出，转到 OVERFLOW 执行。

（5）若 SI≤AX，转到 LESS_EQ 执行。

（6）若 DI≤DX，转到 BELOW_EQ 执行。

2.23 有一个首地址为 ARRAY 的 20 个字的数组，说明下列程序段的功能。

```
        mov     cx, 20
        mov     ax, 0
        mov     si, ax
sum-loop:add     ax, array[si]
        add     si, 2
        loop    sum_loop
        mov     total, ax
```

2.24 按照下列要求，编写相应的程序段。

（1）起始地址为 string 的主存单元中存放有一个字符串（长度大于 6），把该字符串中的第 1 个和第 6 个字符（字节量）传送给 DX 寄存器。

（2）从主存 buffer 开始的 4 字节中保存了 4 个非压缩 BCD 码，现按低（高）地址对低（高）位的原则，将它们合并到 DX 中。

（3）编写一个程序段，在 DX 高 4 位全为 0 时，使 AX=0，否则使 AX=-1。

（4）有两个 64 位数值，按"小端方式"存放在两个缓冲区 buffer1 和 buffer2 中，编写程序段完成 buffer1-buffer2 功能。

（5）假设从 B800h：0 开始存放有 100 个 16 位无符号数，编程求它们的和，并把 32 位的和保存在 DX.AX 中。

（6）已知字符串 string 包含有 32KB 内容，将其中的"$"符号替换成空格。

（7）一个 100 字节元素的数组的首地址为 array，将每个元素减 1（不考虑溢出）存于原处。

（8）统计以"$"结尾的字符串 srting 的字符个数。

2.25 对下面要求，分别给出 3 种方法，每种方法只用一条指令。

（1）使 CF=0 　　　　　　（2）使 AX=0 　　　　　　（3）同时使 AX=0 和 CF=0

2.26 参照图 2-11，分析调用序列，画出每次调用及返回时的堆栈状态。其中 CALL 前是该指令所在的逻辑地址。另外，段内直接调用指令的机器代码的字节数为 3，段间直接调用指令则为 5 字节。

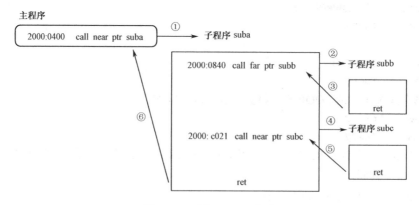

图 2-11　习题 2.26 示意图

2.27 已知 AX、BX 分别存放的是 4 位压缩 BCD 表示的十进制数，请说明如下子程序的功能和出口参数。

```
        add     al, bl
        daa
        xchg    al, ah
```

```
        adc     al, bh
        daa
        xchg    al, ah
        ret
```

2.28 AAD 指令是用于除法指令之前，进行非压缩 BCD 码调整的。实际上，处理器的调整过程是：AL←AH×10+AL，AH←0。如果指令系统没有 AAD 指令，请用一个子程序完成这个调整工作。

2.29 解释如下有关中断的概念。

（1）内部中断和外部中断　　　　　（2）单步中断和断点中断

（3）除法错中断和溢出中断　　　　（4）中断向量号和中断向量表

2.30 试比较 INT　n 和段间 CALL 指令、IRET 和段间 RET 指令的功能。

第3章 汇编语言程序格式

与高级语言源程序的编辑、编译和连接过程类似，汇编语言程序的开发也是先利用某种编辑器编写汇编语言源程序（*.asm），然后经汇编得到目标模块文件（*.obj），连接后形成可执行文件（*.exe）。

一般程序设计语言的源程序除了程序主体外，还有相应的变量、类型、子程序等说明部分。汇编语言源程序不只是由指令系统中的指令组成，一般还有存储模型、主存变量、子程序、宏及段定义等很多不产生 CPU 动作的说明性工作，并在程序执行前由汇编程序完成处理，这些工作由说明性（Directive）语句完成，又被称为伪指令。与之相对应，使 CPU 产生动作、并在程序执行时才处理的语句被称为硬指令或真指令。汇编语言源程序中仅有硬指令是不够的，也不完整，所以我们需要进一步系统地学习伪指令。

CPU 的指令集是由处理器本身确定的，相应的代码必须在相应系列以上的机器上运行。伪指令则与机器无关，但与汇编程序的版本有关。不同的汇编程序版本所支持的 CPU 指令集和伪指令都可能有所不同。一般来说，汇编程序的版本越高，支持的硬指令越多，具有的伪指令越丰富，功能更加强大。本章以微软宏汇编程序 MASM 6.x 为蓝本，学习汇编语言源程序的格式、常用伪指令与操作符，同时介绍汇编语言源程序的汇编、连接、运行过程，以及它的修改和调试方法。

3.1 汇编语言程序的开发

本节从一个示例出发，说明汇编语言源程序的一般格式以及汇编、连接和调试的全过程，即汇编语言程序的一般开发方法。

3.1.1 汇编语言程序的语句格式

像其他程序设计语言一样，汇编语言对其语句格式、程序结构以及开发过程等有相应的要求，它们本质上相同、方法上相似、具体内容各有特色。

汇编语言源程序由语句序列构成，每条语句一般占一行，每行不超过 132 个字符（MASM 6.0 开始可以是 512 个字符）。语句有相似的两种，一般都由分隔符分成的 4 部分组成。

① 执行性语句——表达处理器指令，汇编后对应一条指令代码，格式如下：

| 标号： | 处理器指令助记符 | 操作数，操作数 | ；注释 |

② 说明性语句——表达汇编程序命令，指示如何进行汇编，格式如下：

| 名字 | 伪指令助记符 | 参数，参数，… | ；注释 |

1. 标号与名字

执行性语句中，"："前的标号表示处理器指令在主存中的逻辑地址，主要用于指示分支、循环等程序的目的地址，可有可无。说明性语句中的名字可以是变量名、段名、子程序名等，反映变量、段和子程序等的逻辑地址。标号采用"："分隔处理器指令，名字采用空格或制表符分隔伪指令，据此也分开了两种语句。

标号和名字是符合汇编程序语法的用户自定义的标识符（Identifier）。标识符（也称为符号 Symbol）一般最多由 31 个字母、数字及规定的特殊符号（如_、$、？、@）组成，不能以数字开头（与高级程序语言一样）。在一个源程序中，用户定义的每个标识符必须是唯一的，还不能是汇编程序采用的保留字。保留字（Reserved Word）是编程语言本身需要使用的各种具有特定含义的标识符，也被称为关键字（Key Word）；汇编程序中主要有处理器指令助记符、伪指令助记符、操作符、寄存器名以及预定义符号等。

例如，MSG、VAR2、BUF、NEXT、AGAIN 是合法的用户自定义标识符，8VAR、AX、MOV、BYTE 是不符合语法（非法）的标识符，原因是：8VAR 以数字开头，其他是保留字。

在默认情况下，汇编程序不区别包括保留字在内的标识符字母大小写。换句话说，汇编语言是大小写不敏感的。例如，对于寄存器名 AX，还可以书写成 ax 等。使用 string 变量名，还可以 String、STRING 等形式出现，它们表达同一个变量。本书在文字说明和语句时通常采用小写字母形式。

2．助记符

助记符（Mnemonics）是帮助记忆指令的符号，反映指令的功能。处理器指令助记符可以是任何一条处理器指令，表示一种处理器操作。同一系列的处理器指令常会增加，不同系列处理器的指令系统不尽相同。伪指令助记符由汇编程序定义，表达一个汇编过程中的命令，随着汇编程序版本增加，伪指令会增加，功能也会增强。例如，程序中使用最多数据传送指令，其助记符是"MOV"。第 2 章中的处理器指令介绍了对应的助记符。

汇编语言源程序中使用最多的字节变量定义伪指令，其助记符是"DB"（或"BYTE"，取自 Define Byte），功能是在主存中分配若干的存储空间，用于保存变量值，该变量以字节为单位存取。例如，可以用 DB 伪指令定义一个字符串，并使用变量名 STRING 表达其在主存的逻辑地址：

```
string  db 'Hello, Everybody!', 0dh, 0ah, '$'
```

其中，0DH 和 0AH 表达回车换行（其作用相当于 C 语言的"\n"），字符串最后的一个"$"是 9 号 DOS 调用要求的字符串结尾字符。

变量名 STRING 包含段基地址和偏移地址，如可以用一个 MASM 操作符 OFFSET 获得其偏移地址，保存到 DX 寄存器中，汇编语言指令如下：

```
mov     dx, offset string              ; DX 获得 STRING 的偏移地址
```

MASM 操作符（Operator）是对常量、变量、地址等进行操作的关键字。例如，进行四则运算的操作符（也称为运算符）与高级语言一样，依次是符号+、−、*和/。

3．操作数和参数

处理器指令的操作数表示参与操作的对象，可以是一个具体的常量，也可以是保存在寄存器的数据，还可以是一个保存在存储器中的变量。在双操作数的指令中，目的操作数写在"，"前，还用来存放指令操作的结果；对应地，"，"后的操作数就称为源操作数。

例如，在指令"MOV DX, OFFSET STRING"中，"DX"是寄存器形式的目的操作数，

"OFFSET STRING"经汇编后转换为一个具体的偏移地址，则是常量形式的源操作数。

伪指令的参数可以是常量、变量名、表达式等，可以有多个，参数之间用","分隔。例如，在"'Hello, Everybody!', 0DH, 0AH,'$'"中，表示字符串"Hello, Everybody!"、两个常数0DH 和 0AH 以及一个字符"$"。

4. 注释

语句中";"后的内容是注释，通常是对指令或程序片断功能的说明，是为了程序便于阅读而加上的，不是必须有的。必要时，一个语句行也可以由";"开始作为阶段性注释。汇编程序在翻译源程序时将跳过该部分，不对它们做任何处理。建议大家一定要养成书写注释的良好习惯。

语句的 4 个组成部分要用分隔符分开。标号后的"："、注释前的";"以及操作数间和参数间的","都是规定采用的分隔符，其他部分通常采用空格或制表符作为分隔符。多个空格和制表符的作用与一个相同。另外，MASM 也支持续行符"\"，表示本行内容与上一行内容属于同一个语句。注释可以使用英文书写。在支持中文的编辑环境中也可以使用中文进行程序注释，但注意这些分隔符必须使用英文标点，否则无法通过汇编。

良好的语句格式有利于编程，尤其是源程序阅读。在本书的汇编语言源程序中，标号和名字从首列开始书写，通过制表符对齐各语句行的助记符，助记符后用空格分隔操作数和参数部分（多个操作数和参数，按照语法要求使用","分隔），利用制表符对齐注释部分。

3.1.2　汇编语言的源程序框架

汇编程序为汇编语言制定了严格的语法规范，如语句格式、标识符定义、保留字、注释符等。同样，汇编程序也为源程序书写设计了框架结构，包括数据段、代码段等的定义、程序起始执行的位置、汇编结束的标示等。

对应存储空间的分段管理，用汇编语言编程时常将源程序分成代码段、数据段或堆栈段。需要独立运行的程序必须包含一个代码段，并指示程序执行的起始位置。需要执行的可执行性语句必须位于某一个代码段内。说明性语句通常安排在数据段，或根据需要位于其他段。通常，程序还需要一个堆栈段（操作系统也会提供默认的堆栈段，但容量较小）。

下面给出在屏幕上显示一段信息的汇编语言源程序，分别用两种格式书写。

1. 简化段定义的源程序框架

MASM 各版本支持多种汇编语言源程序格式。本书使用 MASM 6.x 版本的简化段定义（Simplified Segment Definition），引出一个简单的源程序框架。其典型格式如下：

```
        .model small              ; 定义程序的存储模式（SMALL 表示小型模式）
        .stack                    ; 定义堆栈段（默认是 1KB 空间）
        .data                     ; 定义数据段
        …                         ; 数据定义
        .code                     ; 定义代码段
        .startup                  ; 程序起始点，并设置 DS 和 SS 内容
        …                         ; 主程序代码
        .exit 0                   ; 程序终止点，返回 DOS（0 是返回值）
        …                         ; 子程序代码
```

```
        end                               ; 汇编结束
```

在简化段定义的源程序格式中，以"."开始的伪指令说明程序的结构。首先，必须具有存储模型伪指令.MODEL。随后，.STACK、.DATA 和.CODE 依次定义堆栈段、数据段和代码段，一个段的开始自动结束上一个段。在代码段中，首先由.STARTUP 伪指令指明程序的起始执行点，同时为程序的数据段、代码段和堆栈段设置相应的段寄存器值。最后用.EXIT 伪指令返回 DOS 操作系统，程序执行终止（详见 3.3 节）。

【例 3.1】 信息显示程序。

类似经典的 C 语言程序：显示"Hello, Everybody!"，下面用汇编语言也显示一段信息。首先需要在数据段给出这个字符串，用字节定义伪指令 DB 实现：

```
        ; 数据段
string  db 'Hello, Everybody!', 0dh, 0ah, '$'     ; 定义要显示的字符串
```

接着，需要在代码段编写显示字符串的程序：

```
        ; 代码段
        mov     dx, offset string           ; 指定字符串在数据段的偏移地址
        mov     ah, 9
        int     21h                         ; 利用 DOS 功能调用显示信息
```

采用简化段定义的源程序框架，只需将数据定义书写在数据段定义伪指令.DATA 后，在代码段的.STARTUP 和.EXIT 之间填入程序代码，就形成了一个汇编语言源程序：

```
        .model small
        .stack
        .data
string  db 'Hello, Everybody!', 0dh, 0ah, '$'     ; 定义要显示的字符串
        .code
        .startup                            ; （注1）
        mov     dx, offset string           ; 指定字符串在数据段的偏移地址
        mov     ah, 9
        int     21h                         ; 利用 DOS 功能调用显示信息
        .exit 0                             ; （注2）
        end                                 ; （注3）
```

由于 MASM 5.0/5.1 不支持.STARTUP 和.EXIT 伪指令，如果读者采用 MASM 5.0/5.1 版本的汇编程序，请将上述例 3.1 的源程序中 3 个标记处的语句分别修改如下：

```
（注1）
START:  mov     ax, @data                   ; 设置数据段的段地址 DS
        mov     ds, ax
（注2）
        mov     ax, 4c00h                   ; 返回 DOS
        int     21h
（注3）
        end start                           ; 汇编结束，程序起始点为标号 START 处
```

除特别说明为 MASM 6.x 新引入的功能外，为适应 MASM 5.0/5.1，本书采用简化段定义格式的源程序都可以修改为这种形式。

2. 完整段定义的源程序框架

MASM 5.0 为简化汇编语言编程引入简化段定义，MASM 5.0 以前版本则采用完整段定

义（Full Segment Definition）格式，之后的版本也能使用，其典型的源程序框架如下：

```
stack      segment stack                          ; 定义堆栈段 stack
           ...                                     ; 分配堆栈段的大小
stack      ends                                    ; 堆栈段结束
data       segment                                 ; 定义数据段 data
           ...                                     ; 定义数据
data       ends                                    ; 数据段结束
code       segment 'code'                          ; 定义代码段 code
           assume  cs:code, ds:data, ss:stack      ; 确定 CS/DS/SS 指向的逻辑段
start:     mov ax, data                            ; 设置数据段的段地址 DS
           mov ds, ax
           ...                                     ; 主程序代码
           mov ax, 4c00h
           int 21h                                 ; 程序执行终止，返回 DOS
           ...                                     ; 子程序代码
code       ends                                    ; 代码段结束
           end start                               ; 汇编结束，程序起始点为 start
```

完整段定义由 SEGMENT 和 ENDS 这一对伪操作指令实现（详见 3.3 节）。例如：

```
xyz        segment
           ...                                     ; 语句序列
xyz        ends
```

这是一个名为 XYZ 段的定义框架，至于 XYZ 做什么段，将由 ASSUME 伪指令加以指定。例如，上述源程序框架中 ASSUME 伪指令将 CS、DS、SS 依次指向名为 CODE、DATA、STACK 逻辑段，即依次设置它们为代码段、数据段和堆栈段。然而，ASSUME 伪指令并不为 DS 赋值，所以程序开始先用传送指令将 DS 赋值为 DATA 段首地址，这样后续程序可访问到 DATA 段中的数据。程序执行终止，利用 DOS 系统的 4CH 号功能调用返回 DOS 操作系统。最后，汇编结束伪指令 END 表明源程序到此结束、并指定程序开始执行位置是 START 标号所在的指令。

这样，例 3.1 的信息显示程序使用完整段定义格式为：

```
stack      segment stack
           db        1024 dup(?)                   ; 堆栈段的大小是 1024 字节（1KB）空间
stack      ends
data       segment
string     db 'Hello, Everybody!', 0dh, 0ah, '$ ' ; 定义要显示的字符串
data       ends
code       segment 'code '
           assume  cs:code, ds:data, ss:stack
start:     mov     ax, data
           mov     ds, ax
           mov     dx, offset string               ; 指定字符串在数据段的偏移地址
           mov     ah, 9
           int     21h                             ; 利用 DOS 功能调用显示信息
           mov     ax, 4c00h
           int     21h
code       ends
```

对比这两种格式的源程序，简化段格式显得简洁明快、易于掌握，引入存储模式更使得程序方便地与其他微软开发工具组合；完整段格式虽显烦琐，但可以提供更多的段属性，有时是必须采用的。3.3 节将详细介绍这两种段定义格式。

本章（以及第 4～5 章）例题程序将只给出数据段的变量定义、主程序和子程序代码等部分，而不给出源程序框架（除非与之不同，需要特别表示），以便将注意力集中于编程本身（而不是被烦琐的程序格式所困惑）。读者只要套入源程序框架，就可以编辑成一个汇编语言源程序文件，但本书主要采用简化段定义的源程序框架。

大多数读者是从高级语言开始熟悉计算机程序设计的，虽然汇编语言不是高级语言，但它们都是程序设计语言，有许多本质上相同或相通的地方。所以，学习过程中不妨做些简单对比，这样既可以巩固高级语言的知识，也有利于熟悉汇编语言。通过汇编语言，读者还可以进一步加深对高级语言的理解。

3.1.3　汇编语言程序的开发过程

开发汇编语言程序需要编辑、编译（汇编）、连接等步骤，如图 3-1 所示。但首先需要安装开发软件。安装 MASM 6.x 完全版，需要在 DOS（或 Windows 的 MS-DOS 模拟环境）下，运行其 setup.exe 程序实现，通常选择在 MS-DOS/Microsoft Windows 操作系统下使用。

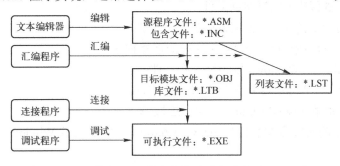

图 3-1　可执行文件的开发过程

本书的汇编语言程序开发基于微软公司的 MASM 6.x 版本，可以采用最后一个独立发布的 MASM 6.11 版本，还可以升级为 MASM 6.15。实践本书编程，主要使用汇编程序 ml.exe（及 ml.err）和连接程序 link.exe 等，没有必要安装完整的 MASM 程序。读者可以自行组建开发环境，建议参考本书的 MASM 软件包（ml615.zip）如下配置有关文件：

（1）主程序目录（如 D:\ML615）配置 MASM 6.15 的基本文件

❖ ml.exe——汇编程序。

❖ ml.err——汇编错误信息文件。

❖ link.exe——连接程序。

❖ lib.exe——子程序库管理文件。

如果使用 MASM 6.15 版本的汇编程序 ml.exe（及 ml.err），需从 Visual C++ 6.0 中抽取。连接程序 link.exe 和子程序库管理文件 lib.exe 则取自 MASM 6.11 版本。

（2）主目录含有作者创建的文件

❖ dos.bat——进入模拟 MS-DOS 环境（command.com）的当前目录（如 D:\ML615）。

❖ win.bat——进入 Windows 控制台（cmd.exe）的当前目录（如 D:\ML615）。

❖ make.bat——生成 CodeView 调试信息的汇编快捷操作批处理文件（用于 SMALL、COMPACT、MEDIUM、LARGE 和 HUGE 存储模式，生成 EXE 文件），进入 CodeView 调试程序的批处理文件 cv.bat 和展开各种帮助文件的批处理文件 qh.bat。

❖ example.asm——模板源程序文件（MASM 6.x 适用，简化段定义格式，SMALL 存储模式），并含有模板文件对应的列表文件 example.lst、模块文件 example.obj 和可执行文件 example.exe，以方便调试等使用。

❖ examplea.asm——模板源程序文件（MASM 5.x/6.x 适用，完整段定义格式）。

❖ exampleb.asm——模板源程序文件（MASM 5.x 适用，简化段定义格式，SMALL 存储模式）。

❖ examplec.asm——模板源程序文件（MASM 6.x 适用，简化段定义格式，TINY 存储模式）。

❖ exampled.asm——模板源程序文件（MASM 6.x 适用，32 位 Windows 应用程序）。

❖ io.inc——I/O 子程序库声明文件。

❖ io.lib——I/O 子程序库。

（3）HELP 目录

HELP 目录下包括：快速帮助文件 qh.exe，以及 MASM 宏汇编语言、汇编程序 ML、连接程序 LINK、调试程序 CV 等帮助文件。

（4）BIN32 子目录配置 32 位汇编语言开发文件

❖ link.exe——连接程序（与 DOS 环境的连接程序不同）。

❖ kernel32.lib——Windows 核心导入库文件。

❖ user32.lib——Windows 用户界面导入库文件。

❖ mspdb60.dll 和 msdis110.dll——动态连接库。

BIN32 子目录的文件需抽取自 Visual C++ 6.0，用于配合 32 位 Windows 汇编语言程序（见第 6 章）的开发。

有了上述 MASM 软件开发包，在 32 位 Windows 操作系统的资源管理器中双击其中的批处理文件 dos.bat（或 win.bat），就可以打开模拟 MS-DOS 窗口（控制台），并进入主目录（D:\ML615）。接着，在提示符下输入命令：

```
ML 文件名.asm
```

即可快速完成一个汇编语言程序的开发。注意：用户编写的源程序应该保存在主目录下进行汇编连接，开发完成后可以再保存在其他目录（如 progs 子目录保存本书的例题程序）。

当然，程序的开发实际上包括编辑、汇编（编译）和连接等步骤，详述如下。

1. 进入模拟 DOS 环境

MASM 以 MS-DOS 操作系统为平台。DOS 虽然相对比较简单，但允许程序员访问任意资源，便于实践和实现，符合本课程的教学要求。读者可以使用 MS-DOS 启动机器运行于实地址方式，但作者建议使用 32 位 Windows 的模拟 MS-DOS 环境。模拟 DOS 环境虽不是真正的 DOS 平台，但兼容绝大多数 DOS 应用程序，完全满足我们的教学，同时可以借助 Windows 的强大功能和良好保护。

在 Windows 操作系统的图形界面下，需要首先进入模拟 DOS 环境，通常的操作方法是：

选择"开始"→"运行"，在打开的对话框中输入"command"命令。注意，模拟 DOS 环境执行的是 Windows 所在文件夹的 SYSTEM32 子文件夹下的 command.com 文件。打开的窗口标题中包含"Command Prompt"或"command.com"。所以，为了避免与其他同名文件混淆，建立 DOS 模拟环境时最好给出完整的路径，如输入" %SystemRoot%\system32\command.com"。其中，"%SystemRoot%"表示 Windows 操作系统所在文件夹（如 Windows/7 为 WINDOWS，Windows 2000 为 WINNT）。

通常，人们习惯用鼠标单击来逐步展开"开始"→"程序"→"附件"→"命令提示符"，或者选择"开始"→"运行"，在弹出的对话框中输入"cmd"命令，打开一个酷似 DOS 的命令行窗口，实际上是 32 位 Windows 的控制台窗口，执行 Windows 所在文件夹 SYSTEM32 子文件夹下的 cmd.exe 文件。虽然 32 位控制台与模拟 DOS 环境的基本功能、操作和界面一致，但执行的文件不同，其实质不同。相对来说，cmd.exe 支持中文的输入和输出，功能更强，打开的窗口标题包含"命令提示符"或"cmd.exe"。

特别注意，本书主要的应用程序基于 MS-DOS 模拟环境（command.com），不要在 32 位控制台环境（cmd.exe）下运行，虽然很多时候是正确的。这是因为，利用 DOS 功能调用编写的程序虽然可以在 32 位控制台环境下执行，但不保证一定正确；同样，使用 32 位控制台 API 函数编写的程序也不保证一定在模拟 DOS 环境下执行正确。

2. 进入 MASM 开发目录

操作系统以目录（Directory）形式管理磁盘上的文件（Windows 为了使普通用户容易理解，使用了文件夹这个通俗的说法表示专业术语目录）。当我们指明某个文件时，为了区别于同名的其他文件，有必要说明该文件所在分区、根目录、各级子目录。上述分区和目录就是该文件的路径（Path），DOS 中利用"\"分隔各级目录。例如，在硬盘 D 分区根目录 ML615 的 PROGS 子目录下的文件 LT301.ASM，需要表示如下：

```
D:\ML615\PROGS\lt301.asm
```

文件的完整路径称为"绝对路径"。这种指明文件的方法保证了唯一性，但有些烦琐，所以经常使用"相对路径"指明文件。采用相对路径首先必须明确相对的位置，即当前所在的目录，简称当前目录（Current Directory）。实际上，在闪烁的 DOS 提示符"_"前的路径就是当前目录所在位置。假如，D 分区当前目录是根目录 ML615，则指明上述 lt301.asm 文件可以表示如下：

```
PROGS\lt301.asm
```

再如，PROGS 为当前目录，指明 ML615 目录下的 ml.exe 文件表示如下：

```
..\ml.exe
```

这里的".."表示当前目录的上级目录。另外，经常使用"\"表示当前分区的根目录，用一个"."表示当前目录。

那么，DOS 下如何改变当前目录呢？这就要用到 DOS 内部命令 CD（Change Directory）。例如，进入模拟 DOS 后，可以首先输入分区字母加一个"："，从而进入需要的当前磁盘分区，然后输入 CD 命令，并用空格隔开需要进入的当前目录。

```
D:
CD \ml615
```

为了操作方便，可以定制一个进入 MASM 目录（假设在 D:\ML615）的 MS-DOS 快捷方式。以 Windows XP 操作系统为例，只要新建一个快捷方式，让其执行 command.com 文件，并展开其属性中的程序对话框，将"工作目录"文本框改为"D:\ML615"。双击这个快捷方式，就直接进入了 MS-DOS 环境的"D:\ML615"目录。

在本书建议的软件包中有一个批处理文件 dos.bat，在资源管理器下双击之，也能启动模拟 DOS 环境，并快速进入 MASM 目录。批处理文件 DOS.BAT 的内容可以是：

```
@echo off
%SystemRoot%\system32\command.com
@echo on
```

第 1 行命令表示不显示下面各行信息。第 2 行执行操作系统所在根目录提供的 command.com 文件进入模拟 DOS 环境窗口，并将 dos.bat 文件所在的目录（默认是 D:\ML615）作为当前目录。第 3 行命令表示以后输入的命令将显示出来。

最后说明在 64 位 Windows 操作系统下如何开发和运行 16 位 DOS 应用程序。在使用 64 位 Windows 操作系统的计算机中，虽然仍然存在控制台窗口，但也是 64 位的，执行的程序名称还是 cmd.exe，兼容 32 位应用程序。64 位 Windows 不兼容 16 位 DOS 应用程序，所以操作系统中不存在 command.com 文件。运行 16 位 DOS 应用程序需要使用虚拟机软件模拟 DOS 环境，如简单的 DOSBox 模拟器（免费软件）或者功能强大的 VMware 虚拟机（商业软件）。在 64 位 Windows 操作系统平台，开发和运行 16 位 DOS 应用程序的具体建议如下：

① 16 位汇编语言程序的开发可以进入 64 位 Windows 控制台窗口进行。使用批处理文件 win.bat 启动控制台窗口、并进入该文件所在的当前目录。win.bat 文件只是将 dos.bat 文件中的 command.com 用 cmd.exe 替代即可。

② 16 位汇编语言程序的运行可以进入 DOSBox 模拟器中进行。下载最新 DOSBox 软件（目前是 0.74 版），请访问 DOSBox 官网 www.dosbox.com，Windows 环境对应的安装软件是 DOSBox0.74-win32-installer.exe。安装后，所在目录包含使用手册等文档。启动 DOSBox 后，可以使用挂接命令 MOUNT 将机器上某个分区目录装载到模拟 DOS 中使用，如

```
MOUNT D: D:\ML615
D:
```

这两个命令将 D:\ML615 挂接在模拟 DOS 的 D 分区，然后进入 D 分区。此时可以执行 DOS 命令（如 CD、DIR 等命令）以及 D:\ML615 目录下的可执行文件。

如果希望每次启动 DOSBox，自动运行挂接命令，可以依次选择"开始"→"程序"→"DOSBox-0.74"→"Options"→"DOSBox 0.74 Options"（即打开 DOSBox 配置文件，是用户计算机的本地应用程序数据目录 DOSBox\dosbox-0.74.conf 文件），将上述两个命令复制到配置文件的最后[autoexec]字段，然后保存即可。

注意：DOSBox 是 DOS 模拟器，不支持中文目录名和文件名；64 位 Windows 中没有调试程序 debug.exe，需事先在汇编语言主目录复制好该文件；如果希望在 DOSBox 模拟器中开发 16 位 DOS 应用程序（不仅仅是运行），需要使用 MASM 6.11 版本的汇编程序（ml.exe），因为 DOSBox 不支持 MASM 6.15 的汇编程序。

3. 源程序的编辑

源程序文件的形成（编辑）可以通过任何一个文本编辑器，当然功能完善的编辑软件会提高编程效率。例如，可以使用 Windows 提供的记事本（Notepad）、DOS 中的全屏幕文本

编辑器 EDIT 甚至 Microsoft Word，也可以使用其他程序开发工具中的编辑环境，如 Visual C++或 Turbo C 的编辑器。一些专注于各种源程序文件编写的文本编辑软件也非常好用，值得推荐，如 UltraEdit32。

本书推荐使用记事本 notepad2.exe。建议在其"设置"菜单中使用"文件关联"命令将汇编语言程序 ASM 文件与其建立关联（以后双击 ASM 程序就可以打开该记事本），还可以在"查看"菜单中选择使用汇编程序语法高亮方案和语法高亮配置（便于区别助记符、数据等）。另外，在"查看"菜单选中"行号"，这样记事本可以给程序标示行号，以便出现错误时能够根据提示的行号快速定位到错误语句。

源程序文件是无格式文本文件，注意保存为纯文本类型，MASM 要求其源程序文件要以 ASM 为扩展名。

任何一个编辑器的使用方法都大致相同，这里不再叙述。假定用户已经正确地将例 3.1 的源程序输入编辑器（注释部分不需录入），并以 lt301.asm 为文件名存入 MASM 目录中。

为了便于操作，应将源程序文件保存在 ML615 目录下，开发过程中生成的各种文件也自然存放于此，以避免指明文件路径的麻烦和出现找不到文件的错误。开发完成后的程序可以移动到另一个目录下保存。为了便于管理，本书中的源程序文件的命名规则是：lt 表示例题，xt 表示习题，第 1 位数字表示程序所在章号，后 2 位数字表示例题或习题序号，数字后的字母表示同一个程序的不同形式。

4．源程序的汇编

汇编是将源程序翻译成由机器代码组成的目标模块文件的过程。MASM 6.x 提供的汇编程序是 ml.exe。进入已建立的程序所在目录，输入如下命令及相应参数，即可完成源程序的汇编：

```
ML /c lt301.asm
```

如果源程序中没有语法错误，MASM 将自动生成一个目标模块文件（lt301.obj），否则给出相应的错误信息。这时应根据错误信息，重新编辑修改源程序后，再进行汇编。注意，仅利用 ML 实现源程序的汇编，参数"/c"（小写字母 c）不能省略，否则 ML 将自动调用连接程序 link.exe 进行连接。

5．目标文件的连接

连接程序能把一个或多个目标文件和库文件合成一个可执行文件（EXE、COM 文件）。

在程序目录下有了 lt301.obj 文件，输入如下命令可实现目标文件的连接：

```
LINK lt301.obj
```

如果不带文件名，连接程序 LINK 将提示输入 OBJ 文件名，还会提示生成的可执行文件名及列表文件名，一般采用默认文件名就可以。如果没有严重错误，LINK 将生成一个可执行文件（lt301.exe），否则提示相应的错误信息。这时需要根据错误信息重新修改源程序后再汇编、链接，直到生成可执行文件。

连接程序的一般格式如下：

```
LINK  [/参数选项] OBJ 文件列表 [EXE 文件名, MAP 文件名, 库文件][; ]
```

连接程序可以将多个模块文件连接起来，形成一个可执行文件；多个模块文件用"+"分隔。给出 EXE 文件名就可以替代与第一个模块文件名相同的默认名。给出 MAP 文件名将创建连接映像文件，否则不生成映像文件。库文件是指连接程序需要的子程序库等。"[ ]"

中的文件名是可选的，如果没有给出，则连接程序还将提示，通常用回车表示接受默认名。为避免频繁的键盘操作，可以用";"表示采用默认名，连接程序就不再提示输入内容。"/?"参数可以显示 LINK 的所有参数选项。

事实上，ML 汇编程序可以自动调用 LINK 连接程序（ML 表示 MASM 和 LINK），实现汇编和连接的依次进行，只要在命令行中输入不带"/c"参数的 ML 命令即可。例如：

```
ML lt301.asm
```

上面介绍了通常采用的 ML 命令行格式。实际上，汇编程序 ml.exe 可以使用其他参数。用"/?"或"/help"选项可以看到它的所有参数。ml.exe 的命令行格式如下：

```
ML [/参数选项]文件列表 [/LINK 连接参数选项]
```

ML 允许汇编和连接多个程序形成一个可执行文件，常用参数选项如下（注意，参数是大小写敏感的）：

- ❖ /AT——允许 TINY 存储模型（创建一个 COM 文件）。
- ❖ /c——只汇编源程序，不进行自动连接（这里是小写的字母 c）。
- ❖ /Fl 文件名——创建一个汇编列表文件（扩展名.lst）。
- ❖ /Fr 文件名——创建一个可在 PWB 下浏览的 SBR 源浏览文件。
- ❖ /Fo 文件名——根据指定的文件名生成模块文件，而不是采用默认名。
- ❖ /Fe 文件名——根据指定的文件名生成可执行文件，而不是采用默认名。
- ❖ /Fm 文件名——创建一个连接映像文件（扩展名.map）。
- ❖ /I 路径名——设置需要包含进（INCLUDE）源程序的文件的所在路径。
- ❖ /Sa——在生成的列表文件中，列出由汇编程序产生的指令。
- ❖ /Sn——在创建列表文件时不产生符号表。
- ❖ /Zi——生成模块文件时，加入调试程序 CodeView 需要的信息。
- ❖ /Zs——只进行句法检查，不产生任何代码。
- ❖ /Link——传递给连接程序 LINK 的参数。

6. 列表文件

列表文件（List File）是一种文本文件，含有源程序和目标代码，对学习汇编语言程序设计和发现错误很有用。创建列表文件，可以输入如下命令：

```
ML /Fl /Sa lt301.asm
```

该命令除产生模块文件 lt301.obj 和可执行文件 lt301.exe 外，还将生成列表文件 lt301.lst。采用"/Sa"选项，如果源程序具有.startup、.exit 伪指令及流程控制伪指令.if、.while 等，将在列表文件中得到相应的硬指令，否则列表文件只给出上述伪指令。lt301.lst 如下所示：

```
lt301.asm               Page 1-1
                                .model small
                                .stack
        0000                    .data
        0000 48 65 6C 6C 6F 2C 45 76   string db 'Hello,Everybody!',0dh,0ah, '$'
        65 72 79 62 6F 64
        79 20 21 0D 0A 24
        0000                    .code
                                .startup
        0000            * @Startup:
```

```
0000    BA----R  *      mov     dx, dgroup
0003    8EDA     *      mov     ds, dx
0005    8CD3     *      mov     bx, ss
0007    2BDA     *      sub     bx, dx
0009    D1E3     *      shl     bx, 001h
000B    D1E3     *      shl     bx, 001h
000D    D1E3     *      shl     bx, 001h
000F    D1E3     *      shl     bx, 001h
0011    FA       *      cli
0012    8ED2     *      mov     ss, dx
0014    03E3     *      add     sp, bx
0016    FB       *      sti
0017    BA0000R         mov     dx, offset string
001A    B409            mov     ah, 9
001C    CD21            int     21h
                        .exit 0
001E    B84C00   *      mov     ax, 04c00h
0021    CD21     *      int     021h
                        end
```

LT301.ASM   Symbols2-1

Segments and Groups:

Name	Size	Length	Align	Combine	Class
DGROUP............	GROUP				
_DATA.............	16Bit	0014	Word	Public	'DATA'
STACK.............	16Bit	0400	Para	Stack	'STACK'
_TEXT.............	16Bit	0023	Word	Public	'CODE'

Symbols:

Name	Type	Value	Attr
@CodeSize.........	Number	0000h	
@DataSize.........	Number	0000h	
@Interface........	Number	0000h	
@Model...........	Number	0002h	
@Startup.........	LNear	0000	_TEXT
@code	Text		_TEXT
@data	Text		DGROUP
@fardata?	Text		FAR_BSS
@fardata..........	Text		FAR_DATA
@stack............	Text		DGROUP
string............	Byte	0000	_DATA

```
0 Warnings
0 Errors
```

  列表文件有两部分内容。在第一部分中，最左列是数据或指令在该段从 0 开始的相对偏移地址，向右依次是指令的机器代码和汇编语言语句。机器代码后有字母"R"表示该指令的立即数/位移量现在不能确定或只是相对地址，将在程序连接或进入主存时才能定位。带有符号"*"的处理器指令是由前面一条伪指令产生的，采用"/Sa"选项的列表文件罗列，否则只有伪指令本身。如果程序中有错误（Error）或警告（Warning），也会在相应位置提示。

列表文件的第二部分是标识符使用情况。对段名和组名给出它们的名字（Name）、尺寸（Size）、长度（Length）、定位（Align）、组合（Combine）和类别（Class）属性；对符号给出它们的名字、类型（Type）、数值（Value）和属性（Attr）。采用简化段定义格式，有许多汇编系统的预定义标识符，如"@data"等。

另外，汇编连接过程中也可以生成映像文件（MapFile）。

映像文件也是一种文本文件，含有每个段在存储器中的分配情况。创建映像文件可以输入如下命令：

```
ML /Fm lt301.asm
```

该命令除产生 lt301.obj 和 lt301.exe 文件外，还将生成映像文件 lt301a.map，如下所示：

```
Start       Stop        Length      Name        Class
00000H      00022H      00023H      _TEXT       CODE
00024H      00037H      00014H      _DATA       DATA
00040H      0043FH      00400H      STACK       STACK
Origin      Group
0002: 0     DGROUP
Address     Publics by Name
Address     Publics by Value
Program entry point at 0000: 0000
```

映像文件中先给出了该程序各逻辑段的起点（Start）、终点（Stop）、长度（Length）、段名（Name）和类别（Class），然后是段组（Group）位置和组名，最后提示程序开始执行的逻辑地址。注意，这里的起点、终点和段地址是以该程序文件开头而言的相对地址，而实际的绝对地址需要在程序进入主存后确定。

由于涉及变量、标号和逻辑段属性等内容（本章后续部分将逐渐展开），读者可以在学习相关内容后再回头阅读并理解列表文件和映像文件的含义。

7. 可执行程序的运行

开发结束生成的可执行文件是 DOS 的一个应用程序，像 DOS 的外部命令一样在 DOS 环境输入文件名就可以运行。注意，在 Windows 下双击该文件运行，可能看不到运行结果，屏幕上只是一闪。所以，在 Windows 图形界面下，运行模拟 DOS 环境（或 Windows 控制台）的可执行文件，需要首先进入模拟 DOS（或控制台）环境，然后在命令行提示符下输入文件名（可以省略扩展名），按 Enter 键：

```
lt301.exe
```

DOS 的命令分成内部命令和外部命令。DOS 的内部命令随着 DOS 启动进入主存，所以进入 DOS 环境后，只要输入 DOS 内部命令的关键字加上需要的参数，就可以直接使用 DOS 的内部命令，如改变目录 CD、文件列表 DIR、文件拷贝 COPY、清除屏幕 CLS、中止 DOS 环境 EXIT 等常用命令。利用帮助命令 HELP 可以查看所有的内部命令和使用方法，也可以用命令加"/?"参数查询该命令的使用方法。

DOS 的外部命名以文件形式保存在磁盘上，当需要执行这些文件时，需要先输入绝对路径或相对路径，然后输入文件名；其次，用空格分隔输入的参数。如果没有指明路径，DOS 将在当前目录下查找该文件；如果没有找到，则在事先设置的搜索路径中依次找到；如果仍然没有找到，则将显示"'XX'不是内部或外部命令，也不是可运行的程序或批处理文件"('XX' is not recognized as an internal or external command, operable program or batch file.)。使用内部命令 PATH 可以查看和设置当前的搜索路径。所以，如果指明的路径不正确，虽然文件存在但却会提示没有，或者执行了另外一个同名的文件。

DOS 支持扩展名为.com 和.exe 的可执行文件格式。批处理文件使用扩展名.bat，实际上是纯文本文件，其中编辑有依次执行的可执行文件名。如果执行 DOS 外部命令时没有输入扩展名，则 DOS 依次以.bat、.com 和.exe 为扩展名，先查找到哪个文件，就执行哪个文件。

8．可执行程序的调试

初学编程，难免会出现各种错误。首先遇到的问题，可能是汇编（编译）不过、提示各种错误（Error）或警告（Warning）信息，这是因为书写了不符合语法规则的语句，导致汇编（编译）程序无法翻译，称为语法错。常见的语法错误原因有符号拼写错误、多余的空格、遗忘的后缀字母或前导 0、不正确的标点、太过复杂的常量或表达式等。初学者也常因为未能熟练掌握指令功能，导致操作数类型不匹配、错用寄存器等原因出现指令的语法错误，当然还会因为算法流程、非法地址等出现逻辑错误或者运行错误。根据提示的语句行号和错误原因可以进行修改。注意，汇编（编译）程序只能发现语法错误，而且提示的错误信息有时不甚准确，尤其当多种错误同时出现时。应特别留心第一个引起错误的指令，因为后续错误可能因其产生，修改了这个错误，就可能纠正了后续错误。

程序如果有错误，可以通过阅读源程序、查看列表文件等进行静态排错。对于难以发现的逻辑错误和运行错误，常常需要在调试程序下执行程序，通过程序的动态执行过程发现错误，即动态排错。学习过程中，利用调试程序可以比较直观地查看指令的功能和程序执行过程。在软件开发环境中，调试程序是不可或缺的一部分，实际应用中多用于排除难以发现的运行错误，尤其是底层汇编语言级的调试程序。

MS-DOS 提供 debug.exe 调试程序，本书前 5 章内容主要针对 8086 指令系统，可以使用DEBUG 调试程序。但 DEBUG 功能简单，只支持 16 位 8086 微处理器的整数指令和 8087协处理器的浮点指令，不支持源程序级的调试。因此，附录 B 介绍了 MASM 配套的源代码调试程序 CodeView 4.10，可用于调试具有 32 位指令的 DOS 应用程序，以及进行源程序级调试。从第 3 章开始的源程序都可以利用 CodeView 进行调试，第 1～2 章的指令学习也可以利用 CodeView，只是比 DEBUG 略麻烦。

为了让调试程序方便进行源程序级调试，汇编时需要增加参数"/Zi"，连接命令增加参数"/CO"。为了方便操作，本书软件包中编辑有一个批处理文件 make.bat，已经将汇编和连接以及需要参数事先设置好，文件内容如下：

```
@echo off
    rem make.bat,for assembling and linking 16-bit programs (.exe)
    ml /c / Fl/ Sa /Zi %1.asm
    if errorlevel 1 goto terminate
       link/CO % 1.obj;
    if errorlevel 1 goto terminate
       dir % 1.*
    :terminate
@echo on
```

REM 开头表示这是一个注释行。汇编和连接命令中使用"%1"代表输入的第一个文件名（扩展名已经表示出来，所以不需要输入英文句号及扩展名）。汇编和连接过程中没有错误，将在当前目录生成列表文件、目标文件和可执行文件等文件，并使用文件列表 DIR 命令进行了显示。如果汇编或连接有错误，"if-goto"命令将跳转到 terminate 位置，结束处理。

3.1.4　DOS 系统功能调用

使用编程语言进行程序设计，程序员需要利用其开发环境提供的各种功能，如函数、程序库。如果这些功能无法满足程序员的要求，还可以直接利用操作系统提供的程序库，否则只有自己编写特定的程序。汇编语言作为一种低级程序设计语言，汇编程序通常并没有为其提供任何函数或程序库，所以必须利用操作系统的编程资源。显然，这是进行程序设计尤其是采用汇编语言进行程序设计必须掌握的一个重要方面。DOS（和 ROM-BIOS）提供给程序员的编程资源是以中断调用方法使用的各种子程序，Windows 则以应用程序接口 API 形式提供动态连接库 DLL。

中断是一种增强处理器功能的机制，中断调用是借助中断机制改变程序执行顺序的方法，类似汇编语言的子程序调用（对应高级语言的函数调用）。8086 CPU 支持 256 个中断，每个中断用中断编号区别，即中断 0～中断 255。中断调用指令"INT　I8"实现调用 I8 号中断服务程序的功能。DOS 系统主要分配 21H 号中断，用于程序员调用 DOS 操作系统功能。

调用 DOS 操作系统（和 ROM-BIOS）功能的一般方法如下：

① 在 AH 寄存器中设置系统功能调用号，说明选择的功能。

② 在指定寄存器中设置入口参数，以便按照要求执行功能。

③ 用中断调用指令"INT　21H"（或 ROM-BIOS 的中断类型号）执行功能调用。

④ 根据出口参数分析功能调用执行情况。

实际上，这类似汇编语言调用子程序（或高级语言调用函数）的一般步骤。根据功能不同，有些没有入口参数或出口参数，有些入口参数或出口参数可能较复杂，并且可能有特殊要求。表 3-1 列出了本书主要使用的基本 DOS 功能调用。

表 3-1　DOS 基本功能调用（INT 21H）

子功能号	功　　能	入口参数	出口参数
AH=01H	从标准输入设备输入一个字符		AL=输入字符的 ASCII 码
AH=02H	向标准输出设备输出一个字符	DL=字符的 ASCII 码	
AH=09H	向标准输出设备输出一个字符串	DS:DX=字符串地址	
AH=0AH	从标准输入设备输入一个字符串	DS:DX=缓冲区地址	
AH=0BH	判断键盘是否有键按下		AL=0，无；AL=FFH，有
AH=4CH	程序执行终止	AL=返回代码	

1. 字符输出（02H 号 DOS 功能）

该功能执行后，会在显示器当前光标位置显示给定的字符，且光标右移一个字符位置。

例如，用 02H 号 DOS 系统功能调用在显示器输出一个字符：

```
    mov     ah, 02h     ; （1）设置功能号: ah←02h
    mov     dl, '?'     ; （2）提供入口参数: dl←'?'（引号表示字符的 ASCII 码）
    int     21h         ; （3）DOS 功能调用: 显示
```

进行字符输出时，当提供响铃字符（ASCII 码为 07H）、退格字符（08H）、回车字符（0DH）

和换行字符（0AH）时，这个功能调用可以自动识别并能进行相应处理；按 Ctrl+Break 或 Ctrl+C 组合键，则退出。

2. 字符串输出（09H 号 DOS 功能）

使用 09H 号 DOS 功能要事先将欲显示的字符串保存在主存，设置入口参数 DS:DX 等于该字符串在主存中的首地址，注意字符串必须应以'$'（24H）结束，可以输出回车（0DH）和换行（0AH）字符产生回车和换行的作用。

例如，用 09H 号 DOS 系统功能调用在显示器输出一个字符串：

```
string  db   'Hello, Everybody!', 0dh, 0ah, '$'   ; 在数据段定义要显示的字符串
        mov  ah, 09h                                ; (1) 设置功能号: AH←09H
        mov  dx, offset string                      ; (2) 提供入口参数: DX←字符串的偏移地址
        int  21h                                    ; (3) DOS 功能调用: 显示
```

3. 字符输入（01H 号 DOS 功能）

调用此 DOS 功能时，若无键按下，则会一直等待，直到按键后才读取该键值，并使用 AL 保存出口参数、即输入字符的 ASCII 编码。例如，判断按键是 Y 还是 N（大写）：

```
getkey: mov  ah, 1      ; (1) 设置功能号: AH←01H
        int  21h        ; (3) DOS 功能调用: 等待按键
        cmp  al, 'y'    ; (4) 分析出口参数: AL←按键的 ASCII 码
        je   yeskey     ; 是 Y?
        cmp  al, 'n'
        je   nokey      ; 是 N?
        jne  getkey     ; 不是 Y 或 N, 继续输入
```

4. 字符串输入（0AH 号 DOS 功能）

使用 0AH 号 DOS 功能要事先在主存设置用于保存输入字符串的缓冲区，并严格按照如下要求：缓冲区第 1 字节事先填入最多欲接收的字符个数（包括回车符，可以是 1～255），第 2 字节将存放实际输入的字符个数（不包括回车符），从第 3 字节开始存放输入的字符串。实际输入的字符数多于定义数时，多出的字符被丢掉。注意，扩展 ASCII 码（如功能键等）占两个字节，第 1 个为 0。

执行该功能调用时，用户按键，最后回车确认。本调用可执行全部标准键盘编辑命令；用户按回车键结束输入，如按 Ctrl+Break 或 Ctrl+C 组合键，则中止。

例如，用 0AH 号 DOS 系统功能调用从键盘输入一个字符串：

```
buffer  db   81             ; 定义缓冲区, 第 1 字节填入可能输入的最大字符数
        db   0              ; 第 2 字节将用于存放实际输入的字符数
        db   81  dup (0)    ; 第 3 字节开始用于存放输入的字符串
        ...
        mov  ah, 0ah        ; (1) 设置功能号: ah←0ah
        mov  dx, seg buffer ; (2) 提供入口参数: 伪指令 seg 取得 buffer 的段地址
        mov  ds, dx         ; 设置数据段 ds（若程序在此之前已设定, 此处可省去）
        mov  dx, offset buffer
        int  21h            ; (3) DOS 功能调用: 等待按键, 并回车确认
```

5. 按键判断（0BH 号 DOS 功能）

按键判断功能仅判断当前是否有按下的键，设置出口参数 AL 后退出。如果 AL=0，说明当前没有按键；如果 AL=FFH，说明当前已经按键。

例如，按任意键继续的程序片段：

```
        ...                    ; 提示"按任意键继续"
getkey: mov     ah, 0bh        ; (1) 设置功能号: AH←0BH
        int     21h            ; (3) DOS 功能调用: 判断按键否
        or      al, al         ; (4) 分析出口参数: AL=0?
        jz      getkey         ; AL=0, 没有按键, 继续等待
```

按键判断功能调用不循环等待按键，即使有键按下，缓冲区仍然保留键值并且没有被清空，必要时必须用字符输入功能取走键值，清空键盘缓冲区。

说明，程序运行需要与用户进行交互，但操作系统往往只提供对字符（串）的输入输出，不能直接实现诸如十进制、十六进制等数据形式的输入或输出。为此，本书作者精心编制了一个输入/输出子程序库 io.lib，配合一个声明文件 io.inc。汇编语言程序员只要利用源文件包含伪指令 INCLUDE 声明，并将这两个文件复制在当前目录下，就可以使用子程序调用指令 CALL 调用其中的子程序，执行其功能，详见附录 F。

3.2 参数、变量和标号

前面通过一个简单的示例，给出了汇编语言源程序的一般格式，下面详细讨论它的每一部分。本节学习的主要是语句中的名字（主要是变量名）、标号、参数（包括操作数）部分，并引出相关的伪指令和运算符。

3.2.1 数值型参数

在源程序语句格式的 4 个组成部分中，参数是指令的操作对象（在学习硬指令时被称为操作数），参数之间用","分隔。参数根据指令不同可以没有，可以有 1 个、2 个或多个。在汇编语言程序中，指令参数有数值型，其主要形式是常数和数值表达式；指令参数还有地址型，主要形式是标号和名字（变量名、段名、过程名等）。硬指令的操作数有立即数、寄存器和存储单元。其中，立即数要用数值型参数表达，存储单元应该用地址型参数（存储器操作数）表达。

1. 常数

常数（常量）表示一个固定的数值，又分为如下几种形式。

① 十进制常数——由 0～9 数字组成，以字母 D 或 d 结尾；在默认情况下，后缀可以省略，如 100、255D。汇编语言对大小写不敏感，D 和 d 通用，下同。

② 十六进制常数——由 0～9，A～F 组成，以字母 H 或 h 结尾。以字母 A～F 开头的十六进制数，前面要用 0 表达，以避免与其他符号混淆，如 64H、0FFh、0B800H。

③ 二进制常数——由 0 或 1 两个数字组成，以字母 B 或 b 结尾，如 01101100B。

④ 八进制常数——由 0～7 数字组成，以字母 Q 或 q 结尾，如 144Q。

各种进制的数据以后缀字母区分，默认不加后缀字母的是十进制数。但 MASM 提供基数控制.RADIX 伪指令可以改变默认进制。

⑤ 字符串常数——用英文缩略号括起来的单个字符或多个字符，其数值是每个字符对应的 ASCII 码的值，如'd'=64H、'AB'、'Hello, Everybody! '。

⑥ 符号常数——利用一个标识符表达的一个数值。常数若使用有意义的符号名来表示，可以提高程序的可读性，同时更具有通用性。MASM 提供等价机制，用来为常量定义符号名，符号定义伪指令有等价 EQU 和等号=伪指令。其格式为：

```
符号名    equ 数值表达式
符号名    equ <字符串>
符号名    =数值表达式
```

等价伪指令 EQU 给符号名定义一个数值，或定义成另一个字符串，这个字符串甚至可以为一条处理器指令。例如：

```
doswritechar     equ 2
carriagereturn   =13
calldos          equ <int 21h>
```

应用上述符号定义，下列左边的程序段可以写成右侧的等价形式：

```
mov    ah, 2              ; mov   ah, doswritechar
mov    dl, 13             ; mov   dl, carriagereturn
int    21h                ; calldos
```

EQU 用于数值等价时不能重复定义符号名，但"="允许有重复赋值。例如：

```
X=7                       ; 同样 X EQU 7 是正确的
X=X+5                     ; 但是 X EQU X+5 是错误的
```

另外，从 MASM 6.0 开始还引入了 EQUTEXT 伪指令只用于定义字符串常量。

2. 数值表达式

数值表达式一般是指由运算符（MASM 统称为操作符 Operator）连接的各种常数所构成的表达式。汇编程序在汇编过程中计算表达式，最终得到一个数值。由于在程序运行之前，就已经计算出了表达式，所以程序运行速度没有变慢，然而程序的可读性却增强了。

MASM 6.x 支持多种运算符，见表 3-2。

表 3-2　运算符

运算符类型	运算符号及说明
算术运算符	+（加），−（减），*（乘），/（除），MOD（取余）
逻辑运算符	AND（与），OR（或），XOR（异或），NOT（非）
移位运算符	SHL（逻辑左移），SHR（逻辑右移）
关系运算符	EQ（相等），NE（不相等），GT（大于），LT（小于），GE（大于等于），LE（小于等于）
高低分离符	HIGH（高字节），LOW（低字节），HIGHWORD（高字），LOWWORD（低字）

① 算术运算符——实现加、减、乘、除、取余的算术运算。其中 MOD 也称为取模，它是除法之后的余数，如 19 mod 7 = 5。

```
mov    ax,3*4+5                          ; 等价于 mov  ax, 17
```

加"+"和减"−"运算符还可以用于地址表达式。除加、减外，其他运算符的参数必须是整数。

② 逻辑运算符——实现按位相与、相或、异或、求反的逻辑运算。例如：

```
        or      al, 03h AND 45h                    ; 等价于 or al,01h
```

③ 移位运算符——实现对数值的左移、右移的逻辑操作，移入低位或高位的是 0。其格式为：

```
        数值表达式    SHL/SHR 移位次数
```

例如：

```
        mov     al, 0101b shl (2*2)                ; 等价于 mov al, 01010000b
```

逻辑和移位运算符与指令助记符相同，并有类似的运算功能。汇编程序能够根据上下文判断它们是指令还是运算符，前者进行代码翻译，后者汇编时计算其数值。

④ 关系运算符——用于比较和测试符号数值，MASM 用 FFFFH（补码-1）表示条件为真，用 0000H 表示条件为假。例如：

```
        mov     bx, (( port lt 5) and 20) or ((port ge 5) and 30)
                    ; 当 port<5 时，汇编结果为 mov bx, 20，否则汇编结果为 mov bx, 30
```

⑤ 高低分离符——取数值的高半部分或低半部分。

HIGH、LOW 从一个字数值或符号常量中得到高、低字节，例如：

```
        mov     ah, high 8765h                     ; 等价于 mov ah, 87h
```

从 MASM 6.0 引入的 HIGHWORD、LOWWORD 取一个符号常量（不能是一般的常数）的高字或低字部分。

除上面介绍的运算符外，MASM 中还有其他运算符。

虽然 MASM 对各种运算符的优先级有规定，但建议采用"( )"显式表达，这样可以极大地提高程序的可阅读性。

3.2.2 变量定义伪指令

变量定义（Define）伪指令为变量申请固定长度的存储空间，并可以同时将相应的存储单元初始化。该类伪指令是最经常使用的伪指令，其汇编格式为：

```
        变量名  伪指令  初值表
```

① 变量名为用户自定义标识符，表示初值表首元素的逻辑地址，即用这个符号表示地址，常称为符号地址。变量名可以没有，在这种情况下，汇编程序将直接为初值表分配空间，无符号地址。设置变量名是为了方便存取所指示的存储单元。

② 初值表是用","分隔的参数，主要由数值常数、表达式或"?"、"DUP"组成。其中，"?"表示初值不确定，即未赋初值；重复初值可以用"DUP"进行定义。DUP 的格式为：

```
        重复次数  dup（重复参数）
```

③ 变量定义伪指令有 DB、DW、DD、DF、DQ、DT，它们根据申请的主存空间单位分类，下面逐一介绍。

1. 定义字节单元伪指令

字节定义伪指令 DB，用于分配 1 字节或多字节单元，并可以将它们初始化为指定值。初值表中每个数据一定是字节量（Byte），可以是 0~255 的无符号数或是–128~+127 带符号数，也可以是字符串常数。例如：

```
        .data                                      ; 数据段
X       DB    'A', -5
        DB    2DUP(100), ?
```

```
        Y    DB   'ABC'
```

图 3-2(a)为上述语句汇编后在存储器中的分配情况（假设偏移地址从 0 开始）。其中，2 DUP(100)定义了 2 字节数据；而"?"定义的字节数据没有确定，所以图中用一横线表示。利用这些变量的汇编指令示例如下：

```
mov     al, x              ; 此处 X 表示它的第 1 个数据，故 AL←'a'
dec     x+1                ; 对 X 为起始的第 2 个数据减 1，故成为-6
mov     y, al              ; 现在 Y 这个字符串成为'aBC'
```

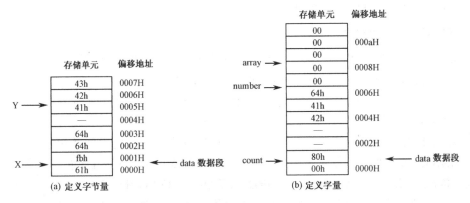

图 3-2 数据定义的存储形式

2. 定义字单元伪指令

字定义伪指令 DW 用于分配一个或多个字单元，并可以将它们初始化为指定值。初值表中的每个数据一定是字量（Word），一个字单元可用于存放任何 16 位数据，如一个段地址、一个偏移地址、两个字符、0～65535 之间的无符号数或-32768～+32767 之间的带符号数。例如：

```
.data                      ; 数据段
count   dw   8000h, ?, 'ab'
maxint  equ  64h
number  dw   maxint
array   dw   maxint dup(0)
```

图 3-2(b)为上述语句汇编后在存储器中的分配情况。其中，'AB'也是按"高对高、低对低"原则存放，为 4142H；符号常量 MAXINT 等于 64H，并不占用存储空间。

在 1.6.4 节的存储器寻址方式中提到位移量可以用符号表示，现在补充定义如下：

```
wnum    equ  5678h         ; 定义 wnum 为常量
count   dw   20h           ; 定义 count 为变量，假设它在数据段的偏移地址为 10h
```

这样，如下各指令的功能见注释部分：

```
mov     ax, [bx+si+wnum]   ; 等价于 mov  ax, [bx+si+5678h]
mov     ax, count          ; 等价于 mov  ax, [0010h]
mov     ax, [si+count]     ; 相同于 mov  ax, count[si]
                           ; 等价于 mov  ax, [si+10h]
lea     bx, count          ; 等价于 lea  bx, [0010h]
mov     bx, offset count   ; 等价于 mov  bx, 0010h
```

从上面的指令看到，变量实际表达的是主存地址，而且具有属性。仅使用变量名或者加一个常量是直接寻址，再加一个寄存器是寄存器相对寻址，加两个寄存器则是基址变址相对寻址方式。利用后面介绍的 OFFSET 操作符可以获得这个变量的偏移地址。

3．定义双字单元伪指令

双字定义伪指令 DD 用于分配一个或多个双字单元，并可以初始化为指定值。初值表中每个数据是一个 32 位的双字量（Double Word），可以是有符号或无符号的 32 位整数，也可以用来表达 16 位段地址（高位字）和 16 位偏移地址（低位字）的远指针。例如：

```
vardd       dd   0, ?, 12345678h
farpoint    dd   00400078h
```

4．其他数据定义伪指令

① 定义 3 字伪指令 DF——为一个或多个 6 字节变量分配空间及初始化。6 字节常用在 32 位 CPU 中表示一个 48 位远指针（16 位段选择器：32 位偏移地址）。

② 定义 4 字伪指令 DQ——为一个或多个 8 字节变量分配空间及初始化。8 字节变量可以表达一个 64 位整数。

③ 定义 10 字节伪指令 DT——为一个或多个 10 字节变量分配空间及初始化。

从 MASM 6.0 开始，变量定义伪指令 DB、DW、DD、DF、DQ、DT 被建议使用新的表达形式，依次为 BYTE、WORD、DWORD、FWORD、QWORD、TBYTE，对应的两指令功能相同，前者只是为了与老版本兼容而被保留下来。另外，还有 SBYTE、SWORD、SDWORD 指令也用于定义字节、字和双字单元的存储空间，但是它们专门用于带符号数的定义和初始化，将在第 5 章学习它们的使用。

【例 3.2】 数据定义语句的综合应用示例。

```
            ; 数据段
bvar    db   16
wvar    dw   4*3
dvar    dd   4294967295                   ; 即 2^32-1=ffffffffh
qvar    dq   ?
        db   1,2,3,4,5
tvar    dt   2345
abc     db   'a', 'b', 'c'
msg     db   'hello',13,10, 's'
bbuf    db   12 dup('month')
dbuf    dd   25 dup(?)
        calldos equ <int21h>
            ; 代码段
        mov    bl, bvar
        mov    ax, word ptr dvar[0]        ; 取双字到 dx.ax
        mov    dx, word ptr dvar[2]
        mov    dx, offset msg
        mov    ah, 09h
        calldos
```

【例 3.3】 定义一个缓冲区，包含 33H、34H、35H 和 36H 四个字节字符，把这四个数据依次复制 20 次，存入接着的存储区，最后显示出复制结果。

```
            ; 数据段
source  db   33h,34h,35h,36h              ; 在数据区定义 4 个字符数据
```

```
target    db   80 dup(?)                    ; 紧接着分配复制数据空间 4×20=80
          ; 代码段
          mov     si, offset source         ; si=源缓冲区首地址
          mov     di, offset target         ; di=目的缓冲区首地址
          mov     cx, 80                    ; cx=80 个字符
again1:   mov     al, [si]                  ; 从源缓冲区取 1 个字符（寄存器间接寻址）
          mov     [di], al                  ; 传送到目的缓冲区
          inc     si                        ; 指向下 1 个字符位置
          inc     di
          loop    again1                    ; 重复传送 80 次
          mov     di, 0
again2:   mov     dl, target[di]            ; 从目的缓冲区取 1 个字符（寄存器相对寻址）
          mov     ah, 2
          int     21h                       ; 显示 1 个字符
          inc     di
          cmp     di, 80
          jb      again2                    ; 顺序显示 80 个字符
```

5．定位伪指令

用数据定义伪指令分配的数据是按顺序一个接一个存放在数据段中的。有时，用户希望能够控制数据的偏移地址，如使数据对齐可以加快数据的存取速度。MASM 提供了几个这样的伪指令。

（1）ORG 参数（使它后面的数据或指令从参数指定的地址开始）

ORG 伪指令是将当前偏移地址指针指向参数表达的偏移地址。例如：

```
          org  100h                         ; 从 100h 处安排数据或程序
          org       $+10                    ; 使偏移地址加 10，即跳过 10 字节空间
```

在汇编语言程序中，"$"表示当前偏移地址值。例如，在偏移地址 100H 单元开始定义"DW1, 2, $+4, $+4"，那么在 104H 单元的值为 108H、106H 单元的值为 10AH。又如：

```
array     db   12,34,56
          len equ $-array
```

那么，len 的值就是 array 变量所占的字节数。

（2）EVEN（使它后面的数据或指令从偶地址开始）

EVEN 伪指令使当前偏移地址指针指向偶数地址，即若原地址指针已指向偶地址，则不做调整；否则将地址指针加 1，使地址指针偶数化。EVEN 可以对齐字量数据。

（3）ALIGN n（使它后面的数据或指令从 n 的整数倍地址开始）

ALIGN 伪指令是将当前偏移地址指针指向 n（n 是 2 的乘方）的整数倍的地址，即若原地址指针已指向 n 的整数倍地址，则不做调整；否则将指针加以 $1 \sim n-1$ 中的一个数，使地址指针指向下一个 n 的整数倍地址。例如：

```
          align   4
```

可以使下一个偏移地址开始于双字边界，即对齐了双字边界。

ALIGN 伪指令中的 n 值是 2 的乘方（2，4，8，…），且小于所在段的定位属性值。例如：

```
data      segment                           ; 完整段定义默认采用 PARA 节定位属性，其值为 16
data01    db   1,2,3                         ; DATA01 的偏移地址为 0000H
          even                              ; 等价于 ALIGN 2
```

```
data02    dw   5                                ; DATA02 的偏移地址为 0004H
          align   4
data03    dd   6                                ; DATA03 的偏移地址为 0008H
          org       $+10h
data04    db   'ABC'                            ; DATA04 的偏移地址为 001CH
data      ends
```

ORG、EVEN 和 ALIGN 指令也可在代码段使用，用于指定随后指令的偏移地址。

3.2.3 变量和标号的属性

在汇编语句的四个组成部分中，第一部分是标号或名字，是由用户自定义的标识符，指向存储单元，分别表示其存储内容的逻辑地址。标号指示硬指令的地址，变量名指示所定义变量的开始地址，段名指示相应段的起始地址，子程序名指示相应子程序的起始地址等。所以，这些标号和名字一经定义便具有以下两类属性。

① 地址属性：标号和名字对应存储单元的逻辑地址，包括段地址和偏移地址。

② 类型属性：标号、子程序名的类型可以是 NEAR（近）和 FAR（远），分别表示段内或段间；变量名的类型可以是 BYTE（字节）、WORD（字）和 DWORD（双字）等。

在汇编语言程序设计中，名字和标号的属性非常重要，因此 MASM 提供有关的操作符，以方便对它们的操作。

1. 地址操作符

地址操作符取得名字或标号的段地址和偏移地址两个属性值。例如，"[ ]"表示将括起的表达式作为存储器地址指针；符号"$"表示当前偏移地址；段前缀的"："也是一种地址操作符，表示采用指定的段地址寄存器。另外，还有两个经常应用的地址操作符：

```
offset  名字/标号                              ; 返回名字或标号的偏移地址
seg     名字/标号                              ; 返回名字或标号的段地址
```

把字节变量 ARRAY 的段地址和偏移地址送入 DS 和 BX，就可用下列指令序列实现：

```
mov    ax, seg array
mov    ds, ax
mov    bx, offset array                        ; 等价于 lea  bx, array
```

在前面学习的加、减运算符同样可以用于地址表达式。例如：

```
mov    cl, array+4        ; 等效于 mov  cl, array[4]，这里的"4"表示 4 字节单元
```

程序设计中还经常利用 OFFSET 计算一段数据或代码的长度（字节数）。例如，主程序开始有一个 start 标号，最后一个指令后有一个 done 标号，则 offset done-offset start 将得到主程序的以字节为单位的长度。

2. 类型操作符

类型操作符对名字或标号的类型属性进行有关设置。该类运算符有如下 3 种。

（1）类型名 PTR 名字/标号（使名字或标号具有指定的类型）

PTR 操作符中的"类型名"可以是 BYTE、WORD、DWORD、FWORD、QWORD、TBYTE，或者是 NEAR、FAR，还可以是由 STRUCT、RECORD、UNION 和 TYPEDEF 定义的类型。例如：

```
mov    al, byte ptr w_var   ; w_var 是一个字变量，byte ptr 使其作为 1 字节变量
```

```
        jmp     far ptr n_label             ; n_label 是一个标号, far ptr 使其作为段间转移
```
PTR 操作符可以临时改变名字或标号的类型。

（2）THIS 类型名（创建采用当前地址，但为指定类型的操作数）

利用 THIS 说明的操作数具有汇编时的当前逻辑地址，但具有指定的类型。类型名同 PTR 操作符中的类型一样。例如：

```
        b_var   equ this byte               ; 按字节访问变量 b_var, 但与变量 w_var 的地址相同
        w_var   dw 10 dup(0)                ; 按字访问变量 w_var
        f_jump  equ this far                ; 用 f_jump 为段间转移 (f_jump label far)
n_jump: mov ax, w_var                       ; 用 n_jump 为段内近转移, 但两者指向同一条指令
```

MASM 中还有一个 LABEL 伪指令，其功能等同于"EQU THIS"。

（3）TYPE 名字/标号（返回一个字量数值，表明名字或标号的类型）

表 3-3 给出了各种类型的返回数值。例如，对字节、字和双字变量依次返回 1、2 和 4，对短、近和远转移依次返回 FF01H、FF02H 和 FF05H。

表 3-3　类型的返回数值

类　型	返　回　数　值	类　型	返　回　数　值
变量	该变量类型的每个数据占用的字节数	标号	距离属性值
结构	每个结构元素占用的字节数	寄存器	该寄存器具有的字节数
常数	0	—	—

这样，在上例的定义下就有：

```
        mov ax, type w_var               ; 汇编结果为 mov ax,2
        mov ax, type n_jump              ; 汇编结果为 mov ax,0ff02h (near 标号)
```

另外，操作符 SIZEOF 和 LENGTHOF 具有类似 TYPE 的功能，分别返回整个变量占用的字节数和整个变量的数据项数（即元素数）。实际上，SIZEOF 返回值=LENGTHOF 返回值×TYPE 返回值。

注意，从 MASM 5.x 就支持 SIZE 和 LENGTH 操作符。LENGTH 对于变量定义使用 DUP 的情况，返回分配给该变量的元素数，其他情况为 1。SIZE 返回 LENGTH 与 TYPE 的乘积。对于–128～+127 字节范围内的转移，MASM 5.x 需要用 SHORT 操作符指定才作为短转移，但在 MASM 6.x 中不需要指定就是短转移。

【例 3.4】　属性及其应用。

```
        ; 数据段
v_byte  equ this byte                    ; v_byte 是字节类型的变量, 但与变量 v_word 地址相同
v_word  dw 3332h, 3735h                  ; v_word 是字类型的变量
target  dw 5 dup(20h)                    ; 分配数据空间 2×5=10 字节
crlf    db 0dh, 0ah, 's'
flag    db 0
        n_point dw offset s_label        ; 取得标号 s_label 的偏移地址
        ; 代码段
        mov     al, byte ptr v_word      ; 用 ptr 改变 v_word 的类型, 否则与 al 寄存器类型不匹配
        dec     al
        mov     v_byte, al               ; 对 v_word 的第 1 字节操作, 原来是 32h, 现在是 31h
n_label: cmp    flag, 1
        jz      s_label                  ; flag 单元为 1, 则转移
        inc     flag
```

```
        jmp     n_label                    ; 短转移
s_label: cmp    flag, 2
        jz      next                       ; flag 单元为 2，则转移
        inc     flag
        jmp     n_point                    ; 段内的存储器间接寻址，转移到标号 s_label 处
next:   mov     ax, type v_word            ; 汇编结果为 mov   ax, 2
        mov     cx, lengthof target        ; 汇编结果为 mov   cx, 5
        mov     si, offset target
w_again: mov    [si], ax                   ; 对字单元操作
        inc     si                         ; si 指针加 2
        inc     si
        loop    w_again                    ; 循环
        mov     cx, sizeof target          ; 汇编结果为 mov   cx, 0ah
        mov     al, '?'
        mov     di, offset target
b_again: mov    [di], al                   ; 对字节单元操作
        inc     di                         ; di 指针加 1
        loop    b_again                    ; 循环
        mov     dx, offset v_word          ; 显示结果: 1357??????????
        mov     ah, 9
        int     21h
```

3.3 程序段的定义和属性

8086 分段管理存储器，完整的 8086 汇编语言程序也是按照逻辑段组织的。本节将详细讲述源程序格式的每个组成部分，其重点就是段的定义和属性。

3.3.1 DOS 的程序结构

首先简单了解 DOS 操作系统的两种可执行程序结构。

1. EXE 程序

利用程序开发工具，通常将生成 EXE 结构的可执行程序（扩展名为.exe 的文件）。它可以有独立的代码、数据和堆栈段，还可以有多个代码段或多个数据段，程序长度可以超过64KB，执行起始处可以任意指定。

规则的 EXE 文件在磁盘上由两部分组成：文件头和装入模块。装入模块就是程序本身。文件头则由连接程序生成，包含文件的控制信息和重定位信息，供 DOS 装入 EXE 文件时使用。实际上，大型 EXE 文件还可能包含一个附加部分，此部分由开发者用连接程序以外的工具附加到程序末尾，不属于装入模块，也不直接装入主存，仅供程序本身使用。

当 DOS 装入或执行一个程序时，DOS 确定当时主存最低的可用地址作为该程序的装入起始点。此点以上的区域称为程序段。在程序段内偏移 0 处，DOS 为该程序建立一个程序段前缀控制块 PSP（Program Segment Prefix），占 256（=100H）字节；而在偏移 100H 处才装入程序本身，如图 3-3 所示。

EXE 程序的加载需要重新定位：

① DS 和 ES 指向 PSP 段地址，而不是程序的数据段和附加段，所以需在程序中根据实际的数据段改变 DS 或 ES。

② CS：IP 和 SS：SP 是由连接程序确定的值，指向程序的代码段和堆栈段。如果不指定堆栈段，则 SS=PSP 段地址，SP=100H，堆栈段占用 PSP 中部分区域。所以有时不设堆栈段也能正常工作。但为了安全起见，程序应该设置足够的堆栈空间。

程序一旦装载成功，就可以开始执行 CS：IP 指向的程序第一条指令。

2．COM 程序

COM 程序是一种将代码、数据和堆栈段合一的结构紧凑的程序，所有代码、数据都在一个逻辑段内，不超过 64 KB。在程序开发时，需要满足一定要求并采用相应参数才能正确生成 COM 结构的程序。

COM 文件存储在磁盘上是主存的完全影像，不包含重新定位的加载信息，与 EXE 文件相比，其加载速度更快，占用的磁盘空间也少。

尽管 DOS 也为 COM 程序建立程序段前缀 PSP，但由于两种文件结构不同，所以加载到主存后各段设置并不完全一样，如图 3-4 所示。

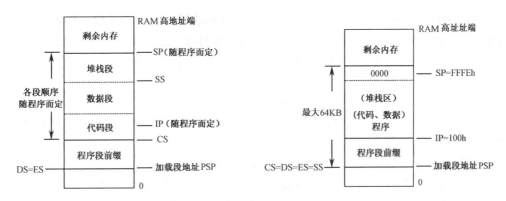

图 3-3　EXE 程序的内存映像　　　图 3-4　COM 程序的内存映像

① 所有段地址都指向 PSP 的段地址。

② 程序执行起点是 PSP 后的第一条指令，即 IP=100H；也就是说，COM 程序的第一条指令必须是可执行指令，即程序的起始执行处是程序头。

③ 堆栈区设在段尾（通常为 FFFEH），在栈底置 0000 字。

3.3.2　简化段定义的格式

根据 3.1.2 节的简化段定义源程序框架，下面详述各部分。

1．存储模型伪指令

存储模型决定一个程序的规模，也确定进行子程序调用、指令转移和数据访问的默认属性。当使用简化段定义的源程序格式时，必须有存储模型.MODEL 语句，其格式为：

　　　　　　.model 存储模型[，语言类型][，操作系统类型][，堆栈选项]

.MODEL 语句说明程序采用的存储模型（Memory Model）等内容，必须位于所有段定义语句之前。MASM 有 7 种存储模型。

① TINY（微型模型）——用微型模型编写汇编语言程序时，所有的段地址寄存器都被设置为同一个值。这意味着代码段、数据段、堆栈段都在同一个段内，不大于 64 KB，访问操作数或指令都只需要使用 16 位偏移地址。

微型模型是 MASM 6.0 才引入的，比较特殊，用于创建 COM 类型程序。

② SMALL（小型模型）——在小型模型下，一个程序至多只能有一个代码段和一个数据段，每段不大于 64 KB。这里的数据段是指数据段、堆栈段和附加段的总和，它们公用同一个段基址，总长度不可超过 64 KB，因此小模型下程序的最大长度为 128 KB。

由于只有一个不大于 64 KB 的代码段和一个不大于 64 KB 的数据段，所以访问操作数或指令都只需要使用 16 位偏移地址。这意味着诸如指令转移、程序调用及数据访问等都是近属性（NEAR），即小型模型下的调用类型和数据指针默认分别为近调用和近指针。

一般的程序（如本书的绝大多数程序示例和习题）都可用这种模型。

③ COMPACT（紧凑模型）——代码段被限制在一个不大于 64 KB 的段内，而数据段则可以有多个，超过 64 KB。这种模型下的调用类型默认仍为近调用，而数据指针默认为远（FAR）指针，这是因为必须用段地址来区别多个数据段。

紧缩方式适合于数据量大但代码量小的程序。

④ MEDIUM（中型模型）——与紧凑模型互补的模型。中型模型的代码段可以超过 64KB，有多个，但数据段只能有一个不大于 64 KB 的段。这种模型下的数据指针默认为近指针，但调用类型默认为远（FAR）调用，因为要利用段地址区别多个代码段。

中型模型适合于数据量小而代码量大的程序。

⑤ LARGE（大型模型）——允许的代码段和数据段都有多个，都可以超过 64 KB；但全部的静态数据（不能改变的数据）仍限制在 64 KB 内。大型模型下的调用类型和数据指针默认分别为远调用和远指针。

大型模型是较大型程序通常采用的存储模型。

⑥ HUGE（巨型模型）——与大型模型基本相同，只是静态数据不再被限制在 64 KB 内。

⑦ FLAT（平展模型）——创建一个 32 位的程序，只能运行在 32 位 x86 CPU 上。该语句前要使用 32 位 x86 CPU 的处理器说明伪指令（详见 5.3 节）。DOS 下不能使用 FLAT 模型，而编写 32 位 Windows 应用程序时必须采用 FLAT 模型。

在 DOS 下用汇编语言编程时，可根据程序的不同特点选择前 6 种模型，一般可以选用 SMALL 模型。另外，TINY 模型将产生 COM 程序，其他模型产生 EXE 程序，FLAT 模型只能用于 32 位程序中。当与高级语言混合编程时，两者的存储模型应该一致。

完整的 MODEL 语句还可以选择"语言类型"，如 C 语言、Pascal 语言等，表示采用指定语言的命名和调用规则，将影响 PUBLIC、EXTERN 等伪指令。操作系统类型默认和唯一支持的就是 os_dos（DOS）。堆栈选项默认是 NEARSTACK，表示堆栈段寄存器 SS 等于数据段寄存器 DS，FARSTACK 则表示 SS 不等于 DS。通常采用默认值。

2. 简化段定义伪指令

简化的段定义语句书写简短，语句.CODE、.DATA 和.STACK 分别表示代码段、数据段和堆栈段的开始，一个段的开始自动结束前面的一个段。采用简化段定义指令之前，必须有存储模型语句.MODEL。

```
        .stack [大小]
```

堆栈段伪指令.STACK 创建一个堆栈段，段名是"stack"，其参数指定堆栈段所占存储区的字节数，默认是 1 KB（即 1024=400H 字节）。

```
        .data
        .data?
```

数据段伪指令.DATA 创建一个数据段，段名是"_DATA"，用于定义具有初值的变量，当然也允许定义无初值的变量。无初值变量可以安排在另一个段中，用.DATA?伪指令创建，它建立的数据段名是"_BSS"。使用.DATA?伪指令是在程序运行时才分配空间，所以可以减小形成的 EXE 文件，并与其他语言保持最大的兼容性。另外，.CONST 伪指令用于建立只读的常量数据段（段名为"CONST"），.FARDATA 和.FARDATA?伪指令分别用于建立有初值和无初值的远调用数据段。

```
        .code [段名]
```

.CODE 伪指令创建一个代码段，它的参数指定该代码段的段名。如果没有给出段名，则采用默认段名。在 TINY、SMALL、COMPACT 和 FLAT 模型下，默认的代码段名是"_TEXT"；在 MEDIUM、LARGE 和 HUGE 模型下，默认的代码段名是"模块名_TEXT"。

另外，使用简化段定义，各段名称和其他用户所需的信息可以使用 MASM 预定义的符号，这些符号主要有：

① @ CODE——表示.CODE 伪指令定义的段名。

② @ DATA——表示由.DATA、.DATA?等定义的数据段的段名。

③ 其他——如@ CURSEG 当前段名、@ STACK 堆栈段名、@ CODESIZE 代码段规模和@ DATASIZE 数据段规模等。

一个源程序中可以出现多个简化段定义伪指令，如多处写有.DATA。但实际上，汇编程序 MASM 将它们组织在一起连续存放在定义的缓冲区。

3. 程序开始伪指令

.STARTUP 伪指令按照给定的 CPU 类型，根据.MODEL 语句选择的存储模型、操作系统和堆栈类型，产生程序开始执行的代码，同时指定程序开始执行的起始点。在 DOS 下，.STARTUP 语句还将初始化 DS 值，调整 SS 和 SP 值。例如，在 SMALL 存储模型下，对应 8086 CPU，.STARTUP 语句将被汇编成如下启动代码：

```
mov     dx, dgroup          ; dgroup 表示数据段组的段地址
mov     ds, dx              ; 设置 ds
mov     bx, ss
sub     bx, dx
shl     bx, 1
shl     bx, 1
shl     bx, 1
shl     bx, 1
cli                         ; 关中断
mov     ss, dx              ; 调整 ss=ds，这是 small 模型的规定
add     sp, bx              ; 移动了 ss 段地址，所以 sp 也需要相应调整
sti                         ; 开中断
```

在小型模型下，.STARTUP 语句主要设置了数据段 DS 值，同时按照存储模型要求使堆栈段 SS=DS；为了保证堆栈区域不变，栈顶指针 SP 也需要相应地调整，即加上数据段所占

字节数大小，可对照前面图 3-2 来理解。显然，如果不使用.STARTUP 语句，可以用下面 2 条指令代替（没有调整堆栈 SS:SP）：

```
start:   mov  ax, @data              ; @data 表示数据段的段地址
         mov  ds, ax                 ; 设置 ds
```

注意，连接程序会根据程序起始点正确地设置 CS:IP，根据程序大小和堆栈段大小设置 SS:SP 值，但没有设置 DS、ES 值。所以，程序使用了数据段（和附加段），就必须在程序中明确给 DS（和 ES）赋值。正像.STARTUP 语句所完成的那样。

4. 程序终止伪指令

.EXIT 语句产生终止程序执行返回操作系统的指令代码。它的可选参数是一个返回的数码，通常用 0 表示没有错误。

```
    .exit  [返回数码]
```

例如，.EXIT 0 对应的代码为：

```
    mov   ax, 4c00h
    int   21h
```

这是利用了 DOS 功能调用的 4CH 子功能（返回 DOS 功能：AH=4CH）实现的，它的入口参数是 AL=返回数码。

.STARTUP 和.EXIT 语句是 MASM 6.0 才引入的，大大简化了汇编语言程序的复杂度。利用 MASM 5.x 可以采用它的等效指令代码。

5. 汇编结束伪指令

END 伪指令指示汇编程序 MASM 到此结束汇编过程。源程序的最后必须有一条 END 语句，可选的标号用于指定程序开始执行点，如 start，连接程序据此设置 CS:IP 值。

```
    end  [标号]
```

简化段定义格式引入存储模型，方便编写源程序。在小型程序中，通常采用 SMALL 模型；为了得到更短小的程序，可以创建 COM 程序。利用 MASM 6.x 的简化段定义格式，可以非常容易地创建一个 COM 程序。此时要采用 TINY 模型；源程序只设置代码段，不能设置数据、堆栈等其他段；程序必须从偏移地址 100H 处开始执行；数据安排在代码段中，但不能与可执行代码相冲突，通常在程序最后。

【例 3.5】 COM 程序实现按任意键后响铃。

```
        .model tiny                          ; 采用微型模型
        .code                                ; 只有一个段，没有数据段和堆栈段
        .startup                             ; 等效于 org 100h，汇编程序自动产生
        mov     dx, offset string            ; 显示信息
        mov     ah, 9
        int     21h
        mov     ah, 01h                      ; 等待按键
        int     21h
        mov     ah, 02h                      ; 响铃
        mov     dl, 07h
        int     21h
        .exit   0
string  db 'Press any key to continue!$ '   ; 数据安排在不与代码冲突的地方
        end
```

3.3.3　完整段定义的格式

根据 3.1.2 节的完整段定义源程序框架，下面详述各部分。

1. 完整段定义伪指令

完整段定义由 SEGMENT 和 ENDS 这一对伪指令实现，格式如下：

```
段名　segment [定位] [组合] [段字] ['类别']
    ...                              ；语句序列
段名　ends
```

SEGMENT 伪指令定义一个逻辑段的开始，ENDS 伪指令表示一个段的结束。段定义指令后的 4 个关键字用于确定段的各种属性，堆栈段要采用 stack 组合类型，代码段应具有'code'类别，其他为可选属性参数。如果指定，顺序必须如上，否则采用默认参数。

① 段定位（Align）属性——指定逻辑段在主存储器中的边界，该关键字如下。

❖ BYTE：段开始为下一个可用的字节地址（xxxx xxxxB），属性值为 1。

❖ WORD：段开始为下一个可用的偶数地址（xxxx xxx0B），属性值为 2。

❖ DWORD：段开始为下一个可用的 4 倍数地址（xxxx xx00B），属性值为 4。

❖ PARA：段开始为下一个可用的节地址（xxxx 0000B），属性值为 16。

❖ PAGE：段开始为下一个可用的页地址（0000 0000B），属性值为 256。

简化段定义伪指令的代码和数据段默认采用 WORD 定位，堆栈段默认采用 PARA 定位。例如，lt301a.exe 程序的代码段从 14C4:0000H 开始，到 14C4:0022H 结束，则下一个可用单元的地址为 14C4:0023H。对于后面采用 WORD 定位的数据段，因为要求从偶数地址开始，所以应该是 14C4:0024H（物理地址为 14C64H）。因为段地址的低 4 位必须是 0000B，所以将物理地址低 4 位取 0，作为数据段地址，则数据段开始的逻辑地址为 14C6:0004H。此例中，数据段开始的偏移地址为 0004H。

完整段定义伪指令的默认定位属性是 PARA，其低 4 位已经是 0，所以默认情况下数据段的偏移地址从 0 开始。

② 段组合（Combine）属性——指定多个逻辑段之间的关系。通常，在大型程序的开发中，要分成许多模块，然后用连接程序形成一个可执行文件。在其他模块中，可以具有同名或/和同类型的逻辑段，通过段组合属性可以进行合理的合并。组合的关键字如下。

❖ PRIVATE：本段与其他段没有逻辑关系，不与其他段合并，每段都有自己的段地址。这是完整段定义伪指令默认的段组合方式。

❖ PUBLIC：连接程序把本段与所有同名同类型的其他段相邻地连接在一起，然后为所有这些段指定一个共同的段地址，即合成一个物理段。这是简化段定义伪指令默认的段组合。

❖ STACK：堆栈的一部分，连接程序将所有 STACK 段按照与 PUBLIC 段的同样方式进行合并。这是堆栈段必须具有的段组合。

❖ COMMON：连接程序把所有同名同类型逻辑段指定同一个段地址，这样后面的同名同类型段将覆盖前面的段，主要用于共享数据。

③ 段字（Use）属性——为支持 32 位段而设置的属性。16 位 x86 CPU 默认 16 位段，即 USE16；而汇编 32 位 x86 CPU 指令时，默认采用 32 位段，即 USE32，但可以使用 USE16

指定标准的 16 位段。编写运行于实地址方式（8086 工作方式）的汇编语言程序，必须采用 16 位段。

④ 段类别（Class）属性——当连接程序组织段时，将所有的同类别段相邻分配。段类别可以是任意名称，但必须位于单引号中；大多数 MASM 程序使用'code'、'data'和'stack'来分别指名代码段、数据段和堆栈段，以保持所有代码和数据的连续。

2. 指定段寄存器伪指令

段定义伪指令 SEGMENT 说明各逻辑段的名字、起止位置及属性，而指定段寄存器伪指令 ASSUME 是说明各逻辑段的种类的，其格式为：

```
assume  段寄存器:段名[, 段寄存器名:段名, … ]
```

ASSUME 伪指令通知 MASM 用指定的段寄存器来寻址对应的逻辑段，即建立段寄存器与段的默认关系。在明确了程序中各段与段寄存器之间的关系后，汇编程序会根据数据所在的逻辑段，在需要时自动插入段超越前缀。这是 ASSUME 伪指令的主要功能。

ASSUME 伪指令并不为段寄存器设定初值，连接程序 LINK 将正确设置 CS:IP 和 SS:SP。由于数据段通常都需要，所以在源程序框架中，首先为 DS 赋值；如果使用附加段，还要赋值 ES。

ASSUME 伪指令的段名参数，可以是：

❖ 以段定义伪指令设置的段名。
❖ 以 GROUP 伪指令设置的组名。
❖ 保留字 NOTHING（表示取消指定的段寄存器与段名的关系）。
❖ 用 SEG 操作符返回的段地址。

3. 段组伪指令

MASM 汇编程序允许程序员定义多个同类段（代码段、数据段、堆栈段），伪指令 GROUP 把多个同类段合并为一个 64 KB 物理段，并用统一组名存取它。GROUP 伪指令的格式为：

```
组名  group  段名[, 段名, …]
```

定义段组后，段组内各段统一为一个段地址，各段定义的变量和标号的偏移地址相对于段组基地址计算。OFFSET 操作符取变量和标号相对于段组的偏移地址，如果没有段组，则取得相对于段的偏移地址。OFFSET 后可以跟段组中的某个段名，表示该段最后 1 字节后面字节相对于段组的偏移地址。

【例 3.6】 将两个数据段 data1 和 data2 合并在一个 datagroup 组中。

```
stackseg segment stack
         db       256 dup(?)
stackseg ends
data1    segment word public'const'            ; 常量数据段
const1   dw 100
data1    ends
data2    segment word public'vars'             ; 变量数据段
var1     dw ?
data2    ends
datagroup group data1, data2                   ; 进行组合
codeseg  segment para public'code'
```

```
        assume    cs:codeseg, ds: datagroup, ss:stackseg
start:  mov       ax, datagroup
        mov       ds, ax                     ; ds 赋初值对该组寻址
        mov       ax, const1                 ; ax=100
        mov       var1, ax                   ; var1=100
        mov       ax, offset var1            ; ax=2
        mov       ax, offset data1           ; ax=2
        mov       ax, offset data2           ; ax=4
        assume    ds:data2
        mov       ax, data2
        mov       ds, ax
        mov       ax, var1                   ; ax=100
        mov       ax, offset var1            ; ax=2
        mov       ax, 4c00h
        int       21h
codeseg ends
        end  start
```

GROUP 伪指令的作用与具有 PUBLIC 组合属性的同名段一样。段名还可以有"SEG 变量名/标号名"表示形式。

4．段顺序伪指令

在源程序中，通常按照便于阅读的原则或个人习惯书写各个逻辑段，但是段在主存中的实际顺序是可以设置的，MASM 具有如下伪指令：

```
        .seq                               ; 按照源程序的各段顺序
        .dosseg                            ; 按照其他微软的程序设计语言使用的标准 DOS 规定
        .alpha                             ; 按照段名的字母顺序
```

完整段定义格式中，默认按照源程序各段的书写顺序安排（即.SEG）；采用.MODEL 伪指令的简化段定义格式按.DOSSEG 规定的标准 DOS 程序顺序：代码段、数据段、堆栈段。

【例 3.7】 将堆栈区设置在数据段中。

要求：写出适当的段定义，数据段 DSEG 起始于字边界，连接时将与同名逻辑段连接成一个物理段，它的类别名为'data'。将 200 个字容量的堆栈初始化在 DS:100H 中，堆栈指针 SP 指向栈顶；随后，将 100 个字的数组 ARRAY 定义在数据段。代码段 CSEG 将数据段的 100 个字压入自设的堆栈中。

```
dseg    segment word public'data'
        org  100h                          ; 设定堆栈段起始段内偏移地址
        dw   200 dup(?)
topsp   equ this word                      ; 定义栈顶指针
array   dw 100 dup(5868h)
dseg    ends
cseg    segment 'code'
        assume    cs:cseg, ds:dseg, ss:dseg; dseg 既是数据段又是堆栈段
start:  mov       ax, dseg
        mov       ds, ax
        mov       ss, ax                     ; 数据段与堆栈段具有相同的段地址
```

```
          mov      sp, offset topsp
          mov      cx, 100
          xor      si, si
again:    push     array[si]
          inc      si
          inc      si
          loop     again
          mov      ah, 4ch
          int      21h
cseg      ends
          end  start
```

本程序进行连接时，连接程序将报告"无堆栈段"警告信息，可不必理会它。

需要说明的是，采用简化段定义格式的源程序同样具有段定位、组合、类别及段组等属性。表 3-4 给出了 SMALL 存储模型下的设置。

表 3-4   small 模型的段属性

段定义伪指令	段　名	定　位	组　合	类　别	组　名
.CODE	_TEXT	WORD	PUBLIC	'CODE'	
.DATA	_DATA	WORD	PUBLIC	'DATA'	DGROUP
.DATA?	_BSS	WORD	PUBLIC	'BSS'	DGROUP
.STACK	STACK	PARA	STACK	'STACK'	DGROUP

.MODEL 伪指令除了设置程序采用的存储模型外，还具有如下语句的作用：

```
    DGROUP  GROUP_DATA, _BSS, STACK
    ASSUME  CS:_TEXT, DS:DGROUP, SS:DGROUP
```

简化段定义格式与完整段定义格式的作用是一样的，只是简化段定义格式将段属性进行了隐含和简化。另外，本节介绍的完整段定义等伪指令也可以用在.MODEL 伪指令后的简化段格式源程序中。

3.4   复杂数据结构

类似高级语言中的用户自定义复合类型数据，MASM 中也允许将若干个相关的单个变量作为一个组来进行整体数据定义，然后通过相应的结构预置语句为变量分配空间。除了具有定义简单数据结构的伪指令（DB、DW 等），MASM 还有结构、联合与记录等复杂数据结构的定义伪指令。

3.4.1   结构

结构（Structure）是把各种不同类型的数据组织到一个数据结构中，便于处理某些变量。

1. 结构类型的说明

结构类型的说明使用一对伪指令 STRUCT（MASM 5.x 是 STRUC，功能相同）和 ENDS，其格式为：

```
结构名    struct
```

```
        ...                                        ; 数据定义语句
结构名      ends
```
例如，下述语句段说明了学生成绩结构：
```
student  struct
         sid     dw ?
         sname   db 'abcdefgh'
         math    db 0
         english db 0
student  ends
```
结构说明中的数据定义语句给定了结构类型中所含的变量，称为结构字段，相应的变量名称为字段名。结构中可以有任意数目的字段，各字段长度可以不同，可以独立存取，可以有名或无名，可以有初值或无初值。

2. 结构变量的定义

结构说明只是定义了一个框架，并未分配主存空间，必须通过结构预置语句分配主存并初始化。结构预置语句的格式为：

>   变量名   结构名 <字段初值表>

其中，初值表要用"<>"括起来，是采用"，"分隔的与各字段类型相同的数值（或空）。汇编程序将以初值表中的数值的顺序初始化对应的各字段，初值表中为空的字段将保持结构说明中指定的初值。另外，结构说明中使用 DUP 操作符说明的字段不能在结构预置语句中初始化。例如，对应上述结构说明，可以定义如下结构变量：
```
stu1     student<1, 'zhang', 85, 90>
stu2     student<2, 'wang', ,>
         student 100 dup(<>)                       ; 预留100个结构变量空间
```
3. 结构变量及其字段的引用

引用结构变量，只要直接书写结构变量名；要引用其中的某个字段，则采用"."操作符，其格式是"结构变量名.结构字段名"。例如：
```
        mov       stu1.math, 95                    ; 执行指令后，将math域的值更新为95
```
【例3.8】 结构的应用。

定义含有 100 个 PERSON 结构数组的数据段，结构中包括编号（number）、姓名（name）、性别（sex）和出生日期（birthday），要求在程序中对编号依次赋值为001～100。
```
        ; 数据段
person  struct
        number   dw 0
        pname    db '--------'                     ; 8个字符
        sex      db 0
        birthday db 'mm/dd/yyyy'
person  ends
        array    person 100 dup(<>)                ; 结构预置语句分配100个空白结构
        ; 代码段
        mov      bx, offset array
        mov      ax, 1
        sub      si, si
        mov      cx, length array                  ; CX←结构变量的个数（100）
```

```
        mov     dx, type array          ; DX←结构所占的字节数
again:  mov     [bx+si].person.number, ax   ; 在没有变量名时要采用结构名引用其字段
        inc     ax
        add     si, dx
        loop    again
```

3.4.2 记录

记录（Record）提供直接按名访问字或字节中的若干位的方法，记录中的基本存储单位是二进制位。

1. 记录类型的说明

记录类型的说明采用伪指令 RECORD，其格式为：

```
记录名  record 位段[, 位段…]
```

记录名给出了说明的记录类型，位段（也称为字段）表示构成记录的数据结构。记录中位段的格式如下：

```
位段名:位数[=表达式]
```

其中，位数说明该位段所占的二进制位个数（1～16），表达式给该位段赋初值，可以省略。整个记录的长度为 1～16 位，记录长度小于 8 位时，汇编成 1 字节；长度为 9～16 位时，汇编成 1 个字。位段从低位（右）对齐，不用的位为 0。例如，说明一个人的出生年（YEAR）、性别（SEX）和婚姻状态（MARRIAGE）的记录如下：

```
person  record year:4, sex:1=0, marriage:1=1
```

汇编程序将用 1 字节的低 6 位表达这个记录。其中，MARRIAGE 在 D_0 位，SEX 在 D_1 位，YEAR 在 D_2～D_5 位。

2. 记录变量的定义

说明了记录类型，就可以定义记录变量，这样汇编程序才进行存储分配。其格式为：

```
记录变量名  记录名 <段初值表>
```

位段初值表为各个位段赋初值，规则同结构的字段初值表。例如：

```
zhang   person <1000b,1,0>          ; 该字节值为 00100010b=22h
wang    person <1001b,,0>           ; 该字节值为 00100100b=24h
```

3. 记录变量的引用和记录操作符

记录变量通过它的变量名直接引用，表示它的字节或字值。例如：

```
mov     al, zhang                   ; al←22h
```

记录位段名是一个特殊的操作符，表示该位段移位到最低位 D_0 的移位次数。例如：

```
mov     bl, year                    ; bl←2
```

"WIDTH 记录名/记录位段名"操作符返回记录或记录位段所占的位数。例如：

```
mov     cl, width person            ; cl←6
```

"MASK 记录位段名"操作符返回一个 8 位或 16 位数值，其中对应该位段的个位为 1，其余位为 0。例如：

```
mov     dl, mask sex                ; dl←00000010b=02h
```

MASM 中的复杂数据结构还有"联合 UNION"。联合用于为不同的数据类型赋予相同的存储地址，以达到共享的目的。另外，MASM 提供了"类型定义 TYPEDEF"伪指令，用

于创建一个新数据类型，即为已定义的数据类型取一个同义的类型名。

本章基于汇编语言源程序结构，详细介绍了基本的 MASM 伪指令和操作符。MASM 中还有流程控制伪指令、过程伪指令、宏指令、列表伪指令及条件伪指令等，因为涉及汇编语言程序设计，我们将在后继章节中详细学习（见附录 C）。与处理器硬指令一样，伪指令和操作符也很多，也建议读者应该重点掌握常用的。

本章应重点掌握的伪指令为：.MODEL、.CODE、.DATA、.STACK、END，=、EQU，DB、DW、DD。本章应重点掌握的操作符为：+、−，DUP、?，OFFSET、PTR。

习 题 3

3.1 伪指令语句与硬指令语句的本质区别是什么？伪指令有什么主要作用？

3.2 什么是标识符？汇编程序中标识符怎样组成？

3.3 什么是保留字？汇编语言的保留字有哪些类型？并举例说明。

3.4 汇编语句有哪两种？每个语句由哪四部分组成？

3.5 汇编语言程序的开发有哪 4 个步骤？分别利用什么程序完成？产生什么输出文件？

3.6 区分下列概念：

（1）变量和标号　（2）数值表达式和地址表达式　（3）符号常量和字符串常量

3.7 假设 myword 是一个字变量，mybyte1 和 mybyte2 是 2 个字节变量，指出下列语句中的错误原因。

（1） mov　　byte ptr [bx], 1000

（2） mov　　bx, offset myword[si]

（3） cmp　　mybyte1, mybyte2

（4） mov　　al, mybyte1+mybyte2

（5） sub　　al, myword

（6） jnz　　myword

3.8 OPR1 是一个常量，问下列语句中两个 AND 操作有什么区别？

　　　and　　al, opr1 and 0feh

3.9 给出下列语句中，指令立即数（数值表达式）的值：

（1） mov　　al, 23h and 45h or 67h

（2） mov　　ax, 1234h/16+10h

（3） mov　　ax, not（65535 xor 1234h）

（4） mov　　al, low 1234h or high 5678h

（5） mov　　ax, 23h shl 4

（6） mov　　ax, 1234h shr 6

（7） mov　　al, 'a' and (not('a'-'a'))

（8） mov　　al, 'h' or 00100000b

（9） mov　　ax, (76543 lt 32768) xor 7654h

3.10 画图说明下列语句分配的存储空间及初始化的数据值：

（1） byte_var　　db　　'abc', 10, 10h, 'ef', 3 dup(-1, ?, 3 dup(4))

（2） word_var　　　dw　10h, -5, 'ef', 3 dup(?)

3.11　设置一个数据段 MYDATASEG，按照如下要求定义变量。

（1）my1b 为字符串变量：Personal Computer。

（2）my2b 为用十进制数表示的字节变量：20。

（3）my3b 为用十六进制数表示的字节变量：20。

（4）my4b 为用二进制数表示的字节变量：20。

（5）my5w 为 20 个未赋值的字变量。

（6）my6c 为 100 的常量。

（7）my7c 表示字符串：Personal Computer。

3.12　分析例 3.2 的数据段，并上机观察数据的存储形式。

3.13　修改例 3.3，用字定义伪指令 DW，每次传送 1 个字和字符串显示 9 号功能调用实现。

3.14　变量和标号有什么属性？

3.15　设在某个程序中有如下片段，请写出每条传送指令执行后寄存器 AX 的内容。

```
mydata   segment
         org      100h
varw     dw 1234h, 5678h
varb     db 3,4
         align    4
vard     dd 12345678h
         even
buff     db 10 dup(?)
mess     db 'Hello'
begin:   mov      ax, offset mess
         mov      ax, type buff+type mess+type vard
         mov      ax, sizeof varw+sizeof buff+sizeof mess
         mov      ax, lengthof varw+lengthof vard
         mov      ax, lengthof buff+sizeof varw
         mov      ax, type begin
         mov      ax, offset begin
```

3.16　利用简化段定义格式，必须具有.MODEL 语句。MASM 定义了哪 7 种存储模型？TINY 和 SMALL 模型创建什么类型（EXE 或 COM）程序？

3.17　源程序中如何指明执行的起始点？源程序应该采用哪个 DOS 功能调用，实现程序返回 DOS？

3.18　在 SMALL 存储模型下，简化段定义格式的代码段、数据段和堆栈段的默认段名、定位、组合以及类别属性分别是什么？

3.19　如何用指令代码代替.STARTUP 和.EXIT 指令，使得例 3.1 在 MASM5.x 下汇编通过？

3.20　创建一个 COM 程序完成例 3.1 的功能。

3.21　按下面要求写一个简化段定义格式的源程序。

（1）定义常量 NUM，其值为 5；数据段中定义字数组变量 DATALIST，它的前 5 个字单元中依次存放-1、0、2、5 和 4，最后 1 个单元初值不定。

（2）代码段中的程序将 DATALIST 中前 NUM 个数的累加和存入 DATALIST 的最后 1 个字单元中。

3.22 按下面要求写一个完整段定义格式的源程序。

（1）数据段从双字边界开始，其中定义一个 100 字节的数组，该段还作为附加段。

（2）堆栈段从节边界开始，组合类型为 STACK。

（3）代码段的类别是'code'，指定段寄存器对应的逻辑段；主程序指定从 100H 开始，给有关段寄存器赋初值；将数组元素全部设置为 64H。

3.23 编制程序，完成两个已知 32 位整数 A 和 B 相加，并将结果存入双字变量单元 SUM 中（不考虑溢出）。

3.24 编制程序，完成 12H、45H、0F3H、6AH、20H、0FEH、90H、0C8H、57H 和 34H 等 10 字节数据之和，并将结果存入字节变量 SUM 中（不考虑溢出）。

3.25 结构数据类型如何说明？结构变量如何定义？结构字段如何引用？

3.26 记录数据类型如何说明？记录变量如何定义？WIDTH 和 MASK 操作符起什么作用？

第4章 基本汇编语言程序设计

与高级语言类似，编写汇偏语言源程序首先应理解和分析题目要求，选择适当的数据结构及合理的算法，再着手用语言来实现。但是汇编语言面向机器的特点要求我们在编写程序时要严格遵守其语法及程序结构方面的规定，小心处理程序的每个细节。

汇编语言源程序的主体（代码段）可以包括顺序、分支、循环结构和子程序、宏等。尽管早期版本的汇编程序不直接支持结构化程序设计，但是用户仍然可以用微处理器指令系统中的转移指令、循环指令、子程序调用及返回指令，实现程序的各种结构。

本章学习怎样编写一个功能和结构完整的汇编语言源程序，即对第2~3章硬指令、伪指令和程序结构方面基本知识的综合运用。

4.1 顺序程序设计

顺序程序结构按照指令书写的前后顺序执行每条指令，是最基本的程序片段，也是构成复杂程序的基础，如构成分支程序的分支体、循环结构的循环体等。

【例4.1】 将一个字节数据以十六进制数形式显示

分析：一个字节二进制8位、对应十六进制2位，每个十六进制位需要转换为 ASCII 才能显示。本例没有采用例2.46的转换方法，而是通过查表实现 ASCII 码转换，然后逐位显示，形成顺序程序结构。

```
       ; 数据段
hex    db 4bh                                    ; 待显示的字节数据
ascii  db 30h,31h,32h,33h,34h,35h,36h,37h,38h,39h
       db 41h,42h,43h,44h,45h,46h                ; ASCII 表
       ; 代码段
       mov      bx, offset ascii                 ; BX 指向 ASCII 表
       mov      al, hex                          ; AL 取得字节数据
       mov      cl, 4    ;                        ; 先显示二进制高4位（对应十六进制一位）
       sar      al, cl                           ; 高4位移位到低4位，即 ASCII 表中的位移
       xlat                                      ; 换码: AL←DS:[BX+AL]
       mov      dl, al                           ; 入口参数: DL←AL
       mov      ah, 2                            ; 02号 DOS 功能调用
       int      21h                              ; 显示数据高位
       mov      al, hex                          ; al 取得字节数据
       and      al, 0fh                          ; 高4位清0，只有低4位有效
       xlat                                      ; 换码
       mov      dl, al
       mov      ah, 2
```

```
            int       21h                         ; 显示数据低位
```

【例4.2】 自然数求和程序

分析：自然数求和可以采用循环累加的方法，但利用等差数列的求和公式，能够避免重复相加，得到改进的算法。求和公式：$1+2+3+\cdots+N=(1+N)\times N\div 2$。

程序中，可以在数据段定义一个变量 NUM，作为 N 值；并预留保存求和结果的双倍长变量 SUM。代码段按照公式顺序使用加法、乘法和移位指令实现加1、乘以 N 和除以2，最后保存结果。因为没有方便的实现数值显示的功能调用、子程序或者函数，程序没有显示结果。这也是一个典型的高级语言求解算术表达式的过程。

```
            ; 数据段
num         dw 3456                      ; 假设一个 n 值（小于 2^16-2）
sum         dd ?
            ; 代码段
            mov       ax, num            ; ax=n
            add       ax, 1              ; ax=n+1
            mul       num                ; dx.ax=(1+n)×n
            shr       dx, 1              ; 32位逻辑右移一位，相当于除以2
            rcr       ax, 1              ; dx.ax=dx.ax÷2
            mov       word ptr sum, ax
            mov       word ptr sum+2, dx ; 按小端方式保存
```

因为自然数求和是无符号整数，所以使用无符号乘法指令 MUL。乘积是双倍长的数据、保存于 DX.AX 寄存器对中，然后使用右移1位方法实现32位数据除以2（没有使用无符号除法指令）。使用16位指令实现32位数据移位的方法可以参考例2.35程序片段。

4.2 分支程序设计

分支程序结构有单分支 if-then 和双分支 if-then-else 两种基本形式。当程序的逻辑根据某一条件表达式为真或为假，执行两个不同处理之一时，便是双分支形式；当有其中一个处理为空时，就是单分支形式；如果分支处理中又嵌套有分支，或者说具有多个分支走向时，即为逻辑上的多分支形式。

条件转移 JCC 和无条件转移 JMP 指令用于实现程序的分支结构。JMP 指令仅实现转移到指定位置，JCC 指令则可根据条件转移到指定位置或不转移而顺序执行后续指令序列。条件转移语句不支持一般的条件表达式，它是根据当前的某些标志位的设置情况实现转移或不转移。因此，必须在条件转移指令前安排算术运算、比较、测试等影响相应标志位的指令，细节请参考第2章。

4.2.1 单分支结构

单分支程序结构是只有一个分支的程序，类似高级语言的 if-then 语句结构（没有 else 语句）。计算有符号数据的绝对值就是一个典型的单分支结构：正数不变，负数求补。

```
            cmp       ax, 0
            jge       nonneg             ; 分支条件: ax≥0
            neg       ax                 ; 条件不满足, 为负数, 需要执行分支体进行求补
```

nonneg: mov	result, ax	; 条件满足, 为正数, 保存结果

对于单分支程序，需要正确选择分支条件。因为 JCC 指令是条件成立才能发生转移，所以分支语句体是在条件不成立时顺序执行，如图4-1所示。这与高级语言的分支 if 语句不同，请特别注意，否则求绝对值的例子成为：

cmp	ax, 0	
jl	yesneg	; 分支条件: ax<0
jmp	nonneg	; 条件不满足, 为正数, 不需要求补, 转向保存结果
yesneg: neg	ax	; 条件满足, 为负数, 需要求补
nonneg: mov	result, ax	; 保存结果

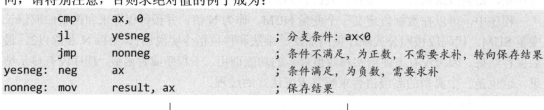

图4-1　单分支结构的流程图

比较上述两个程序段，由于后者选择分支条件不当，不仅多了一个 JMP 指令，还容易出错。对于后者程序段，这个 JMP 指令是不可缺少的。

4.2.2　双分支结构

双分支程序结构有两个分支，条件为真，执行一个分支，条件为假，则执行另一个分支，相当于高级语言的 if-then-else 语句。例如，将数据最高位显示出来就可以采用双分支结构：最高位为0显示字符0、为1显示字符1。

shl	bx, 1	; BX 最高位移入 CF 标志
jc	one	; CF=1, 即最高位为1, 转移
mov	dl, '0'	; CF=0, 即最高位为0: DL←'0'
jmp	two	; 一定要跳过另一个分支体
one: mov	dl, '1'	; DL←'1'
two: mov	ah, 2	
int	21h	; 显示

对于双分支程序，两种情况都有各自的分支语句体，选择条件并不关键。但是，顺序执行的分支语句体1不会自动跳过分支语句体2，所以分支语句体1的最后一定要有一条 JMP 指令跳过分支体2，即分支汇点处；否则，将进入顺序分支语句体2而出现错误，如图4-2所示。这与高级语言不同。类似自然语言的高级语言使程序员不必操心这些细节。

上例中，如果条件转移指令选择 JNC，则只要交换两个分支语句体的位置即可。该程序也可以修改成为单分支程序结构。这只要事先假设一种情况，如假设 BX 最高位为0，则只要 BX 最高位为1才需要执行分支语句，如下所示：

mov	dl, '0'	; DL←'0'
shl	bx,1	; BX 最高位移入 CF 标志
jnc	two	; CF=0, 即最高位为0, 转移
mov	dl, '1'	; CF=1, 即最高位为1: DL←'1'

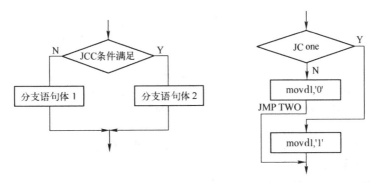

图4-2 双分支结构的流程图

```
two:        mov        ah,2
            int        21h                       ; 显示
```

由此可见，编写分支程序必须留心分支的开始点和结束点，当出现多分支时更是如此。这正是汇编语言编写程序的繁杂体现之一，也是学习上的一个难点。

【例4.3】 判断方程 $ax^2+bx+c=0$ 是否有实根，若有实根，则将字节变量 TAG 置1，否则置0（假设 a、b、c 均为字节变量，表达 $-127 \sim +127$ 的数据）。

分析：二元一次方程有根的条件是 $b^2-4ac \geq 0$。依据题意，首先计算出 b^2 和 $4ac$，然后比较两者大小，根据比较结果分别给 TAG 赋不同的值。

```
            ; 数据段
_a          db         ?
_b          db         ?
_c          db         ?
tag         db         ?
            ; 代码段
            mov        al, _b
            imul       al
            mov        bx, ax                    ; bx 中为 b2
            mov        al, _a
            imul       _c
            mov        cx, 4
            imul       cx                        ; ax 中为4ac（按照题目假设 dx 不含有效数值）
            cmp        bx, ax                    ; 比较二者大小
            jge        yes                       ; 条件满足?
            mov        tag, 0                    ; 第一个分支体：条件不满足，tag←0
            jmp        done                      ; 跳过第二个分支体
yes:        mov        tag, 1                    ; 第二个分支体：条件满足，tag←1
done:
```

4.2.3 多分支结构

实际问题有时并不是单纯的单分支或双分支结构就可以解决，往往分支处理中又嵌套有分支，或者说具有多个分支走向，这可以认为是逻辑上的多分支结构。一般利用单分支和双分支这两个基本结构，就可以解决程序中多个分支结构的问题。

例如，DOS 功能调用利用 AH 指定各子功能，可以采用如下程序片段，实现多分支：

```
or      ah, ah                      ; 等效于 cmp  ah, 0
jz      function0                   ; ah=0, 转向 function0
dec     ah                          ; 等效于 cmp  ah, 1
jz      function1                   ; ah=1, 转向 function1
dec     ah                          ; 等效于 cmp  ah, 2
jz      function2                   ; ah=2, 转向 function2
...
```

如果分支较多，上述方法显得有些烦琐。但是，可以构造一个入口地址表实现多分支，下面通过一个简单的示例说明。

【例4.4】 程序根据键盘输入的1～8数字转向8个不同的处理程序段。

分析：在数据段定义一个存储区，顺序存放8个处理程序段的起始地址。所有程序都在一个代码段，所以用字定义伪指令 DW 存入偏移地址。为了具有良好的交互性，程序首先提示输入数字，然后判断是否为1～8。不是有效数字，则重新提示；是有效数字，则形成表中的正确偏移，并按地址表跳转。为了简化处理程序段，假设只是显示8个不同的信息串。

根据不同的输入值转向不同的程序片段，与 C 语言多分支选择 switch 语句对应，程序流程参考图4-3。而本示例程序所采用的地址表方法也就是 C 语言编译程序通常对 switch 语句采用的编译方法。

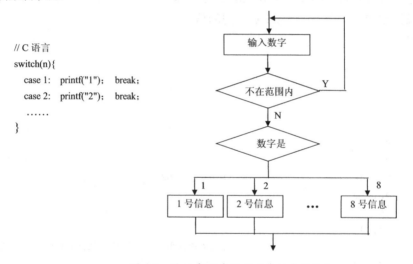

```
// C 语言
switch(n){
    case 1:  printf("1");    break;
    case 2:  printf("2");    break;
    ……
}
```

图 4-3 地址表程序流程（多分支结构）

```
        ; 数据段
msg     db 'Input number (1~8): ', 0dh, 0ah, '$'
msg 1   db 'Chapter 1: Fundamentals of assembly language', 0dh, 0ah, '$'
msg 2   db 'Chapter 2: 8086 instruction set', 0dh, 0ah, 's'
msg 3   db 'Chapter 3: Statements of assembly language', 0dh, 0ah, '$'
msg 4   db 'Chapter 4: Basic assembly language programming', 0dh, 0ah, '$'
msg 5   db 'Chapter 5: Advanced assembly language programming', 0dh, 0ah, '$'
msg 6   db 'Chapter 6: 32-bit instructions and programming', 0dh, 0ah, '$'
msg 7   db 'Chapter 7: Mixed programming with C/C++', 0dh, 0ah, '$'
msg 8   db 'Chapter 8: FP instructions and programming', 0dh, 0ah, '$'
table   dw disp1, disp2, disp3, disp4, disp5, disp6, disp7, disp8
```

```
                                              ; 取得各标号的偏移地址
       ; 代码段
start1: mov    dx, offset msg              ; 提示输入数字
       mov    ah, 9
       int    21h
       mov    ah, 1                        ; 等待按键
       int    21h
       cmp    al, '1'                      ; 数字<1?
       jb     start1
       cmp    al, '8'                      ; 数字>8?
       ja     start1
       and    ax, 000fh                    ; 将 ASCII 码转换成数值
       dec    ax
       shl    ax, 1                        ; 等效于 add   ax, ax
       mov    bx, ax
       jmp    table[bx]                    ; （段内）间接转移: IP←[TABLE+BX]
start2: mov    ah, 9
       int    21h
       .exit 0
                                              ;
disp1: mov    dx, offset msg1             ; 处理程序1
       jmp    start2
disp2: mov    dx, offset msg2             ; 处理程序2
       jmp    start2
disp3: mov    dx, offset msg3             ; 处理程序3
       jmp    start2
disp4: mov    dx, offset msg4             ; 处理程序4
       jmp    start2
disp5:  mov    dx, offset msg5             ; 处理程序5
       jmp    start2
disp6: mov    dx, offset msg6             ; 处理程序6
       jmp    start2
disp7: mov    dx, offset msg7             ; 处理程序7
       jmp    start2
disp8: mov    dx, offset msg8             ; 处理程序8
       jmp    start2
       end
```

本例题有8个分支，标号是 DISP1～DISP8。各分支程序很简单，获得对应信息的存放地址，然后显示。为实现分支，在数据段构造了一个地址表 TABLE，依次存放分支目标地址（使用标号就表示其地址，也可以用 OFFSET 获得）。

利用1号 DOS 功能输入一个字符后，先确定是数字1～8之间的 ASCII 字符（不是的话，要求重新输入），接着将其转换为1～8的数值。数值减1的目的是对应地址表，因为1号分支对应的 DISP1标号地址存放在地址表位移量为0的位置。接着左移1位实现乘2，因为分支地址是16位，在地址表中占2字节。例如，输入3、减1为2，乘2为4，对应 DISP3在地址表位移量也是4。

利用地址表构造的多分支程序结构，需要使用间接寻址的转移指令实现跳转。程序中"JMP TABLE[BX]"指令的目标地址 IP 取自"TABLE+BX"指向的主存地址位置，正是对应分支目标地址。

间接寻址的 JMP 转移指令还有其他形式。例如，示例程序中的 JMP 指令还可以使用如下指令实现：

```
add      bx, offset table                    ; 计算偏移地址
jmp      word ptr[bx]                         ; 多分支跳转
```

另外，该指令也可以替换成"call table[bx]"，则所有处理程序中最后的"jmp start2"指令，应该更改为"RET"指令。

针对本程序比较简单的功能，地址表中还可以直接存放信息字符串的地址，如下更简捷地完成要求：

```
table    dw msg1, msg2, msg3, msg4, msg5, msg6, msg7, msg8, msg9    ; 地址表
         ...
         dec      ax
         shl      ax, 1                      ; 乘以2，因为地址表是以2字节为单位
         mov      bx, ax
         mov      dx, table[bx]              ; 获得信息字符串地址
         mov      ah, 9                      ; 显示
         int      21h
```

4.3 循环程序设计

当需要重复执行某段程序时，可以利用循环程序结构。循环结构一般是根据某一条件判断为真或假来确定是否重复执行循环体，条件永真或无条件的重复循环就是逻辑上的死循环（永真循环、无条件循环）。

循环结构的程序通常由三部分组成，如图4-4(a)所示：

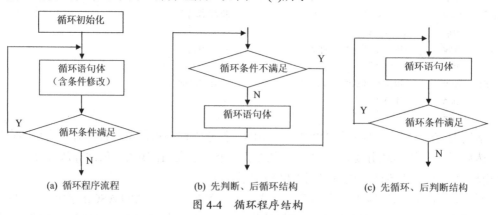

(a) 循环程序流程　　　　(b) 先判断、后循环结构　　　　(c) 先循环、后判断结构

图 4-4　循环程序结构

❖ 循环初始部分——为开始循环准备必要的条件，如循环次数、循环体需要的初始值等。

❖ 循环体部分——重复执行的程序代码，其中包括对循环条件修改的程序段。

❖ 循环控制部分——判断循环条件是否成立，决定是否继续循环。

其中，循环控制部分是编程的关键和难点。循环条件判断的循环控制可以在进入循环之前进

行，即形成"先判断、后循环"的循环程序结构（如图4-4(b)所示）。如果循环之后进行循环条件判断，即形成"先循环、后判断"的循环程序结构（如图4-4(c)所示）。

4.3.1 计数控制循环

比较简单的循环程序是通过次数控制循环，即计数控制循环。

8086 CPU 指令集中有一组专门用于循环控制的指令：JCXZ、LOOP、LOOPE/LOOPZ和 LOOPNE/LOOPNZ，第2章中已详细讲述了这组指令的功能。从某种意义上讲，它们都是计数循环，即用于循环次数已知或最大循环次数已知的循环控制，且必须预先将循环次数或最大循环次数置入 CX 寄存器；LOOPE/LOOPZ、LOOPNE/LOOPNZ 只是在计数循环的基础上增加了关于 ZF 标志位的测试，可根据标志位 ZF 值的当前状态提前退出记数循环或继续下一次循环。

【例4.5】 计算1～100数字之和，并将结果存入字变量 SUM 中。

分析：程序要求 SUM=1+2+3+…+99+100，这是一个典型的计数循环，完成100次简单加法。我们编写一个100次的计数循环结构：循环开始前将被加数清0，加数置1，循环体内完成一次累加，每次的加数递增1。LOOP 指令要求循环次数预置给 CX，每次循环 CX 递减1。这样，循环体内加数就可以直接用循环控制变量 CX 简化循环体,完成与题目等价的100～1的累加。

```
        ; 数据段
sum     dw ?
        ; 代码段
        xor     ax, ax              ; 被加数AX 清0
        mov     cx, 100
again:  add     ax, cx              ; 从100, 99, …, 2, 1倒序累加
        loop    again
        mov     sum, ax             ; 将累加和送入指定单元
```

【例4.6】 确定字变量 wordX 中为1的最低位数（0～15），并将结果存于变量 byteY 中；若 wordX 中没有为1的位，则将-1存入 byteY。

分析：对 wordX 中的16个位，从低位向高位依此循环测试，第一个为1的位数便是题目所求，因此循环的最大次数为16。循环开始前将计位数置-1，循环体内每次对计位数加1后，测试目标最低位，再将目标循环右移1位（为下一次测试做准备）。由于循环移位指令不影响ZF 标志位，故可根据当前 ZF 的设置情况得到判断：若 ZF=0，则测试结果非0，被测位为1，从而找到定位，退出循环；若 ZF=1，则被测位不满足要求，应进行下一次循环，继续测试目标的次低位。此循环控制与 LOOPE 指令功能吻合。循环体结束后，根据 ZF 的设置将计位数或-1送 byteY 单元。

```
        ; 数据段
wordx   dw 56
bytey   db ?
        ; 代码段
        mov     ax, wordx           ; 测试目标送 AX
        mov     cx, 16              ; 循环计数器置初值
        mov     dl,-1               ; 计位器置初值
```

```
again:    inc     dl
          test    ax, 1
          ror     ax, 1                        ; 循环指令不影响 ZF
          loope   again                        ; CX≠0且ZF=1（测试位为0），继续循环
          je      notfound
          mov     bytey, dl
          jmp     done
notfound:mov      bytey, -1                    ; ZF=1，测试目标的16个位均为0
          done:
```

4.3.2 条件控制循环

在例4.5中，循环控制条件是循环次数，这是比较常见和简单的情况。在例4.6中，循环控制条件又加上了 ZF。实际上，循环控制条件有时是比较复杂的，很多循环并不能预先知道循环次数或确切的最大循环次数，而且循环体内可能还需将 CX 另做他用，与循环控制计数器冲突。换句话说，循环指令的功能是较弱的，不能满足更复杂的循环结构要求。

转移指令可以指定目标标号来改变程序的运行顺序，如果目标标号指向一个重复执行的语句体的开始或结束，实际上便构成了循环控制结构。这时，程序重复执行带标号的语句至转移指令之间的循环体。利用条件转移指令支持的转移条件作为循环控制条件，被称为条件控制循环。这种循环还可以构造复杂的循环程序结构。例如，循环体中嵌套有循环（多重循环结构），循环体中具有分支结构，分支体中采用循环结构。

【例4.7】 把一个字符串中的所有大写字母改为小写字母，该字符串以'0'结尾。

分析：这是一个循环次数不定的循环程序结构，宜用转移指令决定是否循环结束，并应该先判断后循环。循环体判断每个字符，如果是大写字母，则转换为小写，否则不予处理。循环体中具有分支结构。大、小写字母的 ASCII 码不同之处是：大写字母的 $D_5=0$，而小写字母的 $D_5=1$。

```
          ; 数据段
string    db  'Hello, Everybody!', 0          ; 可以任意给定一个字符串
          ; 代码段
          mov     bx, offset string
again:    mov     al, [bx]                     ; 取一个字符
          or      al, al                       ; 是否为结尾符0
          jz      done                         ; 是，退出循环
          cmp     al, 'a'                      ; 是否为大写字母A～Z
          jb      next
          cmp     al, 'z'
          ja      next
          or      al, 20h                      ; 是，转换为小写字母（使D₅=1）
          mov     [bx], al                     ; 仍保存在原位置
next:     inc bx
          jmp     again                        ; 继续循环
          done:
```

字符串用'0'结尾，也可以用 JCXZ 指令判断。例如：

```
          mov     ch, 0
```

```
        mov     cl, [bx]
        jcxz    done
```

计算机中表达字符串时常用三种方法标识结束。最简单的方法是固定长度,但不够灵活。在 Pascal 等语言中,字符串最开始的单元存放该字符串的长度。比较常用的方法是使用结尾字符,也就是字符串最后使用一个特殊的标志。结尾字符曾使用过字符'$'（如 DOS 的9号功能调用）、回车字符 CR（ASCII 值是13）、换行字符 LF（ASCII 值是10）等,现在多使用'0'（即 ASCII 表的第一个字符,常表达为 NULL 或 NUL 常量）。使用'0'作为字符串结尾是 C/C++ 和 Java 语言的规定,也可以避免在字符串中出现结尾字符的情况。

4.3.3　多重循环

计数控制循环往往至少执行一次循环体之后,才判断次数是否为0,这是所谓的"先循环、后判断"循环结构。条件控制循环更多见的是"先判断、后循环"结构。实际的应用问题,不会只有单纯的分支或循环,两者可能同时存在,即循环体中具有分支结构,分支体中采用循环结构。

有时,循环体中嵌套有循环,即形成多重循环结构。在多重循环中,如果内外循环之间没有关系,问题比较容易处理;但如果需要传递参数或利用相同的数据,问题就比较复杂了。

【例4.8】 采用"冒泡法",把一个长度已知的数组元素按从小到大排序。假设数组元素为无符号字节量。

分析:实际的排序算法很多,"冒泡法"是一种易于理解和实现的方法,但并不是最优的算法。"冒泡法"从第一个元素开始,依次对相邻的两个元素进行比较,使前一个元素不大于后一个元素;将所有元素比较完后,最大的元素排到了最后;然后,除掉最后一个元素之外的元素,依上述方法再进行比较,得到次大的元素排在后面;如此重复,直至完成实现元素从小到大的排序,如图4-5所示（图中段设只有5个数据）。可见,这是一个双重循环程序结构。外循环由于循环次数已知,可用 LOOP 指令实现;而内循环次数每次外循环后减少一次,用 DX 表示。循环体比较两个元素大小,又是一个分支结构。

比较遍数 →

数据	1	2	3	4	
56H	23H	23H	23H	0FFH	从
23H	37H	37H	0FFH	23H	小
37H	56H	0FFH	37H	37H	到大
78H	0FFH	56H	56H	56H	排
0FFH	78H	78H	78H	78H	序

图 4-5　冒泡法的排序过程

```
        ; 数据段
array   db 56h, 23h, 37h, 78h, 0ffh, 0, 12h, 99h, 64h, 0b0h
        db 78h, 80h, 23h, 1, 4, 0fh, 2ah, 46h, 32h, 42h
count   equ ($-array)/typearray                ; 计算数据个数
        ; 代码段
        mov     cx, count                      ; CX←数组元素个数
        dec     cx                             ; 元素个数减1为外循环次数
```

```
outlp:    mov      dx, cx              ; DX←内循环次数
          mov      bx, offset array
inlp:     mov      al, [bx]            ; 取前一个元素
          cmp      al, [bx+1]          ; 与后一个元素比较
          jna      next                ; 前一个不大于后一个元素，则不进行交换
          xchg     al, [bx+1]          ; 否则，进行交换
          mov      [bx], al
next:     inc      bx                  ; 下一对元素
          dec      dx
          jnz      inlp                ; 内循环尾
          loop     outlp               ; 外循环尾
```

【例4.9】 现有一个以'$'结尾的字符串，要求剔除其中的空格字符。

这是一个循环次数不定的循环程序结构，应该用判断字符是否为'$'作为循环控制条件。循环体判断每个字符，如果不是空格，不予处理继续循环；是空格，则进行剔除，也就是将后续字符前移一个字符位置，将空格覆盖，这又需要一个循环。循环结束条件仍然用字符是否为'$'进行判断。可见，这还是一个双重循环程序结构。

```
          ; 数据段
string    db 'Let us have a try! ', '$'      ; 假设一个字符串
          ; 代码段
          mov      si, offset string
outlp:    cmp      byte ptr[si], '$'   ; 外循环，先判断后循环
          jz       done                ; 为0结束
          cmp      byte ptr[si], ''    ; 检测是否是空格
          jnz      next                ; 不是空格继续循环
          mov      di, si              ; 是空格，进入剔除空格分支。该分支是循环程序段
inlp:     inc      di
          mov      al, [di]            ; 前移一个位置
          mov      [di-1], al
          cmp      byte ptr[di], '$'   ; 内循环，先循环后判断
          jnz      inlp
          jmp      outlp
next:     inc      si                  ; 继续对后续字符进行判断处理
          jmp      outlp
done:                                  ; 结束
```

4.3.4 串操作类指令

以字节、字或双字等为单位的多个数据存放在连续的主存区域中就形成数据串（String），即数组（Array），如以字节为单位的 ASCII 字符串就是典型的数据串。数据串是程序经常需要处理的数据结构，前面字符串处理、数组排序等循环结构程序都是串操作。为了方便进行数据串操作，8086指令系统特别设计了串操作类指令，很有特色。

根据串数据类型的特点，串操作指令采用了特殊的寻址方式：

❖ 源操作数用寄存器 SI 间接寻址，默认在数据段 DS 中，即 DS:[SI]，允许段超越。

❖ 目的操作数用寄存器 DI 间接寻址，默认在附加段 ES 中，即 ES:[DI]，不允许段超越。

❖ 每执行一次串操作，源指针 SI 和目的指针 DI 将自动修改：±1或±2。

❖ 对于以字节为单位的数据串（指令助记符用 B 结尾）操作，地址指针应该±1。

❖ 对于以字为单位的数据串（指令助记符用 W 结尾）操作，地址指针应该±2。

❖ 当方向标志 DF=0（执行 CLD 指令设置），地址指针应该+1或+2。

❖ 当方向标志 DF=1（执行 STD 指令设置），地址指针应该-1或-2。

串操作后，之所以自动修改 SI 和 DI 指针，是为了方便对后续数据的操作，修改的数值对应数据串单位所包含的字节数。用户通过执行 CLD 或 STD 指令控制方向标志 DF，决定主存地址是增大（DF=0，向地址高端增量）还是减小（DF=1，向地址低端减量）。

串操作指令有两组：一组实现数据串传送，另一组实现数据串检测。串操作通常需要重复进行，所以经常配合重复前缀指令，通过计数器 CX 控制重复执行串操作指令的次数。

1. 串传送指令

这组串操作指令实现对数据串的传送 MOVS、存储 STOS 和读取 LODS，可以配合 REP 重复前缀，它们不影响标志。

① 串传送指令 MOVS 将数据段中的字节或字数据，传送至 ES 指向的段：

```
movsb              ; 字节串传送: es:[di]←ds:[si], 然后: si←si±1, di←di±1
movsw              ; 字串传送: es:[di]←ds:[si], 然后: si←si±2, di←di±2
```

② 串存储指令 STOS 将 AL 或 AX 内容存入 ES 指向的段：

```
stosb              ; 字节串存储: es:[di]←al, 然后: di←di±1
stosw              ; 字串存储: es:[di]←ax, 然后: di←di±2
```

③ 串读取指令 LODS 将数据段中的字节或字数据读到 AL 或 AX：

```
lodsb              ; 字节串读取: al←ds:[si], 然后: si←si±1
lodsw              ; 字串读取: ax←ds:[si], 然后: si←si±2
```

④ 重复前缀指令 REP 用在 MOVS、STOS 和 LODS 指令前，利用计数器 CX 保存数据串长度，可以理解为"当数据串没有结束（CX≠0），则继续传送"：

```
rep                ; 每执行一次串指令, cx 减1; 直到 cx=0, 重复执行结束
```

注意，串操作指令本身仅进行一个数据的操作，利用重复前缀才能实现连续操作。重复前缀指令先判断 CX 是否为0，为0结束；否则进行减1操作，并执行串操作指令。

串操作指令都还支持书写串名的格式，如 MOVS 指令还可以写成：

```
movs        目的串名, 源串名
```

这种格式增加了可读性，但要求两个串名（变量名）类型一致，并以其类型区别是字节或字操作。

【例4.10】将数据段 SRCMSG 指示的字符串传送到 DSTMSG 指示的主存区。

```
        ; 数据段
srcmsg  db 'Try your best, why not.$'
dstmsg  db sizeof srcmsg dup(?)
                                     ; 代码段
        mov     ax, ds
        mov     es, ax                ; 设置附加段 ES=DS
        mov     si, offset srcmsg     ; SI=源字符串地址
        mov     di, offset dstmsg     ; SI=源字符串地址
        mov     cx, lengthof srcmsg   ; CX=字符串长度、即传送次数
        cld                           ; 地址增量传送
        rep     movsb                 ; 重复进行字符串传送
```

```
        mov     ah, 9                          ; 显示字符串
        mov     dx, offset dstmsg
        int     21h
```

使用串传送指令 MOVS，需要事前设置 DS、ES、SI、DI 和方向标志 DF，并将 CX 赋值为需要重复的次数。这样，简单的一条指令就完成了全部传送工作。如果不使用重复前缀，需要用循环指令：

```
again:  movsb
        loop    again
```

MOVSB 指令每次只传送一字节数据，如果字符串很长，可以使用 MOVSW 提高效率。例如：

```
        mov     dx, cx                         ; 字符串长度，转存 DX
        shr     cx, 1                          ; 长度除以2
        rep     movsw                          ; 以字为单位重复传送
        mov     cx, dx
        and     cx, 01b                        ; 求出剩余的字符串长度（0~1）
        rep     movsb                          ; 以字节为单位传送剩余的字符
```

利用串操作指令，通常使用地址增加（DF=0）的正向传送方式；但有些情况下必须进行反向传送，如将一个字符串向高地址区顺序移动若干单元。

实际上，很多时候可以不使用数据串指令，但通常需要使用一个循环程序。例如：

```
        xor     si, si                         ; SI 指向首个字符
        mov     cx, lengthof srcmsg            ; CX=字符串长度，即传送次数
again:  mov     al, srcmsg[si]                 ; 取源字符串中的字符
        mov     dstmsg[si], al                 ; 传送到目的字符串中
        inc     si                             ; SI 增量，指向下一个字符
        loop    again                          ; 重复传送
```

实现数据块在主存中移动是串传送指令 MOVS 经常应用的情况，串存储指令 STOS 则常用于主存的填充，如缓冲区的初始化等。

【例4.11】 设置显示缓冲区。

在 DOS 的标准显示模式下，屏幕由25行、每行80列字符组成（25×80显示模式）。每个字符由2字节控制显示，高字节为字符属性字节。例如，07H 是标准的黑底白字，低字节为字符的 ASCII 码。从逻辑地址 B800H:0000H 开始的显示缓冲区，每个字单元内容对应一个显示字符，共25×80个字单元。

本例将 B800:000开始的25×80个字单元全部填入0720H，实现清除屏幕的目的（相当于 DOS 的清屏命令 CLS）。

```
        .model tiny
        .code
        .startup
        mov     dx, 0b800h
        mov     es, dx
        mov     di, 0                          ; 设置 ES:DI=B800H:0000H
        mov     cx, 25*80                      ; 设置 CX=填充个数
        mov     ax, 0720h                      ; 设置 AX=填充内容
        cld
        rep     stosw
```

```
        .exit 0
        end
```

本例设置 AL 为20H，即空格字符，将显示缓冲区填充为空格，实现了清除屏幕作用（程序运行后，最后显示的命令行是 DOS 加上的）。如果将 AX 值设置为0731H，则屏幕将充满数字1；如果 AX=0141H，则屏幕将充满蓝色字母 A。

本例没有通过功能调用，而是直接读写显示缓冲区实现显示输出，常被称为"直接写屏"方法。这是直接针对硬件操作的程序，属于最底层的驱动程序。

【例4.12】 数据段 DS 中有一个数据块，具有 COUNT 字节，起始地址为 BLOCK。现在要把其中的正数、负数分开，分别存入同一个段的两个缓冲区。存放正数的起始地址为 DPLUS，存放负数的起始地址为 DMINUS。

```
        ; 数据段
block   db  12, -87, 63, 85, 0, -32
count   equ lengthof block
dplus   db  count dup(?)
dminus  db  count dup(?)
        ; 代码段
        mov     si, offset block
        mov     di, offset dplus
        mov     bx, offset dminus
        mov     ax, ds
        mov     es, ax              ; 所有数据都在一个段中，所以设置 ES=DS
        mov     cx, count           ; CX←字节数
        cld
go_on:  lodsb                       ; 从 block 取出一个数据
        test    al, 80h             ; 检测符号位，判断是正是负
        jnz     minus               ; 符号位为1，是负数，转向 minus
        stosb                       ; 符号位为0，是正数，存入 dplus
        jmp     again               ; 程序转移到 again 处继续执行
minus:  xchg    bx, di
        stosb                       ; 把负数存入 dminus
        xchg    bx, di
again:  dec     cx                  ; 字节数减1
        jnz     go_on               ; 完成正负数据分离
```

LODS 指令虽然可与前缀 REP 一起使用，但因为每重复一次，AL/AX 寄存器中的内容就要改写一次，最后的执行结果只会保留最后一个数据，所以没有实际意义。

2．串检测指令

这组串操作指令实现对数据串的比较 CMPS 和扫描 SCAS。串比较和扫描的实质是进行减法运算，所以它们像减法指令一样影响标志。这两个串操作指令可以配合重复前缀 REPE/REPZ 和 REPNE/REPNZ，通过 ZF 标志说明两数是否相等。

① 串比较指令 CMPS 用源数据串减去目的数据串，以比较两者间关系。

```
        cmpsb               ; 字节串比较: DS:[SI]-ES:[DI]，然后 SI=SI±1, DI=DI±1
        cmpsw               ; 字串比较: DS:[SI]-ES:[DI]，然后 SI=SI±2, DI=DI±2
```

注意：串比较指令 CMPS 是源操作数（SI 指向的主存数据）减去目的操作数（DI 指向

的主存数据）；而比较指令 CMP 是目的操作数减去源操作数。

② 串扫描指令 SCAS 用 AL 或 AX 内容减去目的数据串，以比较两者间关系。

```
        scasb                   ；字节串扫描：AL-ES: [DI]，然后 DI=DI±1
        scasw                   ；字串扫描：AX-ES: [DI]，然后 DI=DI±2
```

③ 重复前缀指令 REPE（或 REPZ）用在 CMPS 和 SCAS 指令前，利用计数器 CX 保存数据串长度，同时判断比较是否相等，可以理解为"当数据串没有结束（CX≠0），并且串相等（ZF=1），则继续比较"。

```
        repe|repz               ；每执行一次串指令，CX 减1；只要 CX=0 或 ZF=0，重复执行结束
```

④ 重复前缀指令 REPNE（或 REPNZ）也用在 CMPS 和 SCAS 指令前，利用计数器 CX 保存数据串长度，同时判断比较是否不相等，可以理解为"当数据串没有结束（CX≠0），并且串不相等（ZF=0），则继续比较"。

```
        repne|repnz             ；每执行一次串指令，CX 减1；只要 CX=0 或 ZF=1，重复执行结束
```

重复执行结束的条件是"或"的关系，只要满足条件之一就可以。所以指令执行完成，可能数据串没有比较完，也可能数据串已经比较完，编程时需要区分。

注意，在执行串操作指令前，重复前缀指令先判断 CX 是否为0，为0结束（所以，如果初始化 CX 为0，将不会重复操作）；否则进行减1操作，并执行串操作指令（LOOP 指令是先减1后判断是否为0）；最后判断 ZF 标志是否符合继续循环的条件。图4-6总结了重复前缀作用下的串操作流程。

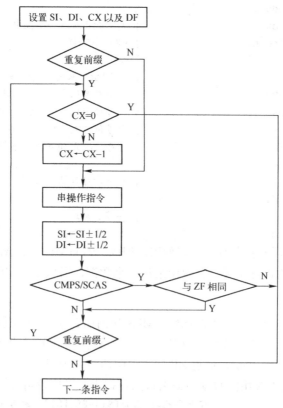

图4-6　重复串操作的流程图

【例4.13】　比较数据段两个等长字符串是否相同，相同显示 Y，不同显示 N。

```
; 数据段
```

```
string1  db 'Equal or not'
string2  db 'Equal or not'
         ; 代码段
         mov    ax, ds
         mov    es, ax               ; 设置附加段 ES=DS
         mov    cx, lengthof string1
         mov    si, offset string1
         mov    di, offset string2
         cld
         repz   cmpsb                ; 重复比较，不同或比较完结束比较
         jnz    unmat                ; 字符串不同，转移到 unmat
         mov    dl, 'y'              ; 字符串相同，显示 y
         jmp    output
unmat:   mov    dl, 'n'              ; 字符串不同，显示 n
output:  mov    ah, 2
         int    21h
```

指令"REPZ CMPSB"结束重复执行的情况有两种。

① 出现不相等的字符，ZF=0。

② 比较完所有字符，CX=0。在这种情况下，对最后比较的一对字符又有两种可能：

❖ 最后一个字符不等，ZF=0；

❖ 最后一个字符相等，ZF=1，也就是两个字符串相同。

所以，重复比较结束后，指令 JNE 的条件成立（ZF=0）表示字符串不相等。

本例字符串长度为12（包括其中的空格字符），比较的两个字符串第1个字符相同、第2个字符不相同，根据串操作流程图4-4，结束重复执行时 CX=10。

如果不使用重复前缀，需要编写成循环程序结构，如下：

```
again:   cmpsb                       ; 比较两个字符
         jnz    unmat                ; 出现不同的字符，转移到 unmat，设置 FFH 标记
         loop   again                ; 进行下一个字符的比较
```

【例4.14】 在字符串中查找"空格"字符。

假设该字符串在附加段，首地址由 STRING 指示，具有 COUNT 字节。字符串不含空格，则继续执行，包含空格，则转到 FOUND 执行。代码段部分如下：

```
         mov    di, offset string
         mov    al, ' '
         mov    cx, count
         cld
         repnz  scasb                ; 搜索
         je     found                ; 发现空格，ZF=1，转移到 found
                ...                   ; 不含空格，则继续执行
found:   ...
```

4.4 子程序设计

当程序功能相对复杂，所有的语句序列均写到一起时，程序结构将显得零乱；特别是由

于汇编语言的语句功能简单，源程序更显得冗长。这将降低程序的可阅读性和可维护性。为了简化问题，实际编程时我们常把功能相对独立的程序段单独编写和调试，作为一个相对独立的模块供程序使用，这就是子程序。子程序可以实现源程序的模块化，简化源程序结构。而当这个子程序被多次使用时，子程序还可以使模块得到复用，进而提高编程效率。

4.4.1 过程定义伪指令

汇编语言的子程序（Subroutine）相当于高级语言的过程和函数。在汇编语言中，子程序是过程（Procedure）的一种，是具有一个唯一的子程序名的程序段。过程的定义由一对过程伪指令 PROC 和 ENDP 来完成，其格式为：

```
过程名   proc[near/far]
      过程体
过程名   endp
```

其中，过程名（子程序名）为符合语法的标识符，同一源程序中该名字应是唯一的。过程属性可为 NEAR 或 FAR。NEAR 属性的过程只能被相同代码段的其他程序调用，为段内近调用；属性为 FAR 的过程可以被相同或不同代码段的程序调用，为段间远调用。

对简化段定义格式，在微型、小型和紧凑存储模型下，过程的默认属性为 NEAR；在中型、大型和巨型存储模型下，过程的默认属性为 FAR。对完整段定义格式，过程的默认属性为 NEAR。当然，用户可以在过程定义时用 NEAR 或 FAR 改变默认属性。

子程序的调用与返回是由指令 CALL 和 RET 来完成的，其格式参考第2章相应介绍。注意，为保证过程的正确调用与返回，除定义时需正确选择属性外，还应该注意子程序运行期间的堆栈状态，保持堆栈平衡。当发生过程调用时，CALL 指令的功能之一是将返回地址压入堆栈；当过程返回时，RET 则直接从当前栈顶取内容作为返回地址；而过程中可能还有其他指令涉及堆栈操作。因此，要保证 RET 指令执行前堆栈栈顶的内容刚好是过程返回的地址，即相应 CALL 指令压栈的内容，否则将造成不可预测的错误。所以，过程中对堆栈的操作应特别小心。

进行过程设计时，必须注意寄存器的保护和恢复。过程体中一般要使用寄存器，除了要带回结果的寄存器（返回参数）外，希望过程的执行不改变其他寄存器的内容，即避免过程的副作用。处理器中可用的寄存器数量有限（8086 CPU 只有8个通用寄存器），如果要使用某些寄存器，但不能改变其原来的内容，解决这个矛盾常见的方法是在过程开始部分先将要修改内容的寄存器顺序压栈（不包括返回值寄存器），在过程最后返回调用程序之前，再将这些寄存器内容逆序弹出。

子程序应安排在代码段的主程序之外，最好放在主程序执行终止后的位置（返回操作系统后、汇编结束 END 伪指令前），也可以放在主程序开始执行之前的位置。

例如，实现回车、换行功能的子程序，过程定义如下：

```
dpcrlf  proc                      ; 具有默认属性的过程
        push    ax                ; 保护寄存器：顺序压入堆栈
        push    dx
        mov     dl, 0dh           ; 回车控制字符为0DH
        mov     ah, 2
        int     21h
```

```
        mov     dl, 0ah                     ; 换行控制字符为0AH
        mov     ah, 2
        int     21h
        pop     dx                          ; 恢复寄存器: 逆序弹出堆栈
        pop     ax
        ret                                 ; 子程序返回
dpcrlf  endp                                ; 过程结束
```

【例4.15】 编制一个过程，把 AL 寄存器的二进制数用十六进制形式显示在屏幕上。

分析：AL 中8位二进制数对应2位十六进制数，先转换高4位成 ASCII 码并显示，然后转换低4位并显示。将1位十六进制数转换为 ASCII 码的原理参见第2章例2.46。屏幕显示采用02号 DOS 功能调用。

```
aldisp   proc                               ; 实现AL内容的显示
         push    ax                          ; 过程中使用了AX, CX和DX
         push    cx
         push    dx
         push    ax                          ; 暂存AX
         mov     dl, al                      ; 转换AL的高4位
         mov     cl, 4
         shr     dl, cl
         or      dl, 30h                     ; AL 高4位变成3
         cmp     dl, 39h
         jbe     aldisp1
         add     dl, 7                       ; 是0AH~0FH, 其ASCII码还要加上7
aldisp1: mov     ah, 2                       ; 显示
         int     21h
         pop     dx                          ; 恢复原AX值到DX
         and     dl, 0fh                     ; 转换AL的低4位
         or      dl, 30h
         cmp     dl, 39h
         jbe     aldisp2
         add     dl, 7
aldisp2: mov     ah, 2                       ; 显示
         int     21h
         pop     dx
         pop     cx
         pop     ax
         ret                                 ; 过程返回
aldisp   endp
```

下面将其运用到例4.8中，实现排序后数据的显示。调用程序段应位于外循环后、返回 DOS 前。而上述过程定义应放在主程序最后，END 语句之前，或者在.CODE 语句后、.STARTUP 语句前。

```
         ...                                 ; 主程序, 同例4.8源程序
         loop    outlp                       ; 外循环尾
         mov     bx, offset array            ; 调用程序段开始
         mov     cx, count
displp:  mov     al, [bx]
```

```
        call     aldisp              ; 调用显示过程
        mov      dl, ','             ; 显示一个逗号, 以分隔两个数据
        mov      ah, 2
        int      21h
        inc      bx
        loop     displp              ; 调用程序段结束
        .exit 0
        ...                          ; 过程定义, 同例4.10源程序
        end
```

4.4.2　子程序的参数传递

主程序在调用子程序时, 通常需要向其提供一些数据, 对于子程序来说, 就是入口参数 (输入参数); 同样, 子程序执行结束要返回给主程序必要的数据, 这就是子程序的出口参数 (输出参数)。主程序与子程序间通过参数传递建立联系, 相互配合共同完成处理工作。

传递参数的多少反映程序模块间的耦合程度。根据实际情况, 子程序可以只有入口参数 或只有出口参数, 也可以入口参数和出口参数都有。汇编语言中参数传递可通过寄存器、变 量或堆栈来实现, 参数的具体内容可以是数据本身 (传数值), 也可以是数据的存储地址 (传 地址)。

由于子程序相对独立、需要传递参数、具有多种参数传递方法, 因此在过程定义时, 加 上适当的注释是有必要的。完整的注释应该包括子程序的功能、入口参数和出口参数等。

1. 用寄存器传递参数

采用寄存器传递参数是把参数存于约定的寄存器中, 这种方法简单易行, 经常采用。前 面例4.10就利用了 AL 寄存器传递入口参数, 该例没有出口参数; 02号 DOS 功能调用也采用 了 DL 传递欲显示字符的 ASCII 码; 这两者都是利用寄存器直接传送数据本身。

【例4.16a】　设 ARRAY 是10个元素的数组, 每个元素是8位数据。试用子程序计算数组 元素的校验和, 并将结果存入变量 RESULT 中。所谓"校验和", 是指不记进位的累加, 常 用于检查信息的正确性。

分析: 子程序完成元素求和, 主程序需要向它提供入口参数, 使得子程序能够访问数组 元素。

子程序需要回送求和结果这个出口参数。本例采用寄存器传递参数。

由于数组元素较多, 直接用寄存器传送元素有困难, 但是元素在主存中是顺序存放的, 所以选用寄存器 DS 和 BX 传入数组首地址, 用计数器 CX 传入数组元素个数。一个输出参 数可以用累加器 AL 传出。这样, 主程序设置好入口参数后调用子程序 checksuma, 最后将 结果送入指定单元。子程序首先保护寄存器, 然后通过入口参数完成简单的循环累加, 并在 AL 中得到校验和作为出口参数。

```
        .modelsmall
        .stack
        .data
count   equ 10                                   ; 数组元素个数
array   db 12h,25h,0f0h,0a3h,3,68h,71h,0cah,0ffh,90h   ; 数组
result  db ?                                     ; 校验和
```

```
        .code
        .startup                    ; 设置入口参数 (含有 DS←数组的段地址)
        mov     bx, offset array    ; bx←数组的偏移地址
        mov     cx, count           ; cx←数组的元素个数
        call    checksuma           ; 调用求和过程
        mov     result, al          ; 处理出口参数
        .exit 0                     ; 计算字节校验和的通用过程
            ; 入口参数: DS:BX=数组的段地址: 偏移地址, CX=元素个数
            ; 出口参数: AL=校验和
            ; 说明: 除AX/BX/CX 外, 不影响其他寄存器
checksuma proc
        xor     al, al              ; 累加器清0
suma:   add     al, [bx]            ; 求和
        inc     bx                  ; 指向下一字节
        loop    suma
        ret
checksuma endp
        end
```

通用寄存器个数有限，能直接传送数据的个数较少。而这种采用寄存器传送存储地址的方法在参数传递中常常运用，可以传递较多的数据。09号 DOS 功能调用的入口参数就采用了 DS:DX 指示显示信息串。采用寄存器传递参数时，注意带有出口参数的寄存器不能保护和恢复，带有入口参数的寄存器可以保护也可以不保护。DOS 功能调用没有保护带入口参数的寄存器，如反映功能号的 AX、09号调用的偏移地址 DX 等。

2. 用变量传递参数

主程序与被调用过程直接用同一个变量名访问传递的参数，就是利用变量传递参数。如果调用程序与被调用程序在同一个源程序文件中，只要设置好数据段寄存器 DS，则子程序与主程序访问变量的形式相同，即它们共享数据段的变量。调用程序与被调用程序不在同一个源文件中，必须利用 PUBLIC/EXTERN 进行声明，才能用变量传递参数（详见5.3节）。

【例4.16b】 对例4.16a问题，现在用变量传递参数、计算数组元素的校验和。

分析：采用变量传递参数，本例是共用 COUNT、ARRAY 和 RESULT 变量。主程序只要设置数据段 DS，就可以调用子程序；子程序直接采用变量名存取数组元素。

```
        ...                         ; 与例4.16a 前半部分相同
        .code
        .startup                    ; 含有 DS←数组的段地址
        call    checksumb           ; 调用求和过程
        .exit 0
            ; 计算字节校验和
            ; 入口参数: array=数组名, count=元素个数, result=校验和存放的变量名
checksumb  proc
        push    ax
        push    bx
        push    cx
        xor     al, al              ; 累加器清0
        mov     bx, offset array    ; BX←数组的偏移地址
```

```
        mov     cx, count               ; CX←数组的元素个数
sumb:   add     al, [bx]                ; 求和
        inc     bx
        loop    sumb
        mov     result, al              ; 保存校验和
        pop     cx
        pop     bx
        pop     ax
        ret
checksumb endp
        end
```

利用变量传递参数,过程的通用性较差。显然,例4.16b 不如例4.16a 通用,也不如例4.16a 来得自然。然而,在多个程序段间,尤其在不同的程序模块间,利用全局变量共享数据也是一种常见的参数传递方法。

3. 用堆栈传递参数

上面用共享寄存器和变量(存储单元)的方法实现了参数传递;同样,可以通过共享堆栈区,即利用堆栈传递参数。主程序将子程序的入口参数压入堆栈,子程序从堆栈中取出参数;子程序将出口参数压入堆栈,主程序弹出堆栈取得它们。

高级语言进行函数调用时提供的参数,实质也是利用堆栈传递的;高级语言还利用堆栈创建局部变量。保存参数和局部变量的堆栈区域被称为堆栈帧(Stack Frame),函数调用时建立、返回后消失。但是,高级语言中,函数的返回值通常并不采用堆栈传递,而是采用最常用的寄存器传递。下例中,入口参数采用堆栈传递,出口参数采用寄存器传递。

【例4.16c】 对例4.16a 问题,现在用堆栈传递参数计算数组元素的校验和。

分析:通过堆栈传递参数,主程序将数组的偏移地址和元素个数压入堆栈,然后调用子程序;子程序通过 BP 寄存器,从堆栈相应位置取出参数(非栈顶数据),求和后,用 AL 返回结果。因为共用数据段,所以没有传递数据段基地址。本例利用堆栈传递入口参数,但出口参数仍利用寄存器传递。

```
        ...                             ; 与例4.16a 前半部分相同
        .code
        .startup
        mov     ax, offset array        ; 设置入口参数
        push    ax                      ; 压入数组的偏移地址
        mov     ax, count
        push    ax                      ; 压入数组的元素个数
        call    checksumc               ; 调用求和过程
        add     sp, 4                   ; 主程序平衡堆栈
        mov     result, al              ; 保存校验和
        .exit 0
        ; 计算字节校验和的近过程
        ; 入口参数: 在堆栈压入数组的偏移地址和元素个数
        ; 出口参数: AL=校验和
checksumc  proc
        push    bp
```

```
              mov      bp, sp              ; BP 指向当前栈顶，用于取出入口参数
              push     bx                  ; 保护使用的 BX 和 CX 寄存器
              push     cx
              mov      bx, [bp+6]          ; BX←SS:[BP+6]（数组的偏移地址）
              mov      cx, [bp+4]          ; CX←SS:[BP+4]（数组的元素个数）
              xor      al, al              ; 累加器清0
sumc:         add      al, [bx]            ; 求和：AL←AL+DS:[BX]
              inc      bx
              loop     sumc
              pop      cx                  ; 恢复寄存器
              pop      bx
              pop      bp
              ret
checksumc endp
              end
```

上述程序执行过程中利用堆栈传递参数，如图4-7所示。

进入子程序后，设置基址指针 BP 等于当前堆栈指针 SP，这样利用 BP 相对寻址（默认采用堆栈段 SS）可以存取堆栈段中的数据。主程序压入了2个参数，使用了堆栈区的4字节；为了保持堆栈的平衡，主程序在调用 CALL 指令后用一条"ADD SP, 4"指令平衡堆栈。平衡堆栈也可以利用子程序来实现，则返回指令采用"RET 4"，使 SP 加4。

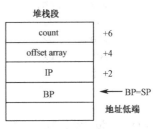

图 4-7 例 4.16c 的堆栈区

由此可见，由于堆栈采用"先进后出"原则存取，而且返回地址和保护的寄存器等也要存于堆栈，因此，用堆栈传递参数时，要时刻注意堆栈的分配情况，保证参数的正确存取及子程序的正确返回。

4.4.3 子程序的嵌套、递归和重入

与高级语言类似，子程序也允许嵌套，满足一定条件的子程序还可以实现递归和重入。

1. 子程序的嵌套

子程序内包含有子程序的调用就是子程序嵌套。嵌套深度（即嵌套的层次数）逻辑上没有限制，但由于子程序的调用需要在堆栈中保存返回地址及寄存器等数据，因此实际上受限于开设的堆栈空间。嵌套子程序的设计并没有什么特殊要求，除子程序的调用和返回应正确使用 CALL 和 RET 指令外，还要注意寄存器的保存与恢复，以避免各层子程序之间因寄存器使用冲突而出错。

在例4.15过程中有两段程序一样，我们可以写成过程，形成过程（子程序）嵌套。

```
aldisp   proc                          ; 显示 AL 中的2位十六进制数
         push     ax                   ; 保护入口参数
         push     cx
         push     ax                   ; 暂存数据
         mov      cl, 4
         shr      al, cl               ; 转换 AL 的高4位
         call     htoasc               ; 子程序调用（嵌套）
```

```
            pop     ax                          ; 转换 AL 的低4位
            call    htoasc                      ; 子程序调用（嵌套）
            pop     cx
            pop     ax
            ret                                 ; 子程序返回
aldisp  endp
        ;
htoasc  proc                                    ; 将 AL 低4位表达的1位十六进制数转换为 ASCII 码
            push    ax                          ; 保护入口参数
            push    bx
            push    dx
            mov     bx, offset ascii            ; BX 指向 ASCII 码表
            and     al, 0fh                     ; 取得1位十六进制数
            xlat    ascii                       ; 换码：AL←CS:[BX+AL]，注意数据在代码段 CS
            mov     dl, al                      ; 显示
            mov     ah,2
            int     21h
            pop     dx
            pop     bx
            pop     ax
            ret
                                                ; 子程序的数据区
ascii   db 30h, 31h, 32h, 33h, 34h, 35h, 36h, 37h, 38h, 39h
        db 41h, 42h, 43h, 44h, 45h, 46h
htoasc  endp
```

本例利用换码方法实现1位十六进制数转换为 ASCII 码，需要一个按0～9和 A～F 顺序排列的 ASCII 码表。这个数码表只提供给该子程序使用，是该子程序的局部数据，所以设置在代码段的子程序中。此时，子程序应该采用 CS 寻址这些数据。于是，又需要利用换码指令 XLAT 的另一种助记格式。这里写出指向缓冲区的变量名，MASM 会自动加上代码段前缀 "CS:"。串操作 MOVS、LODS 和 CMPS 指令也可以这样使用，以便使用段超越前缀。

2．子程序的递归

当子程序直接或间接地嵌套调用自身时称为递归调用，含有递归调用的子程序称为递归子程序。递归子程序的设计必须保证每次调用都不破坏以前调用时所用的参数和中间结果，因此将调用的输入参数、寄存器内容和中间结果都存放在堆栈中。递归子程序必须采用寄存器或堆栈传递参数，递归深度受堆栈空间的限制。

递归子程序对应于数学上对函数的递归定义，往往能设计出效率较高的程序，可完成相当复杂的计算。下面以阶乘函数为例说明递归子程序的设计方法。

【例4.17】 编制计算 $N!=N\times(N-1)\times(N-2)\times\cdots\times2\times1$（$N\geq0$）的程序。

分析： 已知递归定义 $N!=\begin{cases} N\times(N-1)! & N>0 \\ 1 & N=0 \end{cases}$，因此求 $N!$ 可以设计成输入参数为 N 的递归子程序，每次递归调用的输入参数递减1。如果 $N>0$，则由当前参数 N 乘以递归子程序返回值得到本层返回值；如果递归参数 $N=0$，得到返回值为1。递归子程序的执行过程中要频繁存取堆栈，如求3!的堆栈最满的情况如图4-8所示。

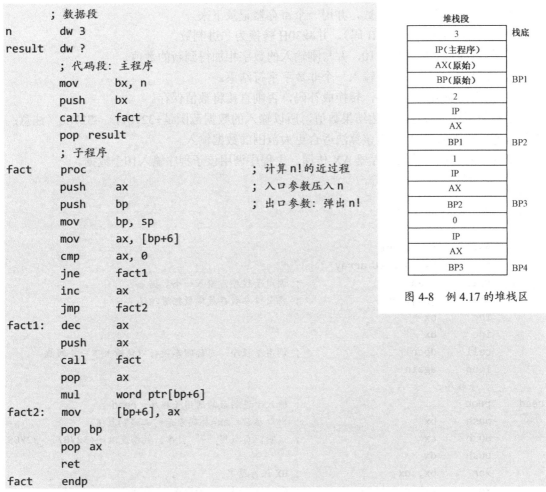

```
        ; 数据段
n       dw   3
result  dw   ?
        ; 代码段：主程序
        mov     bx, n
        push    bx
        call    fact
        pop result
        ; 子程序
fact    proc                     ; 计算 n! 的近过程
        push    ax               ; 入口参数压入 n
        push    bp               ; 出口参数：弹出 n!
        mov     bp, sp
        mov     ax, [bp+6]
        cmp     ax, 0
        jne     fact1
        inc     ax
        jmp     fact2
fact1:  dec     ax
        push    ax
        call    fact
        pop     ax
        mul     word ptr[bp+6]
fact2:  mov     [bp+6], ax
        pop bp
        pop ax
        ret
fact    endp
```

堆栈段

3	栈底
IP(主程序)	
AX(原始)	
BP(原始)	BP1
2	
IP	
AX	
BP1	BP2
1	
IP	
AX	
BP2	BP3
0	
IP	
AX	
BP3	BP4

图 4-8   例 4.17 的堆栈区

由于采用16位量表示阶乘，因此本程序只能计算8以内的阶乘。

3．子程序的重入

子程序的重入是指子程序被中断后又被中断服务程序所调用，能够重入的子程序称为可重入子程序。在子程序中，注意利用寄存器和堆栈传递参数和存放临时数据，而不要使用固定的存储单元（变量），就能够实现重入。子程序的重入性在采用中断与外设交换信息的系统中是重要的，这样中断服务程序就可以调用这些可重入子程序而不致发生错误。遗憾的是，DOS 功能调用却是不可重入的。

子程序的重入不同于子程序的递归。重入是被动的进入，而递归是主动的进入；重入的调用间往往没有关系，而递归的调用间却是密切相关的。递归子程序也是可重入子程序。

4.4.4   子程序的应用

程序开发中，子程序是经常采用的方法。本节再举几个比较复杂的子程序实例。

【例4.18】 从键盘输入有符号十进制数的子程序。

分析：子程序从键盘输入一个有符号十进制数。负数用 "–" 引导，正数直接输入或用 "+" 引导。子程序还包含将 ASCII 码转换为二进制数的过程，其算法如下：

① 判断输入正数还是负数，并用一个寄存器记录下来。

② 输入0～9数字（ASCII码），并减30H转换为二进制数。

③ 将前面输入的数值乘10，并与刚输入的数字相加得到新的数值。

④ 重复②、③步，直到输入一个非数字字符结束。

⑤ 如果是负数进行求补，转换成补码，否则直接将数值保存。

本例采用16位寄存器表达结果数值，所以输入的数据范围是+327677～–32768（注意：未处理超出范围的情况），但该算法适合更大范围的数据输入。

子程序的出口参数用寄存器 AX 传递。主程序调用该子程序输入10个数据。

```
       ; 数据段
count  =10
array  dw    count dup(0)
       ; 代码段: 主程序
       mov   cx, count
       mov   bx, offset array
again: call  read              ; 调用子程序，输入一个数据
       mov   [bx], ax          ; 将出口参数存放到数据缓冲区
       inc   bx
       inc   bx

       call  dpcrlf            ; 调用子程序，光标回车换行以便输入下一个数据
       loop  again
       ; 子程序
read   proc                    ; 输入十进制数的通用子程序: read
       push  bx                ; 出口参数: ax=补码表示的二进制数值
       push  cx                ; 说明: 负数用"-"引导，数据范围是+32767～-32768
       push  dx
       xor   bx, bx            ; BX 保存结果
       xor   cx, cx            ; CX 为正负标志，0为正，1为负
       mov   ah, 1             ; 输入一个字符
       int   21h
       cmp   al, '+'           ; 是"+"，继续输入字符
       jz    read1
       cmp   al, '-'           ; 是"-"，设置-1标志
       jnz   read2
       mov   cx, -1
read1: mov   ah, 1             ; 继续输入字符
       int   21h
read2: cmp   al, '0'           ; 不是0～9之间的字符，则输入数据结束
       jb    read3
       cmp   al, '9'
       ja    read3
       sub   al, 30h           ; 是0～9之间的字符，则转换为二进制数
                               ; 利用移位指令，实现数值乘10: BX←BX×10
       shl   bx, 1
       mov   dx, bx
       shl   bx, 1
       shl   bx, 1
```

```
          add       bx, dx
          ;
          mov       ah, 0
          add       bx, ax              ; 已输入数值乘10后, 与新输入数值相加
          jmp       read1              ; 继续输入字符
read3:    cmp       cx, 0              ; 是负数, 进行求补
          jz        read4
          neg       bx
read4:    mov       ax, bx             ; 设置出口参数
          pop       dx
          pop       cx
          pop       bx
          ret                          ; 子程序返回
          read      endp
dpcrlf    proc                         ; 使光标回车换行的子程序
          push      ax
          push      dx
          mov       ah, 2
          mov       dl, 0dh
          int       21h
          mov       ah, 2
          mov       dl, 0ah
          int       21h
          pop       dx
          pop       ax
          ret
dpcrlf    endp
```

【例4.19】 向显示器输出有符号十进制数的子程序。

分析: 子程序在屏幕上显示一个有符号十进制数, 负数用 "-" 引导。子程序还包含将二进制数转换为 ASCII 码的过程, 其算法如下:

① 判断数据是零、正数或负数, 是零显示 "0" 退出。

② 是负数, 显示 "-", 求数据的绝对值。

③ 数据除以10, 余数加30H 转换为 ASCII 码压入堆栈。

④ 重复③步, 直到商为0结束。

⑤ 依次从堆栈弹出各位数字, 进行显示。

本例采用16位寄存器表达数据, 所以只能显示+327677~-32768间的数值, 但该算法适合更大范围的数据。

子程序的入口参数用共享变量 WTEMP 传递。主程序调用子程序显示10个数据。

```
          ; 数据段
array     dw 1234, -1234, 0, 1, -1, 32767, -32768, 5678, -5678, 9000
count     =($ -array)/2
wtemp     dw ?
          ; 代码段: 主程序
          mov       cx, count
          mov       bx, offset array
```

```
again:    mov     ax,[ bx]
          mov     wtemp, ax              ; 将入口参数存放到共享变量
          call    write                  ; 调用子程序，显示一个数据
          inc     bx
          inc     bx
call      dpcrlf                         ; 光标回车换行以便显示下一个数据
          loop    again
          ; 子程序
write     proc                           ; 显示有符号十进制数的通用子程序：write
          push    ax                     ; 入口参数：共享变量 wtemp
          push    bx
          push    dx
          mov     ax, wtemp              ; 取出显示数据
          test    ax,ax                  ; 判断数据是零、正数或负数
          jnz     write1
          mov     dl, '0'                ; 是零，显示"0"后退出
          mov     ah,2
          int     21h
          jmp     write5
write1:   jns     write2                 ; 是负数，显示"-"
          mov     bx, ax                 ; AX 数据暂存于 BX
          mov     dl, '-'
          mov     ah,2
          int     21h
          mov     ax, bx
          neg     ax                     ; 数据求补（绝对值）
write2:   mov     bx, 10
          push    bx                     ; 10压入堆栈，作为退出标志
write3:   cmp     ax,0                   ; 数据（商）为零，转向显示
          jz      write4
          sub     dx, dx                 ; 扩展被除数 DX.AX
          div     bx                     ; 数据除以10: DX.AX÷10
          add     dl, 30h                ; 余数（0~9）转换为 ASCII 码
          push    dx                     ; 数据各位先低位后高位压入堆栈
          jmp     write3
write4:   pop     dx                     ; 数据各位先高位后低位弹出堆栈
          cmp     dl, 10                 ; 是结束标志10，则退出
          je      write5
          mov     ah, 2                  ; 进行显示
          int     21h
          jmp     write4
write5:   pop     dx
          pop     bx
          pop     ax
          ret                            ; 子程序返回
write     endp
          ...                            ; 后同例题4.18
```

【例4.20】 计算有符号数平均值的子程序。

分析：子程序将16位有符号二进制数求和，然后除以数据个数，得到平均值。为了避免溢出，被加数要进行符号扩展，得到倍长数据（大小没有变化），然后求和。采用16位二进制数表示数据个数，最大是2^{16}，这样扩展到32位二进制数表达累加和，不再会出现溢出（考虑极端情况：数据全是-2^{15}，共2^{16}个，求和结果是-2^{31}，32位数据仍然可以表达）。

子程序的入口参数利用堆栈传递，主程序需要压入数据个数和数据缓冲区的偏移地址。子程序通过 BP 寄存器从堆栈段相应位置取出参数（非栈顶数据），子程序的出口参数用寄存器 AX 传递，如图4-9所示。主程序提供10个数据，并保存平均值。

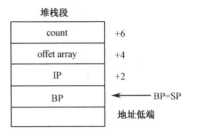

图 4-9　利用堆栈传递参数

```
        ; 数据段
array   dw 1234,-1234,0,1,-1,32767,-32768,5678,-5678,9000
count   =($-array)/2
wmed    dw ?                    ; 存放平均值
        ; 代码段：主程序
        mov     ax, count
        push    ax              ; 压入数据个数
        mov     ax, offset array
        push    ax              ; 压入数据缓冲区的偏移地址
        call    mean            ; 调用子程序，求平均值
        add     sp, 4           ; 平衡堆栈
        mov     wmed, ax        ; 保存出口参数（未保留余数部分）
        ; 子程序
mean    proc                    ; 计算16位有符号数平均值子程序：mean
        push    bp              ; 入口参数：顺序压入数据个数和数据缓冲区的偏移地址
        mov     bp, sp          ; 出口参数：AX=平均值
        push    bx              ; 保护寄存器
        push    cx
        push    dx
        push    si
        push    di
        mov     bx, [bp+4]      ; 从堆栈中取出缓冲区的偏移地址→BX
        mov     cx, [bp+6]      ; 从堆栈中取出数据个数→CX（见图4-9）
        xor     si, si          ; SI 保存求和的低16位值
        mov     di, si          ; DI 保存求和的高16位值
mean1:  mov     ax, [bx]        ; 取出一个数据→AX
        cwd                     ; 符号扩展→DX
        add     si, ax          ; 求和低16位
        adc     di, dx          ; 求和高16位
        inc     bx              ; 指向下一个数据
        inc     bx
        loop    mean1           ; 循环
        mov     ax, si          ; 累加和转存到 DX.AX
        mov     dx, di
```

```
        mov       cx, [bp+6]              ; 数据个数在 CX
        idiv      cx                      ; 有符号数除法, 求的平均值在 AX 中 (余数在 DX 中)
        pop       di                      ; 恢复寄存器
        pop       si
        pop       dx
        pop       cx
        pop       bx
        pop       bp
        ret
mean    endp
```

习 题 4

4.1 例4.1使用换码指令 XLAT 实现查表, 换用若干其他指令实现同样功能。

4.2 参考例4.2 (和例2.46) 将保存于 DX.AX 寄存器对的32位数据进行算术右移一位。

4.3 编制一个程序, 将 AX 寄存器中的16位数连续4位分成一组, 共4组, 然后把这4组数分别放在 AL、BL、CL 和 DL 寄存器中。

4.4 编写一个程序, 把从键盘输入的一个小写字母用大写字母显示出来。

4.5 已知用于 LED 数码管显示的代码表为:

```
LEDTABLE    DB    0C0H, 0F9H, 0A4H, 0B0H, 99H, 92H, 82H, 0F8H
            DB    80H, 90H, 88H, 83H, 0C6H, 0C1H, 86H, 8EH
```

依次表示0~9和 A~F 这16个数码的显示代码。现编写一个程序, 实现将 lednum 中的一个数字 (0~9和 A~F) 转换成对应的 LED 显示代码。

4.6 编制一个程序, 把变量 bufX 和 bufY 中较大者存入 bufZ; 若两者相等, 则把其中之一存入 bufZ 中。假设变量存放的是8位无符号数。

4.7 设变量 bufX 为有符号16位数, 请将它的符号状态保存在 signX, 即: 如果 X 大于等于0, 保存0; 如果 X 小于0, 保存–1 (FFH)。编写该程序。

4.8 bufX、bufY 和 bufZ 是3个有符号十六进制数, 编写一个比较相等关系的程序。

(1) 如果这3个数都不相等, 则显示0。

(2) 如果这3个数中有两个数相等, 则显示1。

(3) 如果这3个数都相等, 则显示2。

4.9 例4.8内、外循环次数共是多少? 如果要求按从大到小排序, 程序如何修改?

4.10 串操作指令常要利用循环结构, 现在不用串操作指令, 如何实现字符串 string1内容传送到字符串 string2? 字符长度为 count。

4.11 不用串操作指令, 求主存0040H:0开始的一个64 KB 物理段中共有多少个空格?

4.12 编程实现, 把输入的一个字符用二进制形式 (0/1) 显示出其 ASCII 代码值。

4.13 编写程序, 要求从键盘接收一个数 bellN (0~9), 然后响铃 bellN 次。

4.14 编写程序, 将一个包含有20个有符号数据的数组 arrayM 分成两个数组: 正数数组 arrayP 和负数数组 arrayN, 并分别把这两个数组中的数据个数显示出来。

4.15 编写计算100个正整数之和的程序。如果和不超过16位字的范围 (65535), 则保存其和到 wordsum, 如超过, 则显示 "overflow"。

4.16 编写程序, 判断主存0070H:0开始的1 KB 中有无字符串 "DEBUG"。这是一个字符串包含的问题，可以采用逐个向后比较的简单算法。

4.17　编写程序，把一个16位无符号二进制数转换成用8421BCD码表示的5位十进制数。

转换算法可以是：用二进制数除以10000，商为"万位"，再用余数除以1000，得到"千位"；依次用余数除以100、10和1，得到"百位"、"十位"和"个位"。

4.18　以 MOVSW 指令为例，说明串操作指令的寻址特点，并用 MOV 和 ADD 等指令实现 MOVSD 的功能（假设 DF=0）。

4.19　已知数据段500H～600H 处存放了一个字符串，说明下列程序段执行后的结果。

```
mov    si, 600h
mov    di, 601h
mov    ax, ds
mov    es, ax
mov    cx, 256
std
rep    movsb
```

4.20　说明下列程序段的功能。

```
cld
mov    ax, 0fefh
mov    cx, 5
mov    bx, 3000h
mov    es, bx
mov    di, 2000h
rep    stosw
```

4.21　使用"直接写屏"方法编程，将 DOS 标准显示模式下的屏幕内容向上滚动一行，最后一行填充字母 A。这需要将屏幕第2行（开始于1×2×80的偏移地址）内容传送到第一行，第3行传送到第2行……最后一行（开始于24×2×80的偏移地址）传送完后，填充字符 A。

4.22　过程定义的一般格式是怎样的?子程序入口为什么常有 PUSH 指令、出口为什么有 POP 指令? 下面的程序段有什么不妥吗? 若有，请改正。

```
crazy  proc
       push    ax
       xor     ax, ax
       xor     dx, dx
again: add     ax, [bx]
       adc     dx, 0
       inc     bx
       inc     bx
       loop    again
       ret
       endp  crazy
```

4.23　子程序的参数传递有哪些方法? 请简单比较。

4.24　采用堆栈传递参数的一般方法是什么? 为什么应该特别注意堆栈平衡问题?

4.25　什么是子程序的嵌套、递归和重入?

4.26　将例4.7的大写字母转换为小写字母写成过程，利用 AL 作为入口参数、出口参数完成。

4.27　请按如下子程序说明编写过程：

```
; 子程序功能：把用 ASCII 码表示的2位十进制数转换为对应的二进制数
```

```
;  入口参数：DH=十位数的 ASCII 码，DL=个位数的 ASCII 码
;  出口参数：AL=对应的二进制数
```

4.28　编写一个子程序，根据入口参数 AL 为0、1、2，分别实现大写字母转换成小写、小写字母转换成大写或大小写字母互换。欲转换的字符串在 string 中，用0表示结束。

4.29　编写一个子程序，把一个16位二进制数用十六进制形式在屏幕上显示出来，分别运用如下3种参数传递方法，并用一个主程序验证它。

（1）采用 AX 寄存器传递这个16位二进制数。

（2）采用堆栈方法传递这个16位二进制数。

（3）采用 wordTEMP 变量传递这个16位二进制数。

4.30　设有一个数组存放学生的成绩（0～100），编写一个子程序，统计0～59分、60～69分、70～79分、80～89分、90～100分的人数，并分别存放到 scoreE、scoreD、scoreC、scoreB 及 scoreA 单元中。编写一个主程序与之配合使用。

4.31　编写一递归子程序，计算指数函数 X^n 的值。

第5章　高级汇编语言程序设计

第 4 章介绍了基本的汇编语言程序设计方法，本章则从编程的灵活性和实用性方面进一步介绍汇编语言程序的高级设计方法，如高级语言特性、宏汇编、重复汇编、条件汇编、模块化方法，还将介绍汇编语言在输入、输出方面的应用。

5.1　高级语言特性

分支、循环和子程序是程序的基本结构，但是用汇编语言编写却很烦琐，易出错。为了克服这些缺点，MASM 6.0 引入高级语言具有的程序设计特性，即：分支和循环的流程控制伪指令、带参数的过程定义、声明和调用伪指令，可以像高级语言一样来编写分支、循环和子程序结构，这大大减轻了汇编语言编程的工作量。

5.1.1　条件控制伪指令

MASM 6.0 引入了.IF、.ELSEIF、.ELSE 和.ENDIF 伪指令，类似高级语言中的 if、then、else 和 endif 的相应功能。这些伪指令在汇编时要展开，自动生成相应的比较和条件转移指令序列，实现程序分支，从而可以简化分支结构的编程。

条件控制伪指令的格式如下：

```
.if 条件表达式              ; 条件为真（值为非0），执行分支体
分支体
[.elseif 条件表达式         ; 前面 if[以及前面 elseif]条件为假（值为0），并
                           ; 且当前 elseif 条件为真，执行分支体
分支体 ]
[.else                     ; 前面 if[以及前面 elseif]条件为假，执行分支体
分支体 ]
.endif                     ; 分支结束
```

其中，"[]"内的部分可选。条件表达式允许的操作符见表 5-1。

表 5-1　条件表达式中的操作符

操作符	功　　能	操作符	功　　能	操作符	功　　能
==	等于	&&	逻辑与	OVERFLOW?	OF=1?
!=	不等于	||	逻辑或	PARITY?	PF=1?
>	大于	!	逻辑非	SIGN?	SF=1?
>=	大于等于	&	位测试	ZERO?	ZF=1?
<	小于	( )	改变优先级	—	—
<=	小于等于	CARRY?	CF=1?	—	—

例如，求 AX 绝对值的单分支结构：

```
        .if ax<0                                    ; 等价于 .if sign ?
        neg     ax                                  ; 满足，求补
        .endif
        mov result, ax
```

对于采用条件控制伪指令编写的双分支结构的源程序段：

```
        .if ax==5
        mov     bx, ax
        mov     ax, 0
        .else
        dec     ax
        .endif
```

查看其形成的列表.LST 文件，如下所示（带有*的语句是由汇编程序产生的）：

```
        .if ax==5
*       cmp     ax, 05h
*       jne     @c0001
        mov     bx, ax
        mov     ax, 0
        .else
*       jmp     @c0003
* @c0001: dec   ax
        .endif
* @c0003:
```

汇编程序在翻译相应条件表达式时，将生成一组功能等价的比较、测试和转移指令。操作符的优先关系为逻辑非"!"最高，然后是表 5-1 中左列的比较类操作符，最低的是逻辑与"&&"和逻辑或"||"，当然也可以加"( )"来改变运算的优先顺序，即先括号内、后括号外。位测试操作符的使用格式是"数值表达式&位数"。

注意，条件表达式比较的两个数值是作为无符号数还是作为有符号数，因为它将影响产生的条件转移指令。

第 3 章学习的 DB/BYTE、DW/WORD、DD/DWORD 等数据定义伪指令分别用于定义字节、字及双字变量，既可以把它作为带符号数，也可以把它作为无符号数处理。例如，CL=0FFH，则

```
        mul     cl                                  ; 即 AX←AL×CL (255)
        imul    cl                                  ; 即 AX←AL×CL (-1)
```

因此处理 B、DW、DD 等定义的变量时，需要时刻清楚它表达的是有符号数还是无符号数，并选择相应的指令（特别是不同的条件转移指令），否则将造成逻辑错误。

对于条件表达式中的变量，若是用 DB、DW、DD 定义的，则一律作为无符号数。若需要进行有符号数的比较，这些变量在数据定义时必须用相应的有符号数据定义语句来定义，依次为 SBYTE、SWORD、SDWORD。

采用寄存器或常数作为条件表达式的数值参加比较时，默认也是无符号数。如果作为有符号数，可以利用 SBYTE PTR 或 SWORD PTR 操作符指明。若其中一个数值为有符号数，则条件表达式强制另一个数据作为有符号数进行比较。

【例 5.1】 用条件控制伪指令实现有根判断的源程序（对比例 4.3）。

```
        ; 数据段
```

```
_a          sbyte   ?
_b          sbyte   ?
_c          sbyte   ?
tag         byte    ?
            ; 代码段
            mov     al, _b
            imu     lal
            mov     bx, ax              ; BX 中为 b²
            mov     al, _a
            imul_   c
            mov     cx, 4
            imul    cx                  ; AX 中为 4ac
            .if sword ptr bx>=ax        ; 比较二者大小
            mov     tag, 1              ; 第一个分支体: 条件满足, tag←1
            .else
            mov     tag, 0              ; 第二个分支体: 条件不满足, tag←0
            .endif
```

5.1.2 循环控制伪指令

用处理器指令实现的循环控制结构非常灵活，但可读性不如高级语言，易出错，不小心就会将循环与分支混淆。利用 MASM 6.x 提供的循环控制伪指令设计循环程序，可以简化编程、清晰结构。用于循环结构的流程控制伪指令包括：.WHILE 和.ENDW，.REPEAT 和.UNTIL，.REPEAT 和.UNTILCXZ。另外，.BREAK 和.CONTINUE 分别表示无条件退出循环和转向循环体开始。利用这些伪指令可以形成两种基本循环结构形式，如图 5-1 所示，分别是先判断循环条件的 WHILE 结构和后判断循环条件的 UNTIL 结构。

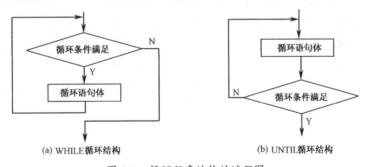

(a) WHILE 循环结构   (b) UNTIL 循环结构

图 5-1 循环程序结构的流程图

① WHILE 结构的循环控制伪指令

```
            .while  条件表达式           ; 条件为真, 执行循环体
            循环体
            .endw                       ; 循环体结束
```

格式中的条件表达式与条件控制伪指令.IF 后跟的条件表达式一样，不再重复，下同。

例如，例 4.5 实现 1～100 求和，可以编写为：

```
            xor     ax, ax              ; 被加数 AX 清0
            mov     cx, 100
            .while cx!=0
```

```
        add         ax, cx                          ; 从100,99,…,2,1倒序累加
        dec         cx
        .endw
        mov         sum, ax                         ; 将累加和送入指定单元
```

② UNTIL 结构的循环控制伪指令

```
        .repeat                                     ; 重复执行循环体
        循环体
        .until 条件表达式                            ; 直到条件为真
```

这样，例 4.5 实现 1～100 求和，循环体部分也可以编写为：

```
        .repeat
        add         ax, cx
        dec         cx
        .until cx==0
```

UNTIL 结构还有一种格式：

```
        .repeat                                     ; 重复执行循环体
        循环体
        .untilcxz[条件表达式]                        ; CX←CX-1，直到 CX=0 或条件为真
```

不带表达式的.REPEAT/.UNTILCXZ 伪指令汇编成一条 LOOP 指令，即重复执行直到 CX 减 1 后，CX=0。带有表达式的.REPEAT/.UNTILCXZ 伪指令的循环结束条件是 CX 减 1 后等于 0 或指定的条件为真。.UNTILCXZ 伪指令的表达式只能是比较寄存器与寄存器、存储单元和常数，以及存储单元与常数相等（==）或不等（!=）。

这样，例 4.5 实现 1～100 求和，循环体部分还可以编写为：

```
        .repeat
        add         ax, cx
        .untilcxz
```

【例 5.2】 设 ARRAY 是 100 个字元素的数组，试计算其中前若干个非负数之和，直到出现第一个负数为止，并将结果存入 RESULT 单元（不考虑进位和溢出）。

分析：已知 ARRAY 中最多有 100 个非负数，所以可以采用计数循环。循环开始前置循环计数器 CX 为 100，累加和清零。依题意，循环体内每取一个元素，都要判断其是否大于等于 0，若是，则累加，否则立即退出整个循环。循环出口后，将累加和存入 RESULT 单元。

```
        ; 数据段
array   sword 100 dup(?)
result  sword ?
        ; 代码段
        mov         cx, 100
        xor         ax, ax
        lea         bx, array
        .repeat
        .if sword ptr [bx]>=0
        add         ax, [bx]
        .else
        .break
        .endif
        inc         bx
        inc         bx
```

```
        .untilcxz
        mov        result, ax
```

5.1.3　过程声明和过程调用伪指令

在汇编语言中，子程序间和模块间利用堆栈都是一个重要的和主要的参数传递方式。但是，利用堆栈传递参数，相对来说是比较复杂和容易出错的。为此，MASM 6.x 参照高级语言的函数形式扩展 PROC 伪指令的功能，使其具有带参数的能力，极大地方便了过程或函数间参数的传递。

在 MASM 6.x 中，带有参数的过程定义伪指令 PROC 格式如下：

```
过程名    proc    [调用距离][语言类型][作用范围][<起始参数>]
          [uses 寄存器列表][, 参数:[类型]]…
          local 参数表
          …                              ; 汇编语言语句
过程名    endp
```

其中，过程所具有的各参数如下。

① 过程名：表示该过程名称，应该是遵循相应语言类型的标识符。

② 调用距离：可以是 NEAR 或 FAR，表示该过程是近调用或远调用。简化段格式中，默认值由.MODEL 语句选择的存储模型决定。

③ 语言类型：可以是任何有效的语言类型，确定该过程采用的命名约定和调用约定；语言类型还可以由.MODEL 伪指令指定。MASM 6.x 支持的语言类型及命名和调用约定如表5-2 所示。

表 5-2　MASM6.x 的语言类型

语言类型	C	SYSCALL	STDCALL	Pascal	BASIC	FORTRAN
命名约定	名字前加下划线	名字前加下划线	名字变大写	名字大写	名字大写	
参数传递顺序	从右到左	从右到左	（注）	从左到右	从左到右	从左到右
平衡堆栈的程序	调用程序	被调用程序	被调用程序	被调用程序	被调用程序	被调用程序
保存	BP	是	是	是		
允许	VARARG 参数	是	是	是		

注：STDCALL 如果采用 VARARG 参数类型，则是调用程序平衡堆栈，否则是被调用程序平衡堆栈。

④ 作用范围：可以是 PUBLIC、PRIVATE、EXPORT，表示该过程是否对其他模块可见。默认是 PUBLIC，表示其他模块可见；PRIVATE 表示对外不可见；EXPORT 隐含有 PUBLIC和 FAR，表示该过程应该放置在导出表（Export Entry Table）中。

⑤ 起始参数：采用这个格式的 PROC 伪指令，汇编系统将自动创建过程的起始代码（Prologue code）和收尾代码（Epilogue code），用于传递堆栈参数及清除堆栈等。起始参数表示传送给起始代码的参数，必须用"<>"括起来，多个参数用","分隔。

⑥ 寄存器列表：指通用寄存器名，用空格分隔多个寄存器。只要利用"USES 寄存器列表"罗列该过程中需要保存与恢复的寄存器，汇编系统将自动在起始代码产生相应的入栈指令，并对应在收尾代码产生出栈指令。

⑦ 参数：类型：表示该过程使用的形式参数及其类型。在 16 位段中，默认类型是字WORD，在 32 位段（32 位 Intel 80x86 CPU 支持的保护方式）中，默认类型是双字 DWORD。

参数类型可以是任何 MASM 有效的类型或 PTR（表示地址指针）；在 C、SYSCALL、STDCALL 语言中，参数类型还可以是 VARARG，表示长度可变的参数。PROC 伪指令中要使用参数，必须定义语言类型。参数前的各选项采用空格分隔，而使用参数，必须用"，"与前面的选项分隔，多个参数也用"，"分隔。

如果过程使用局部变量，紧接着过程定义伪指令 PROC，可以采用一条或多条 LOCAL 伪指令说明，格式如下：

> local 变量名 [个数] [:类型] [, …]

其中，可选的"[个数]"表示同样类型数据的个数，类似数组元素的个数。在 16 位段中，默认类型是字 WORD，在 32 位段中默认类型是双字 DWORD。使用 LOCAL 伪指令说明局部变量后，汇编系统将自动利用堆栈存放该变量，其方法与高级语言的方法一样。

另外，为了在汇编语言程序中能够更好地采用这种形式，MASM 6.x 又引入了 PROTO 和 INVOKE 伪指令。

PROTO 是一个过程声明伪指令，用于事先声明过程的结构。其格式如下：

> 过程名 proto [调用距离] [语言类型] [, 参数:[类型]]…

伪指令 PROTO 语句中的各项必须与相应过程定义伪指令 PROC 的各项一致。使用 PROTO 伪指令声明过程后，汇编系统将进行类型检测，才可以使用 INVOKE 调用过程。

在汇编语言程序中，CALL 是进行子程序调用的硬指令。对于具有参数的过程定义伪指令，采用 CALL 指令进行调用就显得比较烦琐。与 PROTO 配合使用的过程调用伪指令是 INVOKE，其格式如下：

> invoke 过程名[, 参数, …]

过程调用伪指令自动创建调用过程所需要的代码序列，调用前将参数压入堆栈，调用后平衡堆栈。其中，"参数"表示通过堆栈将传递给过程的实在参数，可以是数值表达式、寄存器对（REG:REG）、ADDR 标号。"ADDR 标号"传送的是标号的地址（如果是双字 DWORD 类型则是段地址和偏移地址，如果是字 WORD 类型则是偏移地址）。

通过修改前面的几个程序，理解过程说明伪指令和过程调用伪指令的用法。

【例 5.3】 运用过程声明和过程调用编写汇编语言子程序（参见例 4.16c）。

```
        .model small
checksumd  protoc, :word, :word              ; 声明过程
        .stack
        .data
count   equ 10                               ; 数组的元素个数
array   db 12h,25h,0f0h,0a3h,3,68h,71h,0cah,0ffh,90h    ; 数组
result  db ?                                 ; 校验和
        .code
        .startup
        invoke  checksumd, count, offsetarray ; 调用过程
        mov     result, al                   ; 保存校验和
        .exit 0
        ; 计算字节校验和的过程
        ; 入口参数: countp=数组的元素个数, arrayp=数组的偏移地址
        ; 出口参数: AL=校验和
checksumd  procc uses bx cx, countp: word, arrayp: word
        mov     bx, arrayp                   ; BX←数组的偏移地址
```

```
          mov      cx, countp              ; CX←数组的元素个数
          xor      al, al
sumd:     add      al, [bx]                ; 求和: AL←AL+DS:[BX]
          inc      bx
          loop     sumd
          ret
checksumd endp
          end
```

由此可见，采用过程声明和过程调用伪指令后，汇编语言子程序间也可以像高级语言一样利用实、形参数结合传递参数。但实、形参数结合的实质还是用堆栈传递参数。以下是汇编系统产生的列表文件（注释除外）：

```
          invoke  checksumd, count, offset array
*         mov      ax, word ptr offset array
*         push     ax
*         mov      ax, +000ah
*         push     ax
*         call     checksumd
*         add      sp,04h
          ...                              ; 这部分与源程序相同
checksumd proc  c uses bx cx, countp:word, arrayp:word
*         push     bp                      ; 起始代码
*         mov      bp,sp
*         push     bx                      ; 保护 BX 和 CX
*         push     cx
          mov      bx, arrayp              ; arrayp=[bp+6] (数组的偏移地址)
          mov      cx, countp              ; cuontp=[bp+4] (数组的元素个数)
          xor      al, al
sumd:     add      al, [bx]
          inc      bx
          loop     sumd
          ret
*         pop      cx                      ; 结尾代码
*         pop      bx
*         pop      bp
*         ret      0000h
          checksumc  endp
```

5.2 宏结构程序设计

宏（Macro）是汇编语言的一个特点，其汇编程序被称为宏汇编程序 MASM（Macro Assembler）。宏是与子程序类似又独具特色的另一种简化源程序结构的方法。通常与宏配合的伪指令还有重复汇编和条件汇编，统称为宏结构。本节介绍利用这些汇编伪指令进行程序设计的方法。

5.2.1 宏汇编

宏是具有宏名的一段汇编语句序列。经过定义的宏，只要写出宏名，就可以在源程序中调用它。由于形式上类似其他指令，所以常称其为宏指令。宏指令实际上是一段代码序列的缩写。在汇编时，汇编程序用对应的代码序列替代宏指令。因为是在汇编过程中实现的宏展开，所以常称其为宏汇编。

1. 宏的定义和调用

宏定义由一对宏汇编伪指令 MACRO/ENDM 来完成，其格式如下：

```
宏名      macro[形参表]
          宏定义体
          endm
```

其中，"宏名"是符合语法的标识符，同一源程序中该名字定义唯一。宏可以带显式参数表，可选的形参表给出宏定义中用到的形式参数，每个形式参数（哑元）之间用","分隔。

源程序开始通常要初始化 DS，可以定义成一个宏：

```
mainbegin  macro                        ;; 定义一个名为 mainbegin 的宏，无参数
           mov     ax, @data            ;; 宏定义体
           mov     ds, ax
           endm                         ;; 宏定义结束
```

宏定义中的注释如果用";;"分隔，则在后面的宏展开中将不出现该注释。

为了返回 DOS，源程序最后要用 4CH 号调用，也可以把它定义为宏，并设置返回代码这个参数：

```
mainend  macro retnum                   ;; 带有形参 retnum
         mov     al, retnum             ;; 宏定义中使用参数
         mov     ah, 4ch
         int     21h
         endm
```

源程序中经常需要输出信息，现在也将它定义为宏：

```
dispmsg  macro message
         lea     dx, message            ;; 也可以用 mov    dx, offset message
         mov     ah, 09h
         int     21h
         endm
```

宏定义之后就可以使用它，即宏调用。宏调用遵循先定义后调用的原则。其格式为：

```
宏名 [实参表]
```

宏调用的格式同一般指令一样，在使用宏指令的位置写下宏名，后跟实体参数（实元）。如果有多个参数，应按形参顺序填入实参，也用","分隔。

在汇编时，宏指令被汇编程序用对应的代码序列替代，称为宏展开。汇编后的列表文件中带"+"或"1"等数字的语句为相应的宏定义体。宏展开的具体过程是：当汇编程序扫描源程序遇到已有定义的宏调用时，即用相应的宏定义体取代源程序的宏指令，同时用位置匹配的实参对形参进行取代。实参与形参的个数可以不等，多余的实参不予考虑，缺少的实参对相应的形参做"空"处理（以空格取代）。另外，汇编程序不对实参和形参进行类型检查，取代时完全是字符串的替代，至于宏展开后是否有效，则在汇编程序翻译时进行语法检查。

由此可见，宏调用不需要控制的转移与返回，而是将相应的程序段复制到宏指令的位置，嵌入源程序，即宏调用的程序体实际上并未减少，故宏指令的执行速度比子程序快。

【例5.4】 用宏汇编实现信息显示（对比第3章的例3.1）。

```
        ...                                   ; 同前面的3个宏定义
        .model small
        .stack
        .data
string  db 'Hello, Everybody!', 0dh, 0ah, '$'
        .code
start:  mainbegin                             ; 宏调用，建立DS内容
        dispmsg string                        ; 宏调用，显示string字符串
        mainend 0                             ; 宏调用，返回DOS
        end start
```

查看其生成的列表文件，其中代码段如下（注释是另加上的）：

```
start:  mainbegin                             ; 宏指令
1       mov       ax, @data                   ; 宏展开
1       mov       ds, ax
dispmsg string                                ; 宏指令
1       lea       dx, string                  ; 宏展开
1       mov       ah, 09h
1       int       21h
        mainend 0                             ; 宏指令
1       mov       al, 0                       ; 宏展开
1       mov       ah, 4ch
1       int       21h
        end  start
```

宏定义中可以有宏调用，只要遵循先定义后调用的原则。例如：

```
dosint21  macro function                      ;; 宏定义
        mov       ah, function
        int       21h
        endm
dispmsg  macro message                        ;; 含有宏调用的宏定义
        mov       dx, offset message
        dosint21 9                            ;; 宏调用
        endm
```

列表文件的源程序如下：

```
        dispmsg  msg                          ; 宏调用
1       mov       dx, offset msg              ; 宏展开（第一层）
1       dosint21 9
2       mov       ah, 9                       ; 宏展开（第二层）
2       int       21h
```

宏定义允许嵌套，即宏定义体内可以有宏定义，对这样的宏进行调用时需要多次分层展开。宏定义内也允许递归调用，这种情况需要用到后面将介绍的条件汇编指令，给出递归出口条件。

2. 宏的参数

宏的参数功能强大，既可以无参数，又可以带有一个或多个参数；参数的形式非常灵活，可以是常数、变量、存储单元、指令（操作码）或它们的一部分，也可以是表达式。上面已经介绍无参数和具有一个参数的宏指令，下面再通过其他例子进一步熟悉宏参数的应用。

【例5.5a】 具有多个参数的宏定义。

使用8086的移位指令有时感到不便，因为当移位次数大于1时，必须利用CL寄存器。现在用宏指令shlext扩展逻辑左移SHL的功能：

```
shlext  macroshloprand, shlnum
        push    cx
        mov     cl, shlnum              ;; shlnum 表示移位次数
        shl     shloprand, cl          ;; shloprand 表示被移位的操作数
        pop     cx
        endm
```

将AX左移6位，可以采用如下宏指令：

```
        shlext  ax, 6
```

汇编后，宏展开为：

```
1       push    cx
1       mov     cl, 06
1       shl     ax, cl
1       pop     cx
```

【例5.5b】 用做操作码的宏定义参数。

8086的移位指令有4条：SHL、SHR、SAL、SAR。现在用宏指令SHIFT替代，这时需要用参数表示助记符：

```
shift   macro soprand, snum, sopcode
        push    cx
        mov     cl, snum
        s&sopcode&soprand, cl
        pop     cx
        endm
```

宏定义中的一对"&"伪操作符括起SOPCODE，表示它是一个参数，这里用于分隔前面的字符S，表示是指令助记符的一部分。由于后一个"&"后面是空格，所以它也可以省略。这样，将AX左移6位时，要用如下宏指令：

```
        shift   ax, 6, hl
```

该宏调用在汇编后的宏展开同例5.5a。进一步，把移位和循环移位共8条指令统一起来，定义一个宏指令：

```
shrot   macro sroprand, srnum, sropcode
        push    cx
        mov     cl, srnum
        sropcode  sroprand, cl
        pop     cx
        endm
```

现在用宏指令SHROT代替了所有移位指令，而且移位次数可以大于1，使用起来就方便了许多。

【例 5.6】 字符串用做宏定义参数。

宏定义体中不仅可以是硬指令序列，还可以是伪指令语句序列。例如，为了方便 09H 号 DOS 调用，字符串的定义可以采用如下宏：

```
dstring macro string
        db    '&string&', 0dh, 0ah, '$'
        endm
```

例如，要定义字符串 " This is a example. "，可以采用如下宏调用：

```
        dstring <This is a example.>
```

它产生的宏展开为：

```
1       db 'This is a example.', 0dh, 0ah, '$'
```

因为字符串中有空格，所以必须采用一对"<>"伪操作符将字符串括起来。如果字符串中包含"<>"或其他特殊意义的符号，则应该使用转义伪操作符"!"。

例如，定义字符串'0<Number<10'：

```
        dstring <0!<number!<10>            ; 宏调用
1       db    '0<number<10', 0dh, 0ah, '$' ; 宏展开
```

前面各例运用了几个宏操作符，现在统一解释如下：

① &：替换操作符，将参数与其他字符分开。如果参数紧跟在其他字符之前或之后，或者参数出现在带引号的字符串中，就必须使用该伪操作符。

② <>：字符串传递操作符，用于括起字符串。在宏调用中，如果传递的字符串实参数含有逗号、空格等间隔符号，则必须用这对操作符，以保证字符串的完整。

③ !：转义操作符，用于指示其后的一个字符作为一般字符，没有特殊意义。

④ %：表达式操作符，用在宏调用中，表示将后跟的一个表达式的值作为实参，而不是将表达式本身作为参数。例如，对于上一个宏定义：

```
        dstring %(1024-1)                  ; 宏调用
1       db    '1023', 0dh, 0ah, '$'        ; 宏展开
```

⑤ ;;：宏注释符，表示在宏定义中的注释。采用这个符号的注释在宏展开时不出现。

宏定义中还可以用":REQ"说明设定不可缺少参数，用":=默认值"设定参数默认值。

3. 与宏有关的伪指令

除宏操作符外，汇编语言还设置有若干与宏配合使用的伪指令，旨在增强宏的功能。

（1）局部标号伪指令 LOCAL

宏定义可被多次调用，每次调用实际上是把替代参数后的宏定义体复制到宏调用的位置。但是，如果宏定义中使用标号，则同一源程序对它的多次调用就会造成标号的重复定义，汇编将出现语法错误。子程序之所以没有这类问题是因为程序中只有一份子程序代码，子程序的多次调用只是控制的多次转向与返回，某一特定的标号地址是唯一确定的。

如果宏定义体采用标号，可以使用局部标号伪指令 LOCAL 加以说明，其格式为：

```
        local  标号列表
```

其中，标号列表由宏定义体内使用的标号组成，用","分隔。这样，每次宏展开时汇编程序将对其中的标号自动产生一个唯一的标识符（其形式为"??0000"到"??FFFF"），避免宏展开后出现标号重复。

LOCAL 伪指令只能在宏定义体内使用，而且是宏定义 MACRO 语句之后的第一条语句，

两者之间也不允许有注释和分号。

【例5.7】 具有标号的宏定义。

```
absol   macro   oprd
        local   next
        cmp     oprd,0
        jge     next
        neg     oprd
next:
        endm                                    ;; 这个伪指令要独占一行
```

这是一个求绝对值的宏定义，由于具有分支而采用了标号。如以下宏调用：

```
        absol   word ptr [bx]
        absolbx
```

宏展开将形成以下代码：

```
1       cmp     word ptr [bx],0
1       jge     ??0000
1       neg     word ptr [bx]
1 ??0000:
1       cmp     bx, 0
1       jge     ??0001
1       neg     bx
1 ??0001:
```

（2）宏定义删除伪指令 PURGE

当不需要某个宏定义时，可以把它删除，删除宏定义伪指令的格式为：

```
        purge   宏名表
```

其中，"宏名表"是由","分隔的需要删除的宏名。宏名一经删除，该标识符就成为未说明的字符串，源程序的后续语句便不能对该名字进行合法的宏调用，却可以采用这个字符串重新定义其他宏等。

（3）宏定义退出伪指令 EXITM

伪指令 EXITM 表示结束当前宏调用的展开，其格式为：

```
        exitm
```

它可用于宏定义体、重复汇编的重复块以及条件汇编的分支代码序列中，汇编程序执行 EXITM 指令后，立即停止它后面部分的宏展开。

4．宏与子程序

宏与子程序都可以把一段程序用一个名字定义，简化源程序的结构和设计。一般来说，子程序能实现的功能，用宏也可以实现。但是，宏与子程序是有质的不同的，主要反映在调用方式，在传递参数和使用细节上也有很多不同。下面从比较的角度进行简单讨论。

① 宏调用在汇编时进行程序语句的展开，不需要返回，只是源程序级的简化，并不减小目标程序，因此执行速度没有改变。子程序调用在执行时由 CALL 指令转向子程序体，子程序需要执行 RET 指令返回；子程序还是目标程序级的简化，形成的目标代码较短。但是，子程序需要利用堆栈保存和恢复转移地址、寄存器等，要占用一定的时空开销，特别是当子程序较短时，这种额外开销所占比例较大。

② 宏调用的参数通过形参、实参结合实现传递，简洁直观、灵活多变。子程序需要利

用寄存器、存储单元或堆栈等传递参数。对宏调用来说，参数传递错误通常是语法错误，会由汇编程序发现；对子程序来说，参数传递错误通常反映为逻辑或运行错误，不易排除。

除此之外，宏与子程序都还具有各自的特点，程序员应该根据具体问题选择使用哪种方法。通常，当程序段较短或要求较快执行时，应选用宏；当程序段较长或为减小目标代码时，要选用子程序。

5.2.2　重复汇编

程序中有时需要连续地重复一段相同或基本相同的语句，这时可以用重复汇编伪指令来完成。重复汇编定义的程序段也是在汇编时展开，并且经常与宏定义配合使用。重复汇编伪指令有 3 个：REPEAT、FOR、FORC（在 MASM 5.x 版本中依次是 REPT、IRP、IRPC，它们在后续版本仍然可以使用），都要用 ENDM 结束。重复汇编结构既可以在宏定义体外，也可以在宏定义体内使用。重复汇编的程序段没有名字，不能被调用，但可以有参数。3 个重复汇编伪指令的不同在于如何规定重复次数。

1．按参数值重复伪指令 REPEAT

REPEAT 伪指令的功能是按设定的重复次数连续重复汇编重复体的语句，其格式为：

```
        repeat 重复次数                              ;; 重复开始
        重复体
        endm                                        ;; 重复结束
```

【例 5.8】　定义 26 个大写字母。

```
char      ='a'
aztable   equ this byte                            ; aztable 用于为字符串指明首地址
          repeat    26
          db        char
char      =char+1
          endm
```

汇编结果：

```
aztable   equ this byte
1         db char                                  ; 等效于 db 'a'
1         char=char+1
1         db char                                  ; 等效于 db 'b'
1         char=char+1
          ...
1         db char                                  ; 等效于 db 'z'
1         char=char+1
```

2．按参数个数重复伪指令 FOR

FOR 伪指令的功能是按实参表的参数个数连续重复汇编重复体的语句。实参表用"< >"括起，参数以"，"分隔，按照参数从左到右的顺序，每一次的重复把重复体中的形参用一个实参取代。其使用格式为：

```
        for   形参，<实参表>
        重复体
        endm
```

【例 5.9a】 保护常用寄存器。

```
        for   regad, <ax,bx,cx,dx>
        push    regad
        endm
```

汇编后产生代码：

```
1       push    ax
1       push    bx
1       push    cx
1       push    dx
```

3. 按参数字符个数重复伪指令 FORC

FORC 伪指令的功能是按字符串的字符个数连续重复汇编重复体的语句。字符串用（或不用）"<>"括起，按照字符从左到右的顺序，每一次的重复把重复体中的形参用一个字符取代。其使用格式为：

```
        forc   形参, 字符串                        ;; 或 forc   形参, <字符串>
        重复体
        endm
```

【例 5.9b】 恢复常用寄存器。

```
        forc   regad, dcba
        pop     &regad&x                          ;; 前一个&可以省略
        endm
```

汇编后产生代码：

```
1       pop     dx
1       pop     cx
1       pop     bx
1       pop     ax
```

5.2.3 条件汇编

条件汇编伪指令根据某种条件确定是否汇编某段语句序列，与高级语言的条件编译命令类似。条件汇编伪指令的一般格式为：

```
        ifxx 表达式                               ; 条件满足, 汇编分支语句体1
        分支语句体1
        [else                                     ; 条件不满足, 汇编分支语句体2
        分支语句体2]
        endif                                     ; 条件汇编结束
```

其中，IF 后跟的 xx 表示组成条件汇编伪指令的其他字符，如表 5-3 所示。如果表达式表示的条件满足，汇编程序将汇编分支语句体 1 中的语句，否则分支语句体 1 不被汇编。若存在可选的 ELSE 伪指令，分支语句体 2 中的语句将在不满足条件时被汇编。

IF/IFE 伪指令中的表达式可以用关系运算符 EQ（相等）、NE（不相等）、GT（大于）、LT（小于）、GE（大于等于）、LE（小于等于）。关系表达式用 0FFFFH（非 0）表示真，用 0 表示假。

【例 5.10】 定义一个元素个数不超过 100 的数组。

```
        pdata  macro num
```

表 5-3 条件汇编伪指令

格 式	功 能 说 明
IF 表达式	汇编程序求出表达式的值，此值不为 0 则条件满足
IFE 表达式	汇编程序求出表达式的值，此值为 0 则条件满足
IFDEF 符号	符号已定义（内部定义或声明外部定义），则条件满足
IFNDEF 符号	符号未定义，则条件满足
IFB<形参>	用在宏定义体。如果宏调用没有用实参替代该形参，则条件满足
IFNB<形参>	用在宏定义体。如果宏调用用实参替代该形参，则条件满足
IFIDN<字符串 1>，<字符串 2>	字符串 1 与字符串 2 相同则条件满足，区别大小写
IFIDNI<字符串 1>，<字符串 2>	字符串 1 与字符串 2 相同则条件满足，不区别大小写
IFDIF<字符串 1>，<字符串 2>	字符串 1 与字符串 2 不相同则条件满足，区别大小写
IFDIFI<字符串 1>，<字符串 2>	字符串 1 与字符串 2 不相同则条件满足，不区别大小写

```
        ifnum lt 100                          ;; 如果 num<100，则汇编如下语句
        db numdup(?)
        else                                  ;; 否则，汇编如下语句
        db 100 dup(?)
        endif
        endm
```

如果实参小于等于 100，则汇编 DB NUMDUP(?)语句，否则汇编 DB 100 DUP(?)。例如：

```
        pdata 12                              ; 宏调用①
        db 12 dup(?)                          ; 宏汇编结果①（不是列表文件的宏展开形式）
        pdata 102                             ; 宏调用②
        db 100 dup(?)                         ; 宏汇编结果②
```

【例 5.11】 编写宏 MAXNUM，计算 3 个以内的数（形参）中的最大值，并将结果送入 AX 寄存器，要求根据宏调用时的实参个数展开相应的代码。

分析：实际参加比较的数应该有一个，所以第一个参数设定为不可默认（:REQ）。如果只有两个参数，则只需比较一次，后一个比较的代码不用展开。宏定义体中判断后两个实参是否为空而汇编相应的比较代码。

```
maxnum  macro wx:req, wy, wz
        local   maxnum1, maxnum2
        mov     ax, wx
        ifnb<wy>                              ;; 当有 wy 实参时，汇编如下语句
        cmp     ax, wy
        jge     maxnum1
        mov     ax, wy
        endif
maxnum1:
        ifnb<wz>                              ;; 当有 wz 实参时，汇编如下语句
        cmp     ax, wz
        jge     maxnum2
        mov     ax, wz
        endif
maxnum2:
        endm
```

```
        ...
        maxnum    bx                              ; 宏调用①
        mov       ax, bx                          ; 宏汇编结果①
        maxnum    3, 4                            ; 宏调用②
        mov       ax, 3                           ; 宏汇编结果②
        cmp       ax, 4
        jge       ??0002
        mov       ax, 4
??0002:
        maxnum    n1, n2, n3                      ; 宏调用③
        mov       ax, n1                          ; 宏汇编结果③
        cmp       ax, n2
        jge       ??0004
        mov       ax, n2
??0004:
        cmp       ax, n3
        jge       ??0005
        mov       ax, n3
??0005:
```

注意，条件汇编伪指令虽然与条件控制伪指令（前有一个"."）从形式上看很相似，但它们是不同的。条件汇编伪指令对于分支体的取舍是静态的，是在程序执行前的汇编阶段完成的，执行程序中只含有两分支中的一支，程序执行时不再需要条件判断；而条件控制伪指令组成的程序段对两分支均要汇编，产生相应的指令并被包含在程序中，由程序执行时再进行相应条件的判断，从而选择其中一支执行，它对分支体的取舍是动态的。

至此，我们也可以理解，汇编系统中有些以"."起始的伪指令（如.STARTUP、.EXIT、.IF等）实际上是一种宏结构，它们与一般的伪指令是不同的。

宏汇编、重复汇编和条件汇编为源程序的编写提供了很多方便，灵活运用可以编写出非常好的源程序来。现在，用宏结构试着完善本节的例 5.4，实现其信息显示。

```
dstring  macro string                            ;; 定义字符串
        db        '&string&', 0dh, 0ah, '$'
        endm
mainbegin  macro dsseg                           ;; 设置数据段地址
        mov       ax, dsseg
        mov       ds, ax
        endm
mainend  macro retnum                            ;; 返回 dos，可以不带参数
        ifb<retnum>
        mov       ah, 4ch                         ;; 没有参数，汇编
        else
        mov       ax, 4c00h+(retnum and 0ffh)     ;; 有参数，汇编
        endif
        int       21h
        endm
dispmsg  macro message
        mov       dx, offset message
```

```
         mov     ah, 09h
         int     21h
         endm
         .model small
         .stack
         .data
msg1     equ this byte
         dstring <Hello, Everybody!!>
msg2     equ this byte
         dstring <You see, I made it.>
         .code
start:   main begin@data                  ; 建立DS内容
         dispmsg msg1                     ; 显示msg1字符串
         dispmsg msg2                     ; 显示msg2字符串
         mainend                          ; 返回DOS
         end start
```

5.3   模块化程序设计

良好的程序结构应该是模块化的。前面已经学习了使程序具有模块化结构的几种基本方法，它们是程序分段、子程序和宏。但是，在开发较大型或较复杂的程序时，这些方法还有些不够，本节进一步介绍汇编程序提供的其他模块化程序设计方法。

5.3.1   源程序文件的包含

为了方便编辑大型源程序，MASM 汇编程序允许把源程序分放在几个文本文件中，在汇编时通过包含伪指令 INCLUDE 结合成一体，其格式为：

```
    include  文件名
```

文件名的给定要符合 DOS 规范，扩展名任意，但一般采用.ASM（汇编源程序）、.MAC（宏定义库）和.INC（包含文件）。文件名可以包含路径，指明文件的存储位置，如果没有路径名，MASM 则先在汇编命令行参数"/I"指定的目录下寻找，再在当前目录下寻找，最后还会在环境参数 INCLUDE 指定的目录下寻找。汇编程序在对 INCLUDE 伪指令进行汇编时，将它指定的文本文件内容插入到该伪指令所在位置，与其他部分同时汇编。

程序员可以将常用的子程序形成.ASM 汇编语言源文件，也可以把一些常用的或有价值的宏定义存放在一个.MAC 宏库文件中，还可以将各种常量定义、声明语句等组织在.INC 包含文件中（就像 C/C++语言的头文件，此时 INCLUDE 语句类似 C++中的#include 语句）。有了这些文件以后，只要在源程序使用包含伪指令，便能方便地调用它们，也利于这些文件内容的重复应用。

【例 5.12a】 利用源程序包含方法实现将输入的数据按升序输出。

要求：从键盘输入最多 100 个待排序的数据，数据是 0～255 之间的无符号字节量，并且以十六进制数形式输入。将这些数据按升序排好之后，在屏幕上显示。

分析：程序经常用到显示字符和字符串的功能，应将它定义为宏，并单独保存在文件

lt512a.mac 中，方便其他程序共享。按照模块化思想，将处理数据输入、数据输出以及数据排序编写成子程序，并保存在 sub512a.asm 文件中。主程序主要提供入口参数和处理出口参数，顺序调用子程序，保存在 lt512a.asm 文件中。

```
        ; lt512a.mac 宏库文件
dispchar  macro char                         ; 显示字符 char
        mov     dl, char
        mov     ah, 2
        int     21h
        endm
dispmsg macro message                        ; 显示字符串 message
        mov     dx, offset message
        mov     ah, 9
        int     21h
        endm
        ; lt512a.asm 主程序文件
include  lt512a.mac                          ; 宏必须先定义后调用，所以主程序首先包含它
        .model small
        .stack
        .data
msg1    db 'Please enter the number(xx):', 0dh, 0ah,'$'
msg2    db 'The number sentered are:', 0dh, 0ah, '$ '
msg3    db 'The sorting result(ascending):', 0dh, 0ah, '$'
crlf    db 0dh, 0ah, '$'
maxcount =100
count   dw ?                                 ; 存放实际输入的数据个数
buf     db maxcount dup(?)                   ; 存放输入的数据
        .code
        .startup
        dispmsg msg1                         ; 提示输入数据
        mov     bx, offset buf
        call    input                        ; 数据输入
        cmp     cx, 0
        je      start4                       ; 没有输入数据则退出
        mov     count, cx
        dispmsg crlf                         ; 显示输入的数据
        dispmsg msg2
        mov     bx, offset buf
        mov     cx, count
start2: mov     al, [bx]
        call    aldisp
        disp    char','
        inc     bx
        loop    start2
        dispmsg crlf
        mov     bx, offset buf               ; 数据排序
        mov     cx, count
        call    sorting
```

154

```
                dispmsg    msg3                       ; 显示经排序后的数据
                mov        bx, offset buf
                mov        cx, count
start3:         mov        al, [bx]
                call       aldisp
                disp       char','
                inc        bx
                loop       start3
                dispmsg    crlf
start4:         .exit 0
include sub512a.asm                                    ; 使用的子程序要安排在代码段中，所以在此包含进去
                end
                ; sub512a.asm 子程序文件
aldisp          proc                                   ; 显示2位十六进制数子程序（见例4.15）
                push       ax                          ; 入口参数：AL 为2位十六进制数
                push       dx
                push       ax
                mov        dl, al
                shr        dl, 1
                shr        dl, 1
                shr        dl, 1
                shr        dl, 1
                or         dl, 30h
                cmp        dl, 39h
                jbe        aldisp1
                add        dl, 7
aldisp1:        mov        ah, 2
                int        21h
                pop        dx
                and        dl, 0fh
                or         dl, 30h
                cmp        dl, 39h
                jbe        aldisp2
                add        dl, 7
aldisp2:        mov        ah, 2
                int        21h
                pop        dx
                pop        ax
                ret
aldisp          endp
sorting         proc                                   ; 排序子程序（见例4.8）
                cmp        cx, 0                        ; DS:BX=待排序数据的缓冲区，CX=数据个数
                je         sortend                      ; 这两条指令等效于 jcxz sortend
                cmp        cx, 1                        ; 数据个数是0或1，则不必排序，直接返回
                je         sortend
                push       ax
                push       dx
```

```
        push    si
        mov     si, bx
        dec     cx
outlp:  mov     dx, cx
        mov     bx, si
inlp:   mov     al, [bx]
        cmp     al, [bx+1]
        jna     next
        xchg    al, [bx+1]
        mov     [bx], al
next:   inc     bx
        dec     dx
        jnz     inlp
        loop    outlp
        pop     si
        pop     dx
        pop     ax
sortend: ret
sorting endp
```

; 以下是数据输入子程序，请对照图5-2和程序注释理解
; 操作方法：输入1位或2位的十六进制数字，用空格或逗号确认输入了一个数据
; 退格键删除正在输入的数据，回车表示所有数据都输入完毕
; 入口参数：DS: BX=待排序数据的缓冲区；出口参数：CX=数据个数

```
convert macro                           ; 将DX中2位ASCII码转换为2位十六进制数（见图5-2(c)）
        local   input21, input22
        local   input24, input25
        cmp     dl,0            ; DL=0，没有要转换的数据，退出
        je      input25
        cmp     dl, '9'
        jbe     input21
        sub     dl, 7           ; 是字符A~F（41h~46h），则减7
input21: and    dl, 0fh         ; 转换低位
        cmp     dh, 0           ; DH=0，没有高位数据
        je      input24
        cmp     dh, '9'
        jbe     input22
        sub     dh, 7
input22: shl    dh,1
        shl     dh, 1
        shl     dh, 1
        shl     dh, 1           ; 转换高位
        or      dl, dh          ; 合并高、低位
input24: mov    [bx], dl        ; 存入数据缓冲区
        inc     bx
        inc     cx              ; 数据加1
input25:
        endm
```

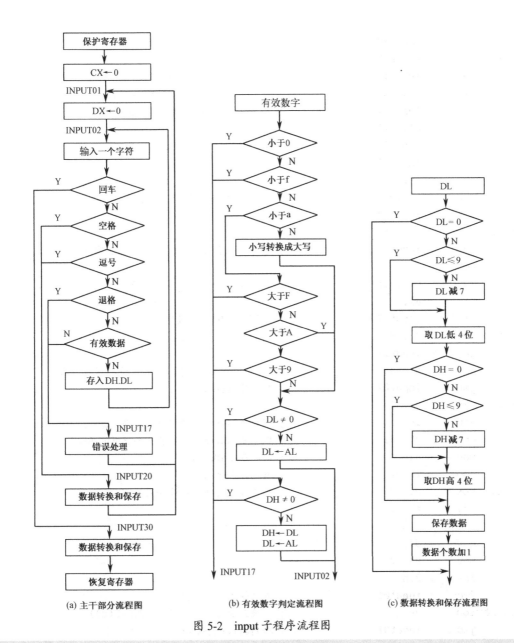

图 5-2　input 子程序流程图

(a) 主干部分流程图　　　(b) 有效数字判定流程图　　　(c) 数据转换和保存流程图

```
input      proc                       ; 键盘输入子程序 (见图5-2(b))
           push      ax               ; 入口参数: DS:BX=存放数据的缓冲区
           push      dx               ; 出口参数: CX=数据个数
           xor       cx, cx           ; 数据个数清0
input01:   xor       dx, dx           ; 输入字符清0
input02:   mov       ah, 1            ; 键盘输入一个字符
           int       21h
input10:   cmp       al, 0dh
           je        input30          ; 是回车, 结束整个数据的输入
           cmp       al, ' '
           je        input20          ; 是空格和逗号, 确认输入了一个数据
           cmp       al, ','
```

```
            je      input20
            cmp     al, 08h
            je      input17             ; 是退格，丢弃本次输入的数据，出错
            cmp     al, '0'             ; 有效数字判断部分（见图5-2(b)）
            jb      input17             ; 小于'0'，不是有效数字，出错
            cmp     al, 'f'
            ja      input17             ; 大于'f'，不是有效数字
            cmp     al, 'a'
            jb      input11
            sub     al,20h              ; 是小写'a'～'f'，则转换成大写'A'～'F'
            jmp     input12
input11:    cmp     al, 'f'
            ja      input17             ; 字符是小于'a'、大于'f'，非法字符
            cmp     al, 'a'
            ja      einput12            ; 是大写'a'～'f'，有效字符
            cmp     al, '9'
            ja      input17             ; 是'0'～'9'，有效字符
input12:    cmp     dl, 0               ; 输入有效字符的处理部分
            jne     input13
            mov     dl, al              ; DL=0，输入了一个数据的低位，则 DL←AL
            jmp     input02             ; 转到字符输入
input13:    cmp     dh, 0
            jne     input17             ; DL≠0，DH≠0，输入3位数据，出错
            mov     dh, dl              ; DL≠0，DH=0，输入了一个数据的高位
            mov     dl, al              ; DH←DL，DL←AL
            jmp     input02             ; 转到字符输入
input17:    mov     dl, 7               ; 输入错误处理，响铃和显示问号
            mov     ah, 2
            int     21h
            mov     dl, '?'
            mov     ah, 2
            int     21h
            jmp     input01             ; 转到输入一个数据
input20:    con     vert                ; 转换正确的输入数据（见图5-2(c)）
            jmp     input01             ; 转到输入一个数据
input30:    con     vert
            pop dx
            pop ax
            ret                         ; 子程序返回，出口参数已经设定
input       endp
```

形成这三个文件后，只要汇编、连接主程序，就可以将另两个文件包含进去，最终生成一个可执行程序 lt512a.exe。

5.3.2 目标代码文件的连接

利用 INCLUDE 伪指令包含其他文件，其实质仍然是一个源程序，只是分成几个文件书

写。被包含的文件不能独立汇编，是依附主程序而存在的。所以，合并的源程序之间的各种标识符，如标号和名字等，应该统一规定，不能发生冲突。另外，由于是源程序的结合，每次汇编都要包括对被包含文件文本的汇编，增加了汇编时间。

汇编程序还提供目标代码级的结合方法。把常用子程序改写成一个或多个相对独立的源程序文件，单独汇编它们，形成若干常用子程序的目标文件（.obj）。主程序也经过独立汇编之后形成目标文件，然后利用连接程序将多个目标文件连接起来，最终产生可执行文件。常将独立的文件称为模块，所以这种方法也被称为模块的连接。

利用目标文件的连接开发源程序，需要注意几个问题。

（1）各模块间共用的变量、过程等要用 PUBLIC、EXTERN 伪指令说明

整个程序开发过程中，一个文件可能利用另一个文件定义的变量或过程，由于各源程序文件独立汇编，所以 MASM 提供 PUBLIC 伪指令，用于说明某个变量或过程等可以被别的模块使用，同时提供 EXTERN（MASM 5.x 是 EXTRN）伪指令，用于说明某个变量或过程是在别的模块中定义的。其格式为：

```
public 标识符 [, 标识符…]              ; 定义标识符的模块使用
extern 标识符:类型 [, 标识符:类型…]    ; 调用标识符的模块使用
```

其中，"标识符"是变量名、过程名等；"类型"是 BYTE、WORD、DWORD（变量）或 NEAR、FAR（过程）。在一个源程序中，PUBLIC、EXTERN 语句可以有多条。各模块间的 PUBLIC、EXTERN 伪指令要互相配对，并且指明的类型互相一致。

（2）要设置好段属性，进行正确的段组合

各文件独立汇编，所以子程序文件必须定义在代码段中，也可以具有局部的数据变量。

采用简化段定义格式，因为默认的段名（如_TEXT）、类别（如"code"）相同，组合类型都是 PUBLIC，所以只要采用相同的存储模型，容易实现正确的近调用或远调用。

完整段定义格式中，为了实现模块间的段内近调用（NEAR 类型），各自定义的段名、类别必须相同，组合类型都是 PUBLIC，因为这是多个段能够组合成一个物理段的条件。在实际的程序开发中，各模块往往由不同的程序员完成，不易实现段同名或类别相同，所以索性定义成远调用（FAR 类型）。此时，EXTERN 语句中要与之配合，声明正确。

定义数据段时，同样要注意这个问题。当各模块的数据段不同时，要正确设置数据段 DS 寄存器的段基地址。

（3）要处理好各模块间的参数传递问题

子程序间的参数传递方法同样是模块间传递参数的基本方法，仍然适用。少量参数可以用寄存器或堆栈直接传送数据本身；大量数据可以安排在缓冲区，然后用寄存器或堆栈传送数据的存储地址；还可以利用变量传递参数，但是要采用 PUBLIC 或 EXTERN 声明为公共（全局）变量；采用段覆盖传递参数时，数据段的段名、类别要相同，组合类型是 COMMON。

利用堆栈传递参数比较复杂，第 7 章混合编程中的方法可以借鉴。

（4）各模块独立汇编，用连接程序将各模块结合在一起

需要连接起来形成一个可执行文件的若干个模块中，必须有一个且只能有一个模块中含有主程序，其他模块为子程序形式。

【例 5.12b】 利用目标文件连接方法实现将输入的数据按升序输出。

分析：为了简化问题，把宏定义并入主程序。三个子程序还是一个文件，为了演示参数传递，将 INPUT 子程序的出口参数改为利用变量 COUNT，并定义成远调用。

比较 lt512a.asm，现在主程序 lt512b.asm 并入宏定义，同时增加两个声明语句，删除最后的一个包含语句：

```
...                                    ; 宏定义
.code
public count                           ; 定义 count 共用
extern aldisp:near, sorting:near, input:far    ; 其他模块的子程序
.startup
...
.exit 0                                ; 去掉（lt512a.asm 中的）包含语句
end
```

现在的子程序文件 sub512b.asm，要加上段定义语句、声明语句等，不需要主程序那样的起始点和结束点，仅做少量修改：

```
        .model  small                  ; 定义同样的存储模型
        extern  count:word             ; 在其他模块定义的字变量 count
        .code                          ; 子程序在代码段中
        public  aldisp, sorting, input ; 3个子程序是共用的
aldisp  proc                           ; 仍然作为近调用
        ...
sorting proc                           ; 仍然作为近调用
        ...
input   proc    far                    ; 修改为远调用
        ...
        mov     count, cx              ; 提供出口参数
        pop     dx
        pop     ax
        ret
input   endp
        end                            ; 结束汇编
```

上述两个源程序需要分别汇编，各自产生目标文件 lt512b.obj 和 sub512b.obj。然后利用连接程序进行连接：

```
LINK lt512b.OBJ + sub512b.OBJ
```

实际上，进行连接的目标文件可以用汇编程序产生，也可以用其他编译程序产生。所以，利用这种方法还可实现汇编语言程序模块和高级语言程序模块的连接，实现汇编语言和高级语言的混合编程（详见第 7 章）。

5.3.3　子程序库的调入

较之源程序包含方法，目标文件的连接进一步提高了开发程序的效率。因为被连接的每个目标文件的全部代码都会成为最终可执行程序的一部分，所以当前未使用到的子程序也将出现在可执行程序中，造成可执行程序庞大。MASM 汇编程序提供子程序库方法来克服这个缺点。子程序库文件（.lib）是子程序模块的集合，其中存放着各子程序的名称、目标代码及有关定位信息。

存入库的子程序的编写与目标文件连接方法中的要求一样，只是为了方便调用，更加严格。例如，各子程序的参数传递方法要一致；子程序类型最好一样（都为 FAR 或 NEAR），

都采用相同的存储模式；采用一致的寄存器保护措施和可能需要的堆栈平衡措施等。

子程序文件编写完成后，汇编形成目标文件，然后利用库管理工具程序 lib.exe，把子程序目标模块逐一加入到库中。其格式为：

```
lib  库文件名 +子程序目标文件名
```

库管理程序 LIB 帮助创建、组织和维护子程序模块库，如增加、删除、替换、合并库文件等，输入带"/?"或"/help"参数的 LIB 命令可以看到。

【例 5.12c】 利用子程序库调入方法实现将输入的数据按升序输出。

分析：把 3 个子程序分成 3 个文件，形成 3 个模块，组合到子程序库 sub512c.lib 中。各子程序均采用寄存器传递参数，都是近调用。

比较 lt512b.asm，现在主程序 lt512c.asm 要删除"PUBLIC COUNT"语句，因为不再采用它传递参数了；另外，INPUT 的类型改为 NEAR。

子程序 ALdisp 形成文件 sub512c1.asm，要加上段定义语句、声明语句等：

```
        .model small
        .code
        public aldisp
aldisp  proc
        ...
aldisp  endp
        end
```

子程序 SORTING 形成文件 sub512c2.asm，也要加上段定义语句、声明语句。子程序 INPUT 形成文件 sub512c3.asm，除加上段定义语句、声明语句外，还要修改为近调用，删除"MOV   COUNT, CX"语句：

```
        .model small
        .code
        public input
input   proc
        ...
        pop     dx
        pop     ax
        ret
input   endp
        end
```

主程序汇编后得到 lt512c.obj。上述 3 个子程序文件分别汇编，依次产生目标文件 sub512c1.obj、sub512c2.obj 和 sub512c3.obj。利用子程序库管理程序 lib.exe，把 3 个子程序组合到子程序库 sub512c.lib 中，命令格式为：

```
LIB sub512c.lib+sub512c1.obj+sub512c2.obj+sub512c3.obj
```

子程序模块也可一个一个组合到库中。最后用连接程序形成可执行文件 lt512c.exe，但注意在提示输入库文件时，要提供 sub512c.lib，屏幕显示如下：

```
Link lt512c.obj
Run File[lt512c.exe]:
List File[nul.map]:
Libraries[.lib]: sub512c.lib
Definitions File[nul.def]:
```

有了子程序库，还可以直接在主程序源文件中用库文件包含伪指令 INCLUDELIB 说明，这样就不用在连接时输入库文件名，操作起来更方便，其格式为：

```
include lib 文件名
```

这里的文件必须是库文件，文件名要符合操作系统规范，类同源文件包含伪指令。

对于本例来说，就是在 lt512c.asm 程序中加上"INCLUDELIB sub512c.lib"语句，就可以直接汇编、连接，连接时不必提供库文件。

组合两种文件包含、以及宏汇编等方法，可以精简程序框架、简化程序设计。例如，本书为方便使用子程序提供的 io.inc 中，涉及子程序库的语句如下：

```
; declare procedures for inputting and outputting charactor or string
extern readc:near, readmsg:near
extern dispc:near, dispmsg:near,dispcrlf:near
...
; declare I/O libraries
includelib io.lib
```

5.4 输入 / 输出程序设计

除了存储器外，与计算机的 CPU 进行数据交换的还有输入/输出设备（统称为外设）。外设种类繁多，其工作原理、数据格式、操作时序等各异，所以在处理器与外设之间还有一个协调两者数据传送的逻辑电路，称为输入/输出（I/O）接口电路，如图 5-3 所示。事实上，处理器并不直接操纵外设，而是通过 I/O 接口来控制外设。

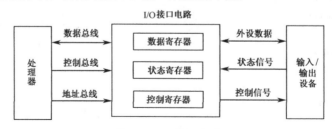

图 5-3 I/O 接口电路

I/O 接口电路呈现给程序员的，是各种可编程寄存器。这些寄存器可以分成如下 3 类。

❖ 数据寄存器：保存处理器与外设间交换的数据。

❖ 控制寄存器：处理器通过它对外设进行控制，也称为命令寄存器。

❖ 状态寄存器：外设的当前工作状态通过它向处理器提供。

在涉及外设操作的输入/输出程序中，各种寄存器以 I/O 地址（端口）体现，对应的 3 类寄存器分别被称为数据端口、控制端口和状态端口。程序员需要知道外设占用哪些端口，各端口交换什么信息，进一步需要掌握 I/O 接口电路的工作原理。

由于外设的工作特点，处理器与之交换数据就不像与存储器那样简单。具体的数据传送方式有主要由软件程序控制的直接查询和中断方法，以及主要由硬件完成的 DMA 和 I/O 处理机方法。

本节讨论如何利用 I/O 程序实现主机与外设的数据传送。

5.4.1　输入/输出指令

8086 微处理器通过访问 I/O 端口进行外部操作要使用输入/输出指令，或简称 I/O 指令，属于基本的数据传送类指令。8086 常用指令都可以存取存储器操作数，但存取 I/O 端口实现输入/输出的指令数量很少，简单地说，只有两种：输入指令 IN 和输出指令 OUT，并且只能利用 AL/AX 寄存器与 I/O 端口通信。

1. 输入指令 IN 和输出指令 OUT

输入指令 IN 实现数据从 I/O 端口输入到处理器，格式如下：

```
in      al, i8              ; 字节输入: AL←I/O 端口 I8
in      ax, i8              ; 字输入: AL←I/O 端口 I8, AH←I/O 端口 I8+1
in      al, dx              ; 字节输入: AL←I/O 端口 DX
in      ax, dx              ; 字输入: AL←I/O 端口 DX, AH←I/O 端口 DX+1
```

输出指令 OUT 实现数据从处理器输出到 I/O 端口，格式如下：

```
out     i8, al              ; 字节输出: I/O 端口 I8←AL
out     i8, ax              ; 字输出: I/O 端口 I8←AL, I/O 端口 I8+1←AH
out     dx, al              ; 字节输出: I/O 端口 DX←AL
out     dx, ax              ; 字输出: I/O 端口 DX←AL, I/O 端口 DX+1←AH
```

2. I/O 寻址方式

8086 用于寻址外设端口的地址线为 16 条，可以分配的端口最多为 2^{16}=65536 个，即 I/O 地址共 64K 个、编号 0000H～FFFFH，每个地址对应一个 8 位端口，不需要分段管理。8086 设计有多种存储器寻址方式可以访问存储单元，但是访问 I/O 端口时只有两种寻址方式：直接寻址和 DX 间接寻址。

I/O 地址的直接寻址由 I/O 指令直接提供 8 位 I/O 地址，只能寻址最低 256 个 I/O 地址（00H～FFH）。格式中用 I8 表示这个直接寻址的 8 位 I/O 地址，虽然形式上与立即数一样，但它们被应用于 IN 或 OUT 指令就表示直接寻址的 I/O 地址。

I/O 地址的间接寻址用 DX 寄存器保存访问的 I/O 地址。由于 DX 是 16 位寄存器，所以可寻址全部 I/O 地址（0000H～FFFFH）。I/O 指令中直接书写成 DX，表示 I/O 地址。

例如，从 21H 端口输入 1 字节，可以用两种寻址方式实现：

```
in      al, 21h             ; 方式1: 直接寻址
mov     dx, 21h
in      al, dx              ; 方式2: 间接寻址
```

而将 1 字节量数据 80H 送到 3FCH 端口，则只能使用 DX 间接寻址：

```
mov     dx, 3fch
mov     al, 80h
out     dx, al
```

3. I/O 数据传输量

IN 和 OUT 指令只允许通过累加器 AX 与外设交换数据。8 位 I/O 指令使用 AL，16 位 I/O 指令使用 AX。执行输入指令 IN，外设数据进入处理器的 AL/AX 寄存器（作为目的操作数，被书写在左边）。执行 OUT 输出指令，处理器数据通过 AL/AX 送出去（作为源操作数，被写在右边）。进行 16 位字量输入/输出，实际上是从连续的 2 个端口输入/输出 2 字节，原

则是"低地址对应低字节数据、高地址对应高字节数据"的小端方式。也就是说，AL 与 I8
或 DX 端口交换，AH 与 I8+1 或 DX+1 端口交换。

例如，可以用字节输入指令从 20H 和 21H 端口输入一个字数据：

```
        in      al, 21h
        mov     ah, al
        in      al, 20h
```

也可用字输入指令从 20H 和 21H 端口输入一个字数据：

```
        in      ax, 20h                 ; 方式1: 直接寻址
        mov     dx, 20h
        in      ax, dx                  ; 方式2: 间接寻址
```

5.4.2 程序直接控制输入/输出

对于一些工作速度较慢、接口电路较简单的外设，程序中只要执行输入 IN 或输出 OUT
指令，就可以实现数据传送。这就是程序直接控制输入/输出，也称为无条件传送方式。

PC 的扬声器可以采用程序直接控制。在图 5-4 接口电路中，定时器 2 输出 OUT2 产生
一定频率的方波，经滤波驱动后就是扬声器声音信号，但是扬声器发声与否则由 PB_0 和 PB_1
两位控制。PB 各位对应的端口地址是 61H，PB_0 和 PB_1 对应数据位 D_0 和 D_1。PB_0PB_1=11，
控制扬声器发声，PB_0PB_1=00，则扬声器不响。

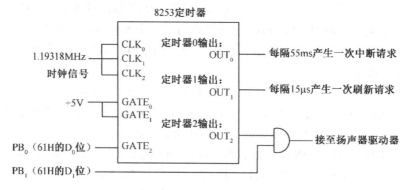

图 5-4 PC 上的定时器电路

【例 5.13】 扬声器声音的控制。

分析：分别编写控制扬声器"响"与"不响"的子程序。主程序首先让声音出现，然后
用户在键盘上按任何键后声音停止。

```
        .model tiny                     ; 采用微型模式，形成 COM 格式的程序
        .code
        call    speaker_on              ; 打开扬声器声音
        mov     ah, 1                   ; 等待按键
        int     21h
        call    speaker_off             ; 关闭扬声器声音
        .exit 0
speaker_on  proc                        ; 扬声器开子程序
        push    ax
        in      al, 61h                 ; 读取原来控制信息
```

```
            or        al, 03h                  ; D1D0=PB1PB0=11B，其他位不变
            out       61h, al                  ; 直接控制发声
            pop       ax
            ret
speaker_on  endp
speaker_off proc                               ; 扬声器关子程序
            push      ax
            in        al, 61h
            and       al, 0fch                 ; D1D0=PB1PB0=00B，其他位不变
            out       61h, al                  ; 直接控制闭音
            pop       ax
            ret
speaker_off endp
            end
```

实际上，扬声器的发音频率也是可以控制的，参见习题 5.27。

上述程序如果在 32 位 Windows 操作系统的模拟 MS-DOS 环境运行时，第一次执行可能听不到声音，需要再次执行才会发声。这大概是模拟 DOS 的缘故，不是程序出错。如果直接在实地址方式的 DOS 平台运行，就不存在这个问题。另外，有些计算机（如笔记本电脑）没有扬声器（蜂鸣器），执行本程序就不可能发声。

5.4.3 程序查询输入/输出

显然，外设必须处于就绪（Ready）状态，才能与处理器交换数据。由于外设与处理器并行工作，要了解外设当前的工作情况，处理器可以主动查询外设的状态。在确信外设可以提供或接受数据时，处理器再进行数据的输入/输出。程序需要查询外设状态，然后进行数据交换就是程序查询输入/输出。

为了防止由于外设故障等原因无法准备好，长时间查询而使系统陷于循环等待，在实际的输入/输出程序中可以规定一个超时参数，在规定的时间内，外设一直没有准备好，则放弃此次数据交换的过程。

PC 的打印机可以采用程序查询方式。要打印的字符首先提供给数据端口，然后查询状态端口，确定打印机是否可以接收这个数据。如果打印机还没有准备好接收数据，则继续检测一个固定时间；一旦打印机能够接收数据，处理器利用控制端口将数据提供给打印机。第一个打印机接口的数据、状态和控制端口依次是 378H、379H 和 37AH；第二个打印机端口依次为 278H、279H 和 27AH。

【例 5.14】 打印机输出的控制。

分析：将字符打印写成子程序，主程序提供打印机的基地址（378H 或 278H）、欲打印的字符和设定的超时参数（实际的时间由计算机速度决定）。如果打印机能够接收字符，就返回 CF=0，否则返回 CF=1，表示打印出错。

```
        ; 数据段
okmsg   db 'Good, my printer!', 0dh ,0ah,'$'
errmsg  db 'Not ready, my printer!', 0dh, 0ah,'$'
        ; 代码段：主程序
        mov     cx, (sizeof okmsg)-1             ; 获取打印字符数
```

```
        mov      si, offset okmsg           ; 获取打印字符首地址
prnbegin:mov     dx, 378h                   ; 打印机基地址
        mov      bx, 100                    ; 超时参数, 可视情况设置
        mov      al, [si]                   ; 打印字符
        call     printchar                  ; 调用字符打印子程序
        jc       prnerr                     ; 返回 CF=1, 表示不能打印, 显示打印出错
        inc      si                         ; 返回 CF=0, 打印正常
        loop     prnbegin                   ; 继续
        mov      dx, off setokmsg           ; 显示打印正确
        jmp      prnok
prnerr: mov      dx, offseterrmsg           ; 显示打印错误
prnok:  mov      ah, 9
        int      21h
; 子程序: 字符打印子程序
; 入口参数: DX=打印机基地址, AL=打印字符的 ASCII 码, BX=超时参数
; 出口参数: 标志 CF=0, 表示打印正常; CF=1, 表示打印错误
printchar proc
        push     cx
        out      dx, al                     ; 向数据端口输出打印字符
        inc      dx                         ; 基地址加1成为状态端口地址
print0: sub      cx, cx
print1: in       al, dx                     ; 查询状态端口
        test     al, 80h                    ; 最高位 D7 反映打印机状态
        jnz      print2                     ; D7=1, 说明打印机可以接收打印数据
        loop     print1                     ; D7=0, 说明打印机不能接收打印数据
        dec      bl                         ; 超时参数减1
        jnz      print0                     ; 循环检测
        stc                                 ; 规定时间内打印机没有准备好, 设置出错标志 CF=1
        jmp      print3                     ; 退出打印
print2: inc      dx                         ; 基地址再加1, 成为控制端口地址
        mov      al, 0dh                    ; 使最低位 D0=1
        out      dx, al
        nop                                 ; 延时
        mov      al, 0ch                    ; 使最低位 D0=0
        out      dx, al                     ; 产生一个选通脉冲, 将打印字符送入打印机
        clc                                 ; 设置正常标志 CF=0
print3: pop      cx
        ret                                 ; 返回
printchar endp
```

打开打印机、放好打印纸、执行上述程序, 将显示 "Good, my printer!" 的打印结果和同样的屏幕显示, 否则只会在屏幕上见到 "Not ready, my printer!"。

5.4.4 中断服务程序

采用查询方式进行 I/O 操作, 由处理器主动执行程序实现。如果处理器没有查询外设, 即使外设准备好数据交换, 也无法进行。需要及时交换数据的外设可以变被动为主动, 采用

中断请求向处理器提出要求。这时，处理器执行事先设计好的中断服务程序，在中断服务程序中实现数据交换，这就是程序中断输入/输出方式。对于用户，其中的关键是编写中断服务程序。

8086 可以处理 256 种中断，分为内部、外部两种类型（见 2.4.5 节），外部可屏蔽中断用于与外设进行数据交换。但从 8086 CPU 获得中断向量号开始到进入中断服务程序的过程，不同类型的中断是没有差别的。因此，中断服务程序的编程原则都大致相同。我们从较简单的内部中断入手，逐渐引深。

1. 内部中断服务程序

主程序通过中断调用指令 INT n 执行内部中断服务程序，其实质相当于子程序调用。所以编写内部中断服务程序与编写子程序类同，都是利用过程定义伪指令 PROC/ENDP。不同的是，进入中断服务程序后通常要执行 STI 指令开放可屏蔽中断，再执行 IRET 指令返回调用程序。

内部中断服务程序通常采用寄存器传递参数（回忆一下你使用的功能调用）。

主程序在调用内部中断服务程序之前，必须修改中断向量（在中断向量表中设置中断服务程序的入口地址），使其指向相应的中断服务程序。修改中断向量可以自编一个这样的程序段或利用 DOS 功能调用。

（1）DOS 功能调用 INT 21H 的设置中断向量功能：AH=25H

入口参数：AL=中断向量号

DS:DX=中断服务程序的入口地址（段基地址:偏移地址）

中断服务程序如果只是被某个应用程序使用，那么应用程序返回 DOS 前，也要修改中断向量，使系统恢复原状态。这只要在设置中断向量之前，首先读取并保存原中断向量即可。同样可以自编一个这样的程序段或利用 DOS 功能调用。

（2）DOS 功能调用 INT 21H 的获取中断向量功能：AH=35H

入口参数：AL=中断向量号。

出口参数：ES:BX=中断服务程序的入口地址（段基地址:偏移地址）。

【例 5.15a】 内部中断服务程序。

分析：修改中断向量号 80H 的服务程序，显示一段信息。显示信息与中断服务程序在一起，同为代码段；另外，本例没有参数传递。

```
        ; 数据段
intoff  dw    ?                          ; 用于保存原中断服务程序的偏移地址
intseg  dw    ?                          ; 用于保存原中断服务程序的段地址
        ; 代码段：主程序
        mov   ax, 3580h                  ; 获取中断80h 的原入口地址（中断向量）
        int   21h
        mov   intoff, bx                 ; 保存偏移地址
        mov   intseg, es                 ; 保存段基地址
        push  ds
        mov   dx, offset newint80h
        mov   ax, seg newint80h
        mov   ds, ax
        mov   ax, 2580h                  ; 设置中断80h 的新入口地址
```

```
        int     21h
        pop     ds
        ;
        int     80h                          ; 调用中断80h 的服务程序, 显示信息
        ;
        mov     dx, intoff                   ; 恢复中断80h 的原入口地址
        mov     ax, intseg
        mov     ds, ax
        mov     ax, 2580h
        int     21h
        ; 子程序
newint80h  proc                              ; 内部中断服务程序
        sti                                  ; 开中断
        push    ax                           ; 保护现场
        push    bx
        push    cx
        push    si
        mov     si, offset intmsg            ; 获取显示字符串首地址
        mov     cx, sizeof intmsg
disp:   mov     al, cs:[si]          ; 获取显示字符 (该字符是在代码段, 故使用 CS 前缀)
        mov     bx, 0                        ; 采用 ROM BIOS 调用显示一个字符
        mov     ah, 0eh
        int     10h
        inc     si
        loop    disp
        pop     si                           ; 恢复现场
        pop     cx
        pop     bx
        pop     ax
        iret                                 ; 中断返回
intmsg  db 'I am great!', 0dh, 0ah           ; 中断的显示信息
newint80h  endp                              ; 中断服务程序结束
```

该程序首先读取并保存中断 80H 的原中断向量, 然后设置新中断向量。此时, 程序中就可以调用 80H 号中断服务程序了。当不再需要这个中断服务程序时, 就将保存的原中断向量恢复, 这样该程序返回 DOS 后没有改变系统状态。

DOS 功能调用不支持重入, 所以中断服务程序中不建议使用。本例使用了 ROM-BIOS 的显示器功能调用, 其中断类型号是 10H (即使用 INT10H 指令调用), 实现字符显示功能要求 AH=0EH, 入口参数: AL=字符的 ASCII 码, BL=字符的颜色值 (图形方式), BH=页号 (字符方式), 通常 BX=0。

2. 驻留中断服务程序

用户的中断服务程序如果要让其他程序使用, 必须驻留在系统主存中。这就形成了驻留 TSR (Terminateand Stay Resident) 程序。实现程序驻留并不难, 利用 DOS 功能调用 31H 代替 4CH 终止程序并返回 DOS。

DOS 功能调用 INT 21H 的驻留返回功能: AH=31H

入口参数：AL=返回代码（用 0 表示没有错误）。

DX=程序驻留的容量（单位为节，1 节=16 字节）。

程序驻留之后还有诸如撤销、激活等深入的问题，本书没有涉及。

【例5.15b】 驻留中断服务程序。

分析：将上面的 INT 80H 内部中断服务程序驻留。小型驻留程序一般编写成 COM 格式程序，驻留部分要写在前面。

```
        .model  tiny
        .code
        org     100h
newint80h  proc                          ; 驻留的中断服务程序
        ...                              ; 同例题5.15a 过程
        newint80h  endp                  ; 中断服务程序结束
start:  mov     ax, cs                   ; 主程序开始位置
        mov     ds, ax
        mov     dx, offset newint80h
        mov     ax, 2580h
        int     21h                      ; 设置80h 的中断向量
        int     80h                      ; 调用一下看看
        mov     dx, offset istmsg        ; 显示驻留成功
        mov     ah, 9
        int     21h
        mov     dx, (offsetstart)+15     ; 计算驻留程序的长度（需要多加15字节）
        mov     cl, 4
        shr     dx, cl                   ; 除以16，转换成"节"
        mov     ax, 3100h                ; 中断服务程序驻留后，主程序返回DOS 系统
        int     21h
istmsg  db 'Int 80h is installed!', 0dh, 0ah, '$'
        end start
```

该程序执行后，驻留的中断服务程序常驻主存，而起安装作用的主程序随之从主存中消失。80H 中断服务程序驻留主存后，读者在其他程序中执行 INT 80H，就会在屏幕上显示"I am great!"信息。

3. 外部可屏蔽中断服务程序

外设采用中断方式与处理器交换信息是利用外部可屏蔽中断实现的，而不是内部中断。在 80x86 CPU 系统中，可屏蔽中断还需要借助中断控制器（如 Intel8259A）管理。所以，编程可屏蔽中断就具有一定的特殊性。

编写可屏蔽中断服务程序较编写内部中断服务程序要复杂，还要注意如下几点。

（1）发送中断结束命令

可屏蔽中断服务程序在执行中断返回指令前，应向中断控制器发送中断结束 EOI 命令，否则以后将屏蔽对同级中断和低级中断的响应。方法如下：

```
        mov     al, 20h                  ; 写入 EOI 命令
        out     20h, al                  ; 20h 是中断控制器的一个 I/O 地址
```

（2）不能采用寄存器传递参数

外部中断是随机发生的，所以系统进入服务程序时，除 CS 和 IP 寄存器外，当前的运行

状态，包括其他寄存器，都是不可知的，想通过寄存器传递参数显然不行。但是，为了中断处理结束后能正确地返回断点执行被中断的主程序，必须保存好中断服务程序中使用的所有寄存器，在结束前恢复。

（3）不要使用 DOS 系统功能调用 INT 21H

外部中断可能引起子程序的重入。例如，当主程序在执行一个 DOS 系统功能调用时，产生了外部中断，外部中断服务程序又调用这个 DOS 系统功能，这样就出现了 DOS 重入。DOS 内核是不可重入的，所以这是不允许的。中断服务程序若要控制 I/O 设备，最好调用 ROM-BIOS 功能或者对 I/O 接口直接编程。

（4）中断服务程序尽量短小

一般而言，外部中断的实时性很强，应主要处理较急迫的事务。因此中断服务时间应尽量短，能放在主程序完成的任务，就不要由中断服务程序完成。这样可以避免干扰其他中断设备的工作，如 PC 上会影响系统时钟计时的准确性。

另外，主程序除需要修改中断向量外，还要注意如下几点。

（1）控制 CPU 的中断允许标志 IF

可屏蔽中断的响应受中断标志控制，程序中通过关中断指令 CLI 禁止可屏蔽中断，通过开中断指令 STI 允许可屏蔽中断。当不需要可屏蔽中断或程序不能被外部中断时，必须关中断，防止不可预测的后果；在其他时间则要开中断，以便及时响应中断，为外设提供服务。

例如，设置好可屏蔽中断服务程序之前和为中断服务程序提供初值等时间，不能响应中断，所以应关中断，在此之后则应开中断。另外，进入中断服务程序后，应马上开中断，以允许较高级的中断。

（2）设置中断屏蔽寄存器 IMR

可屏蔽中断还通过中断控制器管理，所以某个可屏蔽中断的响应与否还受控于中断屏蔽寄存器。CPU 的中断标志 IF 是控制所有可屏蔽中断的，而中断屏蔽寄存器是分别控制某个可屏蔽中断源的。

在 PC 中，中断屏蔽寄存器的端口地址是 21H。中断屏蔽寄存器某位 D_i 为 0，就允许相对应的中断 IRQi。例如：

```
in      al, 21h            ; 读出中断屏蔽寄存器 IMR
and     al, 0fch           ; 只允许 IRQ0 和 IRQ1，其他不变
out     21h, al            ; 写入中断屏蔽寄存器 IMR
```

在主程序和中断服务程序中都可以通过控制中断屏蔽寄存器的有关位，随时允许或禁止对应中断的产生。同样，为了应用程序返回 DOS 后，恢复原状态，应在修改 IMR 之前保存原内容，程序退出前予以恢复。

在 PC 中，键盘采用中断方式向系统提供按键的扫描码。每当用户按下一个键时，键盘就向系统申请键盘中断（对应 IRQ1，中断向量号为 9）。在中断服务程序中，通过数据端口 60H 读取该键的接通扫描码，然后通过控制端口 61H 的最高位 D_7 应答键盘。而当放开按下的键时，键盘也要产生 9 号可屏蔽中断，只是读取的是断开扫描码。如果一直按住某个键，则键盘以一个固定速率产生中断，不断提供接通扫描码。

最初，IBM PC/XT 使用 83 个键的键盘，键盘上的每个键都对应的一个 8 位扫描码，断开扫描码是接通扫描码的最高位 D7 置 1 形成的。例如，Esc 键的接通扫描码是 01H，其断开扫描码则是 81H，而主 Enter 键分别是 1CH 和 9CH。IBM PC/AT 及以后的兼容 PC 上的键

盘新增一些键，它们的扫描码又增加 E0H 等标识。

PC 中具有 09 号中断服务程序，还有为程序员使用的 ROM-BIOS 功能调用（INT 16H）和 DOS 功能调用（如 01H 和 0AH 子功能）。现在编写一个 09 号可屏蔽中断服务程序，实现显示每个按键的扫描码。

【例 5.16】 外部可屏蔽中断服务程序。

分析：为了能够返回 DOS，程序设计当按下 Esc 键时退出。这里，采用固定存储单元在主程序和中断服务程序之间传递参数。

```
           ; 数据段
esccode db 0                                  ; 用于保存 Esc 键的断开扫描码
           ; 代码段: 主程序
           mov     ax, 3509h
           int     21h
           push    es
           push    bx                         ; 保存原中断向量内容
           cli                                ; 关中断, 以防此时产生键盘中断
           push    ds                         ; 设置新中断向量内容
           mov     ax, 2509h
           mov     dx, seg scancode
           mov     ds, dx
           mov     dx, offset scancode
           int     21h
           pop     ds
           in      al, 21h                    ; 读出 IMR
           push    ax                         ; 保存原 IMR 内容
           and     al, 0fdh                   ; 允许键盘中断 (D₁), 其他不变
           out     21h, al                    ; 设置新 IMR 内容
           mov     byte ptr esccode, 0        ; 设置 Esc 键初值
           sti                                ; 开中断
waiting: cmp       byte ptr esccode, 81h      ; 循环等待按下并释放 Esc 键
           jne     waiting                    ; 中断服务程序设置 esccode 单元内容
           cli
           pop     ax                         ; 恢复原 IMR 内容
           out     21h, al
           pop     dx                         ; 恢复原中断向量内容
           pop     ds
           mov     ax, 2509h
           int     21h
           sti
           ; 子程序
scancode  proc                                ; 新的键盘中断服务程序
           sti
           push    ax
           push    bx
           in      al, 60h                    ; 读取扫描码
           push    ax
           in      al, 61h                    ; 通过 PB₇ 应答键盘
```

```
              or        al, 80h
              out       61h, al                  ; 使 PB₇=1
              and       al, 7fh
              out       61h, al                  ; 使 PB₇=0
              pop       ax
              cmp       al, 81h
              jne       scan1                    ; 不是 Esc 键断开扫描码，则转移到显示部分
              push      ds                       ; 是 Esc 键断开扫描码，则设置 esccode 单元
              mov       bx, @data                ; 设置数据段地址
              mov       ds, bx
              mov       esccode, al              ; 设置 esccode 单元为其扫描码
              pop       ds
scan1:        push      ax                       ; 显示扫描代码
              shr       al, 1                    ; 先显示高4位
              shr       al, 1
              shr       al, 1
              shr       al, 1
              cmp       al, 0ah
              jb        scan2
              add       al, 7
scan2:        add       al, 30h                  ; 转换成 ASCII 码
              mov       bx, 0
              mov       ah, 0eh
              int       10h
              pop       ax                       ; 后显示低4位
              and       al, 0fh
              cmp       al, 0ah
              jb        scan3
              add       al, 7
scan3:        add       al, 30h                  ; 转换成 ASCII 码
              mov       ah, 0eh
              int       10h
              mov       ax, 0e20h                ; 显示两个空格，以分隔扫描代码
              int       10h
              mov       ax, 0e20h
              int       10h
              mov       al, 20h                  ; 发送 EOI 命令
              out       20h, al
              pop       bx
              pop       ax
              iret                               ; 中断返回
scancode  endp
```

当按下 Enter 键、执行该程序时，中断服务程序首先显示 Enter 键的断开扫描码；然后，每当用户按一个键时，程序都会显示对应该键的接通和断开扫描码；最后，用户按下 Esc 键，退出该程序的执行。

习题 5

5.1 条件表达式中逻辑与"&&"表示两者都为真，整个条件才为真，对于程序段：

```
.if(x==5) && (ax!=bx)
inc     ax
.endif
```

请用转移指令实现上述分支结构，并比较汇编程序生成的代码序列。

5.2 条件表达式中逻辑与"||"表示两者之一为真，整个条件就为真，对于程序段：

```
.if(x==5) || (ax!=bx)
inc     ax
.endif
```

请用转移指令实现上述分支结构，并比较汇编程序生成的代码序列。

5.3 对于程序段：

```
.while ax!=10
mov     [bx], ax
inc     bx
inc     bx
inc     ax
.endw
```

请用处理器指令实现上述循环结构，并比较汇编程序生成的代码序列。

5.4 对于程序段：

```
.repeat
mov     [bx], ax
inc     bx
inc     bx
inc     ax
.until ax==10
```

请用处理器指令实现上述循环结构，并比较汇编程序生成的代码序列。

5.5 宏是如何定义、调用和展开的？

5.6 宏定义中的形式参数有什么特点？它是如何进行形参和实参结合的？

5.7 宏结构和子程序在应用中有什么不同？如何选择采用何种结构？

5.8 宏汇编、重复汇编与条件汇编有什么异同？

5.9 对于例 5.5b 的宏定义 SHROT，对应如下宏指令的宏展开是什么？

```
shrot   word ptr [bx], 4, ror
```

5.10 定义一个宏 LOGICAL，代表 4 条逻辑运算指令：AND、OR、XOR、TEST。注意，需要利用 3 个形式参数，并给出一个宏调用及对应宏展开的例子。

5.11 必要时做一点修改，使在题 5.10 定义的宏 LOGICAL，能够把 NEG 指令包括进去，也给出一个使用 NEG 指令的宏调用及对应宏展开的例子。

5.12 编写一个宏指令"MOVE   DOPRND, SOPRND"，实现任意寻址方式的字量源操作数送到目的操作数，包括存储单元到存储单元的传送功能。

5.13 定义一个宏 MOVESTR strN、DSTR、SSTR，将 strN 个字符从一个字符区 SSTR 传送到另一个字符区 DSTR。

5.14 给出宏定义如下：

```
dif     macro   x,y
        mov     ax, x
        sub     ax, y
        endm
absdif  macro   v1, v2, v3
        local   cont
        push    ax
        dif     v1, v2
        cmp     ax, 0
        jge     cont
        neg     ax
cont:   mov     v3, ax
        pop     ax
        endm
```

试展开以下宏调用：

（1）absdif   p1, p2, distance

（2）absdif   [bx], [si], [di]

5.15 利用重复汇编方法定义一个数据区，数据区有 100 个双字，每个双字的高字部分依次是 2、4、6、…、200，低字部分都是 0。

5.16 利用宏结构完成以下功能：如果名为 byteX 的数据大于 5 时，指令"ADD　AX, AX"将汇编 10 次，否则什么也不汇编。

5.17 用宏结构实现宏指令 FINSUM，比较两个数 wordX 和 wordY，若 wordX>wordY，则执行 SUM←wordX+2×wordY，否则执行 SUM←2×wordX+wordY。

5.18 DOS 功能调用采用 AH 存放子功能号，而有些功能需要 DX 存放一个值。定义一个宏 DOS21H，实现调用功能；如果没有提供给 DX 的参数，则不汇编给它赋值的语句。

5.19 将例 4.7 的大写字母转换为小写字母写成宏完成。

5.20 用宏结构实现例 4.4 数据段中 8 个标号组成的地址表，以及代码段的 8 个处理程序段，然后运行通过。

5.21 什么是宏库？它有什么作用?如何利用它？

5.22 利用目标文件的连接开发程序时，应注意什么问题？

5.23 什么是子程序库？子程序库有什么作用？如何建立子程序库？

5.24 如果例 5.12b 和例 5.12c 源程序改用完整段定义格式，应如何修改？

5.25 从键盘输入一个字符串，先将它原样显示一遍，然后将其中的小写字母转换为大写显示，再将其中的大写字母转换为小写显示，最后将其中的大小写字母互换显示。显示字符串的功能调用采用宏，大写转换、小写转换和大小写互换写成子程序。

（1）编写一个完整的源程序完成题目要求。

（2）把子程序单独写在一个文件中，用源程序包含的方法完成题目要求。

（3）把子程序单独汇编，用目标文件连接的方法完成题目要求。

（4）把子程序加入到一个子程序库中，用子程序库调入的方法完成题目要求。

5.26 什么是端口？处理器使用什么指令与外设进行数据交换，需要通过什么电路实现？

5.27 PC 中扬声器的声音频率是可调的，参考如下子程序：

```
                ; 发音频率设置子程序，入口参数：AX=1.19318×106÷发音频率
speaker  proc
         push    ax                         ; 由于系统已设置好，这4条指令也可以不要
         mov     al, 0b6h                   ; 设置定时器2工作方式
         out     43h, al                    ; 43h是定时器2的控制端口
         pop     ax
         out     42h, al                    ; 写入低8位定时值
         mov     al, ah                     ; 42h是定时器2的数据端口
         out     42h, al                    ; 写入高8位定时值
         ret
speaker  endp
```

现结合例 5.13，编写一个产生设定频率（如 698 Hz）的程序。

5.28　利用扬声器控制原理，编写一个简易乐器程序。

当按下数字键 1～8 时，分别发出连续的中音 1～7 和高音 i（对应频率依次为 524 Hz、588 Hz、660 Hz、698 Hz、784 Hz、880 Hz、988 Hz 和 1048 Hz）；当按下其他键时暂停发音；当按下 Esc 键（ASCII 码为 1BH），程序返回操作系统。

5.29　编写一个打印一个字符串的子程序，然后改写例 5.14。

5.30　已知 INTPROC 是某个中断服务程序的过程名，请问如下程序段的功能。试用某个 DOS 功能调用实现同样功能。

```
         cli
         mov     ax, 0
         mov     es, ax
         mov     di, 80h*4
         mov     ax, offset intproc
         cld
         stosw
         mov     ax, seg intproc
         stosw
         sti
```

5.31　对可屏蔽中断进行编程需要注意哪些问题？

5.32　PC 的 08 号可屏蔽中断（对应 IRQ$_0$）每隔 55 ms 产生一次，请编写一个每次中断显示一段信息的 08 号中断服务程序，并希望这样中断 10 次以后恢复原来的中断服务程序。

5.33　PC 的 08 号可屏蔽中断服务程序中，有一条调用 1CH 内部中断指令（INT 1CH），但系统的 1CH 中断服务程序只有一个中断返回指令。请编写显示一段信息的 1CH 中断服务程序，并希望这样中断 10 次以后恢复原来的中断服务程序。

第6章　32位指令及其编程

Intel 公司于 1985 年正式公布 32 位微处理器 80386，并由此确定其 32 位指令系统的结构，被 Intel 公司称为 32 位英特尔结构（Intel Architecture）结构，简称 IA-32，并明确宣布作为后续 80x86 微处理器的标准。随后，Intel 80486、Pentium、MMX Pentium、Pentium Pro 和 Pentium II、Pentium III、Pentium4 都继承 80386 的 32 位指令系统，新增若干专用指令；另外，在 32 位整数指令系统的基础上加入浮点指令、整数多媒体 MMX 指令、单精度浮点多媒体 SSE 指令和双精度浮点多媒体 SSE2 与 SSE3 指令，丰富了 Intel 80x86 微处理器的指令系统，增强了 Intel 80x86 微处理器的功能。

本章介绍 80x86 CPU 的 32 位整数指令系统及其汇编语言程序设计。首先，在熟悉 32 位指令运行环境和如何将 16 位指令扩展成为 32 位指令的基础上，介绍 MS-DOS 环境的 32 位指令程序设计方法；然后，学习 80386 至 Pentium Pro 新增的 32 位指令及其编程方法；最后，展开在 32 位 Windows 环境中编写控制台程序和窗口应用程序的方法。

6.1　32位 CPU 的指令运行环境

32 位 x86 微处理器全面支持 32 位数据、32 位操作数和 32 位寻址方式，不仅向下兼容 8086 实地址工作方式，也增强了 80286 的保护工作方式，还新增了虚拟 8086 工作方式，可以更好地运行多个实方式程序。

在上电或复位后，32 位 80x86 CPU 首先初始化为实地址工作方式，简称实方式（Real Mode），与 8086/80186 的工作方式和 80286 的实地址工作方式具有相同的基本结构。在实方式下，32 位 80x86 CPU 只能寻址 1 MB 物理存储器空间，分段最大是 64 KB；但是在实方式下，32 位 80x86 CPU 可以使用 32 位寄存器和 32 位操作数，也可以采用 32 位的寻址方式。所以，它们相当于可以进行 32 位处理的快速 8086。原来为 8086/8088 设计的绝大多数程序都可以运行在实方式下。由于这样的段最大为 64 KB，段基地址和偏移量都用 16 位表示，因此称其为"16 位段"。

32 位 80x86 CPU 由实方式可以进入保护工作方式，简称保护方式（Protected Mode）。它是一个增强了 80286 保护方式功能的 32 位保护工作方式，不但具有段式存储管理功能，而且提供页式存储管理功能，可以更好地支持虚拟存储器。在保护方式下，32 位 80x86 CPU 才能发挥其全部功能，可以充分利用其强大的存储管理和保护能力，可以使用全部 32 条地址线，使微处理器可寻址的物理存储器达到 4 GB，它们的段基地址和段内偏移量都是 32 位的。这样的段被称为"32 位段"。Pentium Pro 以后的 32 位 80x86 CPU 还可以支持 64 GB 物理存储器。

在保护方式下，通过设置控制标志，32 位 80x86 CPU 可以转入虚拟 8086 工作环境，简称虚拟 8086 方式（Virtual-8086 Mode），是一种在保护方式下运行的类似实方式的工作环境。

在虚拟 8086 方式下，段寄存器的使用与实方式一样，左移 4 位加 16 位偏移量得到 20 位地址。如果采用分页存储管理，则在虚拟 8086 方式下，任务的 1 MB 地址空间可以转换到 4 GB 物理地址的任何位置。这样，多个 8086 程序可以利用分页机构，将各自的逻辑 1 MB 空间映射到不同的物理地址，从而实现共存于主存的并行运行。不同于在最高特权层 0 运行的实方式程序，虚拟 8086 方式的程序都是在最低特权层 3 下运行的，所以虚拟方式程序都要经过保护方式所确定的所有保护性检查。由此可见，在虚拟 8086 方式下，32 位 80x86 CPU 既可以运行 8086 程序，又可以利用其保护机构。所以，虚拟 8086 方式是一种更好地运行实方式程序的工作环境。当然，有时它不能替代实方式。

6.1.1 寄存器

32 位 80x86 CPU 有 7 类寄存器：通用寄存器与指令指针、段寄存器、标志寄存器、控制寄存器、系统地址寄存器、调试寄存器和测试寄存器。通常，应用程序主要使用前 3 类寄存器，只有系统程序才会用到所有寄存器。

1. 通用寄存器

对于 32 位微处理器来说，其通用寄存器自然应该是 32 位的：EAX、EBX、ECX、EDX、ESI、EDI、EBP、ESP，它们是原 8 个 16 位寄存器的扩展，如图 6-1 所示。同时，它们支持原来的 8/16 位操作，其命名也与原来相同。例如，可以直接操作 32 位 EAX 寄存器中的 8 位（$D_0 \sim D_7$（AL）和 $D_8 \sim D_{15}$（AH））、16 位（$D_0 \sim D_{15}$（AX））及全 32 位（$D_0 \sim D_{31}$（EAX））。存取这些 16 位寄存器时，相应的 32 位寄存器的高 16 位不受影响；存取这些 8 位寄存器时，相应的 16/32 位寄存器的其他位也不受影响。

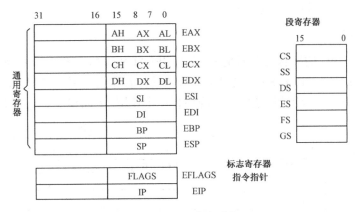

图 6-1　32 位寄存器组

8 个 32 位通用寄存器都可以保存数据、暂存运算结果，也都可以存放存储器地址用于基址/变址寻址，对比 16 位 80x86 CPU，只有 BX、BP、SI、DI 可以实现寄存器间接寻址。可见，32 位通用寄存器更具有通用性。另外，32 位通用寄存器还继承了原来 16 位通用寄存器在某些指令中具有的特殊用途。

2. 段寄存器

32 位 80x86 CPU 仍采用分段方法管理存储器，其存储器逻辑地址由"段基地址:段内偏移地址"组成。段寄存器指示段基地址，各种寻址方式确定段内偏移地址。

32 位 80x86 CPU 段寄存器除原有的 CS、SS、DS、ES 外，还增加了 2 个用于数据段的段寄存器：FS 和 GS。为了与 8086 保持兼容，段寄存器的长度未变，还是 16 位。

在实方式和虚拟 8086 方式下，段寄存器保存着 20 位段基地址的高 16 位，所以其值左移 4 位，与 16 位的偏移地址相加，即可得到 20 位地址。在保护方式下，16 位段寄存器的内容是段选择器，段选择器指向段描述符，由段描述符中取得 32 位段基地址；32 位偏移地址由各种 32 位寻址方式得到；基地址加上偏移地址就得到 32 位地址。

程序中存在 3 种段：代码段、数据段和堆栈段。由段寄存器 CS 所指定的段称为当前代码段。微处理器在取指令时，自动引用 CS 和指令指针 EIP，由 CS:EIP 指示下一条要执行的指令。在实方式下，段的最大范围是 64 KB，所以 EIP 中的高 16 位必须为 0，仍相当于只有低 16 位的 IP 起作用。

由段寄存器 SS 所指定的段称为当前堆栈段。微处理器在访问堆栈时，总是引用 SS 段寄存器。在实方式下，32 位 80x86 CPU 把 ESP 的低 16 位 SP 作为指向栈顶的指针，堆栈由 SS:SP 指示。在保护方式下，32 位堆栈段的堆栈指针是 ESP，16 位堆栈段的堆栈指针是 SP，分别用 SS:ESP 和 SS:SP 指示堆栈。如果要访问堆栈中的数据，也可以通过引用 SS 段寄存器进行。另外，在以 BP、EBP 或 SP、ESP 作为基址寄存器访问存储器数据时，默认的段寄存器是 SS，实际上是存取堆栈段中的数据。由于 ESP 寄存器保存了堆栈指针，因此不能将它用于其他目的。

DS 段寄存器指向程序中的主要数据段，也是除访问堆栈外的其他存储器数据所使用的默认段寄存器。某些串操作指令总是使用 ES 段寄存器作为目的操作数的段寄存器。此外，CS、SS、ES、FS、GS 都可以作为访问存储器数据时所引用的段寄存器，但必须显式地在指令中指定，它们也就成为段超越前缀。

3. 标志寄存器

32 位 80x86 CPU 的标志寄存器是 32 位的 EFLAGS，是原来 16 位 FLAGS 寄存器的 32 位扩展，如图 6-2 所示。原来 8086 具有的标志位的位置和意义都没有变化，80286 以后增加的标志主要用于微处理器控制，通常不在应用程序中使用。下面仅简单介绍新增标志的含义。

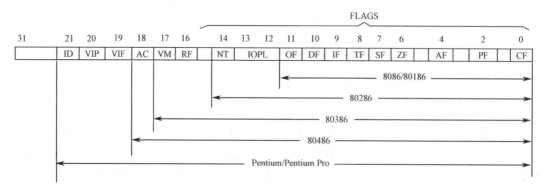

图 6-2 标志寄存器 EFLAGS

❖ NT（D_{14}）：任务嵌套标志（Nested Task）。若 NT=1，表示当前执行的任务，嵌套于另一个任务中，待执行完毕时应返回原来的任务。

❖ IOPL（$D_{13}D_{12}$）：I/O 特权层标志（I/O Privilege Level），共 2 位，编码表示 4 个特权级别，用来指定任务的 I/O 操作处于 4 个特权级别的哪一层。

❖ VM（D_{17}）：虚拟 8086 方式（Virtual 8086 Mode），当 32 位 80x86 CPU 处于保护方式时，如果使 VM=1 置位，则 32 位 80x86 CPU 将进入虚拟 8086 方式。

❖ RF（D_{16}）：恢复标志（Resume Flag），与调试寄存器一起使用。

❖ AC（D_{18}）：对齐检测标志（Alignment Check），设置是否在存储器访问时进行数据对齐检测。

❖ VIF（D_{19}）：虚拟中断标志（Virtual Interrupt Flag），IF 中断允许标志的虚拟影像，与 VIP 连用。

❖ VIP（D_{20}）：虚拟中断挂起标志（Virtual Interrupt Pending），指示有一个中断被挂起。

❖ ID（D_{21}）：CPU 识别标志（Identification Flag）。程序如果能够置位和复位这个标志位，则表示该微处理器支持 CPU 识别指令 CPUID。

4. 其他寄存器

系统地址寄存器：4 个表明系统中特殊段地址的寄存器：全局描述符表寄存器 GDTR，中断描述符表寄存器 IDTR，局部描述符表寄存器 LDTR 和任务状态段寄存器 TR。

控制寄存器：保存着影响系统中所有任务的机器状态：CRn（n=0～4）。其中，CR0 是由 80286 的机器状态字寄存器 MSW 扩展而来的。

调试寄存器：系统用于进行断点调试：DRn（n=0～7）。

测试寄存器：控制对分页单元中转换后备缓冲器的测试：TRn（n=3～7）。

6.1.2 寻址方式

为了说明指令执行所需的操作数，处理器设计多种方法指明操作数的位置，这就是寻址方式。操作数可以由指令本身直接提供（立即数寻址方式），也可以在处理器内部的通用寄存器中（寄存器寻址方式），很多情况是在存储器中（各种存储器寻址方式）；当然，对外设操作时，操作数来自 I/O 端口。80x86 指令带有 0～4 个操作数，有些指令不含操作数，多数指令具有 1 或 2 个操作数，个别指令带 3 或 4 个操作数。

32 位 80x86 CPU 既支持原来的 16 位寻址方式，也增加了灵活的 32 位寻址方式。原来的 16 位存储器寻址方式的组成公式为：16 位有效地址=基址寄存器（BX 或 BP）+变址寄存器（SI 或 DI）+8/16 位位移量。其中，基址寄存器只能是 BX 或 BP，变址寄存器只能是 SI 或 DI。现在 32 位存储器寻址方式的组成公式为：32 位有效地址=基址寄存器+(变址寄存器×比例)+位移量。其中，4 个组成部分如下：

❖ 基址寄存器——任何 8 个 32 位通用寄存器之一。

❖ 变址寄存器——除 ESP 之外的任何 32 位通用寄存器之一。

❖ 比例——可以是 1、2、4、8（因为操作数的长度可以是 1、2、4、8 字节）。

❖ 位移量——可以是 8、32 位值。

下面用传送指令中的源操作数示例各种 32 位寻址方式，";"后是对应该指令在 16 位代码段的机器代码。

（1）立即数寻址

```
        mov     eax, 44332211h           ; 66 b8 11 22 33 44
```

（2）寄存器寻址

```
        mov     eax, ebx                 ; 66 8b c3
```

（3）直接寻址

```
        mov     eax, [1234h]             ; 66 a1 34 12 00 00
```

（4）寄存器间接寻址

```
        mov     eax, [ebx]               ; 67 66 8b 03
```

（5）寄存器相对寻址（带位移量的寄存器间接寻址）

```
        mov     eax, [ebx+80h]           ; 67 66 8b 83 80 00 00 00
```

（6）基址变址寻址（基址的变址寻址）

```
        mov     eax, [ebx+esi]           ; 67 66 8b 04 1e
```

（7）相对基址变址寻址（基址的带位移量的变址寻址）

```
        mov     eax, [ebx+esi+80h]       ; 67 66 8b 84 1e 80 00 00 00
```

（8）带比例的变址寻址

```
        mov     eax, [esi*2]             ; 67 66 8b 04 75 00 00 00 00
```

（9）基址的带比例的变址寻址

```
        mov     eax, [ebx+esi*4]         ; 67 66 8b 04 b3
```

（10）基址的带位移量的带比例的变址寻址

```
        mov     eax, [ebx+esi*8+80h]     ; 67 66 8b 84 f3 80 00 00 00
```

（11）I/O 端口的直接寻址

```
        in      eax, 80h                 ; 66 e5 80
```

（12）I/O 端口的寄存器间接寻址

```
        in      eax, dx                  ; 66 ed
```

80x86 的寻址方式覆盖了绝大多数高级语言所需要的数据访问，使高级语言的执行更加有效。注意：在以 BP、EBP 或 ESP 作为基址寄存器访问存储器数据时，默认的段寄存器是 SS；当 EBP 作为变址寄存器使用时，不影响默认段寄存器的选择。所有其他寻址方式下的存储器数据访问都使用 DS 作为默认段寄存器，包括没有基址寄存器的情况。此外，可以显式地在指令中指定 CS、SS、ES、FS、GS 作为访问存储器数据时所引用的段寄存器，以改变默认的段寄存器。

6.1.3 机器代码格式

图 6-3 为 32 位 80x86 微处理器机器代码的一般格式，包括如下几部分：可选的前缀、1 或 2 字节的操作码、可选的寻址方式域、可选的位移量和可选的立即数。相对于原来 16 位指令代码格式，32 位指令格式仅增加了两个关键的长度超越前缀指令和一个带比例因子的变址寻址方式字节。

每个指令之前可以有 0~4 个前缀指令，出现在指令中的任意顺序，有以下 4 种。

❖ 指令前缀：包括 LOCK 前缀（机器代码为 F0H）和仅用于串操作指令的重复前缀，

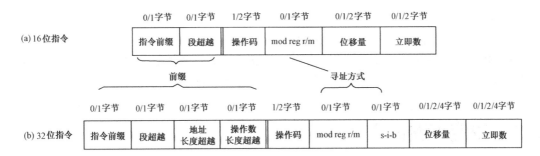

图 6-3   80x86 处理器的机器代码格式

段超越：CS、DS、SS、ES、FS、GS，对应的机器代码依次是 2EH、3EH、36H、26H、64H、65H。

❖ 操作数长度超越（机器代码为 66H）：根据处理器所处的工作方式不同，一条指令会默认使用 16 位或 32 位的操作数。使用操作数长度前缀后，将默认使用 16/32 位操作数的指令分别转为使用 32/16 位的操作数。

❖ 地址长度超越（机器代码为 67H）：地址长度决定了指令中位移量的长度和有效地址计算时产生的地址偏移长度。处理器在不同的工作方式下，指令会默认使用原 16 位地址或新的 32 位地址寻址存储器。使用地址长度前缀后，将默认使用 16/32 位地址的指令分别转为使用 32/16 位地址。

在 16 位代码段中（这是实方式的默认段类型），指令的默认操作数长度是 8 或 16 位的，其寻址方式也默认是 16 位的；但指令同样可以使用 32 位操作数和 32 位寻址方式，只要在该指令代码中加上操作数长度和地址长度超越即可，如表 6-1 左列。

在 32 位代码段中（这是保护方式的默认段类型），指令的默认操作数长度是 8 或 32 位的，其寻址方式也默认是 32 位的；但指令仍然可以使用 16 位操作数和 16 位寻址方式，这也只要在该指令代码中加上操作数长度和地址长度超越即可，如表 6-1 右列。

表 6-1   操作数长度超越和地址长度超越的作用

16 位代码段中的指令代码	汇编指令		32 位代码段中的指令代码
8B C3	MOV	AX, BX	66 8B C3
66 8B C3	MOV	EAX, EBX	8B C3
8B 07	MOV	AX, [BX]	67 66 8B 07
67 8B 03	MOV	AX, [EBX]	66 8B 03
66 8B 07	MOV	EAX, [BX]	67 8B 07
67 66 8B 03	MOV	EAX, [EBX]	8B 03

指令本身包括如下部分。

❖ 操作码：1/2 字节的操作码，说明微处理器执行的操作（如加、减、传送等）。

❖ "mod reg r/m"字节：本字节及下一字节提供操作数地址信息。本字节指明是寄存器操作数还是存储器操作数，如果是存储器操作数，则指明采用何种存储器寻址方式。

❖ "s-i-b"字节：指明 80386 新增的寻址方式，即带比例因子的变址寻址方式。"mod reg r/m"字节中，有些编码需要该字节，以提供完整的寻址方式信息。

❖ 位移量：当寻址方式部分需要地址偏移量时，由这个域提供 8/16/32 位的有符号整数位移量。

❖ 立即数：提供 8/16/32 位的操作数。

80x86 指令系统采用可变长度指令格式，其指令编码是非常复杂的，一方面是为了向后兼容 8086 指令，另一方面是为了向编译程序提供更有效的指令。

6.2 32位扩展指令

在 IA-32 结构中，8086/80186/80286 的 16 位指令仍是最基本、最常用的指令。32 位 80x86 微处理器只是在其基础上支持 32 位操作数和 32 位寻址方式，形成 32 位扩展指令。在 32 位 80x86 CPU 中，8086/80186/80286 的 16 位指令系统从两方面向 32 位扩展：一是所有指令都可扩展支持 32 位操作数，包括 32 位的立即数；二是所有涉及存储器寻址的指令都可以使用 32 位的寻址方式。例如：

```
mov    ax, bx          ; 16位操作数
mov    eax, ebx        ; 32位操作数
mov    ax, [ebx]       ; 16位操作数，32位寻址方式
mov    eax, [ebx]      ; 32位操作数，32位寻址方式
```

另外，有些指令扩大了工作范围，或指令功能实现了向 32 位的自然增强。

下面按功能分类介绍这些 32 位扩展指令，重点说明这些指令对 32 位操作数的支持，以及在 16 位段与 32 位段中的异同。同第 2 章介绍 16 位指令一样，增加几个特定符号来表达 32 位操作数。

❖ R32：32 位通用寄存器，EAX、EBX、ECX、EDX、ESI、EDI、EBP、ESP。

❖ M32：32 位存储器操作数单元。

❖ I32：32 位立即数。

这样，原来使用的 REG、MEM 和 IMM 符号也分别包括了上述 32 位操作数，SEG 包括了 FS、GS 段寄存器。

6.2.1 数据传送类指令

数据传送类指令实现在寄存器、存储器单元或 I/O 端口之间的数据传送。

1. 通用传送

传送指令 MOV 的格式、功能和使用注意事项都与 16 位 8086 的 MOV 指令相同，现在除可以进行 8 或 16 位数值传送外，还可以进行 32 位数值的传送。例如：

```
mov    dword ptr [di], eax   ; dword ptr 伪指令指明传送32位双字数值
mov    al, [ebp+ebx]         ; 默认采用 SS 段寄存器（因为 EBP 用做基址寄存器）
mov    ah, fs:[5678h]        ; 显式指定采用 FS 段寄存器
```

交换指令 XCHG 可以实现 8/16/32 位数据的交换，如

```
xchg   esi, edi
xchg   [ebx], cx
```

换码指令 XLAT 在 16 位段，则该指令与在 8086 CPU 中相同；如果是在 32 位段中，则该指令将采用 EBX 存放基值。另外，XLAT 允许使用段超越改变代码表所在的逻辑段。

2．堆栈操作

进栈 PUSH 和出栈 POP 指令除可以对 16 位数据进行操作外，现在还可以将 32 位寄存器和存储单元内容压入或弹出堆栈，当然堆栈指针（E）SP 应该减或加 4。例如：

```
push    eax
pop     dword ptr [bx]
```

从 80186 开始，PUSH 指令可以将立即数压入堆栈：

```
push    i8/i16/i32          ; 把16位或32位立即数i16/i32压入堆栈。若是8位立
                            ; 即数i8，则经符号扩展成16位后再压入堆栈
```

利用堆栈传递参数时，把立即数压入堆栈可以方便地实现将常量作为参数传递给子程序。例如：

```
push    word ptr 1234h      ; 压入16位立即数
push    dword ptr 87654321h ; 压入32位立即数
call    helloabc            ; 调用子程序
add     esp, 6              ; 平衡堆栈
```

为了更方便地进行寄存器保护与恢复，80186 引入 16 位通用寄存器进栈 PUSHA 和出栈 POPA 指令。

```
pusha   ; 顺序将 AX、CX、DX、BX、SP、BP、SI、DI 压入堆栈
popa    ; 顺序从堆栈弹出 DI、SI、BP、SP、BX、DX、CX、AX（与 PUSHA 相反），
        ; 其中应进入 SP 的值被舍弃，并不进入 SP。SP 通过增加16来恢复
```

同样，80386 引入 32 位通用寄存器进栈 PUSHAD 和出栈 POPAD 指令。

```
pushad  ; 顺序将 EAX、ECX、EDX、EBX、ESP、EBP、ESI、EDI 压入堆栈
popad   ; 顺序从堆栈弹出 EDI、ESI、EBP、ESP、EBX、EDX、ECX、EAX（与
        ; PUSHAD 相反）其中应进入 ESP 的值被舍弃，并不进入 ESP。ESP 通
        ; 过增加32来恢复
```

32 位 80x86 CPU 增加 FS、GS 段寄存器，也可以对它们进行堆栈操作。

注意：当用 PUSH 指令把堆栈指针（E）SP 压入堆栈时，80286 以后的处理器是将进栈前的（E）SP 值进栈，而 8086/8088 是将 SP 减 2 后的值进栈。

3．标志传送

80386 引入 PUSHFD 和 POPFD 指令用于通过堆栈传送 32 位标志寄存器内容。

```
pushfd  ; 将 EFLAGS 压入堆栈，堆栈中 D16D17两位（标志 VM 和 RF）被清0
popfd   ; 将 EFLAGS 弹出堆栈，其中 $D_{20}$（VIP）和 $D_{19}$（VIF）被清0，$D_{16}$（VM）
        ; 不被改变
```

4．地址传送

在 16 位段中，远指针 FAR 是 16 位段寄存器加 16 位偏移量，为 32 位，类型名为 FAR16；在 32 位段中，远指针是 16 位段寄存器加 32 位偏移量，为 48 位，使用 FAR32 类型名。

装入有效地址 LEA 指令可以取 16 或 32 位有效地址，在 16 位段和 32 位段有一定差别。

```
lear    16, mem     ; 16位段中，计算存储器单元的16位有效地址送 R16；32位段
                    ; 中，计算存储器单元的32位有效地址，但取其（低）16位送 R16
lear    32, mem     ; 16位段中，计算存储器单元的16位有效地址，经零位扩展后送 R32；
                    ; 32位段中，计算存储器单元的32位有效地址送 R32
```

例如：

```
mov     ebx, 12345678h
```

```
lea        dx, [ebx+4321h]    ; 执行后 DX=9999H
lea        esi, [ebx+1111h]   ; 32位段中执行后 ESI=12346789H; 而在16位段中执行后
                              ; ESI=00006789H, 因为地址仅低16位有效, 高16位被置为0
lea        edi, [bx+2222h]    ; 执行后 EDI=0000789AH
```

装入指针 LDS 和 LES 指令也可以获取存储单元内的 16 或 32 位有效地址, 同时将段地址（段选择器）装入 DS 或 ES。80386 引入类似的 LFS、LGS、LSS 指令, 段寄存器包括 FS、GS 和 SS。

5. I/O 传送

对 I/O 端口的操作除可以利用 AL 或 AX 输入和输出 1 字节或字外, 还支持通过 EAX 的双字数据操作。例如:

```
out        20h, eax
in         eax, dx
```

6.2.2 算术运算类指令

算术运算指令完成加、减、乘、除及求补和比较等操作。80186 增强了有符号乘法指令的功能, 32 位 80x86 CPU 的算术运算指令的操作数扩展到了 32 位。

8086 的加法和减法指令有 8 种, 32 位 80x86 CPU 将操作数扩展到 32 位。32 位 80x86 CPU 支持 32 位的乘法和除法指令:

```
mul | imul    r32/m32        ; 双字数值乘法: EDX.EAX←EAX×R32/M32
div | idiv    r32/m32        ; 双字数值除法: EAX←EDX.EAX÷R32/M32的商
                             ; EDX←EDX.EAX÷R32/M32的余数
```

从 80186 开始, 有符号数乘法又提供了新形式:

```
imul    r16, r16/m16/i8/i16`      ; R16←R16×R16/M16/I8/I16
imul    r16, r16/m16, i8/i16      ; R16←R16/M16×I8/I16
imul    r32, r32/m32/i8/i32       ; R32←R32×R32/M32/I8/I32
imul    r32, r32/m32, i8/i32      ; R32←R32/M32×I8/I32
```

这些新增乘法形式的目的和源操作数的长度都相同（对于 8 位立即数 I8 的情况, 它的高位要进行符号扩展）, 因此乘积有可能溢出。如果积溢出, 那么高位部分被丢掉, 并置 CF=OF=1; 如果没有溢出, 则 CF=OF=0。例如:

```
imul    eax, 10
imul    ebx, ecx
imul    ax, bx, -2
imul    eax, dword ptr [esi+8], 5
```

后一种形式采用了 3 个操作数, 前一种形式实际上是后一种形式的特殊情况。例如:

```
imul    ax, 7            ; 等同于 imul  ax, ax, 7
```

由于存放积的目的操作数长度与乘数的长度相同, 而有符号数和无符号数的乘积的低位部分是相同的, 因此这种新形式的乘法指令对有符号数和无符号数的处理是相同的。

80386 在原来 CBW 和 CWD 指令的基础上扩展了两条符号扩展指令:

```
cwde                    ; 把 AX 符号扩展为 EAX, 该指令是 CBW 的扩展
cdq                     ; 把 EAX 符号扩展为 EDX.EAX, 该指令是 CWD 的扩展
```

80386 还扩展了更加方便使用的零位扩展 MOVZX 和符号扩展 MOVSX 指令:

```
movsx    r16, r8/m8      ; 把 R8/M8 符号扩展并传送至 R16
```

```
        movsx     r32, r8/m8/r16/m16     ; 把 R8/M8/R16/M16 符号扩展并传送至 R32
        movzx     r16, r8/m8              ; 把 R8/M8 零位扩展并传送至 R16
        movzx     r32, r8/m8/r16/m16     ; 把 R8/M8/R16/M16 零位扩展并传送至 R32
```

可以看到它们更强的功能。例如：

```
        mov       bl, 92h
        movsx     ax, bl                 ; AX=FF92H
        movsx     esi, bl                ; ESI=FFFFFF92H
        movzx     edi, ax                ; EDI=0000FF92H
```

6.2.3 位操作类指令

位操作类指令实现对操作数的按二进制位的操作。逻辑运算指令的操作数现在扩展到 32 位。移位及循环移位指令现在也支持 32 位操作数，从 80186 开始，它们还可以用一个立即数指定大于 1 的移位次数。例如：

```
        shl       al, 4
        sar       eax, 12
        rcr       word ptr [si], 3
```

【例 6.1】 将 AX 的每一位依次重复一次，得到的 32 位结果保存于 EAX 中。

```
        mov       ecx, 16
        mov       bx, ax
next:   shr       ax, 1
        rcr       edx, 1
        shr       bx, 1
        rcr       edx, 1
        loop      next
        mov       eax, edx
```

6.2.4 串操作类指令

串操作指令方便了对数组类型数据的操作，除可以进行字节操作和字操作外，还可以实现双字操作，用后缀字母 D 表示，分别为 MOVSD、LODSD、STOSD、CMPSD、SCASD。在进行双字操作时，（E）SI 和（E）DI 进行加 4（标志 DF=0）或减 4（标志 DF=1）操作。在 16 位段中，用 SI 和 DI 指示存储器偏移地址；在 32 位段中，用 ESI 和 EDI 指示偏移地址。源串可以采用段超越改变默认的 DS 段寄存器，但目的串的 ES 段寄存器不能改变。

串操作指令可以使用重复前缀 REP、REPZ/REPE 和 REPNZ/REPNE，在 16 位段中用 CX，在 32 位段中用 ECX 作为重复计数器。

【例 6.2】 利用双字串传送 MOVSD 指令提高字符串复制效率（对比例 4.10）。

```
        mov       edx, ecx               ; 字符串长度，转存 EDX
        shr       ecx, 2                 ; 长度除以4
        rep       movsd                  ; 以双字为单位重复传送
        mov       ecx, edx
        and       ecx, 11b               ; 求出剩余的字符串长度（0～3）
        rep       movsb                  ; 以字节为单位传送剩余的字符
```

8086 只能通过 IN 和 OUT 指令对 I/O 端口进行数据传送。从 80186 开始，对 I/O 端口的操作也可以采用串操作，配合重复前缀就能够实现用一条指令连续进行输入或输出，极大地提高了 I/O 操作能力。从 80386 开始，还可以进行 32 位数据的输入和输出。

（1）串输入

```
    ins                              ; I/O 串输入：存储单元 ES:[(E)DI]←I/O 端口 DX
                                     ; (E)DI←(E)DI±1/2/4
```

INS 指令从由 DX 指定地址的 I/O 端口输入字节、字或双字数据（对应的助记符依次为 INSB、INSW、INSD），传送到由 ES：（E）DI 指定的存储单元中；然后（E）DI 自动±1（字节串）、±2（字串）或±4（双字串）；DX 不变。ES 段寄存器不能被段超越。

（2）串输出

```
    outs                             ; I/O 串输出：I/O 端口 DX←存储单元 DS:[(E)SI]
                                     ; (E)SI←(E)SI±1/2/4
```

OUTS 把由 DS:(E)SI 指定存储单元中的字节、字或双字数据（对应的助记符依次为 OUTSB、OUTSW、OUTSD），输出到由 DX 指定的 I/O 端口；然后，(E)SI 自动±1（字节串）、±2（字串）或±4（双字串）；DX 不变。DS 段寄存器可以被段超越。

同基本串操作指令一样，串输入输出指令在 16 位段中，用 SI 和 DI 指示存储器偏移地址；在 32 位段中，用 ESI 和 EDI 指示偏移地址。DF=0，偏移地址进行加（增量）；DF=1，偏移地址进行减（减量）。

串输入输出指令也可以在它们前使用重复前缀，则这些指令重复执行至(E)CX=0。同样，在 16 位段中用 CX，在 32 位段中用 ECX 作为重复计数器。在使用重复前缀时，因为指令的连续执行，要注意外设传送数据的速度，以便及时提供或接收数据。

6.2.5 控制转移类指令

控制转移指令使程序改变执行顺序，从一处跳到了另一处，从而程序可以实现分支、循环及过程调用等。

1. 转移和循环

无条件转移指令 JMP 仍分成了段内相对、段内间接、段间直接和段间间接转移四类。32 位 80x86 CPU 具有 32 位段，所以转移的目的地址的偏移可以扩展为 32 位，段间转移目的地址也可以采用 48 位全指针形式（16 位段寄存器:32 位偏移地址）。

JCC 指令的条件没有变化，但在 32 位 80x86 CPU 中，允许采用多字节来表示转移目的偏移与当前偏移之间的差，所以转移范围可以超出原来的–128～+127，达到 32 位的全偏移量。这增强了原来这些指令的功能，使得程序员不必担心条件转移是否超出范围。

循环指令在 16 位段中保持原功能，在 32 位段中使用 ECX 作为计数器，即从 CX 扩展到 ECX。32 位 80x86 CPU 在 16 位段使用 JCXZ 指令（CX=0 跳转），在 32 位段使用新增的 JECXZ 指令（ECX=0 跳转）。另外，这些循环指令的转移范围仍是–128～+127。

【例 6.3】采用"冒泡法"排序，将 ESI 指定的缓冲区中的 ECX 个（≥2）32 位有符号数按从大到小排好。

```
        dec     ecx
outlp:  mov     edx, 0
inlp:   cmp     edx, ecx                  ; 内循环，使最高地址存储单元具有最小数据
        jae     botm
```

```
            mov       eax, [esi+edx*4+4]
            cmp       [esi+edx*4], eax              ; 比较前后两个数据的大小
            jge       nswap
            xchg      [esi+edx*4], eax
            mov       [esi+edx*4+4], eax
nswap:      inc       edx
            jmp       inlp
botm:       loop      outlp
```

2. 调用和返回

在实方式下，过程调用、中断调用及返回指令与原来 8086 相同。

在 32 位段中，过程调用 CALL 指令的转移目的地址的偏移为 32 位；段间转移目的地址采用 48 位全指针形式，并且在把返回地址的 CS 压入堆栈时扩展成高 16 位为 0 的双字，这样将压入堆栈 2 个双字，共 8 字节。同样，在 32 位段中，过程返回 RET 指令要从堆栈弹出双字作为返回地址的偏移；对段间返回，要从堆栈弹出包含 48 位全指针的 2 个双字。

【例 6.4】 用过程 FACT 计算 $n!$，它通过调用递归过程 FACT 实现。

```
            ; 过程名称: fact
            ; 功  能: 计算 n!
            ; 入口参数: EAX=n
            ; 出口参数: EAX= n!, 如果溢出, 则 EAX=-1 (FFFFH)
fact    proc
            push      bx
            push      ecx
            mov       bl, 0
            mov       ecx, eax
            cmp       ecx, 0                        ; 负数无意义
            jl        fact1
            call      _fact
            cmp       bl,1                          ; 溢出否?
            jnz       fact2
fact1:      mov       eax,-1                        ; 溢出处理
fact2:      pop       ecx
            pop       bx
            ret
fact    endp
            ; 过程名称: _fact
            ; 入口参数: ECX=n, BL=0
            ; 出口参数: EAX=n!, 如果溢出则 BL=1
_fact proc
            cmp       ecx, 0
            jz        _fact2
            push      ecx                           ; 保存 n
            dec       ecx
            call      _fact                         ; 计算(n-1)!
            pop       ecx                           ; 恢复 n
            imul      eax, ecx                      ; 计算 n!=n×(n-1)!
```

```
        jno      _fact1                    ; 溢出否？
        mov      bl, 1                     ; 处理溢出
_fact1: ret
_fact2: mov      eax, 1                    ; 0!=1
        ret
_fact endp
```

3. 高级语言支持

为了更好地支持高级语言，方便编写编译程序，80186 引入了 3 条新指令：ENTER，LEAVE，BOUND。

在诸如 C 和 PASCAL 等高级语言中，函数或过程不仅通过堆栈传递入口参数，而且它们的局部变量也被安排在堆栈中。为了方便地获取参数和局部变量，通常要建立堆栈帧。利用 ENTER 和 LEAVE 可以方便地实现这个堆栈帧。

（1）建立堆栈帧

```
    enter    i16, i8                  ; 在堆栈段分配 i16 字节数的变量区，该嵌套级别为 i8
```

ENTER 指令中的第 1 个操作数 I16 表示堆栈帧的大小，第 2 个操作数表示过程的嵌套层数。在第 2 个操作数 I8=0 时，过程没有嵌套，该指令的操作如下：

16 位堆栈段	32 位堆栈段
BP 进栈	EBP 进栈
BP←SP	EBP←ESP
SP←SP-I16	ESP←ESP-I16

当第 2 个操作数大于等于 1 时，过程有嵌套，需要重复进栈和调整(E)BP 的数值。

（2）释放堆栈帧

```
    leave                             ; 对应 enter 指令在堆栈段释放分配的变量区
```

LEAVE 指令通常用在过程返回指令之前，它的功能如下：

16 位堆栈段	32 位堆栈段
SP←BP	ESP←EBP
BP 出栈	EBP 出栈

注意，新的 32 位 80x86 CPU（Pentium 以后的微处理器）采用先进技术，加快了常用简单指令的执行速度，这样使用 ENTER、LEAVE 指令并不会提高程序执行性能，所以反而不常使用了。

（3）边界检测

```
    bound    r16, m16&16
    bound    r32, m32&32
```

BOUND 指令可用于检测操作数是否超过指定范围，如检查数组下标是否超界。检测寄存器操作数 R16（R32）是否满足：大于或等于存储器操作数 M16&16（M32&32）的第一个字（双字），并且小于或等于第二个字（双字）。如果条件不满足，则产生 05 号中断，否则不产生中断顺序执行。例如：

```
num      =100
array    db num dup (0)
stv      dw 0
env      dw num-1
```

```
          ...
          bound    si, dword ptr stv              ; SI 包含数组下标
          mov      al, array[si]
```

处理器控制类指令的功能都与原来 8086 一样，没有功能扩展。

80286 虽然也是一个 16 位 CPU，但引入了保护方式，极大地提高了性能。相应地，80286 设计有一些用于保护方式的指令，同样适合 32 位 80x86 微处理器。这些指令很多都是所谓的特权指令，通常只有系统核心程序能够使用它们。下面仅简单给出功能说明。

```
          lgdt     m16&32          ; 将主存中16位段界限和32位段基地址装入全局描述符表寄存器
          sgdt     m16&32          ; 将全局描述符表寄存器 GDTR 的内容写入存储器 M16&M32
          lidt     m16&32          ; 将主存中16位段界限和32位段基地址装入中断描述符表寄存器
          sidt     m16&32          ; 将中断描述符表寄存器 IDTR 的内容写入存储器 M16&32
          lldt     r16/m16         ; 将 16位操作数作为段选择器装入局部描述符表寄存器
          sldt     r16/m16         ; 将局部描述符表寄存器 LDTR 的内容写入 R16/M16
          ltr      r16/m16         ; 将 R16/M16操作数作为选择器装入任务状态段寄存器
          str      r16/m16         ; 将任务状态段寄存器 tr 的内容写入 R16/M16
          lmsw     r16/m16         ; 将16位操作数装入机器状态字寄存器 MSW (一般仅用于80286)
          smsw     r16/m16         ; 将机器状态字寄存器 MSW 的内容写入 R16/M16(一般仅用于80286)
          clts                     ; 清除任务标志，即使 CR0 (MSW) 中 TS 位为0
          lar      r16/r32, r16/m16    ; 取 R16/M16段选择器指定的访问权字节送目的操作数
          lsl      r16/r32, r16/m16    ; 取 R16/M16段选择器指定的段界限送目的操作数
          verr     r16/m16         ; 验证操作数满足特权规则且是可读的，则 ZF=1，否则 ZF=0
          verw     r16/m16         ; 验证操作数满足特权规则且是可写的，则 ZF=1，否则 ZF=0
          arpl     r16/m16, r16 ; 调整操作数的请求特权层
```

6.3 DOS 下的32位程序设计

在 DOS 平台，利用 32 位指令进行汇编语言程序设计的方法同前几章介绍的 16 位指令程序设计基本相同。我们已经看到了使用 32 位指令的程序段，并在调试程序中运行，但把它们编写成完整的汇编语言源程序，还需要注意如下几点。

1. 指定汇编程序识别新指令

MASM 在默认情况下只接受 8086 指令集（前 5 章中介绍的指令）；如果用户使用 80186 及以后微处理器新增的指令，必须使用处理器选择伪指令，如表 6-2 所示。处理器选择伪指令应在段外，从此之后可以识别并汇编指定处理器的指令助记符。

因此，当源程序使用 80286 新增的指令时，应该在程序中加上.286 或.286P 伪指令；若想利用 32 位寄存器完成 32 位操作，则必须加上.386 及以上处理器的选择伪指令。

2. 处理 16 位段和 32 位段

针对 32 位 80x86 CPU，编写 DOS 环境（实方式和虚拟 8086 方式）的可执行程序，尽管可以利用处理器的 32 位寄存器、32 位寻址方式，主要处理 32 位数据、进行 32 位操作和执行 32 位新增指令，但程序的逻辑段必须是 16 位段的，即最大 64 KB 的物理段。只有进入保护方式，才可以使用 32 位段。但在 DOS 环境中可以编辑和汇编 32 位段程序，可以开发只能在 32 位段运行的程序。

表 6-2　处理器选择伪指令

伪指令	功　　能	伪指令	功　　能
.8086	仅接受 8086 指令（默认状态）	.586	接受除特权指令外的 Pentium 指令
.186	接受 80186 指令	.586P	接受全部 Pentium 指令
.286	接受除特权指令外的 80286 指令	.686	接受除特权指令外的 PentiumPro 指令
.286P	接受全部 80286 指令，包括特权指令	.686P	接受全部 PentiumPro 指令
.386	接受除特权指令外的 80386 指令	.MMX	接受 MMX 指令
.386P	接受全部 80386 指令，包括特权指令	.K3D	接受 AMD 处理器的 3D 指令
.486	接受除特权指令外的 80486 指令，包括浮点指令	.XMM	接受 SSE 指令和 SSE2 指令
.486P	接受全部 80486 指令，包括特权指令和浮点指令	注：.586/.586P 是 MASM6.11 引入的；	
.8087	接受 8087 数学协处理器指令	.686/.686P/.MMX 是 MASM6.12 引入的；	
.287	接受 80287 数学协处理器指令	.K3D 是 MASM 6.13 引入的；	
.387	接受 80387 数学协处理器指令	.XMM 是 MASM 6.14 引入的，MASM6.15 才支持	
.No87	取消使用协处理器指令	SSE2 指令	

采用 386 及以上处理器的选择伪指令，在简化段定义格式中，应注意它的位置。如果处理器选择伪指令在.MODEL 语句之后，程序采用 16 位段模型；如果它在.MODEL 语句之前，则应用 32 位段模型。

在完整段定义格式中，段字属性 USE16 和 USE32 分别确定 16 位和 32 位段模型。在 386 以下处理器的选择伪指令下，默认的段字属性是 16 位 USE16；在 386 及以上处理器的选择伪指令下，默认的段字属性是 32 位 USE32，这时的实方式程序一定要用 USE16 显式说明为 16 位段。

3.注意有些指令在 16 位段和 32 位段的差别

由于 16 位段和 32 位段的属性不同，有些指令在 16 位段和 32 位段的操作会有差别。例如，串操作指令在 16 位段采用 SI/DI 指示地址、CX 表达个数，在 32 位段采用 ESI/EDI 指示地址、ECX 表达个数。循环指令在 16 位段采用 CX 记数，在 32 位段采用 ECX 记数。但是，由于在 32 位通用寄存器中的高 16 位无法单独直接利用，因此即使在 16 位段采用 32 位寄存器也无妨，只是注意指令只利用了低 16 位，高 16 位没有使用且最好为 0。

操作功能具有差别的指令还有 XLAT、LEA、JMP、CALL/RET、INTI8/IRET、INTO、ENTER、LEAVE 等。另外，有些指令在不同的工作方式（实方式、虚拟 8086 方式和保护方式）下的操作也有差别，尤其是转移、调用、中断及返回等指令的差别非常大，这主要是在保护方式下指令的执行要经过处理器的保护机制的检查。

由于处理 32 位数据，因此变量定义等伪指令要经常采用双字 DWORD 属性。

【例 6.5】　将一个 64 位数据算术左移 8 位。

分析：本例采用 EDX.EAX 保存 64 位数据，用 8 次循环实现移位。

```
        .model small
        .386                            ; 采用32位指令
        .stack
        .data
qvar    dq 1234567887654321h
        .code
        .startup
```

```
        mov       eax, dword ptr qvar
        mov       edx, dword ptr qvar [4]
        mov       ecx, 8
start1: shl       eax, 1
        rcl       edx, 1
        loop      start1
        mov       dword ptr qvar, eax
        mov       dword ptr qvar [4], edx
        .exit 0
        end
```

【例 6.6】 排序 10 个 32 位有符号数，并将结果按十进制数形式显示。

分析：将例 6.3 的排序程序段写成过程 SORTING；创建一个显示 32 位有符号数据的过程 EAXDISP，十进制数的转换采用依次除以 10 求余数得到。

```
        .model small
        .386
        .stack
        .data
count   equ 10
darray  dd 20, 4500h, 3f40h, -1, 7f000080h
        dd 81000000h, 0ffffff1h, -45000011, 12345678, 87654321
        .code
        .startup
        xor       esi, esi
        mov       si, offset darray          ; 原序显示
        mov       ecx, count
start1: mov       eax, [esi]
        call      eax disp
        add       esi, 4
        dec       ecx
        jz        start2
        mov       dl, ','
        mov       ah, 2
        int       21h
        jmp       start1
start2: mov       dl, 0dh                     ; 回车和换行
        mov       ah, 2
        int       21h
        mov       dl,0ah
        mov       ah, 2
        int       21h
        xor       esi, esi
        mov       si, offset darray           ; 排序
        mov       ecx, count
        call      sorting
        xor       esi, esi
        mov       si, offset darray           ; 降序显示
        mov       ecx, count
```

```
start3:  mov    eax, [esi]
         call   eax disp
         add    esi, 4
         dec    ecx
         jz     start4
         mov    dl, ','
         mov    ah, 2
         int    21h
         jmp    start3
start4: .exit 0
sorting proc                          ; 32位有符号数据的排序子程序（降序）
         push   eax                   ; 入口参数: DS:ESI=缓冲区首地址，ECX=数据个数
         push   edx
         dec    ecx
outlp:   mov    edx, 0
inlp:    cmp    edx, ecx              ; 内循环，使最高地址存储单元具有最小数据
         jae    short botm
         mov    eax, [esi+edx*4+4]
         cmp    [esi+edx84], eax      ; 比较前后两个数据的大小
         jge    short nswap
         xchg   [esi+edx*4], eax
         mov    [esi+edx*4+4], eax
nswap:   inc    edx
         jmp    inlp
botm:    loop   outlp
         pop edx
         pop eax
         ret
sorting endp
eaxdisp proc                          ; 以十进制形式显示32位有符号数据的子程序
         push   ebx                   ; 入口参数: EAX=有符号数据
         push   edx
         test   eax, eax              ; 判断数据是零、正或负
         jnz    eaxdisp0
         mov    dl, '0'               ; 为零，显示"0"
         mov    ah, 2
         int    21h
         jmp    eaxdisp4
eaxdisp0:jns    eaxdisp1
         neg    eax                   ; 为负数，求数据的绝对值
         mov    ebx, eax
         mov    dl, '-'               ; 为负数，则显示一个符号"-"
         mov    ah, 2
         int    21h
         mov    eax, ebx
eaxdisp1:mov    ebx, 10
         push   bx                    ; 压入10作为结束标志
```

```
eaxdisp2:cmp    eax, 0                      ; EAX=0（数据为0），则退出
        jz      eaxdisp3
        sub     edx, edx                    ; EDX=0
        div     ebx                         ; EDX.EAX÷EBX（10）
        add     dl, 30h                     ; 余数转换为 ASCII 码
        push    dx                          ; 将除10得到的各位数依次压入堆栈
        jmp     eaxdisp2
eaxdisp3:pop    dx                          ; 将各位数依次出栈
        cmp     dl, 10                      ; 是结束标志（10），则退出
        je      eaxdisp4
        mov     ah, 2                       ; 显示
        int     21h
        jmp     eaxdisp3
eaxdisp4:pop    edx
        pop     ebx
        ret
eaxdisp endp
        end
```

6.4 32位新增指令

32 位 80x86 CPU 在原来 8086、80186、80286 指令系统基础上，新增了有特色的整数指令，本节将简要说明。

6.4.1 80386新增指令

80386 的执行单元新增一个"桶型"移位器，所以可以实现快速移位操作，新增的指令主要是有关位操作。另外，80386 增加了条件设置指令，以及对控制、调试和测试寄存器的传送指令。部分 80386 新增指令实现了原 16 位指令的自然扩展，已在 6.2 节介绍。MASM 5.0 开始支持 80386 指令系统，源程序中需有.386 或.386P 伪指令。

1．双精度移位指令

（1）双精度左移 SHLD

```
shld    r16/m16, r16, i8/cl             ; 将 R16 的 I8/CL 位左移进入 R16/M16
shld    r32/m32, r32, i8/cl             ; 将 R32 的 I8/CL 位左移进入 R32/M32
```

（2）双精度右移 SHRD

```
shrd    r16/m16, r16, i8/cl             ; 将 R16 的 I8/CL 位右移进入 R16/M16
shrd    r32/m32, r32, i8/cl             ; 将 R32 的 I8/CL 位右移进入 R32/M32
```

以上是两种具有 3 个操作数的指令。第 1 个操作数 OPRD1 是 16/32 位通用寄存器或存储器单元，第 2 个操作数 OPRD2 是与 OPRD1 长度相同的通用寄存器，第 3 个操作数 OPRD3 是用 I8/CL 表示的移位位数。

双精度左移指令 SHLD 的功能是把 OPRD1 左移 OPRD3 位，空出的位用 OPRD2 高端 OPRD3 位填充（相当于 OPRD1:OPRD2 的左移），但 OPRD2 的内容不变，OPRD1 最后移出的一位保留在 CF 中。

双精度右移指令 SHRD 的功能是把 OPRD1 右移 OPRD3 位，空出的位用 OPRD2 低端 OPRD3 位填充（相当于 OPRD2:OPRD1 的右移），但 OPRD2 的内容不变，OPRD1 最后移出的位保留在 CF 中。

实际移位的位数是 OPRD3 的低 5 位，即 0～31。移位数为 0，则该指令相当于空操作。如果只移 1 位，且 OPRD1 最后的符号位与原来的符号位不同，则置位溢出标志 OF，否则 OF 清 0。移位数大于 1，OF 无定义。如果移位数超出 OPRD1 的长度，则标志无定义，否则按定义影响 ZF、SF、PF。例如：

```
mov     ax, 2a80h
mov     bx, 9a78h
shld    ax, bx, 8            ; AX=809AH, BX=9A78H, CF=0
shrd    bx, ax, 1            ; AX=809AH, BX=4D3CH, CF=0, OF=1
```

2. 位扫描指令

（1）前向扫描 BSF

```
bsf     r16, r16/m16         ; 16位操作
bsf     r32, r32/m32         ; 32位操作
```

前向扫描中，由低位到高位（向前）寻找源操作数中第一个"1"出现的位置，位置值（0～15/31 对应 D_0～D_{15}/D_{31} 位）存入目的操作数。如果源操作数全为 0，则 ZF=1，目的操作数不定，否则 ZF=0。

（2）后向扫描 BSR

```
bsr     r16, r16/m16         ; 16位操作
bsr     r32, r32/m32         ; 32位操作
```

后向扫描中，由高位到低位（向后）寻找源操作数中第一个"1"出现的位置，位置值（0～15/31 对应 D_0～D_{15}/D_{31} 位）存入目的操作数。如果源操作数全为 0，则 ZF=1，目的操作数不定，否则 ZF=0。例如：

```
mov     word ptr [si], 2310h
bsf     ax, [si]             ; AX=4（$D_4$=1）
mov     dword ptr [ebx+8], 0fe123456h
bsr     ecx, [ebx+8]         ; ECX=31（$D_{31}$=1）
```

3. 位测试指令

```
bt      dest, src            ; 把目的操作数 DEST 中由源操作数 SRC 指定的位送 CF 标志
btc     dest, src            ; 把 DEST 中由 SRC 指定的位送 CF 标志，然后对那一位求反
btr     dest, src            ; 把 DEST 中由 SRC 指定的位送 CF 标志，然后对那一位复位
bts     dest, src            ; 把 DEST 中由 SRC 指定的位送 CF 标志，然后对那一位置位
```

这 4 种指令中，目的操作数 DEST 只能是 16/32 位通用寄存器或存储单元，用于指定要测试的数据；源操作数 SRC 必须是 8 位立即数或者是与目的操作数等长的 16/32 位通用寄存器，用于指定要测试的位。

如果目的操作数是寄存器，则源操作数除以 16/32 的余数就是要测试的位，在 0～15/31 之间。例如：

```
mov     eax, 12345678h       ; EAX=12345678H
bt      eax, 5               ; EAX=12345678H, CF←1=EAX 的 $D_5$ 位
btc     eax, 10              ; EAX=12345278H, CF←1=EAX 的 $D_{10}$ 位
btr     eax, 20              ; EAX=12245278H, CF←1=EAX 的 $D_{20}$ 位
```

```
        bts     eax, 34                          ; EAX=1224527CH, CF←0=EAX 的 D₂位
```

如果目的操作数是存储单元，则该单元的最低位为 0；从这个最低位向地址高端每位依次增量，向地址低端每位依次减量，这部分存储器数据作为一个 $2^9-1\sim-2^9$ 长的位串。此时，有符号源操作数就指示要测试的位。例如：

```
bitsa   dw 1234h, 5678h, 9abch
        ...
        bt      bitsa, 4                         ; [bitsa]=1234H, CF←1
        mov     cx, 22
        btc     bitsa, cx                        ; [bitsa+2]=5638H, CF←1
        mov     zxeax, cx
        bts     bitsa, eax                       ; [bitsa+2]=5678H, CF←0
```

4. 条件设置指令 SETCC

```
        setcc   r8/m8                            ; 若条件 CC 成立, 则 R8/M8 为1, 否则为0
```

SETCC 指令根据处理器定义的 16 种条件 CC，设置指定的字节量。这 16 种条件与条件转移指令 JCC 中的条件是一样的（见表 6-3）。例如：

```
        setb    al                               ; 如果 CF=0, 则 AL=1, 否则 AL=0
```

表 6-3　条件设置指令中的条件 CC

助记符	标志位	说　明	助记符	标志位	说　明
SETZ/SETE	ZF=1	等于零/相等	SETC/SETB/SETNAE	CF=1	进位/低于/不高于等于
SETNZ/SETNE	ZF=0	不等于零/不相等	SETNC/SETNB/SETAE	CF=0	无进位/不低于/高于等于
SETS	SF=1	符号为负	SETBE/SETNA	CF=1 或 ZF=1	低于等于/不高于
SETNS	SF=0	符号为正	SETNBE/SETA	CF=0 且 ZF=0	不低于等于/高于
SETP/SETPE	PF=1	"1" 的个数为偶	SETL/SETNGE	SF≠OF	小于/不大于等于
SETNP/SETPO	PF=0	"1" 的个数为奇	SETNL/SETGE	SF=OF	不小于/大于等于
SETO	OF=1	溢出	SETLE/SETNG	SF≠OF 或 ZF=1	小于等于/不大于
SETNO	OF=0	无溢出	SETNLE/SETG	SF=OF 且 ZF=0	不小于等于/大于

条件设置指令可以用来消除程序中的转移指令。例如，下面左列用 JCC 实现一个典型的双分支程序段，而右列用 SETCC 完成同一个功能：EBX 根据条件设为 C1 或 C2。

```
        cmp     eax, i32                 xor     ebx, ebx
        jge     l00                      cmp     eax, i32
        mov     ebx, c1                  setge   bl
        jmp     l01                      dec     ebx
l00:    mov     ebx, c2                  and     ebx, (c1-c2)
l01:    ...                              add     ebx, c2
```

【例 6.7】　测试寄存器 EAX 中的 8 位十六进制数是否有一位为 0。BH=0 表示没有一位为 0。本例也可以用位扫描指令实现。

```
        mov     bh, 0
        mov     cx, 0
next:   test    al, 0fh
        setz    bl
        or      bh, bl
        ror     eax, 4
        loop    next
```

【例 6.8】 统计 DS:SI 所指向的字节数据缓冲区中正数和负数的个数，假设缓冲区以 0 结尾。

```
        cld
        xor     dx, dx
next:   lodsb
        cmp     al, 0
        jz      over
        setg    bl
        setl    bh
        add     dl, bl
        add     dh, bh
        jmp     next
over:   …
```

5. 控制、调试和测试寄存器传送指令 CR、TR

32 位 80x86 CPU 中增加了一些系统控制用的寄存器，所以增加了有关这些寄存器的传送指令，通常只有系统程序使用它们。

```
        mov     crn, r32        ; 控制寄存器装入: CRN←R32, N=0～4
        mov     r32, crn        ; 控制寄存器读取: R32←CRN, N=0～4
        mov     drn, r32        ; 调试寄存器装入: DRN←R32, N=0～7
        mov     r32, drn        ; 调试寄存器读取: R32←DRN, N=0～7
        mov     trn, r32        ; 测试寄存器装入: TRN←R32, N=3～7
        mov     reg, trn        ; 测试寄存器读取: R32←TRN, N=3～7
```

其中，Pentium 以后处理器才支持 CR4、TR3～TR5。

6.4.2 80486新增指令

80486 的指令系统在 80386 指令集的基础上增加 6 条指令，新增的指令主要用于对多处理器系统和片上高速缓冲存储器的支持。为了让汇编程序汇编这些指令，源程序中必须具有.486 或.486P 伪指令。MASM 6.0 开始支持 80486 指令系统。

1. 字节交换指令 BSWAP

```
        bswap   r32             ; 将32位通用寄存器值的第1和4字节、第2和3字节互换
```
例如：
```
        mov     eax, 00112233h  ; EAX=00112233H
        bswap   eax             ; EAX=33221100H
```

80x86 采用低字节存在低地址的小端方式存储数据，许多精简指令集 RISC 处理器则采用低字节存在高地址的大端方式。字节交换指令 BSWAP 可以方便地进行这两种存储格式的相互转换。

2. 交换加指令 XADD

```
        xadd    r8/m8, r8       ; R8/M8←→R8, R8/M8←R8+R8/M8
        xadd    r16/m16, r16    ; R16/M16←→R16, R16/M16←R16+R16/M16
        xadd    r32/m32, r32    ; R32/M32←→R32, R32/M32←R32+R32/M32
```

交换加指令首先将目的和源操作数互换，然后将两者之和送到目的操作数，按照加法指

令影响标志 OF、SF、ZF、AF、PF、CF。例如:

```
mov     bl, 12h
mov     dl, 02h
xadd    bl, dl                      ; BL=14H, DL=12H
```

3. 比较交换指令 CMPXCHG

```
cmpxchg r8/m8, r8                   ; AL-R8/M8, 相等: ZF=1,R8/M8←R8
                                    ; 不等: ZF=0, AL←R8/M8
cmpxchg r16/m16, r16                ; AX-R16/M16, 相等: ZF=1,R16/M16←R16
                                    ; 不等: ZF=0, AX←R16/M16
cmpxchg r32/m32, r32                ; EAX-R32/M32, 相等: ZF=1, R32/M32←R32
                                    ; 不等: ZF=0, EAX←R32/M32
```

比较交换指令比较累加器 AL、AX、EAX 和目的操作数,如果相等,把源操作数送给目的操作数,并置位 ZF,否则把目的操作数送给累加器,并复位 ZF。该指令按照比较指令影响标志 OF、SF、ZF、AF、PF、CF。例如:

```
mov     al, 12h
mov     bl, 12h
mov     dl, 02h
cmpxchg bl, dl                      ; AL=12H, BL←DL=02H, ZF=1
cmpxchg bl, dl                      ; AL←BL=02H, DL=02H, ZF=0
```

4. 高速缓存控制指令

80486 新增了如下 3 条特权指令,用于控制高速缓冲存储器。

```
invd                                ; 高速缓存无效指令
wbinvd                              ; 回写及高速缓存无效指令
invlpg  mem                         ; TLB 无效指令
```

6.4.3 Pentium 新增指令

Pentium 指令系统是 80486 指令集的超集,新增了几条非常实用的指令。为了让汇编程序汇编 Pentium 新增的指令,源程序中必须具有.586 或.586P 伪指令。MASM 6.11 开始支持 Pentium 指令系统。如果采用较低版本的汇编程序,如 MASM 5.x 不能识别新引入的指令助记符,则可以定义宏实现。

```
cpu_id  macro                       ; 处理器识别指令
        db      0fh, 0a2h           ; CPUID 指令的机器代码: 0F A2
        endm
```

或者直接在该指令处采用:

```
        db      0fh, 0a2h
```

这样,不需新版本汇编程序,就可以开发最新生产的微处理器程序。

另外,在使用这些新指令之前,应该利用诸如 CPUID 指令等方法,确认处理器支持这些指令,否则将产生非法指令代码异常。

1. 8 字节比较交换指令 CMPXCHG8B

```
cmpxchg8b m64                       ; EDX.EAX-M64, 相等: ZF=1, M64←ECX.EBX
                                    ; 不等: ZF=0, EDX.EAX←M64
```

CMPXCHG8B 是 CMPXCHG 的扩展指令，比较 EDX.EAX 和 64 位存储器操作数 M64；如果相等，把 ECX.EBX 送给 M64，并置位 ZF，否则把 M64 送给 EDX.EAX，并复位 ZF。但该指令不影响其他标志。其中，EDX、ECX 保存 64 位数据的高 32 位。例如：

```
cmpxchg8b qword ptr [si]
```

2. 处理器识别指令 CPUID

```
cpuid                                   ; 返回处理器的有关特征信息
```

随着 80x86 微处理器不断升级换代，新的处理器具有越来越强的功能和指令。虽然原来在老型号处理器上运行的程序在新型号处理器上仍然可以运行，但是新开发的程序将使用新增指令，程序也只有利用处理器提供的新特征，才能充分发挥处理器的能力，达到最佳的运行效果。所以，一个优秀的程序应该能够根据不同的处理器采用不同的方法，实现相同的功能。这里必须首先解决的问题是要识别出不同的处理器型号。

对前几代 80x86 处理器的识别，常通过判断标志寄存器中某些特定标志来实现。从 Pentium 开始，处理器提供了 CPU 识别指令，后期生产的某些 80486 芯片也支持该指令。通过确认 CPU 识别标志 ID（EFLAGS 寄存器的 D_{21} 位）能够改变，就可以判断出该处理器支持 CPUID 指令。

执行 CPUID 指令前，必须给 EAX 赋入口参数。EAX 值不同，CPUID 指令返回的信息不同。EAX 所能赋给的最大值，则由 EAX=0 时执行 CPUID 指令得到。

① 当 EAX=0 时执行 CPUID 指令，则通过 EAX 返回处理器能够赋给 EAX 的最大值，并通过 EBX.EDX.ECX 返回生产厂商的标识串"Genuine Intel"，就能确认是 Intel 公司的 80x86 微处理器。这 3 个寄存器依次存放 "Genu"、"ineI"、"ntel" 的 ASCII 代码。注意，其他兼容 80x86 处理器也可能支持 CPUID 指令，但不应返回此标识串。另外，运行在兼容 80x86 处理器上的应用程序不能依赖本节所述的有关 CPUID 指令的信息。

【例 6.9】 显示 Pentium 处理器的生产厂商的程序。

该程序只能在支持 CPUID 指令的 Intel 80x86 处理器上运行，需要使用 MASM 6.11 及以上版本汇编连接，并生成一个 COM 程序。

```
        .model  tiny
        .586
dispdl  macro
        mov     ah, 2
        int     21h
        shr     edx, 8
        endm
        .code
        .startup
        mov     eax, 0
        cpuid
        push    edx
        push    ebx
        pop     edx
        repeat  4
        dispdl
        endm
```

```
        pop       edx
        repeat    4
        dispdl
        endm
        mov       edx, ecx
        repeat    4
        dispdl
        endm
        .exit
        end
```

② 当 EAX=1 时执行 CPUID 指令，则通过 EAX 返回 CPU 说明信息，如处理器型号、系列代号等。其中，D_{11}～D_8 返回 CPU 类型，如 4 表示 80486，5 表示 Pentium（包括 MMX Pentium），6 表示 Pentium Pro（包括 Pentium II/Pentium III/Pentium 4）。

EAX=1 时执行 CPUID 指令，还通过 EDX 返回特征标志字，其中的每一位指明处理器某种特征是否存在。例如，D_0=1 表示存在浮点处理单元，D_8=1 表示支持 CMPXCHG8B 指令，D_{23}=1 表示含有 MMX 部件可以执行多媒体指令，等等。

Pentium Pro 及以后的处理器还可以在 EAX=2 时执行 CPUID 指令，返回片上高速缓冲器 Cache 及其他 CPU 的配置参数。

【例6.10】 识别 Intel 80x86 系列微处理器的过程。

分析：通过判别标志寄存器中有关标志位区别 8086、80286、80386、80486；在确定处理器至少是 80486 之后，通过 CPU 识别标志 ID 判断是否可以执行 CPUID 指令；如果可以执行 CPUID 指令，则利用该指令进一步区别 Pentium、Pentium Pro。有关 CPUID 指令的应用详见参考文献。该过程使用 MASM 5.0 及以上版本都可以汇编。另外，本例没有处理未识别出来的情况。

```
        ; 过程名: get_cpu_type
        ; 功能: 识别80x86微处理器的类型
        ; 出口参数: cpu_type=0 (8086/8088), =2 (80286), =3 (80386系列)
        ;                    =4 (80486系列), =5 (pentium 系列), =6 (Pentium Pro 系列)
        .model small
        public  cpu_type, get_cpu_type
cpu_id  macro                      ; 处理器识别指令
        db  0fh, 0a2h              ; CPUID指令的机器代码: 0F A2
        endm
        .data
cpu_type db 0
intel_id db "GenuineIntel"
        .code
get_cpu_type  proc
        ; 8086判定: 8086标志寄存器的最高4位总是1，根据此特性判断是否为8086
get8086: pushf
        pop       ax
        and       ax, 0fffh
        push      ax                ; 替换当前标志寄存器 (欲使D₁₅～D₁₂复位)
        popf
```

```
        pushf
        pop     ax                      ; 得到新标志寄存器内容
        and     ax, 0f000h
        cmp     ax, 0f000h              ; 如果 D15～D12 仍置位, 则为 8086/8088
        jnz     get286                  ; 不是 8086, 则转向判定 80286
        mov     cpu_type, 0             ; 设置 CPU 类型变量为 0
        ret
        ; 80286 判定: 实方式下, 80286 标志寄存器的最高 4 位总是 0, 根据此特性判断是否为 80286
get286: pushf
        pop     ax
        or      ax, 0f000h
        push    ax
        popf
        pushf
        pop     ax
        and     ax, 0f000h
        jnz     get386
        mov     cpu_type, 2             ; 设置 CPU 类型变量为 2
        ret
        ; 80386 判定: EFLAFS 的 AC 标志 (D18) 是在 80486 才引入的, 在 80386 中该位不能改变
        ; 现在可以使用 80386 的指令
get386: pushfd
        pop     eax
        mov     ecx, eax                ; 保存原来 EFLAGS
        xor     eax, 40000h             ; 求反 D18
        pushe   ax
        popfd
        pushfd
        pop     eax
        xor     eax, ecx                ; 不能改变 AC 标志, 为 80386
        mov     cpu_type, 3
        jz      end_type
        push    ecx
        popfd                           ; 恢复 EFLAGS
        ; CPUID 指令判定: 能否改变 EFLAGS 中的 ID 标志 (D21), 说明是否可以使用 CPUID 指令
get486: mov     cpu_type, 4             ; 现在至少是 80486
        mov     eax, ecx                ; 取得原来 EFLAGS
        xor     eax, 200000h            ; 求反 D21
        push    eax
        popfd
        pushfd
        pop     eax
        xor     eax, ecx
        jz      end_type                ; 不能改变 ID 标志, 是 80486
        ; 下面用 CPUID 指令判定处理器类型
get586: mov     eax, 0                 ; 设置 EAX=0
        cpu_id                          ; 执行 CPUID 指令, 得到厂商标识串
```

```
        cmp     dword ptr intel_id, ebx
        jne     end_type
        cmp     dword ptr intel_id [+4], edx
        jne     end_type
        cmp     dword ptr intel_id [+8], ecx
        jne     end_type                    ; 判断是否为 Intel 的产品
        cmp     eax, 1                      ; 判断 EAX 是否可以取值为1, 执行 CPUID 指令
        jl      end_type
        mov     eax, 1                      ; 设置 EAX=1
        cpu_id                              ; 执行 CPUID 指令, 得到 CPU 说明信息
        and     eax, 0f00h                  ; 取得处理器类型
        mov     cpu_type, ah                ; 设置 CPU 类型
end_type:ret
get_cpu_type    endp
        end
```

3. 读时间标记计数器指令 RDTSC

```
    rdtsc                                   ; edx.eax←64位时间标记计数器值
```

Pentium 含有一个 64 位的时间标记计数器（Time-Stamp Counter），该计数器每个时钟周期递增（加 1），在上电和复位后，该计数器清 0。利用该计数器可以检测程序运行的速度。

4. 读模型专用寄存器指令 RDMSR

```
    rdmsr                                   ; EDX.EAX←模型专用寄存器值
```

RDMSR 指令把由 ECX 寄存器指定的模型专用寄存器的内容送到 EDX.EAX 中。EDX 含高 32 位，EAX 含低 32 位，如果专用寄存器不足 64 位，则 EDX.EAX 对应位无定义。

Pentium 提供了一组模型专用寄存器（Model-Specific Registers），用于程序跟踪、性能测试、机器查错等，主要提供给系统开发人员。Pentium Pro 提供了更多的模型专用寄存器。

5. 写模型专用寄存器指令 WRMSR

```
    wrmsr                                   ; 模型专用寄存器值←EDX.EAX
```

WRMSR 指令把 EDX.EAX 内容送到由 ECX 寄存器指定的模型专用寄存器中。

6. 系统管理方式返回指令 RSM

```
    rsm                                     ; 从系统管理方式返回到被中断的程序
```

80386 SL 首先引入了系统管理方式，用于使计算机系统降低功耗，达到节能目的。80486 DX4 及 80x86 微处理器都具有系统管理方式。当处理器接受到系统管理方式 SMM 中断时，就会进入系统管理方式（节能状态）。处理器利用 RSM 指令可以恢复到被中断前的程序中。

6.4.4 Pentium Pro 新增指令

对比 Pentium 指令集，Pentium Pro 的指令系统新增 3 条实用的指令。为了让汇编程序汇编 Pentium 新增的指令，源程序中必须具有.686 或.686P 伪指令。MASM 6.12 开始支持 Pentium Pro 指令系统。

1．条件传送指令 CMOV

cmovcc	r16,r16/m16	; 若条件 CC 成立，则 R16←R16/M16，否则不传送
cmovcc	r32,r32/m32	; 若条件 CC 成立，则 R32←R32/M32，否则不传送

CMOV 指令首先判断条件是否满足，如果条件成立，则发生传送，源操作数传送到目的操作数；如果条件不成立，则不进行传送，好像没有执行该指令一样。CMOV 指令的条件 CC 同 JCC 和 SETCC 指令，见表 6-3。

Intel 公司在 80486 中引入了指令流水线技术，在 Pentium 中采用了 2 条超标量指令流水线，在 Pentium Pro 中运用动态执行微结构，可以实现指令在内部的乱序执行。这些新技术极大地提高了处理器执行程序的速度，但程序中频繁出现的条件转移指令是制约流水线执行效率的重要因素。因此，在现代处理器中包括 RISC 处理器，都引入条件传送指令。利用条件传送指令可以代替条件转移指令，从而减少程序分支，提高处理器性能。例如，一个典型的单分支程序段如下：

```
        test    ecx, ecx        ; 判断 ECX 是否等于0
        jne     ih
        mov     eax, ebx        ; ECX=0，则 EAX←EBX
ih:     …                       ; ECX≠0
```

如果采用条件传送指令，则可以优化为：

```
        test    ecx, ecx        ; CMOVEQ 有条件地将 EBX 传送到 EAX
        cmoveq  eax, ebx        ; 可以代替 JNE 和 MOV 指令，从而消除分支
```

在 80386 引入的条件设置指令也可以代替条件转移指令，前面已经看到。

2．读性能监控计数器指令 RDPMC

```
        rdpmc                   ; EDX.EAX←40位性能监控计数器值
```

RDPMC 指令把由 ECX 寄存器指定的性能监控计数器的内容送到 EDX.EAX 中。EDX 含高 8 位，EAX 含低 32 位。

Pentium Pro 包含 2 个 40 位的性能监控计数器（Performance-Monitoring Counter），可用于记录诸如指令译码个数、中断次数、高速缓存的命中率等事件。RDPMC 指令主要提供给系统开发人员，用于了解程序执行的有关细节。

3．无定义指令 UD2

```
        ud2                     ; 产生一个无效操作码异常
```

执行 UD2 指令将产生一个无效操作码异常，用于让软件测试无效操作码异常处理程序。

6.5　用汇编语言编写32位 Windows 应用程序

本书主要以 MS-DOS 操作系统为开发平台进行汇编语言程序设计。但是，Windows 平台下汇编语言并非一无是处。采用汇编语言也可以编写 32 位 Windows 应用程序（简称 Win32 平台）。利用前面各章的基本知识，调用 Windows 的应用程序接口 API（Application Programming Interface），借助 MASM32 开发环境，就可以编写运行于 Win32 平台（Windows NT 和 Windows 9x 及以后的 32 位操作系统）的标准 32 位 Windows 应用程序。

开发基于 Win32 平台的应用程序，程序员主要利用简单实用、功能强大的多种可视化环

境，如 Visaul Basic、Visual C++等。汇编语言和 API 提供了另一种方法。借助 API 编写 32 位 Windows 程序，可以充分利用 Windows 的高级特性，生成的可执行文件相对较小，并且不需要其他外部库文件（除 Windows 本身的动态链接库 DLL 外）。汇编语言可以开发更高性能的可执行文件、动态链接库 DLL，也可以从更深层次理解 Windows 运行机制及程序设计思想。

虽然学习利用 API 进行 Windows 程序设计对任何 Windows 程序员来说都很重要，但是作者并不推荐采用汇编语言和 API 开发 Windows 应用程序。所以，本节只是通过示例介绍汇编语言编写 Win32 程序的基本思想、框架结构和开发环境。

6.5.1　32位 Windows 应用程序的特点

16 位 DOS 操作系统最初运行于 Intel 8086/8088 CPU 上，也可以用于 32 位 Intel 80x86 CPU 的实地址工作方式。Windows 操作系统采用虚拟 8086 工作方式模拟了一个 MS-DOS 环境，运行于保护工作方式。

DOS 是单任务操作系统，一个正在运行的程序独占了所有系统资源。DOS 系统只有一个特权级别，任何程序和操作系统都是同级的。例如，在 DOS 下编写汇编语言程序，可以读写所有的内存数据、修改中断向量表、直接对键盘端口操作等。Windows 在保护方式下工作，操作系统运行在最高级别 0 级，应用程序都运行于最低级别 3 级，所有的资源对应用程序来说都是被"保护"的。例如，在第 3 级运行的应用程序无法直接访问 I/O 端口，不能访问其他程序占有的主存，向程序自己的代码段写入数据也是非法的。只有对级别 0 的系统程序来说，系统资源才是全开放的。

在 DOS 平台下编写汇编语言程序有 1 MB 物理存储空间的限制，必须分成不大于 64 KB 的逻辑段。在 Windows 平台下，我们可以直接使用 32 位地址寻址一个不分段的、4 GB 的主存空间，不需与段寄存器打交道。Windows 应用程序仍有代码段、数据段和堆栈段。分段的原因主要是保护程序本身，如代码段中的程序代码只能读取执行、不能被修改。

对程序员来说，操作系统由其提供的系统功能调用定义。DOS 操作系统提供系统功能调用的中断服务程序，Windows 操作系统则提供动态链接库（Dynamic-Link Library，DLL），程序员利用应用程序接口 API 调用动态链接库中的函数。API 是一些类型、常量和函数的集合，提供编程中使用库函数的途径。Windows 的 API 也曾被称为软件开发包（Software Development Kit，SDK）。16 位 Windows 的 API 被称为 Win16，32 位 Windows 的 API 被称为 Win32，它兼容 Win16。其实，用汇编语言编写 32 位 Windows 应用程序的复杂性源于 Windows 本身的结构和 API 的函数调用。不同于 DOS 中断调用采用寄存器传递参数，32 位 Windows 应用程序需要利用堆栈传递参数。尽管全部的 Windows 函数确实有些令人生畏，但也给汇编语言程序员提供了大量方便的功能，这些在 DOS 下是没有的。

DOS 下的程序以字符方式显示给用户，程序需要用户输入时就停下来，用户不输入就不再执行；而且，在输入一个数据时不能输入另一个数据。Windows 程序采用图形用户界面，时刻等待用户的操作。用户的每个操作都会形成消息（Message），传递给程序，程序则给予响应。

本节通过对比，简单说明了 32 位 Windows 编程的特点。其实，这些基础知识无论对于汇编语言程序还是 C++语言程序都是一样的。另外，也不可避免地使用到许多面向对象程序设计的概念，诸如对象（Object）、类（Class）、实例（Instance）等。所以，学习这部分内容需要面向对象程序设计的知识。本节尽量将有关内容通俗化，便于读者理解和掌握。

6.5.2　32位Windows控制台程序

当一个Windows应用程序开始运行时，它可以创建一个控制台（Console）窗口，也可以创建一个图形界面窗口。32位Windows控制台程序看起来像一个增强版的MS-DOS程序，如它们都使用标准的输入设备（键盘）和输出设备（显示器）。但实质上，32位控制台程序完全不同于MS-DOS程序，因为它运行在保护方式，通过API使用Windows的动态链接库函数。下面结合一个简单的32位控制台程序说明其设计方法。

【例6.11】 32位控制台输入输出程序。

```
        .386
        .model    flat, stdcall
        option              casemap:none
        includelib bin32\kernel32.lib
        ; 导入库存于masm目录的bin32子目录
ExitProcess        proto,:dword
GetStdhandle       proto,:dword
WriteConsoleA      proto,:dword,:dword,:dword,:dword,:dword
WriteConsole       equ <WriteConsoleA>
ReadConsoleA       proto,:dword,:dword,:dword,:dword,:dword
ReadConsole        equ <ReadConsoleA>
STD_INPUT_HANDLE = -10
STD_OUTPUT_HANDLE = -11
        .data
outhandle          dd ?
outbuffer          db 'Welcome to the Win32 console!', 0dh, 0ah
                   db 'Please enter your name: ', 0dh, 0ah
outbufsize         =$-outbuffer
outsize            dd ?
inhandle           dd ?
inbufsize          =80
inbuffer           db inbufsize dup(?), 0, 0
insize             dd ?
        .code
start:
                                        ; 获得输出句柄
        invoke    GetStdHandle, STD_OUTPUT_HANDLE
        mov       outhandle, eax
                                        ; 显示信息
        invoke    WriteConsole, outhandle, addroutbuffer, outbufsize, addroutsize, 0
                                        ; 获得输入句柄
        invoke    GetStdHandle, STD_INPUT_HANDLE
        mov       inhandle, eax
                                        ; 等待用户输入
        invoke    ReadConsole, inhandle, addrinbuffer, inbufsize, addrinsize, 0
```

```
                              ; 退出
    invoke  ExitProcess, 0
    end start
```

这是一个看似复杂的程序，但实际上不熟悉的只是如何通过应用程序接口 API 调用 Windows 的动态链接库函数。

1. 源程序格式

这是一个采用简化段定义格式的汇编语言源程序，有存储模型伪指令，定义了数据段和代码段，最后通过 END 伪指令指明程序开始执行的语句。程序运行前，Windows 操作系统已经设置好了 CS、SS、DS、ES 和 FS，所以程序不需要为这些段寄存器赋值，也不应该改变它们的值。

32 位 Windows 应用程序使用 32 位 80x86 CPU 指令系统，所以必须含有.386 等伪指令。32 位 Windows 应用程序使用连续的主存空间，只能采用平展模型（Flat）。API 的参数传递采用标准调用方式（Stdcall），所以存储模型伪指令应该是 ".MODEL FLAT, STDCALL"。

API 函数区别大小写，所以利用选项伪指令 "OPTION CASEMAP:NONE" 告知 MASM 要区分标识符的大小写。汇编程序 ml.exe 的参数 "/Cp" 具有同样的效果，就是告知 MASM 不要更改用户定义的标识符的大小写。

源程序使用库文件包含伪指令 INCLUDELIB 指明程序需要的 API 函数所在的库文件(注意文件所在目录)。函数的声明使用过程声明 PROTO 伪指令，还可以将这些声明语句组织到一个包含文件，用包含伪指令 INCLUDE 包含进去，避免重复编辑。代码段中使用过程调用 INVOKE 伪指令调用 API 函数。

2. 动态链接库

为了避免重复编写代码，DOS 时代，程序员常把需要重复使用的子程序（或称过程、函数、模块、代码）放到一个或多个库文件（文件扩展名是.lib）。在需要使用这些子程序时，只要把这些库文件和目标文件相连即可。连接程序会自动从这些库文件中抽取需要的子程序插入到最终的可执行代码中，这个过程称为静态链接。应用程序运行时不再需要这些库文件，如前面利用库管理软件 lib.exe 生成的子程序库文件及 C 语言中的运行库。这种方法的主要缺点是同一个子程序可能被许多应用程序所包含，浪费磁盘空间。由于 DOS 只是一个单任务操作系统，主存中只有一个程序在运行，因此主存浪费不太突出。

但在多任务操作系统 Windows 中，同一个子程序可能被多个程序或同一个程序多次使用，如果每次调用都占用主存空间，显然浪费就相对严重。为此，提出了动态链接库（文件扩展名是.dll）的解决方法。

动态链接库也是保存需要重复使用代码的文件。但只有运行程序使用它们的时候，Windows 才会将其加载到主存，同时有多个程序使用或者同一个程序多次使用时，主存也只有一份副本。不过，因为应用程序并不包含动态链接库中的代码，所以运行时系统中必须包含该动态链接库，而且该动态链接库文件必须在当前目录或可以搜索到的目录中，否则程序将提示没有找到动态链接库文件而无法运行。如果是程序员自己开发的动态链接库，应用程序安装时必须将该动态链接库文件复制到用户机器中。

动态链接库是 Windows 操作系统的基础，Windows 所有的 API 函数都包含在 DLL 文件中。其中有 3 个最重要的系统动态链接库文件，大多数常用函数都存在其中：kernel32.dll

中的函数主要处理内存管理和进程调度，user32.dll 中的函数主要控制用户界面，gdi32.dll 中的函数则负责图形方面的操作。

如果不在这 3 个主要库文件中，可以参考微软文档资料，文档将会说明函数在哪个库文件中。早期的 API 文档可以参看 Microsoft Win32 Programmer's Reference。最常用的电子文档是一个帮助文件：win32.hlp。现在 Windows API 不再以印刷形式出现，只有通过 CD-ROM 或互联网获得电子文档。MSDN（Microsoft Developer Network）是微软 Windows 程序开发的资料库，其网址为 http://ms-dn.microsoft.com/。

当需要使用某个 API 函数时，就可以从上述有关资料查找。如果查到它在某个动态链接库中，如本例使用的 4 个 API 函数都在 kernel32.dll 中，那么一方面对这些函数进行过程声明，另一方面需要链接同名的导入库文件 kernel32.lib，否则在编译时会出现 API 函数未定义的错误。

一个动态链接库 DLL 文件对应一个导入库（Import Library）文件，如上述 3 个系统动态链接库文件的导入库文件依次是 kernel32.lib、user32.lib、gdi32.lib。之所以需要导入库文件，是因为动态链接库中的 API 代码本身并不包含在 Windows 可执行文件中，而是当使用时才被加载。为了让应用程序在运行时能找到这些函数，就必须事先把有关的重定位信息嵌入到应用程序的可执行文件中。这些信息存在于对应的导入库文件中，由链接程序把相关信息从导入库文件中找出插入到可执行文件中。当应用程序被加载时，Windows 会检查这些信息，这些信息包括动态链接库的名字和其中被调用的函数的名字。若检查到这样的信息，Windows 就会加载相应的动态链接库。

3．程序退出

程序执行结束需要将控制权返还操作系统，即程序退出，Windows 使用 ExitProcess 函数实现。它结束一个进程及其所有线程，也就是程序退出。在 Win32 程序员参考手册中，它的定义如下：

```
void ExitProcess(
    UINT  uExitCode                    //exit code for all threads
);
```

其中，参数 uExitCode 表示该进程的退出代码，类型 UINT 表示 32 位无符号整数。

在文档中，API 函数的声明采用 C/C++语法，所有函数的参数类型都是基于标准 C 语言的数据类型或 Windows 的预定义类型。我们需要正确地区别这些类型，才能转换成汇编语言的数据类型。例如，类型 UINT 对应汇编语言的双字类型 DWORD。这样，ExitProcess 函数在汇编语言中需要进行如下声明：

```
ExitProcess proto,:dword
```

应用程序中使用该功能，这个应用程序就会立即退出，返回 Windows。汇编语言的调用方法如下：

```
invoke   ExitProcess, 0
```

其中，返回代码是 0，表示没有错误。返回代码也可以是其他数值。

利用 MASM 的 PROTO 和 INVOKE 语句，不但可以在调用函数时与函数声明的原型进行类型检测，以便发现是否有参数不匹配的情况，而且在汇编语言中调用 Widows 的 API 函数就像 C/C++等高级语言一样。

还可以利用 MASM 的宏汇编能力，将函数调用定义成宏。例如：

```
exit    macro dwexitcode
invoke  ExitProcess, dwexitcode
endm
```

这样使用起来更加简单、方便，很像熟悉的程序退出方法：

```
exit 0
```

4．控制台句柄

几乎所有的控制台函数都要求将控制台句柄作为第一个参数传递给它们。句柄是一个 32 位无符号整数，用来唯一确定一个对象，如某个输入设备、输出设备或者一个图形。本例程序中使用了标准输出句柄（其数值是–11）和标准输入句柄（其数值是–10），并分别使用常量 STD_OUT-PUT_HANDLE 和 STD_INPUT_HANDLE 表示。

GetStdHandle 函数获取一个控制台输入或输出的句柄实例。在控制台程序中进行任何输入、输出操作都需要首先使用 GetStdHandle 函数获得一个句柄实例。该函数在汇编语言可以如下声明：

```
GetStdHandle  proto, nstdhandle:dword
```

其中，nstdhandle 参数（在声明中可以省略这样的参数名，也可以是其他名，但后面的类型不能省略）可以是标准输出句柄或标准输入句柄等。API 函数的返回值保存在 EAX。所以 GetStdHandle 函数执行结束，在 EAX 寄存器返回一个句柄实例。为了以后使用，通常应该把它保存起来，正像例题所做的那样：

```
invoke  GetStdHandle, STD_OUTPUT_HANDLE
mov     outhandle, eax
```

5．控制台输出函数

WriteConsole 函数使用控制台输出句柄将一个字符串输出到屏幕上，并支持标准的 ASCII 控制字符，如回车、换行等。

Win32 API 中可以使用两种字符集：ANSI 定义的 8 位的 ASCII 字符集和 16 位的 Unicode 字符集。Unicode 是国际信息交换代码，向下兼容 ASCII 代码，可以表达世界上各种语言的绝大多数字符，并具有扩展能力。用于文本操作的 Win32 API 函数往往有两种版本：用于 8 位 AN-SI 字符集的版本中，函数名以字母 A 结尾（如 WriteConsoleA）；用于 16 位宽字符集（包括 Unicode 字符集）的版本中，函数名以字母 W 结尾（如 WriteConsoleW）。

Windows 95/98 操作系统不支持以 W 结尾的函数。Windows NT/2000/XP 操作系统的内置字符集是 Unicode，在这些操作系统中如果调用以 A 结尾的函数，操作系统会首先将 ANSI 字符转换成 Unicode 字符，再调用对应以 W 结尾的函数。

在 MSDN 文档中，函数名尾部的字母 A 或 W 被省略（如 WriteConsole）。汇编语言可以利用等价伪指令将函数名重新定义：

```
WriteConsole    equ <WriteConsolea>
```

这样就可以通过正常的函数名来调用 WriteConsole 函数。

WriteConsole 函数在汇编语言中可以如下声明：

```
WriteConsolea    proto,
                 handle:dword,        ; 输出句柄
                 pbuffer:dword,       ; 输出缓冲区指针
                 bufsize:dword,       ; 输出缓冲区大小
                 pcount:dword,        ; 实际输出字符数量的指针
```

```
                    lpreserved:dword                    ; 保留（必须为0）
```

第1个参数是控制台输出句柄实例；第2个参数是指向字符串的指针，即缓冲区地址；第3个参数指明字符串长度，是一个32位整数；第4个参数指向一个整数变量，函数运行结束将在这里返回实际输出的字符数量；最后一个参数保留，使用时必须设置为0。

在本例程序中，outhandle变量用于保存输出句柄，outbuffer表示输出字符串，outbufsize常量是字符串长度，outsize变量用于保存实际输出的字符数量。WriteConsole函数的第2个和第4个参数是变量地址，需要使用ADDR获得。地址参数常会使用"ADDR"操作符，后跟标号或者变量名字，表示它们的地址。ADDR操作符类似OFFSET操作符，但ADDR只用在INVOKE语句中，常用于获取局部变量的地址，而OFFSET只能获取全局变量的偏移地址。MASM在数据段定义的变量都是全局变量。局部变量使用LOCAL伪指令定义，占用堆栈区域，需要使用ADDR、不能使用OFFSET获取地址。

6. 控制台输入函数

ReadConsole函数将键盘输入的文本保存到一个缓冲区，汇编语言中的声明如下：

```
    ReadConsolea        proto,
                        handle:dword,           ; 输入句柄
                        pbuffer:dword,          ; 输入缓冲区指针
                        maxsize:dword,          ; 要读取字符的最大数量
                        pbytesread:dword,       ; 实际输入字符数量的指针
                        notused:dword           ; 未使用（但需要一个数值，如0）
```

本例程序使用 inhandle 变量保存输入句柄，定义一个 inbufsize 数量的输入缓冲区 inbuffer，实际输入的字符数量用 insize 保存。当执行这个函数时，系统等待用户输入（如用户输入3个字符，依次是1、2、3）并回车确认。由于回车按键代表了回车字符0DH和换行字符0AH，因此 insize 变量保存用户输入字符个数再加2的结果（如本例中是5，用十六进制数表示依次是31、32、33、0D、0A）。因此，读者不要忘记在定义输入缓冲区时留出额外的2字节。

至此，相信读者可以读懂本例题程序的功能了。程序使用获取句柄函数 GetStdHandle 得到输出句柄，然后使用 WriteConsole 控制台输出函数显示提示信息，要求用户输入信息。其次，程序使用 GetStdHandle 函数获得输入句柄，并使用 ReadConsole 控制台输入函数等待用户输入信息。最后，程序调用 ExitProcess 进程退出函数，执行结束。

6.5.3 Windows 应用程序的开发

利用 MASM 开发 Windows 应用程序的过程类似 MS-DOS 模拟平台的开发过程。

1. 进入 MASM 开发环境

首先，进入 Windows 控制台（使用 Windows 的命令行文件 cmd.exe）。方法是选择"开始"→"运行"，在打开的对话框中输入"cmd"命令，或者选择"开始"→"程序"→"附件"→"命令提示符"。然后进入 MASM 开发目录。如果使用本书建议的软件包，可以在资源管理器下双击 win.bat，启动 Windows 控制台窗口，并快速进入 MASM 目录。

2．源程序的汇编

源程序文件编辑完成（如文件名是 lt611.asm，仍保存在 MASM 目录下），进行汇编的命令可以是：

```
ml /c /coff /Fl /Zi lt611.asm
```

参数"/c"表示只进行汇编，参数"/coff"表示生成 COFF（Common Object File Format）格式的 OBJ 模块文件。COFF 是 32 位 Windows 和 UNIX 系统使用的目标模块文件格式，上述两个参数是必不可少的。参数"/Fl"表示产生列表文件，参数"/Zi"表示加入调试信息，以方便以后的排错。

3．目标代码的连接

MASM 系统中的连接程序 link.exe 是段式可执行程序连接器（Segmented Executable Linker），用于生成 16 位 DOS 程序，不能连接生成 32 位 Windows 应用程序，所以需要利用其他连接器，如从 Windows 的软件开发包 SDK 或者 Visual C++获得。将这种所谓的 32 位增量式连接器（Incremental Linker）文件及配套使用的动态链接库文件复制到 MASM 目录，为了避免与原来的连接器文件重名（link.exe），可以把它存放在 MASM 开发目录的子目录下（如本书的软件包建议是 BIN32），或者将 32 位连接器更名为 link32.exe。这样，进行链接需要输入如下命令：

```
bin32\link /subsystem:console /debuglt611.obj
```

参数"/subsystem:console"表示生成一个控制台程序（如果生成 Windows 窗口应用程序，则应该使用"/subsystem:windows"），参数"/debug"说明加入调试信息。当然，我们可以编辑一个批处理文件，以方便执行上述命令。另外，开发 Windows 应用程序时需要使用的导入库文件（如 kernel32.lib 等）也需要复制到 MASM 目录（或 BIN32 子目录）。

调试程序 DEBUG 和 CodeView 都不能调试 Windows 应用程序，需要使用 WinDbg 等支持 Windows 程序的调试程序，也可以使用 Visual C++等集成开发环境的调试程序。

6.5.4 创建消息窗口

Windows 图形界面以窗口、对话框、菜单、按钮等实现用户交互。用汇编语言编写图形窗口应用程序就是调用这些 API 函数。消息窗口是常见的图形显示形式。创建 Windows 的消息窗口也非常简单，只要使用 MessageBox 函数即可，其代码在 user32.dll 动态连接库中。

【例 6.12】 创建消息窗口程序。

```
        .386
        .model flat, stdcall
        option      casemap: none
        includelib  bin32\kernel32.lib
        includelib  bin32\user32.lib
ExitProcess     proto:,:dword
MessageBoxA     proto:dword,:dword,:dword,:dword
MessageBox      equ <MessageBoxA>
null            equ 0
mb_ok           equ 0
        .data
```

```
szcaption        db 'Win32示例', 0
sztext           db '欢迎进入32位 Windows 世界!', 0
      .code
start:  invoke  MessageBox, null, addr sztext, addr szcaption, mb_ok
        invoke  ExitProcess, null
        end start
```

本例将生成一个标准的 Windows 消息窗口应用程序（连接时使用"/subsy tem:windows"参数）。只要在 Windows 下双击，就可以启动该程序运行，弹出一个消息窗并显示"欢迎进入 32 位 Windows 世界!"，标题是"Win32 示例"。本程序利用 Windows 的 MessageBox 函数显示一个消息窗，然后调用 ExitProcess 函数返回 Windows 操作系统。

MessageBox 是一个标准的 API，其功能是在屏幕上显示一个消息窗口。在 Win32 程序员参考手册中，它的定义如下：

```
int MessageBox(
    hwnd hWnd,                  // handle of owner window
    lpctstr lpText,             // address of text inmessage box
    lpctstr lpCaption,          // address of title of message box
    UINT uType                  // style of message box
);
```

其中，hWnd 是父窗口的句柄。如果该值为 NULL，则说明该消息窗没有父窗口。这里的句柄是窗口的一个地址指针，代表一个窗口。对窗口做任何操作时必须引用该窗口的句柄。

lpText 是要显示字符串的地址指针，即字符串的首地址。lpCaption 是消息窗标题的地址指针，需要用 NULL 结尾。uType 是一组位标志，指明该消息窗的类型。例如，如果该值为 MB_OK，则该消息窗只具有一个按钮 OK，这也是默认值。再如，该值为 MB_OKCANCEL，则该对话框有两个按钮：OK 和 Cancel。在中文 Windows 环境下，对应的是中文按钮"确定"和"取消"。对 MessageBox 函数的声明如下：

```
MessageBoxA  proto:dword,:dword,:dword,:dword
MessageBox   equ <MessageBoxA>
```

于是，程序中可以进行如下调用：

```
      invoke  MessageBox, null, addr sztext, addr szcaption, mb_ok
```

MB_OK 和 NULL 已经定义为常量，其值都是 0。

6.5.5　创建窗口应用程序

利用 API 函数，从最基础开始开发一个 32 位保护方式的 Windows 程序确实不太容易。不仅需要掌握各种 API 函数的调用方法，还必须将它们转换为汇编语言的形式进行声明，因为 API 函数都是采用 C/C++语法进行声明的。手工翻译这些包含声明的头文件既烦琐又容易出错，好在微软的软件开发包 SDK 中有一个转换工具 H2INC，能够将 C 风格的头文件转换成 MASM 兼容的包含文件（.inc）。这个工具只能转换常量、结构和函数声明，无法转换 C 代码。

当前，虽然没有商业化、专门的利用汇编语言开发 32 位 Windows 应用程序的集成软件包，但 Steve Hutchesson 提供了一个免费软件开发包 MASM32，其中包括编辑器、MASM 6.14 汇编程序和链接程序，以及相当完整的 Win32 的包含文件、库文件、教程和示例等。

本书配套软件只是提供了一个最基本 Windows 编程环境，主要是控制台输入/输出等基本函数，不支持更复杂的图形窗口界面程序开发，所以本节内容将基于 MASM32 开发包。

读者可以从 Steve Hutchesson 的主页（http://www.movsd.com）下载 MASM32 软件包文件（2008 年发布第 10 版）。下载下来的是一个压缩文件，解压后是一个 install.exe 文件，可以在 Windows 2000 及以后的版本运行，实现 MASM32 开发软件的安装。在安装过程中需要选择安装后 MASM32 所在的硬盘分区，安装程序会将 MASM32 程序安装到所选择分区根目录下 MASM32 目录中。MASM32 已经将 Windows API 常量和函数声明转换为汇编语言的包含文件，全部存放在 MASM32\INCLUDE 目录，对应的导入库文件保存在 MASM32\LIB 目录。MASM32 的编辑器除用于编辑源程序外，还集成了汇编、链接及创建（Build）、调试可执行文件等功能，是一个简单的图形界面的集成开发环境。

如果利用 MASM32 开发环境，例 6.12 程序可以删除常量定义和函数声明，但需要使用包含伪指令包含 WINDOWS.INC 等文件，如下所示：

```
include      include\windows.inc
include      include\kernel32.inc
include      include\user32.inc
includelib   lib\kernel32.lib
includelib   lib\user32.lib
```

windows.inc 包含文件声明了所有的 Windows 数据结构和常量，如标准输入/输出句柄 STD_INPUT_HANDLE、STD_OUTPUT_HANDLE 及 NULL 和 MK_OK 等常量。例中使用的 API 函数在 kernel32.inc 和 user32.inc 声明，需要使用对应的 kernel32.lib 和 user32.lib 导入库文件。

源程序编辑完成，取名保存。然后利用"工程"（Project）菜单下的"创建"（Build）命令生成可执行文件。

下面在 Steve Hutchesson 的 MASM32 开发环境下简单介绍 Windows 图形界面应用程序的设计方法。用汇编语言创建 32 位 Windows 应用程序与用 C++采用 API 开发没有太大区别，除语言不同外，其程序框架和用到的函数基本上都是一样的。下面的程序运行后，创建一个标准的 Windows 窗口程序，包括标题栏及客户区，能够进行标准的窗口操作，如最小化、最大化、关闭等。

【例 6.13】 一个简单的窗口应用程序。

```
        .386
        .model flat, stdcall
        option      casemap:none
        include     include\windows.inc
        include     include\kernel32.inc
        include     include\user32.inc
        includelib  lib\kernel32.lib
        includelib  lib\user32.lib
WinMain             proto, :dword, :dword, :dword, :dword
        .data                       ; 具有初值的数据段定义（汇编时分配主存空间）
ClassName db "SimpleWinClass", 0    ; 窗口类名称
AppName db "Win32示例", 0           ; 程序名
        .data?                      ; 没有初值的数据段定义（运行时分配主存空间）
```

```
hInstance      dd  ?                                                      ; 应用程序实例句柄
CommandLine  dd  ?                                                      ; 命令行参数地址指针
            .code
start:      ; 调用主过程
            invoke   GetModuleHandle, null
            mov      hInstance, eax                                       ; 获得实例句柄, 保存
            invoke   GetCommandLine
            mov      CommandLine, eax                                     ; 获得命令行参数地址指针, 保存
            invoke   WinMain, hInstance, null, CommandLine, SW_SHOWDEFAULT
            invoke   ExitProcess, eax
            ; WinMain 主过程
WinMain  proc  hInst:dword, hPrevinst:dword, CmdLine:dword, CmdShow:dword
            local    wc:wndclassex                                        ; 定义窗口属性的结构变量
            local    msg:Msg                                              ; 定义消息变量
            local    hwnd:dword                                           ; 定义窗口句柄变量
            ; 初始化窗口类变量
            mov      wc.cbsize, sizeof WndClasSex
            mov      wc.style, CS_HREDRAW or CS_VREDRAW
            mov      wc.lpfnWndProc, offset WndProc                       ; WndProc 是窗口过程
            mov      wc.cbClsExtra, null
            mov      wc.cbWndExtra, null
            push     hInstance
            pop      wc.hInstance
            mov      wc.hbrBackground, COLOR_WINDOW+1
            mov      wc.lpszMenuName, null                                ; 没有使用菜单栏
            mov      wc.lpszClassName, offset ClassName
            invoke   LoadIcon, null, IDI_APPLICATION                      ; 获得系统标准图标
            mov      wc.hIcon, eax
            mov      wc.hIconSm, eax
            invoke   LoadCursor, null, IDC_ARROW                          ; 获得系统标准光标
            mov      wc.hCursor, eax
            invoke   RegisterClasSex, addr wc                             ; 注册窗口类
            invoke   CreateWindowEx, null, addr ClassnAme, addr AppName,\
                     WS_OVERLAPPEDWINDOW, CW_USEDEFAULT, CW_USEDEFAULT,\
                     CW_USEDEFAULT, CW_USEDEFAULT, null, null, hInst, null
            mov      hWnd, eax                                            ; 创建窗口, 保存其句柄
            invoke   ShowWindow, hWnd, SW_SHOWNORMAL                      ; 显示窗口
            invoke   UpdateWindow, hWnd                                   ; 更新窗口
            .while true                                                   ; 消息循环
            invoke   GetMessage, addr Msg, null, 0, 0                     ; 获得消息
            .break.if(!eax)
            ; .while true 形成无条件循环, 若 EAX=0, 则跳出循环
            invoke   TranslateMessage, addr Msg                          ; 翻译消息
            invoke   DispatchMessage, addr Msg                           ; 分派消息
            .endw
            mov      eax, Msg.wParam
            ret
```

```
winmain  endp
         ; 窗口过程
wndproc  proc  hWnd:dword, uMsg:dword, wParam:dword, lParam:dword
         .if uMsg==WM_DESTROY
         invoke   PostQuitMessage, null          ; 处理关闭程序的消息
         .else                                   ; 不处理的消息由系统默认操作
         invoke   DefWindowProc, hWnd, uMsg, wParam, lParam
         ret
         .endif
         xor eax, eax
         ret
         wndproc  endp
         end start
```

这个看似庞大的源程序其中大部分代码可以在任何窗口应用程序重复使用。

1. 主过程 WinMain

在用 C++开发 Windows 应用程序时，WinMain 函数是应用程序的入口点，该函数结束也就是程序退出的出口点。汇编语言从代码段开始执行，没有 WinMain 函数。我们可以用汇编语言创建这样一个 WinMain 过程，使汇编语言更接近 C++。在调用 WinMain 前，汇编语言首先需要为这个过程准备调用参数，调用后还需要利用 WinMain 过程的返回值调用 Exit Process 函数结束程序。

WinMain 函数的 C++原型如下：

```
int API ENTRY WinMain(HINSTANCE hInstance,
                      HINSTANCE hPrevInstance,
                      LPSTR lpCmdLine,
                      int nCmdShow)
```

原型中的大写字符串表示参数类型，定义在 Windows 头文件中。这些参数类型都对应汇编语言的双字 DWORD 类型，在 windows.inc 中也对这些名称进行了自定义，定义为 DWORD 类型。为了不至造成混乱，本例程序一律直接使用 DWORD 类型，后面介绍的 API 函数和 WndProc 过程也如此处理。所以，汇编语言可以如下声明：

```
WinMain  proto, :dword, :dword, :dword, :dword
```

hInstance 参数是当前应用程序的句柄实例，可以通过使用 NULL 参数调用 GetModuleHandle 函数获得，例题程序中被保存到 hInstance 变量。hPrevInstance 参数表示前一个实例句柄，对于所有 Win32 应用程序这个参数总是 NULL。因为每个 Win32 应用程序都将创建一个独立的进程，只有一个唯一的实例，不存在前一个实例。保留该参数的目的是与 16 位应用程序形式上的兼容。

lpCmdLine 参数用于指向命令行参数的字符串指针，可以通过调用 GetCommandLine 函数获得，例题程序中被保存在 CommandLine 变量。字符串要求按照 C++规范以 0 结尾。

nCmdShow 用于指定窗口的显示方式，包括 SW_SHOW（显示窗口）、SW_HIDE（隐藏窗口）、 SW_SHOWDEFAULT （默认窗口）、 SW_SHOWNORMAL （正常窗口）、 SW_SHOWMAXIMIZED（最大化窗口），SW_SHOWMINIMIZED（最小化窗口）等。

WinMain 函数返回的是一个整型数值，包含在 EAX 寄存器中，可以利用这个返回值调用 ExitProcess 函数退出进程。

Windows API 中习惯使用大写字符串表示常量，如 SW_SHOWDEFAULT 等，其中用下划线分隔的前 2 个或 3 个字母前缀表示常量所属类别，如 SW 表示显示窗口的形式、IDI 表示图标形式、IDC 表示光标形式、CW 表示创建窗口形式等。大多数 Windows 程序员使用匈牙利命名法为变量取名，它以小写字母开头，表示变量具有的数据类型。例如，hInstance 的字母 h 表示句柄（Handle），lp 表示长型整数指针（Long Pointer），n 表示短整数（Short）。

2．窗口类的注册和调用

WinMain 函数的主要任务如下：① 初始化窗口类结构，对窗口类进行注册；② 创建窗口、显示窗口，并更新窗口；③ 进入消息循环，不停地检测有无消息，并把它发送给窗口进程去处理，如果是退出消息，则返回。

在 WinMain 函数中，首先要定义一个窗口类，并对其进行注册，即为窗口指定处理消息的过程，定义光标、窗口风格、颜色等参数。"类"是面向对象程序设计的一个最基本概念，它是用户定义的数据类型，包括数据和操作数据的函数；"对象"则是类的"实例"。

窗口属性由一个 WNDCLASSEX 结构设置，在 windows.inc 中的定义如下（注释是作者加入的）：

```
wndclassex struct
        cbSize          dword ?   ; 指定该结构的大小，可以为 sizeof wndclassex
        style           dword ?   ; 窗口类风格，一般为 cs_hredraw 或 cs_vredraw，表示
                                  ; 窗口高度或宽度发生变化时重新绘制窗口
        lpfnWndProc     dword ?   ; 处理窗口消息的窗口过程的地址指针
        cbClsExtra      dword ?   ; 分配给窗口类结构之后的额外字节数，可为0
        cbWndExtra      dword ?   ; 分配给窗口实例之后的额外字节数，可为0
        hInstance       dword ?   ; 当前应用程序的句柄实例，可以使用 WinMain 的句柄
        hIcon           dword ?   ; 窗口类的图标，用 loadicon 函数获得，取自系统定义的图标
                                  ; 或应用程序的资源
        hCursor         dword ?   ; 窗口类的光标，用 loadcursor 函数获得，取自系统定义的光
                                  ; 标或应用程序的资源
        hbrBackground   dword ?   ; 窗口类的背景颜色，可以使用系统定义的颜色
        lpszMenuName    dword ?   ; 菜单的句柄，为 null，表示不显示菜单栏；或者为一个标识
                                  ; 菜单资源的字符串，用于显示资源定义的菜单项
        lpszClassName   dword ?   ; 窗口类名称
        hIconSm         dword ?   ; 图标的句柄
wndclassex ends
```

WinMain 函数首先用 LOCAL 伪指令定义了 WNDCLASSEX 结构的局部变量 wc，然后给结构成员（用"."分隔变量名和成员名）进行赋值。

Windows 操作系统维护 29 种颜色用于显示其各种形状，其数值等于 0～28。例如，COLOR_MENU 表示菜单颜色，数值是 4；COLOR_WINDOW 表示窗口颜色，数值是 5；COLOR_WIN-DOWFRAME 表示窗口边框颜色，数值为 6。用户可以通过"控制面板"中"显示"程序的"外观"对话框改变。

LoadIcon 函数用于加载应用程序的图标，有两个参数。第一个是应用程序实例句柄（可以用 GetModuleHandle 函数获得），如果设置为 NULL，为加载系统提供的标准图标。第二个参数是名称字符串或图标的标识符，如 IDI_APPLICATION 表示默认的应用程序图标，IDI_ASTERISK 是提示性消息图标，IDI_QUESTION 表示问号图标，IDI_WINLOGO 表示

Windows 徽标。LoadIcon 函数执行结束后，从 EAX 返回一个图标句柄。

LoadCursor 函数用于加载应用程序的光标，它有两个参数。第一个是应用程序实例句柄（可以用 GetModuleHandle 函数获得），如果设置为 NULL，为加载标准光标。第二个参数是名称字符串或光标的标识符，如 IDC_ARROW 表示标准光标(常用于对象选择)，IDC_CROSS 是十字光标（常用于精确定位），IDC_HAND 是手型光标（常表示链接），IDC_HELP 是帮助光标（常说明有帮助信息）。LoadCursor 函数执行结束后，从 EAX 返回一个光标句柄。

有关系统颜色、图标和光标等的常量定义可以参考 windows.inc 文件。

完成窗口类属性的设置，就可以调用 RegisterClassEx 函数进行窗口类注册，它有一个参数需要指向 WNDCLASSEX 结构变量 wc。

3. 窗口的创建、显示和更新

一旦完成窗口注册，接着就是为应用程序创建一个实际的窗口。创建窗口需要调用 CreateWindowEx 函数实现。在 Win32 程序员手册中，它的原型如下：

```
HWNDCreateWindowEx(
    DWORD     dwExStyle,          //extended window style
    LPCTSTR   lpClassName,        //pointer to registered class name
    LPCTSTR   lpWindowName,       //pointer to window name
    DWORD     dwStyle,            //window style
    int   x,                      //horizontalposition of window
    int   y,                      //verticalposition of window
    int   nWidth,                 //window width
    int   nHeight,                //window height
    HWND  hWndParent,             //handle to parentorowner window
    HMENU hMenu,                  //handle to menu,orchild-window identifier
    HINSTANCE  hInstance,         //handle to application instance
    LPVOID  lpParam               //pointer to window-creation data
);
```

参数 dwExStyle 是窗口的扩展风格，NULL 表示不使用。参数 dwStyle 是窗口风格。WS_OVER-LAPPEDWINDOW 表示创建一个标准 Windows 窗口，包括标题栏、系统菜单按钮、粗边框以及最小化、最大化和关闭按钮，实际上包括了 WS_OVERLAPPED（标题栏和边框）、WS_CAPTION（标题栏）、WS_SYSMENU（系统菜单按钮）、WS_THICKFRAME（粗边框）、WS_MINIMIZEBOX（最小化按钮）和 WS_MAXIMIZEBOX（最大化按钮）风格，与 WS_TILEDWINDOW 风格一样。

lpClassName 参数是注册的窗口类名称指针。lpWindowName 是程序名指针。参数 x、y、nWidth、nHeight 依次是窗口的水平、垂直位置和宽度、高度，可以是具体的数值，使用 CW_USEDEFAULT 表示使用系统默认值。hWndParent 是父窗口句柄，hMenu 是菜单句柄或子窗口标识符，hInstance 是应用程序实例句柄。lpParam 参数是指向窗口数据的指针。CreateWindowEx 函数创建窗口成功，在 EAX 返回其句柄，否则返回 NULL。窗口创建后并不会马上显示，需要 ShowWindow 函数显示窗口，还需要调用 UpdateWindow 函数对窗口更新。显示窗口和更新窗口函数都需要使用窗口的实例句柄，显示窗口时还要指明显示方式，常量 SW_SHOWNORMAL 表示正常窗口。

4．消息循环

屏幕上有了显示窗口，程序现在必须准备好接收用户的键盘和鼠标输入。Windows 操作系统为每个 Windows 程序维持一个消息队列（Message Queue）。当一个输入事件发生时，Windows 操作系统翻译该事件成为一个消息，并放置于消息队列中。例题程序使用一个WHILE 循环结构，从消息队列中检索消息、翻译消息和分派消息，即消息循环。消息用 MSG结构表达，在 MASM32 开发环境的 windows.inc 文件中，类型声明如下：

```
msg struct
        hWnd          dword ?
        message       dword ?
        wParam        dword ?
        lParam        dword ?
        Time          dword ?
        pt            point <>
msgends
```

参数 hwnd 指示窗口，其窗口过程接收消息。message 参数是一个消息编号，说明消息的类型。参数 wParam 和 lParam 指明消息的附加信息，它们的具体含义取决于消息类型。Time参数标明消息发送的时间。pt 参数是 POINT 数据类型，又是一个结构类型，指示当消息发送时的光标位置。在 WinMain 过程开始，定义有一个 MSG 结构类型的 msg 变量。

在消息循环的开始，GetMessage 函数从消息队列检索一个消息。该函数的第一个参数是指向 msg 消息变量的指针。第二个参数是要接收消息的窗口句柄，如果为 NULL 有特别含义，表示程序需要其所有窗口的消息。第三个和第四个参数都是整数值，分别表示接收的最低和最高消息编号，如果它们都是 0，则表示 GetMessage 函数将返回所有消息。

消息变量的值由操作系统根据用户的输入设置。当收到除 WM_QUIT 之外的消息时，GetMessage 函数返回非零数值，即逻辑真 TRUE。而当收到 WM_QUIT 消息时，GetMessage函数返回零，即逻辑假 FALSE，此时语句".BREAK.IF(!EAX)"使程序跳出消息循环，WinMain函数返回。API 函数用 EAX 返回值，所以 msg.wParam 赋值给 EAX，用 RET 指令返回主程序。当存在错误时，GetMessage 函数返回–1。

如果进程需要从键盘接收字符输入，消息循环中必须包括 TranslateMessage 函数。每次用户按键，Windows 生成一个虚拟键消息，它是一个虚拟键代码而不是字符代码值。为了得到这个字符代码值，消息循环需要使用 TranslateMessage 函数将虚拟键消息翻译成字符消息，并放回到应用程序的消息队列。然后，消息循环利用 DispatchMessage 函数将消息分派给窗口过程，也就是在注册窗口时的 WndProc 过程。

5．窗口过程

前面介绍的 WinMain 过程应该说只是辅助操作，真正的动作处理是在窗口过程中，本例取名为 WndProc 过程。窗口过程决定在客户区的显示内容，以及程序如何响应用户输入。WndProc 过程通常总是如下定义：

```
    WndProc proc hWnd:HWND, uMsg:UINT, wParam:WPARAM, lParam:LPARAM
```

其中，"："后的大写字符串表示参数类型，在 windows.inc 文件中都被重新定义为 DWORD类型，所以都可以直接写做 DWORD。它的 4 个参数含义与 MSG 结构的前 4 个结构字段一样，依次是窗口句柄、消息编号和 2 个消息附加信息。其中，参数 uMsg 是一个数值，表示消息类型。包含文件中以 WM 前缀（Window Message）的标识符定义了 Windows 的各种消息，如 WM_LBUTTONDOWN—按下鼠标左键产生的消息，WM_RBUTTONDOWN—按下鼠标右键产生的消息，WM_CLOSE—主窗口关闭时产生的消息，WM_DESTROY—用户结束程序运行时产生的消息。

窗口过程根据参数 uMsg 得到消息，并转到不同的分支去处理。窗口过程处理的消息返回 Windows 时要在 EAX 中赋值 0；不处理的消息，必须调用 DefWindowProc 函数由操作系统按照默认方式进行处理，并将其返回值返给窗口过程，以确保发送给应用程序的每条消息都能够得到响应。调用 DefWindowProc 函数需要使用与窗口过程相同的参数。

本例的窗口过程仅处理 WM_DESTROY 消息，即使用调用 PostQuitMessage 函数的标准方式。PostQuitMessage 函数向消息队列发送 WM_QUIT 消息，并立即返回。PostQuitMessage 函数带有一个退出代码参数，作为 WM_QUIT 消息的 wParam 参数。

至此，从头到尾分析了 Windows 窗口应用程序。不过，这个程序生成的标准窗口并没有任何功能。现在结合前一个例题，增加单击鼠标左键弹出消息窗口的功能。

【例 6.14】 弹出消息的窗口应用程序。

只需在例 6.13 源程序的基础上做简单增加。数据段增加一个字符串：

```
szText    db '欢迎进入32位 Windows 世界!', 0
```

窗口过程中增加两条语句：

```
        invoke   PostQuitMessage, NULL           ; 处理关闭程序的消息
        .elseif uMsg==WM_LBUTTONDOWN             ; 处理单击鼠标左键的消息
        invoke   MessageBox, NULL, ADDR szText, ADDR AppName, MB_OK
        .else                                    ; 不处理的消息由系统默认操作
```

通过上述若干例题程序的分析和实践，相信读者对使用汇编语言编写 32 位 Windows 应用程序有了初步理解或掌握。只要充分利用 MASM 的高级语言程序设计特性，尤其是 PROTO 和 INVOKE 伪指令，调用 Windows API 函数，同时借助 Hutch 提供的免费 MASM32 软件，完全可以采用汇编语言开发 32 位 Windows 应用程序。但这是一个相对烦琐的过程。即使采用 C++调用 API 函数编写 Window 应用程序，也将涉及非常繁杂的技术细节，许多 C++程序员对设备句柄、消息机制、字体度量、位图和映射方式等也不一定非常清楚。

习 题 6

6.1 从编写应用程序的角度，总结 32 位 80x86 CPU 与 16 位 80x86 CPU 的异同，主要涉及寄存器、寻址方式和指令格式。

6.2 什么是 16 位段和 32 位段？认真阅读本章前 3 节，从不同方面总结 16 位段与 32 位段在编程应用中的异同。

6.3 什么是实方式、保护方式和虚拟 8086 方式？

6.4 在以 BP、EBP、ESP 作为基址寄存器访问存储器操作数时，其默认的段寄存器是＿＿＿＿＿＿＿＿＿＿；但是，通常 ESP 作为＿＿＿＿＿＿＿＿＿＿，不应该将它用于其他目的。

6.5 为什么说 32 位通用寄存器比 16 位通用寄存器更通用？

6.6 32 位指令新增哪些超越指令前缀？代码为 66H 和 67H 的超越前缀的作用是什么？

6.7 本章的 32 位扩展指令是指哪类指令？什么是保护方式类指令和特权指令？

6.8 指令助记符是为了方便记忆，在 5.2 节介绍的许多指令，如 PUSHFD、INSD 等，最后都有一个字母 D，它表示什么含义？再举 5 个这样的指令例子。

6.9 POPA 和 POPAD 指令执行后，SP 和 ESP 的值为多少？为什么？

6.10 认真思考 LEA 指令的功能，然后用一条 LEA 指令实现如下运算操作：

```
eax←ebx+esi×2+1234h
```

能够保证该运算正确的条件是什么？

6.11 顺序执行下面每段程序后，说明 EAX、EBX、ECX、EDX、ESP 的数值，以字为单位画出第 2 段中堆栈的内容，并请在调试程序中单步运行，以验证结论。

（1）
```
mov     eax, 12345678h
mov     ebx, 87654321h
mov     ecx, 1111h
mov     edx, 9999h
mov     esp, 2000h
```

（2）
```
push    eax
push    ebx
push    3333h
push    ecx
push    dx
```

（3）
```
pope    dx
pop     cx
pop     bx
pop     eax
```

6.12 对 8 种加减指令和 5 种逻辑运算指令，用 32 位操作数各举一个例子，并利用列表文件或调试程序获得它们的机器代码。

6.13 利用 32 位扩展指令编写运行在 DOS 环境的源程序，应该注意哪些方面的问题？

6.14 回答下列问题：

（1）"ADD   ECX, AX"指令错在哪里？

（2）"INC   [BX]"指令错在哪里？

（3）说明"IMUL   BX, DX, 100H"指令的操作。

（4）"JECXZ"指令什么条件下转移？

（5）"MOV   AX, [EBX+ECX]"指令正确吗？

（6）32 位 80x86 CPU 的 JCC 指令的转移范围可有多大？

（7）如何让汇编程序识别 80386 指令？

（8）如何让汇编程序形成 16 位段和 32 位段？

6.15 阅读如下运行于 32 位段的程序，为每条指令加上注释，并说明该过程的功能。

```
array   dw  …
sum     proc near
        mov     ebx, offset array
        mov     ecx, 3
        mov     ax, [ebx+2*ecx]
```

```
        mov     ecx, 5
        add     ax, [ebx+2*ecx]
        mov     ecx, 7
        add     ax, [ebx+2*ecx]
        ret
sum     endp
```

6.16 完成下列程序段。

（1）选择一条指令完成将 EBX 的内容减 1。

（2）将 EAX、EBX、ECX 内容相加，并将和存入 EDX 寄存器。

（3）写一个过程，求 EAX、EBX、ECX 的和。若有进位，则将 1 存入 EDX，否则 EDX 存入 0。过程结束，累加和从 EAX 返回。

（4）设 EAX 有一个不太大的无符号数，请用两种方法都只用一条指令实现 EAX 乘以 8。

（5）设 AL 是有符号数，请用两种方法把 AL 扩展到 EAX。

（6）设 AL 是无符号数，请用两种方法把 AL 扩展到 EAX。

6.17 解释下列指令如何计算存储器操作数的单元地址。

（1）add   [ebx+8*ecx], al

（2）mov   data[eax+ebx], cx

（3）sub   eax, data

（4）mov   ecx, [ebx]

6.18 请采用 80386 的新增指令优化例 6.5 的移位程序段，上机实现。

6.19 针对例 6.6 的排序过程 SORTING：

（1）ECX 能够大于 64 KB（即数据个数可以大于 64 KB）吗？为什么？

（2）如果按照相反的顺序（升序）排列数据，应该如何修改？

（3）增加一个入口参数 BL，当 BL=0 时，按从小到大排序，当 BL=1 时，按从大到小排序。此时程序要做什么修改？

6.20 填写如下程序段的运行结果：

```
    mov     eax, 01234567h      ; eax=_____
    mov     edx, 5abcdef9h      ; edx=_____
    shrd    eax, edx, 4         ; eax=_____, edx=_____, cf=_____
    shrd    eax, edx, 8         ; eax=_____, edx=_____, cf=_____
    shld    dx, ax, 1           ; eax=_____, edx=_____, cf=_____, of=_____
```

6.21 例 6.7 和例 6.8 如果不用条件设置指令，如何修改？

6.22 请用 80386 及以下处理器的指令实现 80486 的新增指令，写成宏结构形式：

（1）bswap

（2）xadd

（3）cmpxchg

6.23 为了防止在不支持 CPUID 指令的处理器上运行例 6.9 程序所引起的异常，请加入利用 ID 标志判断处理器是否支持 CPUID 指令的功能。注意，如果你的汇编程序不支持对 Pentium 指令的汇编，请用宏定义实现。

6.24 请利用 CPU 类型识别过程，编写一个显示当前 CPU 类型的程序。

6.25 假设方程系数是 32 位整数，请改写第 4 章的例 4.3。

6.26　参照第 4 章的例 4.5，计算 1～dnum 的和。其中，dnum 是最大不超过 10000 的正整数。

6.27　编写计算两个 8 位压缩 BCD 码数之和的程序，8 位 BCD 码用连续 4 字节表示。可以编写成子程序形式，用 EAX 传递参数。

6.28　参照第 4 章的习题 4.29，编写用十六进制形式显示一个 32 位二进制数的过程，分别用寄存器、变量和堆栈传递参数。

6.29　在 32 位 Windows 控制台程序例 6.11 的基础上，增加在下一行显示输入内容的功能。

6.30　在 Windows 窗口应用程序例 6.14 的基础上，增加单击鼠标右键弹出另一个消息窗口的功能，在 MASM32 开发环境生成可执行文件。

第7章 汇编语言与C/C++的混合编程

汇编语言是一种符号语言,它用助记符表示操作码,用符号或符号地址表示操作数地址,与机器语言是一一对应的。这种符号化处理后所形成的语言,克服了机器语言可读性差、易出错、检查错误困难等缺点,比机器语言前进了一大步。但是汇编语言仍是与机器密切相关的,是面向机器的语言。它的特点是:占用的存储空间小、运行速度快、有直接控制硬件的能力。汇编语言也有它的缺点和不足,如编写及调试汇编语言程序比高级语言程序要困难、复杂一些;不同系列的机器有不同的汇编语言,不同的机器之间不能通用,移植性差;对汇编语言程序员要求较高,需要熟悉机器的内部结构,如存储器的组织、寄存器结构等。

高级语言是面向用户的语言,高级语言程序员不必熟悉计算机内部的具体构造和机器指令,可以把主要精力放在算法描述上面,所以高级语言的应用领域更广泛。

在高级语言中,C/C++语言更具有显著的特点,既具有高级语言的特点,又具有低级语言的特征,所以既适合编写应用程序,也适合编写系统程序。其主要特点是功能丰富、表达能力强、使用灵活、应用范围广、移植性好等。

由此可见,每种计算机语言都有自己的特点、优势和应用领域。通常在软件的开发过程中,大部分程序采用高级语言编写,以提高程序的开发效率。但在某些部分,如程序的关键部分、运行次数很多的部分、运行速度要求很高的部分或直接访问硬件的部分等,则用汇编语言编写,以提高程序的运行效率。所以,汇编语言与高级语言或高级语言间常常需要通过彼此联系、取长补短,力图充分利用系统和硬件技术所给予的支持。这种组合多种程序设计语言,通过相互调用、参数传递、共享数据结构和数据信息开发程序的过程就是混合编程。

混合编程中的关键问题是建立不同语言之间的接口,即在不同格式的两种语言间提供有效的通信方式,做出符合两种语言调用约定的某种形式说明,实现两种语言间的程序模块互相调用、变量的相互传送及参数和返回值的正确使用。

有两种方法可以实现汇编语言与 C/C++语言的混合程序设计。一种方法是,在 C/C++语言中直接使用汇编语言语句,即嵌入式汇编。这种方法比较简洁直观,但功能较弱。另一种方法是,两种语言分别编写独立的程序模块,分别产生目标代码 OBJ 文件,然后进行连接,形成一个完整的程序。这种方法使用灵活、功能强,但需要解决好混合编程中不同语言间接口的关键问题。

本章先基于 DOS 平台讨论汇编语言与 Turbo C 2.0 语言的 16 位混合编程,重点是 C 语言程序调用汇编语言子程序的方法,也讨论嵌入汇编方法和汇编语言调用 C 函数的方法。最后,基于 Windows 控制台,论述 Visual C++ 6.0 与汇编语言的 32 位混合编程方法。

7.1 Turbo C 嵌入汇编方式

嵌入式汇编又称为行内(in-line)汇编。C/C++语言编译系统提供嵌入式汇编功能,如

Turbo C、Borland C++、Mirosoft C/C++、Visual C++，它们允许在 C/C++源程序中直接插入汇编语言指令的语句。嵌入式汇编语言指令可以直接访问 C/C++语言程序中定义的常量、变量、函数，而不必考虑二者之间的接口。这样可以避免汇编语言与 C/C++语言间复杂的接口问题，从而提高程序设计的效率。

7.1.1 嵌入汇编语句的格式

Turbo C 语言程序中，嵌入汇编语言指令是在汇编语句前加关键字 asm，格式如下：

```
asm  操作码  操作数  <; 或换行>
```

其中，操作码是处理器指令或若干伪指令（详见后面说明）；操作数是操作码可接受的数据，可以是指令允许的立即数、寄存器名，还可以是 C 语言程序中的常量、变量和标号。内嵌的汇编语句可以用";"结束，也可以用换行符结束；一行中可以有多个汇编语句，相互间用";"分隔，但不能跨行书写。嵌入汇编语句的分号不是注释的开始；要对语句注释，应使用 C 的注释，如/* … */。例如：

```
asm  mov    ax, ds;                                    /* ax←ds*/
asm  pop    ax;     asm  pop      ds;     asm  ret;     /* 合法语句 */
asm  push   ds              /* asm 语句是 C 程序中唯一可以用换行结尾的语句 */
```

在 C 程序的函数内部，每条汇编语言语句都是一条可执行语句，被编译进程序的代码段。在函数外部，一条汇编语句是一个外部说明，在编译时被放在程序的数据段中。这些外部数据可被其他程序引用。例如：

```
asm  errmsg db 'System Error'
asm  num    dw 0ffffh
asm  pi     dd 3.1415926
```

含嵌入汇编语句的 C 语言程序并不是一个完整的汇编语言程序，所以 C 程序只允许有限的汇编语言指令集。在 Turbo C 2.0 中，具体说明如下：

① 支持 8086 指令集，包括传送、运算、串操作、转移等全部指令。当内嵌 80186 或 80286 指令时，须使用 TCC 命令行选择项"-L"进行编译，以便使程序能够识别这些指令。

② 支持 8087 浮点指令集。如果采用浮点仿真库，TCC 命令行选择项要使用"-F"，并且不能使用 ffree、fdecstp 和 fincstp 指令。浮点指令详见第 8 章介绍。

③ 仅支持若干汇编语言伪指令，它们是变量定义伪指令 DB、DW、DD 和外部数据说明伪指令 EXTERN。不过，行内汇编的数据分配应该使用 C 语言实现，而不宜使用 DB、DW、DD。

对于有些 C/C++编译器，如 Borland C++，若连续使用若干条 asm 语句，可将它们放在花括号内，并在花括号之前使用 asm 关键字。例如：

```
asm{
    mov    al, 255                    /* 汇编语句段开始 */
    out    1ah, al
    mov    al, 0
    out    1ah, al
}                                     /* 汇编语句段结束 */
```

7.1.2 汇编语句访问 C 语言的数据

内嵌的汇编语句除可以使用指令允许的立即数、寄存器名外，还可以使用 C 语言程序中的任何符号（标识符），包括变量、常量、标号、函数名、寄存器变量、函数参数等。C 编译程序自动将它们转换成相应汇编语言指令的操作数，并在标识符名前加下划线。一般来说，只要汇编语句能够使用存储器操作数（地址操作数），就可以采用一个 C 语言程序中的符号；同样，只要汇编语句可以用寄存器作为合法的操作数，就可以使用一个寄存器变量。

对于具有内嵌汇编语句的 C 程序，C 编译器要调用汇编程序进行汇编。汇编程序在分析一条嵌入式汇编指令的操作数时，若遇到一个标识符，它将在 C 程序的符号表中搜索该标识符；但 8086 寄存器名不在搜索范围之内，而且大小写形式的寄存器名都可以使用。

【例 7.1】 用嵌入汇编方式实现取两数较小值的函数 min()。

```
/* lt701.c*/
int min(int var1, int var2){          /* 用嵌入汇编语句实现的求较小值 */
    asm     mov ax, var1
    asm     cmp ax, var2
    asm     jle minexit
    asm     mov ax, var2
minexit:    return(_ax);              /* 将寄存器 AX 的内容作为函数的返回值 */
}
main(){                               /* C 语言主程序 */
    min(100,200);
}
```

在 C 语言程序中使用嵌入式汇编语句时，还请注意以下几个问题。

（1）通用寄存器的使用

Turbo C 中可以直接使用通用寄存器和段寄存器，只要在寄存器名前加下划线即可。另外，C 语言中使用 SI 和 DI 指针寄存器作为寄存器变量，利用 AX 和 DX 传递返回参数。

如果 C 语言函数中没有寄存器说明，嵌入式汇编语句可以自由地把 SI、DI 用于暂存寄存器；如果有寄存器说明，嵌入式汇编语句仍可以使用 SI、DI，但最好采用 C 语言寄存器变量名形式。嵌入式汇编语句可以任意使用 AX、BX、CX、DX 寄存器及它们的 8 位形式。

（2）转移指令的标号

嵌入式汇编语句中可使用无条件、条件转移指令和循环指令，但它们只在一个函数内部转移。asm 语句不能定义标号，转移指令的目标必须是 C 语言程序的标号。若该标号很远，转移指令也不会自动地转换成一个远程转移。

（3）C 语言结构的引用

嵌入式汇编语句的操作数也可以是 C 语言结构中的某个成员（字段），引用方法如下：

    结构变量名.结构成员名

另一种引用方法是把结构变量的首地址送往某一地址寄存器，然后用该寄存器名（加方括号）再加成员名，中间用 "." 隔开。例如：

```
struct score{
    int  a;
    int  b;
    int  c;
```

```
    } s1;
calcu(){
        ...
        asm     mov ax, s1.a                        /* 取结构变量 s1 的成员 a */
        asm     mov di, offset s1                   /* 取结构变量 s1 的主存地址 */
        asm     mov bx, [di].c                      /* 取结构变量 s1 的成员 c */
        ...
    }
```

7.1.3 嵌入汇编的编译过程

C 语言程序中含有嵌入式汇编语言语句时，C 编译器首先将 C 代码的源程序（.c）编译成汇编语言源文件（.asm），然后激活汇编程序 Turbo Assembler，将产生的汇编语言源文件编译成目标文件（.obj），最后激活 Tlink，将目标文件链接成可执行文件（.exe）。

Turbo C 中的汇编程序默认采用 tasm.exe，其格式基本上与微软宏汇编程序 MASM 相同，但是有一些差别。如果采用微软宏汇编程序 MASM，则使用 3.0 或以后的版本到 5.1 及以前的版本，并应将名称改为 tasm.exe，或在命令行加上-emasm.exe 选项。Turbo C 2.0 是早期开发的软件，只考虑与早期 MASM 版本的兼容，而不能与 MASM 6.x 很好地配合使用。

Turbo C 2.0 在编译含内嵌汇编语句的程序时只能采用命令行 TCC 方式，并且使用 "-B" 命令行选项编译连接。如果没有加 "-B" 选项，则在遇到行内汇编时会报告出一个警告信息。如果在 C 源程序中使用了#pragma inline 预处理，可以不用命令行选项 "-B"。

【例 7.2】 将字符串中的小写字母转变为大写字母显示。

```
/ * lt702.c */
#include <stdio.h>
void upper(char *dest, char *src){
        asm     mov si, src                         /* DEST 和 SRC 是地址指针 */
        asm     mov di, dest
        asm     cld
loop:asm        lodsb                               /* C 语言定义的标号 */
        asm     cmp al, 'a'
        asm     jb  copy                            /* 转移到 C 的标号 */
        asm     cmp al, 'z'
        asm     ja  copy                            /* 不是'a'到'z'之间的字符原样复制 */
        asm     sub al, 20h                         /* 是小写字母转换成大写字母 */
copy:asm        stosb
        asm     and al, al                          /* C 语言中,字符串用 NULL(0)结尾 */
        asm     jnz loop
    }
main(){                                             /* 主程序 */
    char    str[]="This Started Out As Lowercase!";
    char    chr[100];
    upper(chr, str);
    printf("Origin string: \n%s\n", str);
    printf("Uppercase String: \n%s\n", chr);
    }
```

编辑完成后，在命令行输入如下编译命令，选项"-I"和"-L"分别指定头文件和库函数的所在目录：

```
tcc –B -I include -L lib lt702.c
```

生成可执行文件 lt702.exe，程序运行后输出的结果为：

```
Origin string:
This Started Out As Lowercase!
Uppercase String:
THIS STARTED OUT ASLOWERCASE!
```

由上例可以看出，嵌入汇编方式把插入的汇编语言语句作为 C 语言的组成部分，不使用完全独立的汇编模块，所以比调用汇编子程序更方便、快捷，并且在大存储模型、小存储模型下都能正常编译通过。

7.2 Turbo C 模块连接方式

模块连接方式是不同程序设计语言之间混合编程经常使用的方法。各种语言的程序分别编写，利用各自的开发环境编译形成 OBJ 模块文件，然后将它们连接在一起，最终生成可执行文件。但是，为了保证各种语言的模块文件的正确连接，必须对它们的接口、参数传递、返回值处理及寄存器的使用、变量的引用等做出约定，以保证连接程序能得到必要的信息。

对于汇编语言程序来说，采用模块连接方式，其实质与 5.3.2 节介绍的"目标代码文件的连接"一样。但是，汇编语言程序又要与 C/C++语言混合编程，因此，除了要保证连接程序能正确连接外，还要保证汇编源程序格式符合 C/C++语言的要求。

本节主要以 C 语言程序对汇编语言子程序的调用为例说明混合编程的方法，最后给出汇编语言程序对 C 语言函数调用的方法。

7.2.1 混合编程的约定规则

为了能够正确连接，分别编写 C 语言程序和汇编语言程序时，必须遵循一些共同的约定规则，它们主要是命名约定、声明约定、寄存器使用约定、存储模型约定，以及 7.2.3 节将详细论述的参数传递约定。

1．命名约定

C 语言编译系统在编译 C 语言源程序时，要在其中的变量名、过程名、函数名等标识符前面加"_"，如 C 源程序中的变量 var 编译后变为_var。而汇编程序在汇编过程中，直接使用标识符。所以要被 C 语言程序调用的汇编语言源程序中，所有标识符前都要加"_"。例如，汇编语言子程序名为_min()，则汇编后其名字不变。在 C 调用时，可直接使用 min()，这是因为 C 程序编译后，自动将 min()变为了_min()，使二者标识符一致。但是，如果汇编语言程序设置采用 C 语言类型，则不必在标识符前加下划线。

此外，C 语言对标识符的要求是取前 8 个字符有效（Turbo C 在微机上可以是 32 个字符），并且区别字母的大小写。而汇编语言接收前 31 个字符为有效的标识符，不区分大小写。所以相互调用时，汇编源程序中的标识符不要超过 8 个字符（Turbo C 在微机上没有这个限制），并按照 C 语言的习惯最好采用小写字母。

2. 声明约定

在 C 语言程序中，C 对所要调用的外部过程、函数、变量均采用 extern 予以说明，并且放在主调用程序之前，一般放在各函数体外部，说明形式如下：

```
extern  返回值类型 函数名称(参数类型表);
extern  变量类型 变量名;
```

其中，返回值类型和变量类型是 C 语言中函数、变量中所允许的任意类型，当返回值类型空缺时，默认为 int 类型。下面是对外部过程、函数和变量进行说明的例子：

```
extern short thing(int, int);
extern power(int, int);
extern first;
extern void plas(int*, long);
```

经说明后，这些外部变量、过程、函数可在 C 程序中直接使用，函数的参数在传递过程中要求参数个数、类型、顺序要一一对应。

汇编语言程序的标识符（子程序名和变量名）为了能在其他模块可见，让 C 语言程序能够调用它，必须用 public 操作符定义它们。例如，一个汇编语言程序包含有供外部使用的 max 和 min 子程序，以及 maxINT、lastmax 和 lastmin 整型变量，则应该加入语句：

```
public  max, min
public  maxINT, lastmax, lastmin
```

3. 寄存器使用约定

独立的汇编语言子程序要注意寄存器的保护和恢复。

对于 BP、SP、DS、CS 和 SS，汇编语言子程序如果要使用它们，并且有可能改变它们的值，Turbo C 要求进行保护。这些寄存器经保护后，可以利用，但退出前必须加以恢复。

对于寄存器 AX、BX、CX、DX 和 ES，在汇编语言子程序中通常可以任意使用。其中，AX 和 DX 寄存器承担了传递返回值的任务。标志寄存器也可以任意改变。

指针寄存器 SI 和 DI 比较特殊，因为 Turbo C 将它们作为寄存器变量。如果 C 程序启用了寄存器变量，则汇编语言子程序使用 SI 和 DI 前必须保护，退出前恢复。如果 C 程序没有启用寄存器变量，则汇编语言子程序不必保护 SI 和 DI。Turbo C 编译程序提供了一个编译选择项"-R"，可以禁止 C 编译程序使用寄存器变量。建议总是保护 SI 和 DI。

4. 存储模型约定

存储模型处理程序、数据、堆栈在主存中的分配和存取，决定代码和数据的默认指针类型，如段寄存器 CS、DS、SS、ES 的设置就与所采用的存储模型有关。存储模型在 C 语言中也称为编译模式或主存模式。Turbo C 提供了 6 种存储模型：微型模型（Tiny）、小型模型（Small）、紧凑模型（Com-pact）、中型模型（Medium）、大型模型（Large）和巨型模型（Huge）。它们与汇编程序相应的存储模型一样，见第 3 章。

为了使汇编语言程序与 Turbo C 语言程序连接到一起，对于汇编语言简化段定义格式来说，两者必须具有相同的存储模型。汇编语言程序采用.MODEL 伪指令，Turbo C 利用 TCC 选项"-M"指定各自的存储模型。相同的存储模型将自动产生相互兼容的调用和返回类型；同时，汇编程序的段定义伪指令.CODE、.DATA 也将产生与 Turbo C 相兼容的段名称和属性。

连接前，C 语言与汇编语言程序都有各自的代码段、数据段，连接后，它们的代码段、数据段就合二为一或者彼此相关。应当说明的是，被连接的多个目标模块中应当有一个并且只有一个具有起始模块。也就是说，某个 C 语言程序中应有 main 函数，汇编语言程序不用定义起始执行点。由于共用一个堆栈段，混合编程时通常汇编语言程序无须设置堆栈段。

7.2.2　汇编模块的编译和连接

按照 7.2.1 节所述的各种约定，编写一个 C 语言程序调用汇编语言子程序的简单例子，这里没有参数传递的问题。

【例 7.3】　C 语言程序调用汇编语言子程序，显示一段信息。

```
/ *  C 语言程序: lt703.c*/
extern void display(void);              /* 说明 DISPLAY 是外部函数 */
main(){
    display();
}

    ; 汇编语言子程序: lt703s.asm
    .model small, C                     ; 采用小型存储模式和 C 语言类型
    .data
    msg db 'Hello, C and Assembly!', '$'
    .code
    public display                      ; 指明该过程（子程序）可供外部模块使用
display proc                            ; 采用了一致的命名约定，共用标识符不必加下划线
    mov ah, 9                           ; 小型模式只有一个数据段，所以不必设置 DS
    mov dx, offset msg                  ; 寄存器 AX 和 DX 无须保护
    int 21h
    ret
display endp
    end
```

编辑完成上述两个源程序文件之后，可以按如下步骤进行编译和连接。

① 利用汇编程序编译汇编语言程序成为 OBJ 目标代码文件。例如：

```
    ml /C lt703s.asm
```

它将生成 lt703s.obj 文件。ML 的默认选项 "/Cx" 表示保持汇编语言程序中的名字的大小写不变，这样才能在连接时不出错；选项 "/Cu" 将使名字转变成大写，不应使用。

② 利用 C 编译程序编译 C 语言程序成为 OBJ 目标代码文件。例如：

```
    tcc- C lt703.c
```

其中，"-C" 参数表示只是编译、不连接，结果生成 lt703.obj 文件。TCC 默认采用小型存储模型，若采用其他模型，要利用 "-M" 选项；若有#include 包含文件行，则需加 "-I" 选项。

③ 利用连接程序，将各目标代码文件连接在一起，得到可执行程序文件。例如：

```
    tlink lib\c0s lt703lt703s,lt703.exe,,lib\cs
```

注意，直接使用 Turbo C 的连接程序 TLINK 进行连接时，用户必须指定要连接的与存储模型一致的初始化模块和函数库文件，并且初始化模块必须是第一个文件。上例中，lib\c0s 和 lib\cs 就是在 lib 目录下小型存储模型的初始化模块 cos.obj 和函数库 cs.lib。

如果形成的可执行文件 lt703.exe 正确，它的运行结果将是：

```
                 Hello, C and Assembly!
```

编译和连接也可以利用命令行一次完成，这样更加方便。它的一般格式为：

```
        TCC -Mx -I 包含文件路径 -L 库文件路径 filename1 filename2…
```

例如，上例可以利用如下命令：

```
        TCC -Ms -I include -L lib lt703.c lt703s.obj
```

其中，"-M" 选项指定存储模型，其后的字母 x 为 t（微型）、s（小型，默认值）、c（紧凑）、m（中型）、l（大型）、h（巨型）之一，分别代表 6 种存储模型；"-I" 选项指定连接所需的头文件等包含文件所在的路径；"-L" 选项指定所需的初始化模块 cox.obj（此处的 x 与存储模型一样）和函数库的路径；filename1、filename2 等可以是 C 语言源程序名、汇编语言源程序名或目标代码文件名，C 程序扩展名 ".c" 可以省略，但汇编源程序和目标代码文件的扩展名不能省略。若有 ASM 文件，则 TCC 会自动调用 tasm.exe 对 ASM 文件进行汇编，因此 tasm.exe 必须在当前目录中。若没有 tasm.exe，也可用微软 ml.exe（或 masm.exe）对 ASM 文件汇编生成目标文件，再将目标文件加入 TCC 命令行中。

C 程序的编译和模块连接也可以在 Turbo C 集成环境下进行，此时需要选用一致的存储模型，并建立一个工程文件，包括需编译连接的 C 源文件名及汇编语言目标文件名。

7.2.3 混合编程的参数传递

参数传递是混合编程的一个重要方面，也是难点所在。本节通过实例说明 C 语言和汇编语言程序参数传递的方法和注意事项。

1. Turbo C 的编译结果

首先，观察 C 编译程序对 lt701.c 编译（小型模型）产生的汇编语言格式（可以通过选择输出汇编语言程序选项 "-S" 得到；也可以带源程序信息生成可执行文件，在调试程序 Turbo Debugger 中看到）。为了便于理解，下面的汇编格式源程序已经被剔除多余的空段和调试信息，注释部分也是后来加上的。

```
_TEXT     segment byte public 'CODE '            ; 这是完整段定义格式
DGROUP    group_DATA, _BSS
          assume   cs:TEXT, ds:DGROUP, ss:DGROUP
_TEXT     ends
_DATA     segment word public 'DATA'
_DATA     ends
_BSS      segment word public 'BSS'
_BSS      ends
_TEXT     segment byte public 'CODE'
_main     proc near                              ; C 程序 main() 函数形成的汇编语言过程
          mov      ax, 200
          push     ax                            ; 压入参数 200（第 2 个参数）
          mov      ax, 100
          push     ax                            ; 压入参数 100（第 1 个参数）
          call     near ptr_min                  ; 调用 min(100,200)
          pop      cx                            ; 两条出栈指令用于平衡堆栈
          pop      cx
          ret
```

```
_main      endp
_min       proc near                    ; C程序 min(int var1, int var2)函数形成的过程
           push    bp
           mov     bp, sp
           mov     ax, [bp+4]           ; 对应语句: asm  mov  ax, var1
           cmp     ax, [bp+6]           ; 对应语句: asm  cmp  ax, var2
           jle     @ 3                  ; 对应语句: asm  jle  minexit
           mov     ax, [bp+6]           ; 对应语句: asm  mov  ax, var2
@ 3:       jmp     short @ 2            ; 这是C语言编译程序产生的多余指令
@ 2:       pop     bp
           ret
_min       endp
           _text   ends
           public  _main
           public  _min
           end
```

通过阅读上述程序，可以帮助我们深入理解 C 语言和汇编语言程序，更能使我们了解 C 语言中参数传递的规律。图 7-1 为进入子程序后的堆栈情况。

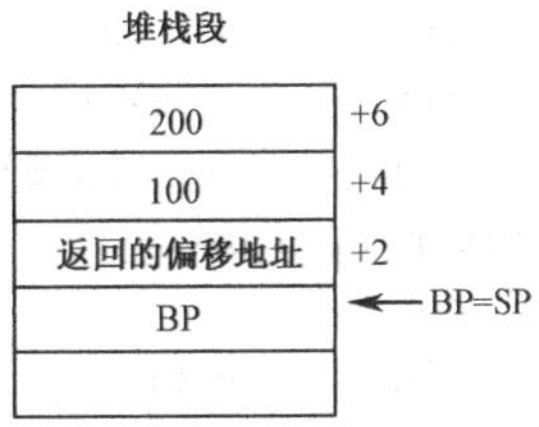

图 7-1　LT701/4 的堆栈区（小型模型）

2. 利用堆栈传递参数

C 语言程序可以通过堆栈将参数传递给被调用函数。

① C 程序调用函数之前，先从该函数中的最右边的参数开始依次将参数压入堆栈，最后压入最左边的参数。也就是说，参数压入堆栈的顺序与实参表中参数的排列顺序相反，即从右到左，第一个参数最后压入堆栈。当被调用函数运行结束后，压入堆栈中的参数已无保留的价值，C 程序会立即调整堆栈指针 SP，使之恢复压入参数以前的值，这样就释放了堆栈中为参数保留的空间。也就是说，堆栈的平衡是在主函数程序实现的，子程序不必在返回时调整堆栈指针 SP。这就是参数传递的 C 语言规则（调用规范）。

参数传递还有其他形式，如 Pascal 语言规则。C 语言和汇编语言默认为 C 传递规则，可以选用 Pascal 语言规则，但要保持两者一致。利用堆栈传递参数的方法在子程序的参数传递一节中已有介绍，参见 4.4.2 节。

表 7-1　压栈参数的类型与所占用字节数的对应关系

参数的数据类型	占用字节数
字符型、整型、近指针、指向数组的指针	2
长整型、远指针（先段地址、后偏移地址）	4
双精度型、浮点型（先转换为双精度型）	8

② C 语言参数在压栈时，有些参数先要进行数据类型转换再压栈，各类型的参数在堆栈中所占的字节数不相同，如 int 占 2 字节、real 占 8 字节等。表 7-1 中给出了压栈参数的类型与所占的字节数。

③ 正如存储模型约定所述，C 语言程序以 tiny、small、compact 模式编译时，它以 NEAR 近过程属性调用外部函数，此时返回地址仅需要保存偏移地址 IP，在堆栈占 2 字节；而如果 C 语言程序以 medium、large、huge 模型编译，则外部函数应该具有 FAR 远过程属性，返回地址含段地址 CS 和偏移地址 IP，在堆栈中要占 4 字节。相应地，堆栈指向参数的指针需要多加 2 字节，如图 7-2 所示，请对比图 7-1。

【例 7.4】　用模块连接方式实现取两数较小值的函数 min。

```
/*  C语言程序: lt704.c  */
```

```
   extern int min(int, int);          /* 引用外部函数 */
   main(){                            /* C语言主程序 */
       printf("%d", min(100,200));
   }
       ; 汇编语言程序: lt704s.asm
       .model small, c
       public min
       .code
       ; 在小型模型下，这是一个near近过程
min    proc
       push    bp
       mov     bp, sp
       mov     ax, [bp+4]      ; 取第1个参数var1
       cmp     ax, [bp+6]      ; 与第2个参数var2比较
       jle     minexit
       mov     ax, [bp+6]      ; 保存返回值
minexit:pop    bp
       ret
min    endp
       end
```

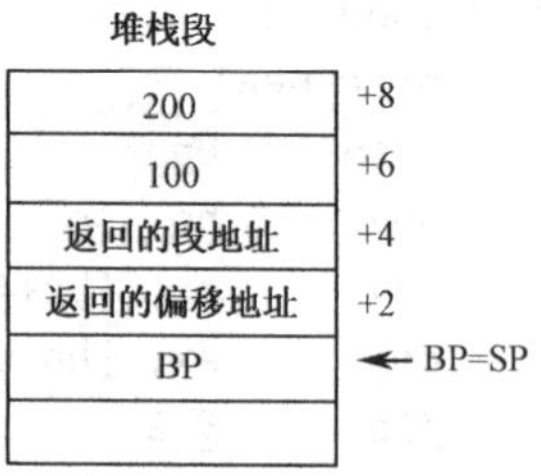

图 7-2　LT704 的堆栈区（大型模型）

　　由于汇编语言程序采用小型模型，进行编译连接时也要采用小型模型。如果采用大型模型编译连接，汇编语言程序 lt704s.asm 需要简单修改，如下星号（*）所示。

```
       ; 汇编语言程序: lt704l.asm
       .model large, c         ; 改为大型模型 (*)
       public min
       .code
min    proc                    ; 在大型模型下，这是一个far远过程
       push    bp
       mov     bp, sp
       mov     ax, [bp+6]      ; 取第1个参数var1 (*)
       cmp     ax, [bp+8]      ; 与第2个参数var2比较 (*)
       jle     minexit
       mov     ax, [bp+8]      ; 保存返回值 (*)
minexit:pop    bp
       ret
min    endp
       end
```

　　利用带参数的过程定义语句与C/C++混合编程，C/C++语言程序本身无须改变，但汇编语言子程序的编写却简单多了。如果改变存储模型（如采用大型模型），汇编语言程序也只要修改.MODEL 语句中的模型关键字（如 SMALL 改为 LARGE）即可，而不必调整相对偏移量。编写 Turbo C 调用的汇编语言过程如下：

```
       ; 汇编语言程序: lt704.asm
       .model small, c
       public min
       .code
min    proc, var1:word, var2:word
```

```
        mov      ax, var1           ; 取第1个参数 var1
        cmp      ax, var2           ; 与第2个参数 var2比较
        jle      minexit
        mov      ax, var2           ; 保存返回值
minexit: ret
min     endp
        end
```

3. 返回值的传递

被调用函数的返回值，按下列规则传递给调用者：

❖ 如果返回值小于或等于16位，则将其存放在AX寄存器中。

❖ 如果返回值是32位，则存放在DX.AX寄存器对中，其中DX存储高16位，AX存储低16位。

❖ 如果返回值大于32位，则存放在静态变量存储区；AX寄存器存放指向这个存储区的偏移地址；对于32位FAR指针，则还利用DX存放段地址。

由此可见，汇编语言子程序向C程序返回处理结果时，是通过AX和DX完成的；但对于不同长度的返回数据，使用寄存器的情况也不同。当返回值为char、short、int类型时，仅需要使用寄存器AX（如例7.4）；当返回值类型为long时，低16位在AX中，高16位在DX中（见例7.5）；而当返回值类型为float、double时，AX传送存储地址的偏移量；如果是FAR指针，DX传送段地址，偏移地址仍然在AX中。

【例7.5】 汇编语言子程序返回32位结果。

```
/ * C语言程序: lt705.c*/
    extern long adds(long, long);
    main(){
        long   a=1234, b=8765, c;
        c=adds(a, b);
        printf("A+B=%d\n", c);
    }
        ; 汇编语言子程序: lt705s.asm
        .model small, c
        public adds
        .code
adds    proc                        ; 32位加法子程序
        push     bp
        mov      bp, sp
        mov      ax, [bp+4]
        add      ax, [bp+8]         ; 加低16位，结果从ax返回
        mov      dx, [bp+6]
        adc      dx, [bp+10]        ; 加高16位，结果从dx返回
        pop      bp
        ret
adds    endp
        end
```

在例7.4和例7.5中，由于符合通常的汇编语言编程习惯，用DX.AX传递返回值显得很自然，似乎没有显式给出返回值。比较明显的例子可以参见例7.7。

4．地址参数的传递

C 语言程序的参数传递，可采用传数值和传地址两种方式。如果参数是传值的，可直接写出实际参数，正如例 7.4 和例 7.5 那样。

如果参数是传址的，则在说明中将参数类型说明为指针类型，调用时用"&"取得变量的地址作为实参传递。例如：

```
extern add(int*, int*, int);          /* 函数的说明 */
add(&m, &n, c);                        /* 函数的调用 */
```

在汇编语言子程序中，利用基址指针 BP，先取得地址，再间接取内容，修改后送回原处，同时以 RET 返回。

【例 7.6】 C 程序采用传址方式进行参数传递。

```
/ * C 语言程序: lt706.c */
   extern int plus(int *);
   main(){
       int  n=100;
       printf("Befor call: n=%d\n", n);
       plus(&n);
       printf("After call: n=%d\n", n);
   }

       ; 汇编语言程序: lt706s.asm
       .model small, c
       .code
       public plus
plus   proc
       push    bp
       mov     bp, sp
       mov     bx, [bp+4]         ; 得到变量 n 的地址，送给 bx
       mov     ax, [bx]           ; 得到变量 n 的值，送给 ax
       inc     ax                 ; ax 加 1
       mov     [bx], ax           ; 加 1 后的值返回给变量 n
       pop     bp
       ret
plus   endp
       end
```

这个程序的运行结果为：

```
Befor call: n=100
After call: n=101
```

以传址方式传送参数，实际被压入堆栈的是参数所在的逻辑地址。这个地址也分为近指针（仅含偏移地址）和远指针（含段地址和偏移地址）。C 语言程序以 tiny、small、medium 模型编译时，以 near 近指针传递地址，在堆栈占 2 字节；如果 C 语言程序以 compact、large、huge 模型编译，则地址是 32 位的远指针，在堆栈中要占 4 字节。

【例 7.7】 C 程序传递 32 位远指针参数地址。

```
/* C 语言程序: lt707.c*/
#include <stdio.h>
extern int upper(char far *dest, char far *src);
```

```
main(){
    intstr  number;
    char  str[]="This Started Out As Lowercase!";
    char  chr[100];
    strnumber=upper(chr,str);
    printf("Origin string: \n%s\n", str);
    printf("Uppercase String: \n%s\n", chr);
    printf("String Length: %d\n", strnumber);   /* 显示字符串长度 */
}

        ; 汇编语言程序: lt7071.asm
        .model large, c
        .code
        public upper
upper   proc                            ; 将字符串小写转换为大写的子程序
        push    si                      ; 保护寄存器
        push    di
        push    ds
        push    bp
        mov     bp, sp
        lds     si, [bp+16]             ; 取源字符串地址（DS:SI←远指针）
        les     di, [bp+12]             ; 取目的字符串地址（ES:DI←远指针）
        cld
        xor     cx, cx                  ; CX 记录字符个数
upper1: lodsb
        cmp     al, 'a'
        jb      upper2
        cmp     al, 'z'
        ja      upper2                  ; 不是'a'到'z'之间的字符原样复制
        sub     al, 20h                 ; 是小写字母，则转换成大写字母
upper2: stosb
        inc     cx
        and     al, al                  ; C 语言中，字符串用 NULL（0）结尾
        jnz     upper1
        dec     cx                      ; 最后的结尾标记不是字符本身
        mov     ax, cx                  ; 用 AX 提供返回值
        pop     bp                      ; 恢复寄存器
        pop     ds
        pop     di
        pop     si
        ret
upper   endp
        end
```

上例的堆栈情况参见图 7-3。C 语言程序采用大型模型编译，"upper(char far *dest, char far *src)" 语句中的 FAR 说明并不是必须的，因为编译程序默认为远指针。

5. 通过外部变量传递参数

混合编程中，参数的传递也可以通过共用外部变量实现。

【例 7.8】 汇编语言程序使用 C 语言程序的变量。

```
/* C 语言程序: lt708.c */
int  num=0;                    /* 说明为外部变量 */
extern void incnum(void);
main(){
    int  i;
    for(i=0; i<10; i++){
        incnum();
        printf("%d", num);
    }
}

        ; 汇编语言程序: lt708s.asm
        .model small, c
        extern num:word           ; 说明为外部变量
        public incnum
        .code
incnum  proc
        inc     num               ; 加1
        ret
incnum  endp
        end
```

堆栈段

源串段地址	
源串偏移地址	+16
目的串段地址	
目的串偏移地址	+12
返回的段地址	
返回的偏移地址	+8
SI	+6
DI	+4
DS	+2
BP	← BP=SP

图 7-3　LT707 的堆栈区（大型模型）

本程序的运行结果为"12345678910"。

表 7-2　C 语言与汇编语言的变量对应关系

C 语言数据类型	汇编语言变量类型	字节长度
char	byte	1
int，short	word	2
long，float	dword	4
double	qword	8

在本例中，汇编语言程序使用 C 程序的变量 num。在汇编语言程序中必须将它说明为外部变量，在 C 程序中也必须说明为外部变量；并且在两个程序中，同一个变量的类型必须一致。C 语言与汇编语言的数据类型对应关系如表 7-2 所示。在本例中，在 C 程序的整型变量 num 在汇编语言程序中被指定为 word 属性。

C 语言程序也可使用汇编语言程序的变量，此时要求在汇编语言程序将该变量用 public 进行说明，C 程序也必须用 extern 说明，并且数据类型对应一致。

【例 7.9】 C 语言程序使用汇编语言程序的变量。

```
/* C 语言程序: lt709.c */
extern int num;                        /* 说明为外部变量 */
extern void incnum (void) ;
main(){
    int  i;
    for(i=0; i<10; i++){
        incnum();
        printf("%d", num);
    }
}

        ; 汇编语言程序: lt709s.asm
        .model small, c
        public num                     ; 说明为共用变量
```

```
        public incnum
        .data
num     dw 0
        .code
incnum  proc
        inc     num                              ; 加1
        ret
incnum  endp
        end
```

7.2.4 汇编语言程序对 C 语言程序的调用

上面以 C 程序调用汇编子程序的情况介绍两者进行混合编程的问题。虽然汇编语言程序调用 C 语言函数的情况不经常使用，但是可以实现。本节简单说明这种混合编程的方法。在这种情况下，前面介绍的混合编程的各种约定仍然适用，必须遵循，还要注意以下几点。

① 为了使 C 函数对汇编语言程序可见，汇编语言程序需要对所调用的 C 语言函数、变量用关键字 EXTERN 进行说明，形式如下：

```
extern  被调用函数名: 函数属性
extern  变量名: 变量属性
```

其中，函数属性可以是 NEAR 和 FAR。如果 C 的存储模型为微型、小型和紧凑模型，则汇编语言程序需要将 C 函数说明为 NEAR 属性；如果 C 采用中型、大型、巨型存储模型，则汇编语言程序需说明为 FAR 属性。

变量属性是 BYTE、WORD、DWORD、QWORD 和 TBYTE，它们的大小分别是 1、2、4、8、10 字节。例如，在 C 语言程序中有如下说明：

```
int  i, array[10];
char  ch;
long  result;
```

汇编语言程序中应说明为：

```
extern  i:word, array: word, ch:byte, result:dword
```

② 参数的正确传递是混合编程的关键。利用外部变量传递参数的方法在例 7.7 和例 7.8 中已经用到。汇编语言程序向 C 语言函数传递参数的另一种方法是通过堆栈。C 程序是按参数顺序的相反顺序压栈，所以在汇编程序中参数的压栈顺序与 C 程序接收参数的顺序相反。在将参数压栈时，数据的高字或段地址总是先压入堆栈，接着压入数据的低字或偏移地址。若参数传递采用传值方式，汇编语言程序就把参数值或已赋值的变量压入堆栈；若汇编语言程序向 C 函数以传址的方式传递数据，则应该把参数的地址压入堆栈。

在汇编语言程序调用 C 函数完成后，应该立即平衡堆栈，即清除堆栈里的参数，恢复堆栈到调用前的情形。这里可以利用"ADD   SP, IMM"指令来完成，使 SP 的值增加一个指定的值。IMM 的值应该是堆栈中返回地址所占字节数与传送参数所占用字节数之和。

③ 若汇编语言程序以无参数的形式调用一个 C 语言函数，那么在 C 语言程序中对此函数进行定义时，函数后面应该跟一个空括号。

如果把参数传递给 C 语言函数，一般利用堆栈进行传送。例如，汇编语言程序把参数 a、b、c 依次传送给 C 函数的三个形式参数 x、y、z。若压栈顺序为 c、b、a，则 C 语言函数的参数表的顺序必须为 x、y、z。

　　若汇编语言子程序以传值的方式向 C 语言函数传送数据，则 C 语言函数可用基本类型对参数进行说明。若汇编语言子程序以传址的方式向 C 语言函数传送数据，则 C 语言函数应该使用指针类型对参数进行说明。

　　④ 若 C 函数向汇编语言程序送返回值，则 C 语言函数体必须用 return 返回。返回值的传递约定同前所述，即：如果返回值是一个字，则送给 AX；如果为 32 位，则低 16 位在 AX 中，高 16 位在 DX 中；更多的数据则利用 DX:AX 返回指针。若没有返回值，可以不使用 return。

```
        ; C 程序说明: x 是传数值参数; y 和 z 是传地址参数
        ; long example(int x, int *y, int *z);
        ; 对应汇编语言程序的说明 (小型模式):
        extren examle: near
        ; C 程序调用: xyz=example(100, &vary, &varz);
        ; 对应的汇编语言程序段 (近指针)
        mov     ax, offset varz
        push    ax                      ; 压入 varz 的地址
        mov     ax, offset vary
        push    ax                      ; 压入 vary 的地址
        mov     ax,100
        push    ax                      ; 压入常数100
        call    example                 ; 调用 C 程序的函数
        add     sp, 6                   ; 平衡堆栈
        mov     xyz, ax                 ; 取得返回值低16位
        mov     xyz+2, dx               ; 取得返回值高16位
```

　　⑤ 一般 C 语言程序具有起始模块，即具有主函数。这是因为高级语言程序假定某些初始化代码已经预先执行过了，故能确信在高级语言模块启动时，完成了适当的初始化操作。这样，程序从 C 语言程序开始执行，然后调用汇编语言子程序，进而调用 C 语言函数。

　　【例 7.10】 汇编语言程序以传址的方式传递参数调用 C 函数。

```
/* C 语言程序: lt710.c */
extern asub();
main(){
    asub();                            /* 调用汇编语言子程序 */
}
csub(char * str) {                     /* C 语言函数, str 是地址参数 */
    printf("%s\n", str);
}
        ; 汇编语言程序: lt710s.asm
        .model small, c
        extern csub:near
        .data
astring db 'OK, Assembly!', 0dh, 0ah, '$'
cstring db 'Good, Turbo C 2.0!', 0
        .code
        public asub
asub    proc
```

```
        mov        dx, offseta string         ; 汇编语言子程序显示信息
        mov        ah, 09h
        int        21h
        mov        ax, offset cstring          ; 得到字符串的偏移地址
        push       ax                          ; 压入调用参数
        call       csub                        ; 调用 C 语言的函数
        add        sp, 2                       ; 平衡堆栈
        ret
asub    endp
        end
```

【例 7.11】 汇编语言程序调用 C 函数计算正弦值，并显示。

```
/ * C 语言程序: lt711.c */
#include <math.h>
#define     PI    3.1415926                  /* 定义常量 */
extern void asub(void) ;
main(){
    asub();
}
void sincall(intangle) {                      /* 显示给定度数的正弦值的函数 */
    double  radian;
    radian=PI * angle/180.0;                  /* 度转换成弧度 */
    printf("%f\n", sin(radian));              /* 计算，并显示结果 */
}
        ; 汇编语言程序: lt711L.asm
        .model large, c
        extern sincall:far                     ; 外部函数 sincall
        public asub
        .data
sinangle  dw 35
        .code
asub    proc
        mov        ax, @data
        mov        es, ax
        push       es:sinangle
        call       sincall                     ; 调用显示正弦值的 C 语言的函数
        add        sp, 2
        ret
asub    endp
        end
```

最后，编写一个调用第 6 章识别 80x86 CPU 过程的 C 语言程序，体会 C 语言程序与 32 位指令的混合编程方法。C 语言程序与 80x87 浮点指令的混合编程见第 8 章的例题。

【例 7.12】 80x86 微处理器识别程序。

```
/* C 语言程序: lt712. c*/
#include <stdio.h>
extern void get_cpu_type(void);
extern char cpu_type;
```

```
main(){
    get_cpu_type();
    printf("Your Personel Computer Hasa");
    switch(cpu_type){
        case 0:     printf("n8086/8088 Processor! \n");       break;
        case 2:     printf("n80286 Processor! \n");           break;
        case 3:     printf("n80386 Processor! \n");           break;
        case 4:     printf("n80486 Processor! \n");           break;
        case 5:     printf("Pentium Processor! \n");          break;
        case 6:     printf("Pentium Pro Processor! \n");      break;
}
        ; 汇编语言程序: lt610.asm
        .model small.c
        ...                                      ; 同第6章的例6.10源程序
```

7.3 汇编语言在 Visual C++中的应用

C++语言是 C 语言的超集，是在 C 语言的基础上扩展形成的面向对象程序设计语言。Visual C++则是 Windows 平台上广泛应用的开发系统。本节以 Visual C++ 6.0 为例，说明 32 位 Windows 环境下汇编语言与 C++的混合编程，也分为嵌入汇编和模块调用两种方式。

7.3.1 嵌入汇编语言指令

Visual C++直接支持嵌入汇编方式，不需要独立的汇编系统和其他连接步骤。所以，嵌入式汇编比模块连接方式更简单、方便。其嵌入汇编方式与其他 C/C++编译系统的基本原理是一样的，当然有些细节的差别。嵌入汇编指令采用__asm 关键字（注意，asm 前是两个下划线；Visual C++ 6.0 也支持一个下划线的格式_asm，目的是与以前版本保持兼容）。

Visual C++嵌入汇编格式__asm{指令}采用花括号的汇编语言程序段形式。例如：

```
//_ _asm 程序段
    _ _asm{
        mov     eax, 01h            // 支持汇编语言的注释格式
        mov     dx, 0xd007          ; 0xd007=d007h, 支持c/c++的数据表达形式
        out     dx, eax
    }
```

也具有单条汇编语言指令形式：

```
                                    // 单条__asm 汇编指令形式
__asm  mov  eax, 01h
__asm  mov  dx, 0d007h
__asm  out  dx, eax
```

另外，可以使用空格在一行分隔多个__asm 汇编语言指令：

```
                                    // 多个_ _asm 语句在同一行时，用空格将它们分开
__asm mov   eax, 01h    __asm mov   dx, 0xd007        __asm out   dx, eax
```

上面三种形式产生相同的代码，但第一种形式具有更多的优点，因为可以将 C++代码与

汇编代码明确分开，避免混淆。如果将 __asm 指令和 C++语句放在同一行且不使用括号，编译器就分不清汇编代码到什么地方结束和 C++从哪里开始。__asm 花括号中的程序段不影响变量的作用范围。__asm 块允许嵌套，嵌套也不影响变量的作用范围。

1. 在 __asm 中使用汇编语言的注意事项

嵌入式汇编代码支持 80486 的全部指令系统。Visual C++ 6.0 还支持 MMX 指令集。对于不能支持的指令，Visual C++提供了_emit 伪指令进行扩展。

_emit 伪指令类似 MASM 中的 DB 伪指令，可以用来定义 1 字节的内容，并且只能用于程序代码段。例如：

```
#define cpu-id    __asm_emit 0x0F  __asm_emit 0xA2  // 定义汇编指令代码的宏
__asm{cpu-id}                                        // 使用 C++的宏
```

① 嵌入式汇编代码可以使用 MASM 的表达式，这个表达式是操作数和操作符的组合，产生一个数值或地址。嵌入式汇编代码行还可以使用 MASM 的注释风格。

② 嵌入式汇编代码虽然可以使用 C++的数据类型和数据对象，却不可以使用 MASM 的伪指令和操作符定义数据。程序员不能使用 DB、DW、DD、DQ、DT、DF 伪指令和 DUP、THIS 操作符，也不能使用 MASM 的结构和记录（不接受伪指令 STRUCT、RECORD、WIDTH、MASK）。

Visual C++不支持 MASM 的宏伪指令（如 MACRO、ENDM、REPEAT/FOR/FORC 等）和宏操作符（如!、&、%等）。

③ 虽然嵌入式汇编不支持大部分 MASM 伪指令，但支持 EVEN 和 ALIGN。这些指令将 NOP 指令放在汇编代码中以便对齐边界。

嵌入式汇编代码可以使用 LENGTH、SIZE、TYPE 操作符来获取 C++变量和类型的大小。LENGTH 用来返回数组元素的个数，对非数组变量返回值为 1；TYPE 返回 C++类型或变量的大小，如果变量是一个数组，返回数组单个元素的大小；SIZE 返回 C++变量的大小，即 LENGTH 和 TYPE 的乘积。

例如，对于数据 int iarray[8]（在 32 位平台，int 类型是 32 位，4 字节），则 length iarray 返回 8（等同于 C++的 sizeof(iarray)/sizeof(iarray[0])），type iarray 返回 4（等同于 C++的 sizeof(iarray[0])），size iarray 返回 32（等同于 C++的 sizeof(iarray)）。

④ 在用汇编语言编写的函数中，不必保存 EAX、EBX、ECX、EDX、ESI 和 EDI 寄存器，但必须保存函数中使用的其他寄存器（如 DS、SS、ESP、EBP 和整数标志寄存器）。例如，用 STD 和 CLD 改变方向标志位，就必须保存标志寄存器的值。

嵌入式汇编引用段时应该通过寄存器而不是通过段名，段超越时，必须清晰地用段寄存器说明，如 ES:[EBX]。

2. 在 __asm 中使用 C++语言的注意事项

① 嵌入式汇编代码可使用 C++的下列元素：符号（包括标号、变量、函数名）、常量（包括符号常量、枚举成员）、宏和预处理指令、注释（/* */和//，也可以使用汇编语言的注释风格）、类型名及结构、联合的成员。

嵌入式汇编语句使用 C++符号也有一些限制：每个汇编语言语句只包含一个 C++符号（包含多个符号只能通过使用 LENGTH、TYPE 和 SIZE 表达式）；__asm 中引用函数前必须在程序中说明其原形（否则编译程序将分不出是函数名还是标号）；__asm 中不能使用与

MASM 保留字（如指令助记符和寄存器名）相同的 C++符号，也不能识别结构 Structure 和联合 union 关键字。

② 嵌入式汇编语言语句中，可以使用汇编语言格式表示整数常量（如 378H），也可以采用 C++的格式（如 0x378）。

③ 嵌入式汇编语言语句不能使用 C++的专用操作符，如<<；对两种语言都有的操作符在汇编语句中作为汇编语言操作符，如*、[ ]。例如：

```
    int  array[6];                 // C++语句中，[]表示数组的某个元素
    __asm  mov  array[6], bx       // 汇编语言中，[]表示距离标识符的字节偏移量
```

④ 嵌入式汇编中可以引用包含该__asm 作用范围内的任何符号（包括变量名），它通过使用变量名引用 C++的变量。例如，若 var 是 C++中的 int 变量，则可以使用如下语句：

```
    __asm  mov  eax, var
```

如果类、结构、联合的成员名字唯一，__asm 中可不说明变量或类型名就可以引用成员名，否则必须说明。例如：

```
struct first_type{
  char  *carray;
  int  same_name;
};
struct second_type{
  int  ivar;
  long  same_name;
};
struct first_type ftype;
struct second_type stype;
__asm{
  mov  ebx, offset ftype
  mov  ecx, [ebx]ftype.same_name      // 必须使用 ftype
  mov  esi, [ebx].carray              // 可以不使用 ftype（也可以使用）
}
```

⑤ 利用 C/C++宏可以方便地将汇编语言代码插入源程序中。C/C++宏将扩展成为一个逻辑行，所以书写具有嵌入汇编的 C/C++宏时，应遵循下列规则：将__asm 程序段放在括号中，每个汇编语言指令前必须有__asm 标志，应该使用 C 的注释风格（/* */)，不要使用C++的单行注释（//）和汇编语言的分号注释（;）方式。例如：

```
#define PORTIO    __asm     \
/ *Port output * /          \
{                           \
  __asm  mov  eax, 01h      \
  __asm  mov  dx, 0xd007    \
  __asm  out  dx, eax       \
}
```

该宏展开为一个逻辑行（其中"\"是续行符）：

```
__asm /* Port output  */ {  \
  __asm  mov  eax, 01h      \
  __asm  mov  dx, 0xd007    \
  __asm  out  dx, eax       \
```

}

⑥ 嵌入式汇编中的标号与 C++的标号相似，其作用范围在定义它的函数中。汇编转移指令和 C++的 goto 指令都可以跳转到__asm 块内或块外的标号。

__asm 块中定义的标号对大小写不敏感，汇编语言指令跳转到 C++中的标号也不分大小写，C++中的标号只有使用 goto 语句时对大小写敏感。

3．用__asm 程序段编写函数

采用嵌入式汇编书写函数，较模块调用更加方便，因为这不需要利用独立的汇编程序，而且给函数传递参数和从函数返回值也非常简单。

嵌入式汇编不仅可以编写 C/C++函数，还可以调用 C 函数（包括 C 库函数）和非重载的全局 C++函数，也可以调用任何用 extern "C"说明的函数，但不能调用 C++的成员函数。因为所有的标准头文件都采用 extern "C"说明库函数，所以 C++程序中的嵌入式汇编可以调用 C 库函数。

【例 7.13】 嵌入式汇编编写函数。

```cpp
// C++程序: lt713.cpp
#include <iostream.h>
int power2(int, int);
void main(void){
    cout <<"2的6次方乘5等于: \t";
    cout <<power2(5, 6)<<endl;
}
int power2(int num, int power){
    __asm{
        mov    eax, num            ; 取第一个参数
        mov    ecx, power          ; 取第二个参数
        shl    eax, cl             ; 计算 EAX=EAX×(2^CL)
    }                              // 返回值存于 eax
}
```

汇编语句通过参数名就可以引用参数，采用 return 返回出口参数。本例中虽然没有使用 return 语句，但仍然返回值，只是编译时可能产生警告（在设置警告级别为 2 或更高时）。返回值的约定是：小于等于 32 位的数据扩展为 32 位，存放在 EAX 寄存器中返回；4～8 字节的返回值存放在 EDX.EAX 寄存器对中返回；更大字节数据，则将它们的地址指针存放在 EAX 中返回。

在 Developer Studio 开发系统中，建立一个 Win32 控制台程序的项目，创建上述源程序后加入该项目。然后进行编译连接就产生一个可执行文件。该程序运行后显示如下：

```
2的6次方乘5等于:        320
```

Developer Studio 开发系统中可以通过 Projects 菜单的 Settings 命令的 Link 标签设置加入调试信息（即 "/Zi" 选项），嵌入式汇编可以在源程序级进行调试，还可以在 C/C++标签中的 Listing filetype 选择输出具有汇编语言程序输出列表（即/FA、/FAc、/FAs、/FAcs 选项）。

7.3.2 调用汇编语言过程

采用模块调用方式，在 C++语言中调用汇编语言过程与 C 语言调用汇编过程类似，同

样要协调命名、调用、参数传递与返回等约定。

1. 采用一致的调用规范

C/C++与汇编语言混合编程的参数传递通常利用堆栈，调用规范决定利用堆栈的方法和命名约定，两者要一致，如 Visual C++的_cdecl 调用规范与 MASM 的 C 语言类型。

Visual C++语言有 3 种调用规范（Calling Convntions）：_cdecl、_stdcall 和_fastcall。Visual C++默认采用_cdecl 调用规范，在名字前自动加一个"_"，从右到左将实参压入堆栈，由调用程序进行堆栈的平衡。

Windows 图形用户界面过程和 API 函数等采用_stdcall 调用规范，在名字前自动加一个下划线，名字后跟"@"和表示参数所占字节数的十进制数值，从右到左将实参压入堆栈，由被调用程序平衡堆栈。

Visual C++的_fastcall 调用规范是在名字前、后都加一个"@"，再跟表示参数所占字节数的十进制数值。先利用寄存器 ECX、EDX 传递前两个双字参数，其他参数再通过堆栈传递（从右到左），由被调用程序平衡堆栈。与其他语言进行混合编程时不要使用_fastcall 规范。

MASM 汇编语言利用"语言类型"（Language Type）确定调用规范和命名约定，支持的语言类型有：C、SYSCALL、STDCALL、Pascal、BASIC 和 FORTRAN。例如，通常采用 C 语言规范：在标识符前自动加一个下划线，按照从右到左的顺序将调用参数压入堆栈，由调用程序平衡堆栈。

2. 声明公用函数和变量

对于 C++语言和汇编语言的公用过程名、变量名应该进行声明，并且标识符一样。注意，C++语言对标识符区别字母的大小写，而汇编语言不区分大小写。在 C++语言程序中，采用 extern "C" {}对所要调用的外部过程、函数、变量予以说明，说明形式如下：

```
extern "C" {返回值类型 调用规范 函数名称(参数类型表);}
extern "C" {变量类型 变量名;}
```

汇编语言程序中，供外部使用的标识符应具有 public 属性，使用外部标识符要利用 extern 声明。

3. 入口参数和返回参数的约定

C/C++语言中不论采用何种调用规范，传送的参数形式都是"传值"的（by Value），除了数组（因为数组名表示的是第一个元素的地址）。参数"传址"（by Reference）应利用指针数据类型。

Visual C++与 MASM 数据类型对应关系如表 7-3 所示。但不论何种整数类型，进行参数传递时都扩展成 32 位。注意，32 位 Visual C++版本中 int 类型是 4 字节；32 位 Visual C++中没有近、远调用之分，所有调用都是 32 位的偏移地址，所有的地址参数都是 32 位偏移地址，在堆栈中占 4 字节。参数返回时，8 位值在 AL 返回，16 位值在 AX 返回，32 位值存放在 EAX 寄存器返回，64 位返回值存放在 EDX.EAX 寄存器对中，更大数据则将它们的地址指针存放在 EAX 中返回。

4. 编写汇编语言过程需要注意的问题

在编写与 Visual C++ 6.0 混合编程的汇编语言过程时，程序员必须明确这是一个 32 位的

表 7-3　Visual C++与 MASM 数据类型对应关系

Visual C++的数据类型	MASM 的数据类型	Visual C++的数据类型	MASM 的数据类型	字节数
unsigned char	BYTE	char	SBYTE	1
unsigned short	WORD	short	SWORD	2
unsigned long [int]	DWORD	long [int]	SDWORD	4
float	REAL4			4
double	REAL8			8
long double	REAL10			10

编程环境。程序员可以采用全部 32 位 80x86 CPU 指令，但必须首先留心 32 位指令程序设计的问题，如用.386p 等处理器伪指令说明采用的指令集、有些指令在 32 位环境与在 16 位 MS-DOS 环境存在差别等，请参见第 6 章内容。

对于 Visual C++的 32 位程序来说，没有存储模型的选择，汇编语言简化段定义格式应采用平展模型（flat），并且汇编时采用选项"/coff"。ML 命令行的选项"/coff"使得产生的 OBJ 模块文件采用与 32 位 Microsoft WindowsNT 兼容的 COFF（Common Object File Format）格式。不要修改 ML 的默认选项"/Cx"（表示保持汇编语言程序中的名字的大小写不变）。

另外，32 位编程环境的寄存器是 32 位的，所以汇编语言过程存取堆栈要使用 32 位寄存器 EBP 进行相对寻址，如"MOV　EAX, [EBP+8]"，而不能采用 BP。

【例 7.14】　模块方式调用汇编语言过程。

```
// C++程序: lt714.cpp
#include <iostream.h>
extern "C" { int power2(int, int); }       // 默认采用_cdecl 调用规范
void main(void){
    cout<<"2的6次方乘5等于: \t";
    cout<<power2(5, 6)<<endl;
}

        ; 汇编语言程序: lt714f.asm
        .386p                              ; 采用32位指令
        .model  flat, c                    ; FLAT 模式, C 语言类型
        public  power2
        .code
power2  proc
        push    ebp                        ; EBP 进栈
        mov     ebp, esp                   ; 将 ESP 的值给 EBP, 以便后面引用
        mov     eax, [ebp+8]               ; 取第一个参数
        mov     ecx, [ebp+12]              ; 取第二个参数
        shl     eax, cl                    ; 计算 EAX=EAX×(2^CL)
        pop     ebp                        ; 恢复 EBP
        ret                                ; 返回, 结果在 EAX 中
power2  endp
        end
```

模块调用方式下，需要将汇编语言过程汇编为 OBJ 文件，例如：

```
    ml /c /coff lt714f.asm
```

在 Visual C++ 6.0 编译环境下创建一个项目，并将汇编语言过程的 OBJ 文件名插入该项目中进行编译，如图 7-4 所示。

如果利用带参数过程定义，则编写 Visual C++调用的汇编语言过程：

堆栈段

6	+12
5	+8
EIP	+4
EBP	← EBP=ESP

图 7-4　LT714 的堆栈区

```
        ; 汇编语言程序: lt714f.asm
        .386p
        .model flat, c
        ; 可不要此语句，因 masm6.x 的默认过程属性是 public
        public power2
        .code
power2  proc, num:dword, power:dword
        mov     eax, num            ; 获取参数
        mov     ecx, power
        shl     eax, cl             ; 计算
        ret                         ; eax 存放返回值
power2  endp
        end
```

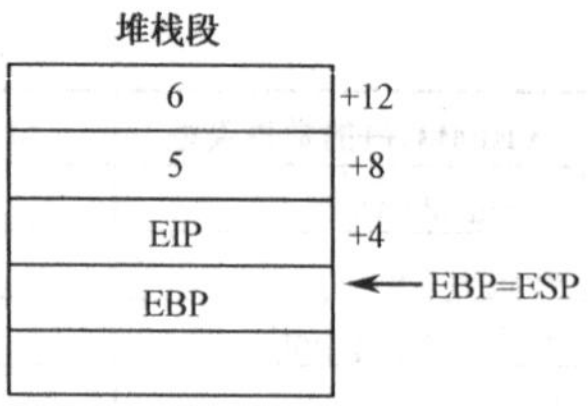

同样，调用这个汇编模块的 C++程序 lt714.cpp 无须改变。

【例 7.15】　Visual C++调用嵌入式汇编函数和外部汇编语言过程。

```
// C++程序: lt715.cpp
#include <iostream.h>
extern "C" { long isum(int, int*); }
int imin(int, int*);
void main(void){
    const int  SIZE=10;
    int  array[SIZE];
    int  temp;
    cout<<"请输入10个整数（-214748364～214748364之间）: "<<endl;
    for(temp=0; temp<SIZE; temp++)
        cin>>array[temp];             // 输入10个数据
    cout<<endl;
    cout<<"整数数据之和: \t"<<isum(SIZE, array)<<endl;
    cout<<"其中最小值为: \t"<<imin(SIZE, array)<<endl;
}
    int imin(int itmp, int iarray[]){     // 求 itmp 个元素的数组 iarray 的最小数
        __asm{
        mov     ecx, itmp
        jecxz   minexit             ; 个数为0, 则返回
        dec     ecx
        mov     esi, iarray
        mov     eax, [esi]
        jecxz   minexit             ; 个数为1, 则返回
minlp:  add     esi, 4
        cmp     eax, [esi]          ; 比较两个数据的大小
        jle     nochange
        mov     eax, [esi]          ; 取得较小值
nochange:loop    minlp
minexit:
```

244

```
        }
    }
        ; 汇编语言程序: lt715f.asm
        .386p
        .model flat, c
        .code
        ; 32位有符号数据的求和过程
isum    proc uses ecx esi, count:dword, darray:ptr
        mov     ecx, count              ; 个数为0，则和为0
        xor     eax, eax
        jecxz   sumexit
        mov     esi, darray             ; 个数为1，则和为本身
        mov     eax, [esi]
        dec     ecx
        jecxz   sumexit
sumlp:  add     esi, 4
        add     eax, [esi]
        loop    sumlp
sumexit: ret
isum    endp
        end
```

7.3.3 使用汇编语言优化 C++代码

汇编语言的优势之一是生成的代码运行速度快，所以其用途之一就是优化高级语言中运行次数多、速度要求高的关键程序段。下面以在整数数组中查找一个数值为例简单说明。为了便于比较，程序中使用一个较大的数组 array[]，元素个数假设为 10000，并全部赋值为 0；而要查找的数值 searchVal 假设为 100，这样查找过程需要进行大量循环。

【例 7.16】 优化 C++代码。

```
// lt716.cpp
#include <iostream.h>
bool findArray(int searchVal, int array[], int count);
void main(void) {
    const int  SIZE=10000;
    int  array[SIZE];
    int  temp1, temp2;
    for(int i=0; i<SIZE; i++)
        array[i]=0;                 // 为数组赋值
    __asm{                          // 保存当前的时钟周期数
        rdtsc                       // Pentium 增加的指令，EDX:EAX返回64位当前时钟周期数
        mov     temp1, eax
        mov     temp2, edx
    }
    findArray(100, array, SIZE);
    __asm{                          // 计算程序执行使用的时钟周期数
        rdtsc
```

```
        sub       eax, temp1
        sbb       edx, temp2
    mov       temp1, eax
    mov       temp2, edx
    }
    cout<<"程序执行的时钟周期数: "<<temp1+temp2*(1<<30)*4<<endl;
}
bool findArray(int searchVal, int array[], int count){
    for(int i=0; i<count; i++)
        if(search Val==array[i])
            return true;
    return false;
}
```

在 Visual C++集成开发环境下采用调试 Debug 版本进行编译、连接生成可执行文件。与本节其他 C++程序一样，这也是一个 Win32 控制台程序。程序运行可以直接用"创建"（Build）菜单的"执行"（Execute）命令，否则需要启动命令行程序 CMD 后再执行，运行结果是显示执行 findArray 过程需要的时钟周期数。程序运行的速度与机器有关，因为现代高性能处理器存在高速缓冲存储器 Cache，程序的执行是一个动态过程，所以该程序在不同 PC 上运行显示的时钟周期数并不相同，即使在同一台机器上多次运行该时钟周期数也不相同。例如，在某台采用 Pentium 4 微处理器、时钟频率为 1.8 GHz 的 PC 上显示的是约为 81000。

Debug 版本的可执行文件是没有经过优化的。Visual C++使用的编译程序 cl.exe 支持许多优化参数，如以"O"开头的参数都是优化参数。在项目配置采用调试（Debug）版本时，默认不进行优化，对应参数"/Od"。在项目配置采用发布（Release）版本时，对应参数"/O2"，它按照最快运行速度的原则进行优化（Maximize Speed）。参数 "/O1"是按照最小空间的原则优化（Minimize Size）。它们都可以通过 Visual C++集成开发环境的工程（Project）菜单的设置（Setting）命令进行设置。另外，编译程序还支持针对处理器特性的优化。例如，参数"/G3"是为 80386 处理器进行优化的，参数"/G4"是为 80486 处理器进行优化的，参数"/G5"是为 Pentium 处理器进行优化的，参数 "/G6" 是为 Pentium Pro 处理器进行优化的，包括 PentiumII、Pentium III 和 Pentium 4。Visual C++ .NET 2003 新增了参数，"/G7"表示为 Pentium 4 或 AMD Athlon 处理器进行优化，"/GL"表示进行整个程序的优化。

执行"创建"菜单的"设置活动配置"（Set Active Configuration）命令选择 Release 版本，重新进行编译和连接，生成经过编译器优化的 Release 版本的可执行文件。在同一台 PC 上运行，显示的时钟周期数约为 31000。由此可见，程序运行速度提高了 2.5 倍以上，编译器优化的效果是很可观的。现在用嵌入汇编语言编写 findArray 过程，代码如下：

```
bool find Array (int searchVal, int array[], int count) {
    _ _asm{
    mov       ecx, count
    jecxz     notfound                    ; 如果数组元素个数为0，则退出
    mov       edi, array
    mov       eax, searchVal
again:  cmp       eax, [edi]
    je        found
    add       edi, 4
```

```
        loop      again
notfound:xor      al, al
        jmp       done
found:  mov       al, 1
done:
        }
    }
```

　　用这个过程替代 C++代码再次生成可执行文件。该可执行文件在同一台机器上运行的结果与前面发布的 Release 版本不相上下。可见，简单的汇编语言程序与没有优化的程序相比其速度也取得可观的提高。

　　也许大家会认为利用串操作指令应该有更快的执行速度，如上述 4 条指令组成的循环程序段可以用如下两条指令替代（C++中的方向标志 DF 默认为 0，表示地址增量）：

```
        repne     scasd
        je        found
```

　　但在 Pentium 4 处理器的同一台机器上运行的显示结果约为 41000。因为虽然"REPNE SCASD"只是一条指令，也需要循环执行，这种复杂指令在现代处理器中的运行速度并不比多条简单的指令执行的速度快。

　　读者可以在项目配置中 C/C++标签的列表文件类型（Listing file type）中选择含有汇编代码的选项（Assembly with Source Code），针对上述源程序生成各自的汇编语言 ASM 列表文件，重点比较 findArray 过程的实现代码。下面是 C++实现的 Release 版本 ASM 列表文件：

```
_searchVal$       =8
_array$           =12
_count$           =16
findarray proc near
; 25: for(int i=0; i<count; i++)
        mov       edx, dword ptr _count$[esp-4]
        xor       eax, eax
        push      esi
        test      edx, edx
        jle       short $l1309
        mov       ecx, dword ptr _array$[esp]
        mov       esi, dword ptr _searchVal$[esp]
$L1307:
; 26: if(searchVal==array[i])
        cmp       esi, dword ptr [ecx]
        je        short $l1351
        inc       eax
        add       ecx, 4
        cmp       eax, edx
        jl        short $l1307
$L1309:
; 28: return     false;
        xor       al, al
        pop       esi
; 29: }
```

```
        ret       0
$L1351:
; 27: return    true;
        mov       al, 1
        pop       esi
; 29: }
        ret       0
findarray endp
```

在这个列表文件中，编译程序没有通过 EBP 指针这种常规方法寻址参数，而是直接利用了 ESP 指针，节省 EBP 的操作是为了提高速度。另外，这个列表文件中使用 EDX 保存数组元素的个数，并利用 JLE 指令排除元素个数为 0 的特殊情况。此处的 JLE 指令与 JE 指令的效果相同。findArray 过程的核心是循环体，是标号$L1307 到$L1309 之间的 6 条指令，EAX 寄存器用做计数（对应变量 i），ECX 寄存器作为数组元素的指针。

直接用汇编语言编写的 findArray 过程的循环体只有 4 条指令，如果将 LOOP 指令改为 DEC 和 JNZ 两条指令，循环体也只有 5 条指令。对比之下，在循环体中可以节省一条比较 CMP 指令。在本例中，需要循环 10000 次，就是少执行了 10000 条指令。

Visual C++ 6.0 集成开发环境也提供性能分析程序。在对项目进行设置时（"工程"菜单的"设置"命令），需要选中 Link 标签中的"允许建档"（Enable Profiling）。编译链接后，可以执行"创建"菜单的"建档"（Profile…）命令，在弹出的建档窗口中以函数时间（Function Timing）为建档类型，单击"确认"按钮。这时开发系统将运行该项目生成的可执行文件，记录各函数运行时间，并显示在下面的建档输出窗口。该窗口将显示 findArray()函数的时间及所占该程序模块运行时间的百分比。例如，同一台 Pentium 4 微机上，使用 C++语言编写的 findArray()函数在 Debug 版本和 Release 版本的运行时间分别是 0.046 ms 和 0.018 ms。使用汇编语言编写的 findArray()函数在使用串操作指令和不使用串操作指令的运行时间分别是 0.023 ms 和 0.018 ms。这个 Pentium 4 处理器的时钟频率是 1.8 GHz，优化后的 findArray 函数需要 31000 个时钟周期，所以其执行时间约为 $31000 \div 1.8$ GHz≈ 0.017 ms。

7.3.4 使用 Visual C++开发汇编语言程序

功能强大的集成开发环境 Visual C++能够编辑、汇编、连接和调试汇编语言程序。下面简单描述开发和调试过程，并说明其中应该注意到的问题。

实际上，微软已经不再单独升级 MASM，而是配套 Visual C++使用。具有了高级语言特性的 MASM 也不再是一个简单的汇编程序，而是成为 C、C++语言的辅助工具。

1. 汇编语言程序的开发过程

可以选择第 6 章 Windows 应用程序（如例 6.11～例 6.14）进行实践，下面说明其操作步骤。如果是开发例 7.13～例 7.16 程序，则不需要设置汇编命令这个步骤。

（1）创建工程项目

执行"文件"（File）菜单的"新建"（New）命令，新建一个工程项目（Project）。根据需要，选择 32 位控制台应用程序（Win32 Console Application）或 32 位窗口应用程序（Win32 Application）。输入工程项目所在的磁盘目录，输入工程名称（如例 6.11 取名 lt611），确认后选择创建一个空白工程（An Empty project）。

（2）创建源程序文件并加入工程项目

执行"文件"菜单的"新建"命令，新建一个源程序文件。选择文本文件（Textfile），输入源程序文件名及扩展名（如 lt611.asm），汇编语言源程序文件使用扩展名 .asm，C++源程序文件使用扩展名 .cpp。在默认情况下，"添加到工程"是被选中状态，这个文件被加入工程项目。

如果已有源程序文件，则可以将该文件复制到该工程项目所在的磁盘目录下，但需要加入到该工程项目。这可以通过"工程"（Project）菜单的"添加到工程"（Add To Project）命令及"文件"（Files）对话框进行添加。

也可以通过"工程"菜单的"添加到工程"命令及"新建"对话框，在该工程项目中进行源文件的创建。

用汇编语言编写 32 位控制台或窗口应用程序，采用了 Windows 的 API 函数。由于 Visual C++环境已经具有导入库文件，所以汇编语言程序中子程序库包含语句 INCLUDELIB 就不需要了（Visual C++的导入库文件在其 LIB 目录）。如果源程序利用 INCLUDE 语句指明 Windows 常量和 API 函数声明所在的包含文件，在 Visual C++环境中也要确定其路径。可以在源程序中给出绝对路径，也可以将这些包含文件复制到 Visual C++头文件所在目录 INCLUDE 的某个子目录下，在源程序中使用相对路径指明该子目录（和文件）即可。

（3）设置汇编命令

在 Visual C++集成环境左边选择文件视图（File View），并选中汇编语言源程序文件；然后单击右键，在弹出的菜单中选择"设置"（Settings）命令，或者通过"工程"菜单的"设置"命令，展开其工程设置窗口。

在工程设置窗口的右边选择定制创建（自定义组建，Custom Build）标签，在其命令（Commands）文本框中输入进行汇编的命令，如例 6.11 的汇编命令"ml /c /coff lt611.asm"，还可以使用参数"/Fl"生成列表文件，使用参数"/Zi"加入调试信息。

在工程设置窗口的定制创建标签中，还要在其输出（Outputs）文本框输入汇编后目标模块文件名，对应例 6.11 输入"lt611.obj"。

另外，应该事先将 ml.exe 和 ml.err 文件复制到 Visual C++所在的 Bin 目录下，或者在输入汇编命令时同时输入 ml.exe 所在的目录路径。

（4）进行汇编、连接生成可执行文件

调用"创建"（组建，Build）菜单的"创建"命令进行汇编语言程序的汇编和连接。汇编连接的有关信息显示在下面输出（Output）窗口的创建视图中。如果程序正确无误，会生成可执行文件（默认是调试版本，在 Debug 目录下）。如果源程序有错误，创建视图将显示错误所在的行号及错误的原因。双击该错误信息，光标将定位到出现错误的源程序行。

2．汇编语言程序的调试过程

Visual C++集成开发环境包含有 Windows 应用程序的调试程序，不仅可以调试高级语言程序，也可以调试汇编语言程序，而且不论调试 C++语言程序还是汇编语言程序，其过程类似。调试高级语言源程序时，还可以对其进行反汇编，实现汇编语言级的调试。当然，要进行源程序级的调试，需要带入调试信息，高级语言则是调试（Debug）版本。

（1）设置汇编语言的调试选项

为了使 Visual C++集成开发环境更适合对汇编语言程序的调试，可以通过"工具"（Tools）

菜单的"选项"（Options）命令展开调试（Debug）标签页，从中进行设置。"通用"（General）下的十六进制显示（Hexadecimal display）应该选中，以便以十六进制形式显示输入/输出数据（此时可以用 0n 开头表示输入十进制数据）。反汇编窗口（Disassembly window）下要选中代码字节（Code bytes）。存储器窗口（Memory window）下选中固定宽度（Fixed width），并在后面输入数字 16。

（2）设置断点，进行断点调试

断点（Break point）是让程序调试过程中暂停执行的语句，以便观察该语句之前的运行状态或当前结果，用于判断在此之前程序是否运行正常。

在"文件视图"（File View）中双击源程序文件名，则编辑窗口将显示这个源程序。移动光标到需要暂停的语句行，按 F9 键（或者单击工具栏上的手型图标），这样就在该行设置了一个断点（前面有一个红色的圆点）；光标在已经设置断点的语句行时再次按 F9 键，则取消断点。在反汇编窗口中，可以针对指令进行断点设置。一个程序可以设置多个断点。

使用"创建"菜单的"执行"命令（快捷键是 Ctrl+F5）可以运行已经编译连接的可执行程序。如果要进行调试，需要从"创建"菜单的"开始调试"（Start Debug）命令选择在调试状态下执行程序，如"运行"（Go，其快捷键是 F5）命令。如果程序设置了断点，启动程序运行后将停留到断点语句行，在源程序窗口有一个黄色箭头指示。

如果不设置断点，也可以将光标移动到要暂停执行的语句前，然后选择"执行到光标"（Run to Cursor）命令进行断点调试。

进入调试状态后，原来的"创建"菜单也变为了"调试"菜单。这时利用"视图"（View）菜单的"调试窗口"（Debug windows）命令，可以打开各种窗口观察程序当前的运行状态。例如，选择存储器（Memory）窗口，在地址（Address）栏输入变量名，下面就显示该变量所在的主存地址、十六进制形式的数值和 ASCII 码字符；右击，还可以选择字或双字显示形式。另外，反汇编（Disassembly）窗口有反汇编出来的实际执行代码，寄存器（Register）窗口显示处理器的寄存器内容，变量（Variable）窗口显示当前函数的变量，监视（Watch）窗口可以输入需要观察的变量或寄存器名，变量或寄存器内容都可以在这些窗口中直接改变。

（3）单步调试

如果需要仔细观察每条语句的执行情况，可以采用单步调试。执行单步调试命令，则程序执行一条语句，就自动暂停（好像每条语句都被设置了断点一样）。对汇编语言来说，一条语句对应一条指令。所以，如果当前激活的窗口是反汇编窗口，则单步执行时每条指令均暂停；而高级语言的源程序文件窗口是当前激活窗口时，则是每条语句暂停。

单步调试命令分成两种：

❖ 不跟踪子程序的单步执行（Step Over，快捷键是 F10）——只进行主程序（C 语言称主函数）的单步调试。也就是说，当遇到调用子程序（C、C++语言称函数）语句时，完成子程序执行并返回到调用语句的下一条语句暂停，不跟踪子程序的每条语句。

❖ 跟踪子程序的单步执行（Step Into，快捷键是 F11）——进行子程序语句的单步调试。也就是说，当遇到调用子程序语句时，进入到子程序的第一条语句暂停，可以进入子程序当中进行调试，跟踪子程序的每条语句执行情况。在子程序中，可以执行"单步跳出"（Step Out）命令结束单步调试，完成子程序执行并返回主程序。

（4）汇编语言程序的调试

不论是在 Visual C++环境开发的汇编语言程序，还是利用本书提供的简易 MASM 环境开发的汇编语言程序，都可以使用 Visual C++的调试程序。

打开 Visual C++集成环境，执行"文件"（File）菜单的"打开"（Open）命令，选择已经生成的可执行文件，然后按 F11 键，或者展开"创建"（Build）菜单的"开始调试"（Start Debug）命令，选择跟踪子程序的"单步执行"（Step Into）命令，就进入调试状态，并暂停在程序开始位置。如果调试信息完整，源程序文件会被自动打开，接下来的基本调试方法就与高级语言一样了。

如果只有可执行文件，没有生成调试信息或没有调试信息，也可以进行汇编语言级的调试。打开可执行文件，按 F11 键进入调试状态。调试程序会提示该可执行文件没有调试信息，单击"确定"按钮，反汇编窗口自动弹出，程序在起始指令处暂停。接着就可以断点或单步调试了，但由于没有调试信息，会受到一些限制。

最后，执行"停止调试"（Stop Debugging）命令，退出调试状态。

习 题 7

7.1　什么是混合编程？汇编语言与 C/C++语言的混合编程有哪两种方法？各有什么特点？

7.2　Turbo C 能够嵌入的汇编语言指令有哪些？Visual C++支持的汇编语言指令集又是什么？

7.3　熟悉 Turbo C 进行命令行方式编译连接的方法，注意 TCC 的命令行选项。

7.4　Turbo C 嵌入汇编的编译过程是怎样的?上机实现例 7.1 和例 7.2。

7.5　利用模块连接方式进行混合编程，需要注意哪些方面的约定？

7.6　Turbo C 如何连接汇编语言程序模块?上机实现例 7.3。

7.7　总结一下 C 调用汇编语言程序的参数传递原则。

7.8　如下有一个简单的 C 语言源程序：

```
main(){
    sum(3, 4);
}
sum(int x, int y){            /* 求两数之和的函数, x 和 y 是入口参数 */
    int  sum;                 /* 定义一个局部变量 */
    sum=x+y;                  /* 求和 */
    return(sum);              /* 返回和值 */
}
```

首先，用嵌入汇编方法实现加法函数 sum，上机调试通过。

然后，编写一个汇编语言子程序实现加法函数 sum，并用模块连接方式实现与 C 语言主函数混合编程，上机调试通过。最后，生成与上述 C 语言源程序对应的汇编格式源程序，并对比所采用的两个实现方法。

7.9　在 C 程序中输入两个整数，然后调用汇编子程序对这两个数求积，在主程序中打印计算结果。编程并上机调试通过。

7.10　编写程序，在汇编语言程序中初始化 varA=12，varB=6，调用 C 语言的子程序求积并打印计算结果。编程并上机调试通过。

7.11 阅读如下混合编程的源程序，说明程序运行结果，并上机验证。

```c
/* C 语言程序 */
extern void callasm(void);
main(){
    callasm();
}
add(int x, int y){
    printf("In the add(x, y): \n");
    printf("x=%d\n", x);
    printf("y=%d\n", y);
    printf("%d+%d=%d\n", x, y, x+y);
    return(x+y);
}
```

```asm
    ; 汇编语言程序
    .model small, c
    extern add:near
    .data
_a      dw 2
_b      dw 6
_c      dw ?
    .code
    public callasm
callasm proc
    push    _b
    push    _a
    call    add
    add     sp, 4
    mov     _c, ax
    ret
callasm endp
    end
```

7.12 参照例 4.8，将排序子程序改写成 C 语言的嵌入式汇编函数，然后编写一个 C 语言主程序，提供待排序的数据和显示排序后的结果。

7.13 参照例 4.8，将排序子程序改写成可供 C 语言调用的模块，然后编写一个 C 语言主程序，提供待排序的数据和显示排序后的结果。

7.14 说明 Visual C++嵌入汇编语言指令的形式。

7.15 进行 32 位混合编程时，如何编写 Visual C++主程序和汇编语言过程？

7.16 在 Visual C++的开发环境下，上机实现例 7.13、例 7.14 和例 7.15。

7.17 采用带参数的过程定义伪指令改写例 7.5、例 7.6 和例 7.7，并上机调试通过。

7.18 说明如下程序的输出结果，然后上机验证。

```cpp
//C++程序: xt718.cpp
#include <iostream. h>
extern "C" {
    void MLSub(char *, short *, long *);
}
```

```
char   chararray[4]= "abc";
short  shortarray[3]={1,2,3};
long   longarray[3]={32768,32769,32770};
void main(void){
    cout << chararray<<endl;
    cout << shortarray[0] << shortarray [1]<<shortarray [2] << endl;
    cout << longarray[0] << longarray [1]<<longarray [2] << endl;
    MLSub(chararray, shortarray, longarray);
    cout<< chararray << endl;
    cout << shortarray[0] << shortarray[1] << shortarray[2] << endl;
    cout << longarray[0] << longarray[1] << longarray[2] << endl;
}
    ; 汇编语言程序: xt718f.asm
    .386
    .model flat, c
    .code
mlsub   proc  uses esi, arraychar:ptr, arrayshort:ptr, arraylong:ptr
    mov     esi, arraychar
    mov     byte ptr[esi],"x"
    mov     byte ptr[esi+1], "y"
    mov     byte ptr[esi+2], "z"
    mov     esi, arrayshort
    add     word ptr[esi], 7
    add     word ptr[esi+2], 7
    add     word ptr[esi+4], 7
    mov     esi, arraylong
    inc     dword ptr[esi]
    inc     dword ptr[esi+4]
    inc     dword ptr[esi+8]
    ret
mlsub   endp
    end
```

7.19　将第 6 章识别 CPU 的汇编语言过程修改为可供 Visual C++ 6.0 调用的形式，然后编写一个 Visual C++主程序，并上机调试通过。

7.20　参照例 6.6，将排序子程序分别改写成嵌入式汇编函数和外部模块过程，然后编写一个 C 语言主程序，提供待排序的数据和显示排序后的结果。

7.21　将例 7.16 的 findArray 过程用一个外部汇编语言模块实现。

第 8 章　80x87 浮点指令及其编程

前面论述了微处理器的整数指令及其编程应用，除了整数，实际应用中还要使用实数，尤其是在科学计算等工程领域。有些实数经过移动小数点位置，可以用整数表达和处理，但可能损失精度。实数可以经过一定格式转换后，完全用整数指令仿真，但处理速度难尽人意。

Intel 公司从 8086 开始就设计了与之配合使用的浮点数值协处理器（Math Coprocessor）8087，而 80286 和 80386 的浮点协处理器分别是 80287 和 80387，80486 以后的微处理器中集成了浮点处理单元（Floating-Point Unit，FPU）。对照 Intel 80x86 系列微处理器 CPU，统称它们为 Intel 80x87 浮点处理单元 FPU。本章将介绍 FPU 支持的数据格式、寄存器和浮点指令及其程序设计方法。除特别说明外，这些内容均适用所有 80x87 浮点处理单元。

8.1　浮点数据格式

在计算机中，表达实数要采用浮点数据格式，Intel 80x87 FPU 遵循 IEEE 浮点格式标准。

8.1.1　实数和浮点格式

实数（Real Number）常采用科学表示法表达，如-123.456 可表示为-1.23456×10^2。该表示法包括三部分：指数、有效数字两个域，以及一个符号位。指数用来描述数据的幂，反映数据的大小或量级；有效数字反映数据的精度。

在计算机中，表达实数的浮点格式也可以采用科学表达法，只是指数和有效数字要用二进制数表示，指数是 2 的幂（而不是 10 的幂），正负符号也只能用 0 或 1 区别。

另外，实数是一个连续系统，理论上说，任意大小与精度的数据都可以表示。但是在计算机中，由于处理器的字长和寄存器位数有限，实际上所表达的数值是离散的，其精度和大小都是有限的。显而易见，有效数字位数越多，能表达数值的精度就越高；指数位数越多，能表达数值的范围就越大。所以，浮点格式表达的数值只是实数系统的一个子集。

1.　浮点数据格式

计算机中的浮点数据格式分成指数、有效数字和符号位三部分（图 8-1 左上角所示）。IEEE 754 标准（1985 年）制定有 32 位（4 字节）编码的单精度浮点数和 64 位（8 字节）编码的双精度浮点数格式。例如，IEEE 单精度浮点数据最高位 D_{31} 是符号位，随后的 8 位 $D_{30} \sim D_{23}$ 是指数部分，最低 23 位 $D_{22} \sim D_0$ 是有效数字（图 8-1 右上角所示）。

符号（Sign）：表示数据的正负，在最高有效位（MSB）。负数的符号位为 1，正数的符号为 0。

指数（Exponent）：也被称为阶码，表示数据以 2 为底的幂。指数使用偏移码（Biased Exponent）表达，恒为整数。单精度浮点数用 8 位、双精度浮点数用 11 位表达指数。

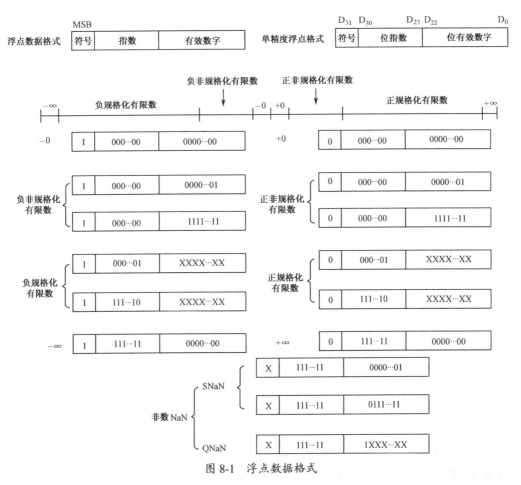

图 8-1　浮点数据格式

有效数字（Significand）：表示数据的有效数字，反映数据的精度。单精度浮点数用最低 23 位表达有效数字，双精度浮点数用最低 52 位表达有效数字。有效数字一般采用规格化（Normalized）形式，是一个纯小数，所以也被称为尾数（Mantissa）、小数或分数（Fraction）。

2. 浮点阶码

类似补码、反码等编码，偏移编码（简称移码）也是表达有符号整数的一种编码。标准偏移码选择从全 0 到全 1 编码中间的编码作为 0，也就是从无符号整数的全 0 编码开始向上偏移一半后得到的编码作为偏移码的 0（对 8 位就是 128=10000000B）。以这个 0 编码为基准，向上的编码为正数，向下的编码为负数。于是，N 位偏移码=真值+2^{N-1}。

例如，对 8 位编码，真值 0 的无符号整数编码是全 0，标准偏移码则表示为 0+128=00000000B+10000000B=10000000B，恰好是中间的编码。真值 127 的无符号整数编码是 01111111B，标准偏移码则表示 127+128=01111111B+10000000B=11111111B。

反过来，采用标准偏移码的真值=偏移码-2^{N-1}。例如，对于偏移码全 0 编码，其真值=00000000B-10000000B=0-128=-128。对比补码，偏移码仅与之符号位相反，如表 8-1 所示。

为了便于进行浮点数据运算，指数采用偏移编码。但是，在 IEEE 754 标准中，全 0、全 1 两个编码用作特殊目的，其余编码表示阶码数值。所以单精度浮点数据格式中的 8 位指数的偏移基数为 127，用二进制编码 0000001～11111110 表达-126～+127。双精度浮点数的偏

表 8-1　8 位二进制数的补码、标准偏移码、浮点阶码

十进制真值	补 码	标准偏移码	浮点阶码
+127	01111111	11111111	11111110
+126	01111110	11111110	11111101
+2	00000010	10000010	10000001
+1	00000001	10000001	10000000
0	00000000	10000000	01111111
−1	11111111	01111111	01111110
−2	11111110	01111110	01111101
−126	10000010	00000010	00000001
−127	10000001	00000001	
−128	10000000	00000000	

移基数为 1023。相互转换的公式如下：

单精度浮点数据：真值=浮点阶码-127，浮点阶码=真值+127。

双精度浮点数据：真值=浮点阶码-1023，浮点阶码=真值+1023。

3．规格化浮点数

十进制科学表示法的实数可以有多个形式，如$-1.23456 \times 10^2 = -0.123456 \times 10^3 = -12.3456 \times 10^1$。此时，只要小数点左移或右移，对应进行指数增量或减量。在浮点格式中数据也会出现同样的情况。为了避免多样性，同时表达更多的有效位数，浮点数据格式的有效数字一般采用规格化形式，它表达的数值是 1.XXX…XX。由于去除了前导 0，它的最高位恒为 1，随后都是小数部分；这样有效数字只需要表达小数部分，其小数点在最左端，隐含一个整数 1。而规格化浮点数的指数为 00…01～11…10 编码，这就是通常使用的浮点数据，被称为规格化有限数（Normalized Finite），如图 8-1 所示。

【例 8.1】　把浮点格式数据转换为实数表达

某个单精度浮点数为 BE580000H=1011 1110 0101 1000 0000 0000 0000 0000B，分成一位符号、8 位阶码和 23 位有效数字 3 部分：BE580000H=1 01111100 10110000000000000000000B。

符号位为 1，表示负数。

指数编码是 01111100，表示指数=124-127＝-3。

有效数字部分是 1011000000000000000，表示有效数＝1.1011B=1.6875。

所以，这个实数为：$-1.6875 \times 2^{-3} = -1.6875 \times 0.125 = -0.2109375$。

【例 8.2】　把实数转换成浮点数据格式。

对实数"100.25"进行如下转换：$100.25 = 0110\ 0100.01B = 1.10010001B \times 2^6$。

因为是正数，于是符号位为 0。

指数部分是 6，8 位阶码表达是 10000101（=6+127=133）。

有效数字部分是 10010001000000000000000。

这样，100.25 表示成单精度浮点数为：

　　0 10000101 10010001000000000000000B

　　=0100 0010 1100 1000 1000 0000 0000 0000 B

　　=42C88000H

就是 42C88000H（见例 8.3 程序的验证）。

4．非规格化浮点数和机器零

浮点格式的规格化数所表达的实数是有限的。例如对单精度浮点规格化浮点数，其最接近 0 的情况是：指数最小（-126）、有效数字最小（1.0），即数值：$\pm 2^{-126}$（$\approx \pm 1.18 \times 10^{-38}$）。当数据比这个最小数还要小、还要接近 0 时，规格化浮点格式无法表示，这就是下溢（Underflow）。

为了表达更小的实数，制定了非规格化浮点数（Denormalized Finite）：用指数编码为全 0 表示-126；有效数字仅表示小数部分、但不能是全 0，表示的数值是：0.XXX…XX。这时，有效数字最小编码是仅有最低位为 1、其他为 0，表示数值：2^{-23}。这样非规格化浮点数能够表示到 $\pm 2^{-126} \times 2^{-23}$（$\approx \pm 1.40 \times 10^{-45}$）。

非规格化浮点数表示了下溢，程序员可以在下溢异常处理程序中利用它。

如果数据比非规格化浮点数所能表达的（绝对值）最小数还要接近 0，就只能使用机器零（有符号零，Signed Zero）表示。机器零的指数和有效数字的编码都是全 0，符号位可以是 0 或 1，所以分成+0 和-0。机器零用浮点数据格式表达了真值 0，以及小于规格化数（或非规格化数）（绝对值）最小值的、无法表达的实数。

5．无穷大

对单精度浮点规格化浮点数，其最大数的情况是：指数最大（127）、有效数字最大（编码为全 1，表达数值：$1+1-2^{-23}$），即数值：$\pm(2-2^{-23}) \times 2^{127}$（$\approx \pm 3.40 \times 10^{38}$）。当数据比这个最大数还要大时，规格化浮点格式无法表示，这就是上溢（Overflow）。

大于规格化浮点数所能表达的（绝对值）最大数的真值，浮点格式用无穷大（Signed Infinity）表达。它根据符号位分为正无穷大（+∞）和负无穷大（-∞），指数编码为全 1，有效数字编码为全 0。

浮点格式通过组合指数和有效数字的不同编码，可以表达规格化有限数、非规格化有限数、机器零、无穷大，见图 8-1。标准浮点格式还支持一类特殊的编码：指数编码是全 1、有效数字编码不是全 0，被称为非数 NaN（Not a Number），因为 NaN 不是实数的一部分。

非数又分为静态（Quiet）非数 QNaN 和信号（Signal）非数 SNaN。QNaN 通常不指示无效操作异常，高级程序员利用它可以加速调试过程；SNaN 在算术运算中用作操作数时会产生异常，高级程序员利用它进行特殊情况的处理。另外，QNaN 包括了一个特殊的编码用于表示不定数（Indefinite），其编码是：符号和指数部分全为 1，有效数字部分是 100…0。

8.1.2 80x87 的数据格式

Intel 80x87 FPU 除支持 3 种浮点格式数据之外，还支持 3 种整数和 1 种压缩 BCD 码数据。即浮点处理部件支持 3 类、7 种数据类型，如图 8-2 所示。各种数据在主存中占据连续的地址单元，并遵循低字节对应低地址、高字节对应高地址的"小端方式"。

1．浮点数

80x87 支持 3 种浮点数据类型：单精度、双精度和扩展精度。它们的长度依次为 32、64 和 80 位，即 4、8 和 10 字节，遵循 IEEE（电子电气工程师协会）定义的国际标准浮点格式。

单精度浮点数（32 位短实数）：由 1 位符号、8 位指数、23 位有效数组成。

双精度浮点数（64 位长实数）：由 1 位符号、11 位指数、52 位有效数组成。

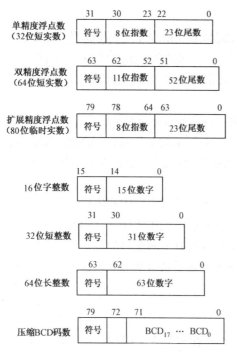

数据类型	数据范围 （十进制）	有效位数 （十进制）
单精度	1.18×10^{-38} $\sim 3.40 \times 10^{38}$	6~7
双精度	2.23×10^{-308} $\sim 1.79 \times 10^{308}$	15~16
扩展精度	3.37×10^{-4932} $\sim 1.18 \times 10^{4932}$	19
字整数	$-32768 \sim 32767$	4
短整数	-2.14×10^{9} $\sim 2.14 \times 10^{9}$	9
长整数	-9.22×10^{18} $\sim 9.22 \times 10^{18}$	18
BCD 码数	$(-10^{18}+1)$ $(10^{18}-1)$	18

图 8-2 FPU 的数据类型以及各自表达的数据范围和精度

扩展精度浮点数（80 位临时实数）：由 1 位符号、15 位指数、64 位有效数组成。很多计算机中并没有 80 位扩展精度这种数据类型，80x87 FPU 主要在内部使用它存储中间结果，以保证最终数值的精度。

浮点数据最高有效位均为符号位，0 为正数、1 为负数。指数部分为整数，采用"偏移码"来表示，3 种浮点数据的偏移基数依次是 127（7FH）、1023（3FFH）和 16383（3FFFH）。有效数字部分为一个纯小数，用"原码"表示。除 0 和非规格化数据外，规格化单精度和双精度浮点数的有效数隐含有一个整数 1；而扩展精度浮点数的有效数没有将整数隐含，即对规格化有限数、无穷大和 NaN 最高位总是 1，对 0 和非规格化有限数最高位总是 0，后 63 位是小数部分。

由于单精度浮点数只能保证 6 位十进制有效位数，所以通常应该采用双精度浮点数，以避免损失精度。因为浮点处理单元在运算时将所有数据都转换成扩展精度，所以双精度运算的速度并不比单精度慢。

另外，在扩展精度浮点数中，有些编码不属于前面介绍的任何一种浮点数类型（零、规格化数、非规格化数、无穷大和 NaN），它们被称为"非支持"（Unsupported）编码。出现这种编码时，FPU 多数情况下将产生无效操作异常。

2．整数

FPU 支持 3 种整数类型，其长度分别为 16、32 和 64 位，采用 2 的补码形式，其最高有效位表示符号。有了整数类型，就可以使 16 位 80x86 CPU 利用浮点处理部件完成 32 位或 64 位整数算术运算。

3．压缩 BCD 码数

为了能够快速处理 BCD 码，浮点处理部件特别设计可表达 18 位十进制数的 BCD 码数。

它的长度为 10 字节，其中低端的 9 字节为 18 个压缩 BCD 码数字，最高字节的最高有效位为符号位，其余 7 位未定义。

8.2 浮点寄存器

类似整数处理器，浮点处理单元也采用一些寄存器协助完成浮点操作。对程序员来说，组成浮点执行环境的寄存器主要是 8 个通用数据寄存器和几个专用寄存器（如状态寄存器、控制寄存器、标记寄存器等）。

1. 浮点数据寄存器和标记寄存器

浮点处理单元有 8 个浮点数据寄存器（FPU Data Register）：$FPR_0 \sim FPR_7$，如图 8-3(a) 所示。每个浮点寄存器都是 80 位的，以扩展精度格式存储数据。当其他类型数据压入数据寄存器时，PFU 自动转换成扩展精度；相反，数据寄存器的数据取出时，系统也会自动转换成要求的数据类型。

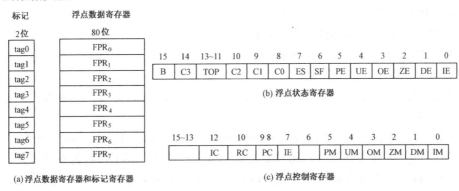

图 8-3 浮点寄存器

8 个浮点数据寄存器组成首尾相接的堆栈，当前栈顶 ST(0)指向的 **FPRx** 由状态寄存器中 TOP 字段指明。数据寄存器不采用随机存取，而是按照"后进先出"的堆栈原则工作，并且首尾循环。向数据寄存器传送（Load）数据时就是入栈，堆栈指针 TOP 先减 1，再将数据压入栈顶寄存器；从数据寄存器取出（Store）数据时就是出栈，先将栈顶寄存器数据弹出，再修改堆栈指针使 TOP 加 1。浮点寄存器栈还有首尾循环相连的特点。例如，若当前栈顶 TOP=0（即 ST(0)=FPR0），那么，入栈操作后就使 TOP=7（即 ST(0)=FPR7），数据被压入 FPR7。所以，浮点数据寄存器常常被称为浮点数据栈。

为了表明浮点数据寄存器中数据的性质，对应每个 FPR 寄存器，都有一个 2 位的标记（Tag）位，这 8 个标记 tag0～tag7 组成一个 16 位的标记寄存器。各种标记值的含义如下：

❖ 00——对应数据寄存器存有有效的数据。

❖ 01——对应数据寄存器的数据为 0。

❖ 10——对应数据寄存器的数据是特殊数据：非数 NaN、无限大或非规格化格式。

❖ 11——对应数据寄存器内没有数据，为空状态（Empty）。

2. 浮点状态寄存器

浮点状态寄存器表明 FPU 当前的各种操作状态，每条浮点指令都对它进行修改以反映执行结果，其作用与整数处理单元的标志寄存器 EFLAGS 相当，如图 8-3(b)所示。

（1）条件码（Condition Code）标志

C3～C0（$D_{14}D_{10}D_9D_8$）是 4 位条件码。其中，C1 表示数据寄存器栈出现上溢或下溢，C3、C2、C0 保存浮点比较指令的结果，详见指令部分的说明。

（2）栈顶（Top-Of-Stack）标志

TOP（$D_{13}D_{12}D_{11}$）指示数据寄存器的当前栈顶，表示作为浮点寄存器栈顶的寄存器编号，为 0～7。

（3）异常（Exception）标志

状态寄存器的低 6 位反映浮点运算可能出现的 6 种错误，任何一种未被屏蔽的错误都会产生浮点处理异常。异常类似处理器内部中断。注意，每个异常标志被置位后，如果不用指令进行清除，将保持置位状态不变。

❖ B（D_{15}）协处理器忙位（FPU Busy）——为 1，表示浮点处理单元正在执行浮点指令；为 0，表示空闲。

❖ ES（D_7）错误总结（Error Summary）——任何一个未被屏蔽的错误发生时，都会使 ES 为 1。8087 中该标志为 IR（Interrupt Request），表示协处理器中断请求；80287 及以后的微处理器不存在这个中断。

❖ PE（D_5）精度错误（Precision Error）——为 1，表示结果或操作数超出指定的精度范围，出现了不准确结果。

❖ UE（D_4）下溢错误（Underflow Error）——为 1，表示非 0 的结果太小，以致出现下溢错误。

❖ OE（D_3）上溢错误（Overflow Error）——为 1，表示结果太大，以致出现上溢错误。

❖ ZE（D_2）被零除错误（Zero Divide Error）——为 1，表示除数为 0 的错误。

❖ DE（D_1）非规格化操作数错误（Denormalized operand Error）——为 1，表示至少有一个操作数是非规格化的。

❖ IE（D_0）非法操作错误（Invalid operation Error）——为 1，表示操作为非法，如用负数开平方等。

（4）堆栈溢出（Stack Flow）标志

浮点数据寄存器栈可能出现溢出操作错误。当下一个数据寄存器已存有数据时（非空寄存器），继续压入数据就发生堆栈上溢（Stack Overflow）；当上一个浮点寄存器已没有数据时（空寄存器，标记位 tag=11B），继续取出数据就发生堆栈下溢（Stack Underflow）。SF（D_6）堆栈溢出标志为 1，表示寄存器栈有溢出错误。条件码 C1 说明是堆栈上溢（C1=1），还是下溢（C1=0）。这个标志由 80387 引入，供 80387 及以后浮点处理部件使用，8087/80287 不支持这个标志。堆栈溢出标志 SF 被置位后，不用指令清除将保持置位状态。

3. 浮点控制寄存器

浮点控制寄存器用于控制浮点处理单元的异常屏蔽、精度和舍入操作，如图 8-3(c)所示。

（1）异常屏蔽控制（Mask Control）

控制寄存器的低 6 位决定 6 种错误是否被屏蔽，其中任意一位为 1 表示不允许产生相应异常（屏蔽）。但是，屏蔽相应异常，并不禁止相应错误标志的置位。

❖ PM（D_5）——精度异常屏蔽（Precision Mask）。

❖ UM（D_4）——下溢异常屏蔽（Underflow Mask）。

❖ OM（D_3）——上溢异常屏蔽（Overflow Mask）。

❖ ZM（D_2）——被零除异常屏蔽（Zerodivide Mask）。

❖ DM（D_1）——非规格化异常屏蔽（Denormalized operand Mask）。

❖ IM（D_0）——非法操作异常屏蔽（Invalid operation Mask）。

关于异常，需要进一步说明。浮点程序设计中，异常的处理是一个的难点，尤其编写异常处理程序时更是比较复杂。好在 Intel 公司考虑到这个问题，提供硬件自动处理和调用软件处理程序两种方法。

当 PFU 检测到一个浮点异常时，它将置位相应浮点状态寄存器的标志，然后：

❖ 如果这个异常被屏蔽（即上述屏蔽位置位），FPU 将进行自动处理，产生一个事先定义的（大多数情况可用的）结果，同时程序继续执行。

❖ 如果这个异常没有被屏蔽，FPU 将调用异常处理程序。

这样，通过屏蔽特定异常，程序员可以将多数异常留给 PFU 处理，主要处理严重的异常情况。由于异常标志需要指令清除，所以可以保留自上次清除后一段程序的执行情况。例如，程序员可以全部屏蔽异常，然后运行一个计算程序，通过检测异常标志就能够发现计算是否会引起异常。

（2）精度控制（Precision Control）

2 位精度控制 PC（D_9D_8）控制浮点计算结果的精度，默认为扩展精度。PC=00，单精度；PC=01，保留；PC=10，双精度；PC=11，扩展精度。

程序通常采用默认扩展精度，以使结果有效数最多，即精度最高。采用单精度和双精度是为了支持 IEEE 标准，也使得在用低精度数据类型进行计算时精度不变化。

精度控制位仅仅影响浮点加、减、乘、除和平方指令的结果。

（3）舍入控制（Rounding Control）

只要可能，浮点处理单元就会按照要求格式（单、双或扩展精度）产生一个精确值。但是，经常出现精确值无法用要求的目的操作数格式编码的情况，这时就需要进行舍入操作。2 位舍入控制 RC（D11D10）控制浮点计算采用的舍入类型，如表 8-2 所示。

表 8-2　舍入控制

RC	舍入类型	说　明
0 0	最近舍入（偶）	舍入结果最接近准确值。如果上下两个值一样接近，就取偶数结果（最低位为 0）
0 1	向下舍入（趋向-∞）	舍入结果接近但不大于准确值
1 0	向上舍入（趋向+∞）	舍入结果接近但不小于准确值
1 1	截断舍入（趋向 0）	舍入结果接近但绝对值不大于准确值

"最近舍入（Round to Nearest）"是默认的舍入方法，类似"四舍五入"原则，适合大多数应用程序，提供了最接近准确值的近似值。例如，有效数字超出规定数位的多余数字是 1001，它大于超出规定最低位的一半（即 0.5），故最低位进 1。如果多余数字是 0111，它小于最低位的一半，则舍掉多余数字（截断尾数、截尾）。对于多余数字是 1000、正好是最低位一半的特殊情况，最低位为 0，则舍掉多余位；最低位为 1，则进位 1，使得最低位仍为 0（偶数）。

"向下舍入（Round Down）"用于得到运算结果的上界。对正数，就是截尾；对负数，只要多余位不全为 0，则最低位进 1。

"向上舍入（Round Up）"用于得到运算结果的下界。对负数，就是截尾；对正数，只要多余位不全为 0，则最低位进 1。

"向零舍入（Round toward Zero）"是向数轴原点舍入，对正数和负数都是截尾，使绝对值小于准确值，所以也称为截断舍入（Truncate），常用于浮点处理单元进行整数运算。

在许多浮点指令中都存在舍入问题，有时会出现规格化有限数外的情况。例如，将实数"0.2"转换为二进制数，但它是"0011"的无限循环数据：

$$0.2 = 0.0011 \, \dot{0}\dot{0}\dot{1}\dot{1}B = 1.10011001100110011001 \, \dot{0}\dot{0}\dot{1}\dot{1}B \times 2^{-3}$$

于是，符号位为 0。指数部分是-3，8 位阶码为 01111100（=-3+127=124）。

有效数字是无限循环数，按照单精度要求取前 23 位是：10011001100110011001100；后面是 $11\dot{0}\dot{0}\dot{1}\dot{1}B$，需要进行舍入处理。按照默认的最近舍入方法，应该进位 1。所以，有效数字编码是：10011001100110011001101。这样，0.2 表示成单精度浮点数为：

0 01111100 10011001100110011001101 B＝0011 1110 0100 1100 1100 1100 1100 1101 B

=3E4CCCCD H

就是 3E4CCCCDH（可以通过程序验证）。通过这个例子看到，计算机把简单的"0.2"都表达不准确，可见浮点格式数据只能表达精度有限的近似值。但如果采用 BCD，真值"0.2"可以表达为"00000010B"（即 02H，假设小数点在中间）。

8087/80287 还有无穷大控制（Infinity Control）IC（D_{12}）位。IC=0，采用"投射 Projective"处理无穷大数据（无穷大为一个无符号数），这是 8087/80287 的默认状态；IC=1，采用"仿射 Affine"处理无穷大数据（区别正负无穷大）。80387 及以后的浮点处理单元都采用仿射处理，这个控制位必须为 1。

8087 还使用中断允许屏蔽（Interrupt Enable Mask，IEM，D_7）位，控制是否允许协处理器中断，80287 及以后的浮点处理部件不存在这个控制位。

8.3 浮点指令的程序设计

浮点处理单元 FPU 具有自己的指令系统，有几十种浮点指令，可以分为传送、算术运算、超越函数、比较、FPU 控制等。浮点指令归属于 ESC 指令，其前 5 位的操作码都是 11011，它的指令助记符均以 F 开头。

浮点指令一般需要 1 个或 2 个操作数，数据存于浮点数据寄存器或主存中（不能是立即数），主要有 3 种寻址方式。

① 隐含寻址：操作数在当前数据寄存器顶 ST(0)。许多浮点指令的一个隐含（目的）操作数是 ST(0)；汇编格式中 ST 等同于 ST(0)。

② 寄存器寻址：操作数在指定的数据寄存器栈中 ST(i)。其中，i 相对于当前栈顶 ST(0) 而言，即 i=0～7。

③ 存储器寻址：操作数在主存中，主存中的数据可以采用任何存储器寻址方式。为了区别主存中不同的数据类型，采用如下符号。

❖ M32R：32 位单精度浮点数存储器单元。

❖ M64R：64 位双精度浮点数存储器单元。

❖ M80R：80 位扩展精度浮点数存储器单元。

- ❖ M16I：16 位字整数存储器单元。
- ❖ M32I：32 位短整数存储器单元。
- ❖ M64I：64 位长整数存储器单元。
- ❖ M80B：80 位 BCD 码数存储器单元。

浮点处理单元支持 3 类 7 种数据类型，同样的指令针对不同数据类型其指令助记符略有差别。指令助记符中用 FI 开头指示整数操作，用 FB 开头指示 BCD 码数操作，仅用 F 字符则是浮点数操作。

每条浮点指令执行后将影响浮点状态寄存器的状态字。根据执行情况，浮点指令相应地设置各种异常标志，修改 TOP 指针，并影响条件码 C0～C3。FPU 控制类指令都使得 C0～C3 没有定义（除个别指令）。除此之外的绝大多数指令执行后如果出现数据寄存器栈上溢，则条件码 C1=1；如果出现下溢，C1=0；而 C0、C2、C3 没有定义。浮点比较类指令将影响条件码，以反映两个数据间的关系。

8.3.1 浮点传送类指令

浮点数据传送指令完成主存与栈顶 ST(0)、数据寄存器 ST(i) 与栈顶之间的浮点格式数据的传送。浮点数据寄存器是一个首尾相接的堆栈，所以它的数据传送实际上是对堆栈的操作，有些要改变堆栈指针 TOP，即修改当前栈顶。

1. 取数指令

取数指令从存储器或浮点数据寄存器取得（Load）数据，压入（Push）寄存器栈顶 st(0)。"压栈"的操作是：使栈顶指针 TOP 减 1，数据进入新的栈顶 ST(0)，如图 8-4(a) 所示。压栈操作改变了指针 TOP 指向的数据寄存器，即原来的 ST(0) 成为现在的 ST(1)，原来的 ST(1) 成为现在的 ST(2)……注意，其他浮点指令实现数据进入寄存器栈都伴随有这个压栈操作。数据进入寄存器栈前由浮点处理单元自动转换成扩展精度浮点数。

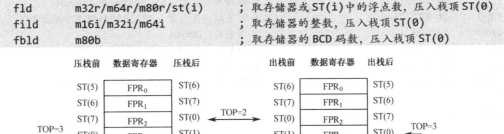

```
fld     m32r/m64r/m80r/st(i)    ; 取存储器或 ST(i) 中的浮点数，压入栈顶 ST(0)
fild    m16i/m32i/m64i          ; 取存储器的整数，压入栈顶 ST(0)
fbld    m80b                    ; 取存储器的 BCD 码数，压入栈顶 ST(0)
```

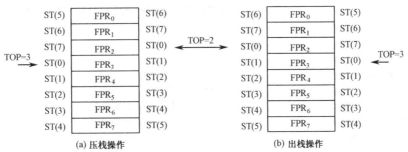

图 8-4　浮点数据寄存器栈的操作

2. 存数指令

存数指令将浮点数据寄存器栈顶数据存入（Store）主存或另一个浮点数据寄存器，寄存器栈没有变化。数据取出后按要求格式自动转换，并在状态寄存器中设置相应异常标志。

```
        fst      m32r/m64r/st(i)          ; 将栈顶 ST(0)数据，按浮点格式存入存储器或 ST(i)
        fist     m16i/m32i                ; 将栈顶 ST(0)数据，按整数格式存入存储器
```

3. 存数且出栈指令

该组指令除执行相应存数指令功能外，还要弹出（Pop）栈顶。"出栈"的操作是：将栈顶 ST(0)清空（使对应的标记位等于 11），并使 TOP 指针加 1，如图 8-4(b)所示。出栈操作改变了指针 TOP 指向的数据寄存器，即原来的 ST(1)成为现在的 ST(0)，原来的 ST(2)成为现在的 ST(1)……注意，浮点指令集中还有一些这样的执行"出栈"操作的指令，它们的指令助记符都是用 P 结尾。

```
        fstp     m32r/m64r/m80r/st(i)     ; ST(0)按浮点格式存入存储器或 ST(i)，然后出栈
        fistp    m16i/m32i/m64i           ; ST(0)按整数格式存入存储器，然后出栈
        fbstp    m80b                     ; ST(0)按 BCD 码数格式存入存储器，然后出栈
```

如果想实现向当前栈顶传送数据，但并不压栈。遗憾的是，浮点指令集中没有这种指令，但是可以这样实现：

```
        fstp     st(0)                    ; 弹出栈顶
        fld      st(4)                    ; 压入数据 ST(4)，实现 ST(0)←ST(4)
```

4. 交换指令

交换指令实现栈顶 ST(0)与任一个寄存器 ST(i)之间的数据交换。由于许多浮点指令只对栈顶操作，有了这个交换指令，就可以比较方便地对其他数据寄存器单元进行操作了。

```
        fxch                              ; ST(0)与 ST(1)交换
        fxchst(i)                         ; ST(0)与 ST(i)交换
```

【例 8.3】 浮点传送程序。

```
        .model small
        .8087                            ; 识别浮点指令
        .stack
        .data
f32d    dd 100.25                        ; 单精度浮点数: 42C88000H
f64d    dq -0.2109375                    ; 双精度浮点数: BFCB000000000000H
f80d    dt 100.25e9                      ; 扩展精度浮点数: 4023BABAECD400000000H
i16d    dw 100                           ; 字整数: 0064H
i32d    dd -1234                         ; 短整数: FFFFFB2EH
i64d    dq 123456h                       ; 长整数: 0000000000123456H
b80d    dt 123456h                       ; BCD 码数: 00000000000000123456H
ib32    dd ?
bi80    dt ?
        .code
        .startup
start1: finit                            ; 初始化 FPU
        fld      f32d                    ; 压入单精度浮点数 F32D
        fld      f64d                    ; 压入双精度浮点数 F64D
        fld      f80d                    ; 压入扩展精度浮点数 F80D
        fld      st(1)                   ; 压入当前 ST(1)，即 F64D
        fild     i16d                    ; 压入字整数 I16D
        fild     i32d                    ; 压入短整数 I32D
        fild     i64d                    ; 压入长整数 I64D
        fbld     b80d                    ; 压入 BCD 码数 B80D
start2: fist     dword ptr ib32          ; 将栈顶（现为 B80D）以短整数保存
```

```
        fxch                              ; ST(0)与ST(1)互换，现栈顶为 I64D
        fbstp    tbyte ptr bi80           ; 将栈顶弹出成BCD码数
        .exit 0
        end
```

虽然本例仅用于演示浮点传送指令的功能，却是一个采用浮点指令的完整的源程序。由此可见，采用浮点指令的汇编语言程序格式，与整数指令源程序格式是类似的，但有以下几点需要注意。

（1）使用 FPU 选择伪指令

由于汇编程序 MASM 默认只识别 8086 指令，所以要加上.8087、.287、.387 等伪指令选择汇编浮点指令，有时还要加上相应的.238、.386 等伪指令。

（2）定义浮点数据

数据定义伪指令 DD（DWORD）、DQ（QWORD）、DT（TBYTE）依次说明 32、64、80 位数据，可以用于定义单精度、双精度和扩展精度浮点数。为了区别于整数定义，MASM6.11 建议采用 REAL4、REAL8、REAL10 定义单、双、扩展精度浮点数，但不能出现纯整数（其实，整数后面补个小数点就可以了）。相应的数据属性依次是 DWORD、QWORD、TBYTE。另外，实常数可以用 E 表示 10 的幂。

（3）初始化浮点处理单元

每当执行一个新的浮点程序时，第一条指令都应该是初始化 FPU 的指令 FINIT。该指令清除浮点数据寄存器栈和异常，为程序提供一个"干净"的初始状态。否则，遗留在浮点寄存器栈中的数据可能产生堆栈溢出。另一方面，浮点指令程序段结束，最好清空浮点数据寄存器。

5．常数传送指令

常数传送指令是一组将浮点常数按扩展精度压入寄存器栈顶 ST(0)的浮点指令。

```
        fldz                              ; 压栈: ST(0)←0.0
        fld1                              ; 压栈: ST(0)←1.0
        fldpi                             ; 压栈: ST(0)←π
        fldl2t                            ; 压栈: ST(0)←lb10
        fldl2e                            ; 压栈: ST(0)←lbe
        fldlg2                            ; 压栈: ST(0)←lg2
        fldln2                            ; 压栈: ST(0)←ln2
```

8.3.2 算术运算类指令

算术运算类浮点指令实现浮点数、16/32 位整数的加、减、乘、除运算，它们支持的寻址方式相同。这组指令还包括有关算术运算的指令，如求绝对值、取整等。

每种浮点算术运算指令分为 3 种形式：Fari（3 种寻址格式）、FariP（2 种寻址格式）和 FIari（1 种寻址格式）。其中，ari 表示加 ADD、减 SUB、乘 MUL、除 DIV 运算，如下所示。

```
        fari     m32r/m64r       ; 存储器单、双精度浮点数运算: ST(0)←ST(0)ARI M32R/M64R
        fari     st,st(i)        ; 寄存器浮点数运算，ST(0)是目的操作数:
                                 ; ST(0)←ST(0)ARI ST(i)
        fari     st(i),st(0)     ; 寄存器浮点数运算，ST(i)是目的操作数
                                 ; ST(i)←ST(i)ARI ST(0)
        fari                     ; 寄存器浮点数运算，ST(1)是目的操作数: ST(1)←ST(1)ARI
```

```
                                   ; ST(0)并出栈, 等同于 FARIP    ST(1), ST(0)
     farip    st(i), st(0)  ; 出栈寄存器浮点数运算, ST(I)是目的操作数:
                                   ; ST(i)←ST(i)ARI ST(0), 并出栈
     fiari    m16i/m32i    ;存储器 16/32 位整数运算: ST(0)←ST(0)ARI M32I/M64I
```

其中, FariP 形式（含"Pari"指令）还伴随有一个出栈操作。出栈后原 ST(0) 被弹出, 原 ST(1) 成为当前的栈顶 ST(0), 原 ST(i) 成为当前的 ST(i-1)。

1. 加法指令

```
     fadd     m32r/m64r                   ; ST(0)←ST(0)+M32R/M64R
     fadd     st, st(i)                   ; ST(0)←ST(0)+ST(i)
     fadd     st(i), st(0)                ; ST(I)←ST(i)+ST(0)
     fadd                                 ; ST(1)←ST(1)+ST(0),并出栈
     faddp    st(i), st(0)                ; ST(i)←ST(i)+ST(0),并出栈
     fiadd    m16i/m32i                   ; ST(0)←ST(0)+M16I/M32I
```

【例8.4】 浮点数组求和程序。

```
          .model small
          .8087                          ; 识别浮点指令
          .stack
          .data
fcount    equ 6                          ; 数据个数
farray    dq 100.25, -0.2109375, 100.25e9, -1234.0, 123456., 0.98765
fsum      dq ?
          .code
          .startup
          mov    si, offset farray
          mov    cx, fcount
start1:   finit                          ; 初始化 FPU
          fldz                           ; 0.0 压入栈顶
start2:   fadd   qword ptr[si]           ; 求和, 结果在栈顶 ST(0)
          add    si, 8                    ; 取下一个数据
          loop   start2                   ; 循环
          fstp   qword ptr fsum           ; 弹出累加和
          .exit 0
          end
```

本程序实现 6 个浮点数求和, FPU 是一个面向堆栈的处理器, 栈顶通常用做目的操作数。本程序只要修改部分指令, 就可以进行数组的求积。

2. 减法指令

```
     fsub     m32r/m64r                   ; ST(0)←ST(0) -M32R/M64R
     fsub     st,st(i)                    ; ST(0)←ST(0) -ST(i)
     fsub     st(i), st(0)                ; ST(I)←ST(i) -ST(0)
     fsub                                 ; ST(1)←ST(1) -ST(0), 并出栈
     fsubp    st(i), st(0)                ; ST(i)←ST(i) -ST(0), 并出栈
     fsub     m16i/m32i                   ; ST(0)←ST(0) -M16I/M32I
```

浮点减法（和除法）指令还有一种"Reverse（反向）"运算形式, 是将减数（除数）和被减数（被除数）互换, 但目的操作数不变。例如:

```
     fsubr    m32r/m64r                   ; ST(0)←M32R/M64R-ST(0)
     fsubr    st, st(i)                   ; ST(0)←ST(i)--ST(0)
     fsubr    st(i), st(0)                ; ST(i)←ST(0)-ST(i)
```

```
        fsubr                               ; ST(1)←ST(0)-ST(1)，并出栈
        fsubrp      st(i), st(0)            ; ST(i)←ST(0)-ST(i)，并出栈
        fisubr      m16i/m32i               ; ST(0)←M16I/M32I-ST(0)
```

3. 乘法指令

```
        fmul        m32r/m64r               ; ST(0)←ST(0)×M32R/M64R
        fmul        st, st(i)               ; ST(0)←ST(0)×ST(i)
        fmul        st(i), st(0)            ; ST(i)←ST(i)×ST(0)
        fmul                                ; ST(1)←ST(1)×ST(0)，并出栈
        fmulp       st(i), st(0)            ; ST(i)←ST(i)×ST(0)，并出栈
        fimul       m16i/m32i               ; ST(0)←ST(0)×M16I/M32I
```

【例8.5】 计算圆面积的程序段。

```
fradius dq 5678                             ; 给定圆的半径 R
farea   dq ?                                ; 存放面积
        ...
        finit                               ; 初始化 FPU
        fld         fradius                 ; 半径值 R 压入栈顶
        fmul        fradius                 ; 乘积：R×R
        fldpi                               ; π 压入栈顶
        fmul                                ; ST(1)←ST(1)×ST(0)，并出栈
        fstp        farea                   ; 弹出面积值：πR²
```

4. 除法指令

```
        fdiv        m32r/m64r               ; ST(0)←ST(0)÷M32R/M64R
        fdiv        st, st(i)               ; ST(0)←ST(0)÷ST(i)
        fdiv        st(i), st(0)            ; ST(I)←ST(i)÷ST(0)
        fdiv                                ; ST(1)←ST(1)÷ST(0)，并出栈
        fdivp       st(i), st(0)            ; ST(i)←ST(i)÷ST(0)，并出栈
        fidiv       m16i/m32i               ; ST(0)←ST(0)÷M16I/M32I
```

浮点除法（和减法）指令还有反向形式，将除数（减数）和被除数（被减数）互换，但目的操作数不变。

```
        fdivr       m32r/m64r               ; ST(0)←M32R/M64R÷ST(0)
        fdivr       st,st(i)                ; ST(0)←ST(i)÷ST(0)
        fdivr       st(i),st(0)             ; ST(i)←ST(0)÷ST(i)
        fdivr                               ; ST(1)←ST(0)÷ST(1)，并出栈
        fdivrp      st(i),st(0)             ; ST(i)←ST(0)÷ST(i)，并出栈
        fidiv       rm16i/m32i              ; ST(0)←M16I/M32I÷ST(0)
```

5. 算术运算的相关指令

这是一组与算术运算有关的指令，没有显式操作数，均采用 ST(0)（和 ST(1)）隐含寻址方式。

```
        fabs        ; 取绝对值：ST(0)←|ST(0)|
        fchs        ; 取反符号：改变 ST(0) 数据的符号
        frndint     ; 取整：ST(0)←ST(0)数据按设定的舍入方法取整
        fsqrt       ; 取平方根：ST(0)← √st(0) 。注意，对负数求平方根将产生无效操作异常
        fscale      ; 比例换算：ST(0)←ST(0)×2ST(1)。此指令实际上是把ST(1)中的内容作为一个
                    ; 整数加到栈顶的指数部分
        fxtract     ; 取指数和有效数：将ST(0)的指数部分存入原数据寄存器，将原ST(0)有效数字
                    ; 压入栈顶
        fprem1      ; 取余数(IEEE标准)：ST(0)←ST(1)÷ST(0)的余数，余数的符号与原来栈顶数
```

; 据的符号一样

FPREM1 是 80387 新增的指令，用于替代 8087/80287 的 FPREM 指令；FPREM1 指令遵循 IEEE754 标准，且得到的余数比 FPREM 指令的精度高。FPREM/FPREM1 指令要设置 C0、C2、C3。这个指令用于对三角函数的自变量进行调整，使其进入允许的范围内。

8.3.3 超越函数类指令

浮点指令集中包含有进行三角函数、指数和对数运算的指令。

1. 三角函数指令

```
fptan           ; 计算正切: ST(0)←TAN(ST(0))，然后把 1.0 压入栈顶
fsin            ; 计算正弦: ST(0)←SIN(ST(0))
fcos            ; 计算余弦: ST(0)←COS(ST(0))
fsincos         ; 计算正弦和余弦: ST(0)←SIN(ST(0))，然后把 COS(ST(0)) 压入栈顶
fpatan          ; 计算反正切: ST(1)←ARCTAN(ST(1)/ST(0))，出栈
```

8087/80287 仅有求正切和反正切指令，80387 新增求正弦和余弦指令。有了这些基本的指令，利用三角函数公式就可以求解其他三角函数关系。计算三角函数值指令（除 FPATAN 指令）中，源操作数 ST(0) 采用弧度值，必须介于 ± 263 之间。如果源操作数 ST(0) 超出 ± 263 范围，则条件码 C2=1，否则 C2=0。8087/80287 中使用 FPTAN 指令，源操作数必须介于 $0 \sim \pi/4$ 之间。

【例 8.6】 创建一个 $0° \sim 90°$ 的高精度正弦表。

```
        .model small
        .386
        .387                            ; 汇编 80387 指令
        .stack
        .data
fcount  equ 91
fconst  dq 180.0
temp    dw 0
fsine   dq fcount dup(?)
        .code
        .startup
        mov     si, offset fsine
        mov     cx, fcount
start1: finit
        fld     pi                      ; 压入 π
        fld     fconst                  ; 压入 180
        fdiv                            ; 计算 π÷180
start2: fild    word ptr temp           ; 压入 0～90
        fmul    st(0), st(1)            ; 度转换成弧度
        fsin                            ; 求正弦值
        fstpq   word ptr[si]            ; 保存
        inc     word ptr temp           ; 计算下一度
        add     si, 8
        loop    start2
        .exit 0
        end
```

2．指数指令

```
f2xm1                                        ; ST(0)←2^ST(0)-1
```

指数指令计算 2^X-1，其中 X 取自栈顶 ST(0)，结果返回栈顶；注意，X（即原 ST(0)）必须介于 ± 1.0 之间，否则结果没有定义。上述结果加 1 就得到 2^X。

以任意数 Y 为底的幂 X，可以利用公式 $Y^X=2^{X \times lbY}$。

3．对数指令

```
fyl2x                                        ; ST(1)←ST(1)×lb(ST(0))，并出栈
```

这条指令用于计算以 2 为基数的对数，即 $Z=Y \times lbX$。其中，X 取自栈顶 ST(0)，Y 取自 ST(1)，出栈操作后当前栈顶存放在结果 Z。注意，原 ST(0)应是一个（非 0）正数。

其他基数的对数可以利用如下公式计算：$\log_b X=\log_b 2 \times lbX$。

【例 8.7】 求栈顶数据的常用对数子程序。

```
lgx    proc
       fldlg2                                ; 压入常数 lg2
       fxch
       fyl2x                                 ; 计算 lgX=lg2×lbX
       ret
lgx    endp
```

另外，对数指令中还有一条指令：

```
fyl2xp1                                      ; ST(1)←ST(1)×lb(ST(0)+1.0)，并出栈
```

它用于计算 ST(0)接近 0 的对数值。在这种情况下，FYL2XP1 指令可以计算出比 FYL2X 指令更精确的对数值。但注意，源操作数 ST(0)必须介于 $\pm(1-\sqrt{2}/2)$ 之间。

8.3.4 浮点比较类指令

浮点比较指令比较栈顶数据与指定的源操作数，比较结果通过浮点状态寄存器反映。注意，–0 和+0 是相等的。

1．基本比较指令

这是一组 8087 具有的比较指令，条件码 C3～C0 反映比较结果，如表 8-2 和表 8-3 所示。

```
fxam                        ; 检查栈顶数据 ST(0)
```

表 8-2　FXAM 指令检查的结果

ST(0)结果	C3	C2	C0
不支持的数据格式	0	0	0
NaN	0	0	1
规格化有限数	0	1	0
无穷大	0	1	1
零	1	0	0
空	1	0	1
非规格化数	1	1	0

表 8-3　基本比较指令比较的结果

比较结果	C3	C2	C0
st（0）>源操作数	0	0	0
st（0）<源操作数	0	0	1
st（0）=源操作数	1	0	0
不可排序	1	1	1

FXAM 指令用于检查浮点数据类型，通过设置相应条件反映，见表 8-2。另外，条件码 C1 反映数据的符号：C1=0，正数；C1=1，负数。

下面的比较指令的比较结果也是通过条件码反映的，见表 8-3。

```
ftst                        ; 与零比较：ST(0)与 0.0
```

fcom		; 浮点数比较: ST(0)与ST(1)
fcom	m32r/m64r/st(i)	; 浮点数比较: ST(0)与M32R/M64R/ST(i)
fcomp		; 浮点数比较: ST(0)与ST(1)，并出栈
fcomp	m32r/m64r/st(i)	; 浮点数比较: ST(0)与M32R/M64R/ST(i)，并出栈
fcompp		; 浮点数比较: ST(0)与ST(1)，并出栈两次
ficom	m16i/m32i	; 整数比较: ST(0)与M16I/M32I
ficomp	m16i/m32i	; 整数比较，ST(0)与M16I/M32I，并出栈

在比较结果中，有一种"不可排序（Unordered）"情况。"不可排序"是指两个浮点格式数不能按照相对值进行比较排序的一种关系。例如，当一个非数 NaN 与任何一个数值进行比较或当一个无穷数与任何一个非无穷数进行比较时，它们之间的关系就是不可排序的。

比较指令也与检查数据类型指令 FXAM 一样，要查看操作数的类型，然后进行比较。如果任意一个操作数是 NaN 或非支持的浮点格式，将产生"无效运算操作数异常"；又如，这个异常被屏蔽了，则比较指令将产生"不可排序"条件码标志；但如果这个异常没有被屏蔽，比较指令不会产生"不可排序"条件。

比较之后，通常会根据比较结果进行分支。由于没有浮点转移指令，所以进行程序设计时，需要将浮点比较指令得到的比较结果，即条件码 C3、C2、C0 转换到整数状态寄存器中，然后利用整数转移指令 JCC 现程序分支等结构。

首先，利用"FSTSW AX"指令将浮点状态字存入整数寄存器 AX，如图 8-5①所示。

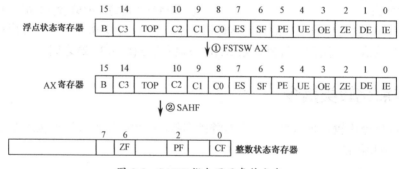

图 8-5　SAHF 指令用于条件分支

其次，通过 SAHF 指令将条件码转送到整数状态寄存器的低 4 位。SAHF 指令将包含 C3、C2、C0 的高字节送入整数状态字的低字节，正好对应 ZF、PF、CF，如图 8-5②所示。

再次，利用 JCC 指令。注意，要使用整数高于（Above）和低于（Below）的无符号条件转移指令，而不要使用有符号条件转移指令。

8087 不支持"FSTSW AX"指令，但可以先将浮点状态寄存器内容存入主存单元，然后送到 AX 寄存器中。

【例 8.8】 比较栈顶 ST(0)与 ST(1)的大小关系的程序段。

fcom		; 比较
fstsw	ax	; 浮点状态寄存器送 AX
sahf		; AX 高字节转送到整数标志寄存器的低字节
je	st_equal	; 相等，转移
jb	st_below	; 小于，转移
ja	st_above	; 大于，转移

实际上，通过"FSTSW AX"指令将浮点状态字存入整数寄存器 AX 后，可以利用"TEST AX, i16"指令测试单个条件，即直接将 AX 与特定常数比较，利用 JZ/JNZ 指令实现分支。

表 8-4 为大小关系的比较常数和对应转移指令。事实上，利用 TEST 指令可以检测浮点状态寄存器的任意一位或几位，例如异常标志。

表 8-4　TEST 指令用于条件分支

比较结果	常数	转移指令
ST(0)>源操作数	4500H	JZ
ST(0)<源操作数	0100H	JNZ
ST(0)=源操作数	4000H	JNZ
不可排序	0400H	JNZ

【例 8.9】 判断是否出现除以零错误的程序段。

```
; 除数 FDATA 是一个存储器操作数
fdiv      fdata
fstsw     ax
test      ax, 4              ; D2 对应除数为 0 的错误 ZE
jnz       divide_error
```

【例 8.10】 求二次方程两个实根的程序。

分析： 对于二次方程 $ax^2+bx+c=0$，它的两个实根是：$\dfrac{-b\pm\sqrt{b^2-4ac}}{2a}$。程序首先计算 b^2-4ac，然后将结果与 0 比较。如果它大于等于 0，则有实根，并求出；否则提示无实根。

```
        .model small
        .386
        .387
        .stack
        .data
msg     db 'No real roots.', '$'
ftwo    dd 2.0
ffour   dd 4.0
_fa     dd 3.0                    ; 二次方程的系数A
_fb     dd 8.0                    ; 二次方程的系数B
_fc     dd 5.0                    ; 二次方程的系数C
fr1     dd ?                      ; 二次方程的第一个根
fr2     dd ?                      ; 二次方程的第二个根
        .code
        .startup
start1: finit
        fld       ftwo
        fmul      _fa              ; 计算2a
        fld       ffour
        fmul      _fa
        fmul      _fc              ; 计算4ac
        fld       _fb
        fmul      _fb              ; 计算b²
        fsubr                      ; 计算b²-4ac
start2: ftst                       ; b²-4ac 与 0.0 比较
        fstsw     ax
        sahf
        jz        froot1           ; b²-4ac=0,转移到 FROOT1
        fsqrt                      ; 计算√(b²-4ac)
        fstsw     ax
        test      ax, 1
        jz        froot1           ; b²-4ac>0, 转移到 FROOT1
        fcompp                     ; b²-4ac<0, 清除浮点数据寄存器栈（出栈2次）
        mov       ah, 9            ; 显示无实根
        mov       dx, offset msg
        int       21h
```

```
            jmp       start3
froot1:     fld       _fb                          ; 求第一个根
            fchs                                   ; 计算-b
            fsub      st(0), st(1)                 ; 计算 -b - √(b² - 4ac)
            fdiv      st(0), st(2)                 ; 计算 (-b - √(b² - 4ac)) ÷ 2a
            fstp      fr1                          ; 保存第一个根
froot2:     fld       _fb                          ; 求第二个根
            fchs
            fadd
            fdivr                                  ; 计算 (-b + √(b² - 4ac)) ÷ 2a
            fstpfr2                                ; 保存第二个根
start3:     .exit 0
            end
```

2. 不可排序比较指令

针对浮点数比较指令 FCOM 和 FCOMP，80387 新增相应的不可排序比较指令 FUCOM 和 FUCOMP 指令。两者的功能相同，唯一的不同是产生无效运算操作数异常的情况略有差别。FUCOM、FUCOMP 指令只在一个或两个操作数是 SNaN 或非支持格式时产生异常；FCOM、FCOMP 指令只要一个或两个操作数是任何 NaN 或非支持格式时产生异常。

```
    fucom                      ; 浮点数比较: ST(0)与ST(1)
    fucom     st(i)            ; 浮点数比较: ST(0)与ST(i)
    fucomp                     ; 浮点数比较: ST(0)与ST(1)，并出栈
    fucomp    st(i)            ; 浮点数比较: ST(0)与ST(i)，并出栈
    fucompp                    ; 浮点数比较: ST(0)与ST(1)，并出栈2次
```

3. 设置整数状态标志比较指令

利用基本浮点比较指令实现分支需要将条件码 C3、C2、C0 传送到 PF、ZF、CF 比较烦琐，因此 Pentium Pro 新增这组指令，比较 ST(0) 与 ST(i)，直接设置整数状态寄存器(E)FLAGS 的 ZF、PF、CF，如表 8-5 所示，并注意对照表 8-3 和图 8-5。但是，这组指令并不影响 C3、C2、C0 的状态。这组指令实际上等同于前面介绍的 3 条指令。例如，在例 8.8 中的前 3 条指令就可以用"FCOI ST, ST(1)"替代。

```
    fcomi     st, st(i)        ; 浮点数比较，设置 PF、ZF、CF
    fcomip    st, st(i)        ; 浮点数比较，设置 PF、ZF、CF，并出栈
    fucomi    st, st(i)        ; 不可排序浮点数比较，设置 PF、ZF、CF
    fucomip   st, st(i)        ; 不可排序浮点数比较，设置 PF、ZF、CF，并出栈
```

4. 比较传送指令

比较传送指令是 Pentium Pro 新增的指令，类似整数比较传送 CMOVcc 指令，主要用于优化程序、消除条件分支，见表 8-6。

```
    fcmovcc   st, st(i)        ; 当指定的条件 CC 为真时，则 ST(0)←ST(i)
```
例如：
```
    fcom      st, st(1)
    fnstsw    ax
    sahf
    jbih
    fxch                       ; ST(0)与ST(1)互换
ih:       ...
```

| 表 8-5 | Pentium Pro 比较指令比较的结果 | | | 表 8-6 | FCMOVcc 指令中的条件 CC | |

比较结果	ZF	PF	CF
ST(0)>ST(i)	0	0	0
ST(0)<ST(i)	0	0	1
ST(0)=ST(i)	1	0	0
不可排序	1	1	1

CC	条 件
E	相等: ZF=1
NE	不等: ZF=0
B	小于: CF=1
NB	不小于: CF=0
U	不可排序: PF=1
NU	可排序: PF=0
BE	小于或等于: ZF=1 或 CF=1
NBE	大于: ZF=0 和 CF=0

采用 Pentium Pro 新增指令，成为

```
fcomi    st, st(1)        ; 代替前 3 条指令
fcmovnb  st, st(1)        ; 代替后 2 条指令, 从而消除分支
```

FCMOVCC 指令也可以归类为传送指令。注意，有些 Pentium Pro 处理器并不支持这条指令，可以用软件确定（CPUID 指令）。

8.3.5 FPU 控制类指令

FPU 控制类指令用于控制和检测浮点处理单元 FPU 的状态及操作方式。

FPU 控制类指令中，以 FN 开头的指令与对应仅以 F 开头的指令功能相同，其区别在于后者执行指令功能之前，检测并处理任何未被屏蔽的挂起（未处理）的异常，前者 FN 指令则不进行异常的检测和处理。设计以 FN 开头的控制指令的目的，是为了让软件可以保存当前 FPU 的状态，而不是先处理异常。

1．系统控制指令

系统控制是指对 FPU 的操作方式进行设置。

（1）FPU 初始化指令

```
finit                    ; 检测和处理未屏蔽的错误, 初始化浮点处理单元
fninit                   ; 不检测和处理未屏蔽的错误, 初始化浮点处理单元
```

FINIT/FNINIT 指令设置浮点寄存器组为其默认值：浮点控制寄存器为 037FH（即屏蔽所有异常、采用最近舍入方法和 64 位精度），浮点状态寄存器清除（异常标志清 0，栈顶指针 TOP 等于 0），浮点数据寄存器栈清除（即标记寄存器为全 1，这表示寄存器栈为空，可以使用，实际上寄存器栈中的数据没有变化）。

（2）清除指定浮点数据寄存器指令

```
ffree    st(i)           ; 浮点寄存器 ST(i)的标记为空状态（即 tag=11）
```

（3）浮点异常清除指令

```
fclex                    ; 检测和处理未屏蔽的错误, 清除所有异常标志
fnclex                   ; 不检测和处理未屏蔽的错误, 清除所有异常标志
```

FCLEX/FNCLEX 指令设置浮点状态寄存器中的所有异常标志位为 0，包括 6 个错误标志（PE、UE、OE、ZE、DE、IE）、异常总结 ES、堆栈溢出 SF 和忙 B 标志。

（4）浮点堆栈指针指令

```
fincstp                  ; 堆栈指针 ST 加 1。如果 TOP=7, 则增量后为 0
fdecstp                  ; 堆栈指针 ST 减 1。如果 TOP=0, 则减量后为 7
```

FINCSTP/FDECSTP 指令仅改变了指针 TOP，并没有影响数据寄存器栈中的数据和对应的标记。

（5）空操作和等待指令

```
fnop                      ; 浮点空操作（类似整数 NOP 指令的作用）
fwait                     ; 等待指令（与整数 WAIT 指令相同，机器代码都是 9B）
```

(F)WAIT 指令用于浮点指令与整数指令的同步，要求 FPU 检测并处理任何未被屏蔽的挂起的异常，然后接着执行后续指令。事实上，在 80287 及以上 FPU 中，除以 FN 开头的控制指令外，所有其他浮点指令都要执行一个等待（WAIT）操作。但 8086 不采用这个规则，所以程序中采用.8087 伪指令，MASM 汇编程序在产生的每条 8087 指令（除 FN 开头的 FPU 控制指令）前自动插入一条(F)WAIT 指令。例如，在例 8.3 的列表文件中，看到每个浮点指令之前有(F)WAIT 指令（机器代码 9B），FINIT 指令实际上被汇编成(F)WAIT 和 FNINIT 两条指令。如果程序不在 8086/8088 中运行，可以采用.286 及以上处理器选择伪指令，MASM 将不插入等待指令。例如，在例 8.6 的列表文件中就没有(F)WAIT 指令，因为使用了.386 和.387 伪指令，可以使程序更加简短有效。

那么，(F)WAIT 指令又有什么用途呢？浮点处理单元和整数处理单元是分开的，不需要特别的编程技巧，处理器可以并行执行浮点和整数指令。但是，这种并行执行在整数处理单元和浮点处理单元试图同时访问一个存储单元时，将有可能引起同步问题。

程序中，如果前一条指令是整数指令，后一条指令是浮点指令，那么由于浮点指令具有 WAIT 操作，所以不会出现问题。但是，如果程序中，前一条指令是浮点指令，后一条指令是整数指令，且这个整数指令又恰好操作前一个浮点指令存取的存储单元，那么有可能产生错误。解决的方法就是在这种整数指令前加上一个(F)WAIT 指令（或其他浮点指令）。例如，如下程序段就需要 FWAIT 指令：

```
fist      mem32           ; MEM32 是一个 32 位的存储器变量
fwait                     ; 必须加这个等待指令，等待 FPU 完成 FIST 指令
mov       eax, mem32      ; 读取 MEM32 到整数寄存器 EAX
```

（6）浮点中断控制指令

```
fdisi/fndisi              ; 检测/不检测未屏蔽的错误，禁止 8087 中断
feni/fneni                ; 检测/不检测未屏蔽的错误，允许 8087 中断
fsetpm                    ; 设置 80287 为保护方式
```

F(N)DISI/F(N)ENI 指令仅 8087 使用，FSETPM 指令仅 80287 使用，在 80387 及以后浮点处理单元中这些指令没有作用，被转换为 FNOP 指令。

2. 环境控制指令

环境控制是指对 FPU 的浮点寄存器组进行保存和设置。为了避免因为改变 FPU 操作模式引起的异常，使用设置 FPU 操作模式的指令之前（FLDCW、FLDENV、FRSTOR），应清除未及时处理的异常（使用 F(N)CLEX 指令）。这里，采用符号 m2b、m14b、m28b、m94b 依次表示 2、14、28、94 字节的存储单元。

（1）浮点控制寄存器控制指令

```
fstcw     m2b             ; 检测和处理未屏蔽的错误，将浮点控制字存入16 位存储单元
fnstcw    m2b             ; 不检测和处理未屏蔽的错误，将浮点控制字存入16 位存储单元
fldcw     m2b             ; 将16 位存储器操作数作为浮点控制字取到控制寄存器
```

（2）浮点状态寄存器控制指令

```
fstsw     m2b/ax          ; 检测和处理未屏蔽的错误，将状态字存入主存80287 及以后浮点
```

```
                         ; 处理单元才可以存入 AX
    fnstsw   m2b/ax      ; 不检测和处理未屏蔽的错误，将状态字存入主存 80287 及以后浮
                         ; 点处理单元才可以存入 AX
```

这个指令常用于浮点比较指令后，来判断异常或条件码等情况。

（3）浮点环境控制指令

```
    fstenv   m14b/m28b   ; 检测和处理未屏蔽的错误，将环境信息存入主存
    fnstenv  m14b/m28b   ; 不检测和处理未屏蔽的错误，将环境信息存入主存
    fldenv   m14b/m28b   ; 从主存取出 14/28 字节数据设置 FPU 的环境
```

"浮点环境"是指 FPU 的控制、状态、标记、指令指针和操作数指针及操作码寄存器的内容。主存中，存储环境信息的格式在实方式和保护方式下并不一样。

（4）浮点状态控制指令

```
    fsave    m94b/m108b  ; 检测和处理未屏蔽的错误，将全部状态存入主存，然后初始化 FPU
    fnsave   m94b/m108b  ; 不检测和处理未屏蔽的错误，将全部状态存入主存，然后初始化 FPU
    frstor   m94b/m108b  ; 从主存取出 94/108 字节数据设置 FPU 的全部状态
```

浮点处理单元的全部状态指 FPU 的浮点环境，再加上 8 个浮点数据寄存器的内容。主存中，存储全部状态的格式在实方式和保护方式下并不一样。

F(N)SAVE 指令除将全部状态保存之外，还要同 FINIT 指令一样进行 FPU 的初始化。

环境和状态控制指令常用于浮点异常处理程序当中，或者任务切换或过程调用时保存和恢复 FPU 的工作状态。

利用浮点处理单元可以大大提高数值计算的速度和精度，但是编写浮点汇编语言程序比较困难。比较好的办法是：一些关键的数值运算子程序用汇编语言编写，整个程序采用高级语言编写。下面举一个与 Turbo C 2.0 混合编程的例子。

图 8-6 例 8.11 的堆栈区（大型模型）

【例 8.11】 80x87 指令与 C 语言程序混合编程。

分析：将求二次方程 $ax^2+bx+c=0$ 的实根写成一个通用的汇编语言子程序，C 语言程序提供方程的系数，并显示实根。关于混合编程的有关问题见第 7 章介绍，并注意求根的子程序已进行优化，与例 8.9 有些不同。参数传递采用程序堆栈，如图 8-6 所示。

```
/ *  C 语言主程序: lt811.C  */
#include <stdio.h>
#include <stdlib.h>
extern int froot(double a, double b, double c, double *x1, double * x2);
/* froot 是一个外部函数 */
void main(){
    char  instr[256];                /* instr 用于输入字符串 */
    double a, b ,c;                  /* 定义系数 a,b,c*/
    double x1, x2;                   /* 定义实根 x1,x2*/
    printf("Input the coefficients of quadratic : \n");
                                     /* 输入系数字符串,并转换为双精度浮点数据 */
    printf("a=");      gets(instr);      a=atof(instr);
    printf("b=");      gets(instr);      b=atof(instr);
    printf("c=");      gets(instr);      c=atof(instr);
 if(froot(a,b,c,&x1,&x2))            /* 返回值为 1（非 0），有实根 */
```

```
                printf("Roots are % f and %f\n", x1, x2);         /* 显示两个实根 */
        else
                printf("No real roots.\n");             /* 返回值为 0, 显示无实根 */
    }

            ; 汇编语言子程序: lt811L.asm
            .model  large,c                             ; 大型存储模型
            .386
            .387
            .code
            public  froot                               ; FROOT 是可提供给外部使用的过程
froot   proc
            push    bp                                  ; 利用 BP 寻址程序堆栈, 传递参数
            mov     bp, sp
            finit
            fldq    word ptr [bp+6]                     ; 取出系数 a, 存入浮点数据寄存器栈顶 ST
            fldq    word ptr [bp+14]                    ; 取出系数 b, 存入栈顶 ST, a 进入 ST(1)
            fchs                                        ; 取反 b, 成为 -b
            fldq    word ptr [bp+22]                    ; 取出系数 c, 存入栈顶 ST, a 进入 ST(1)
                                                        ; 当前浮点寄存器栈从栈顶开始依次为: c|-b|a
            fld     st(1)                               ; 浮点寄存器栈为: -b|c|-b|a
            fmul    st, st(0)                           ; 浮点栈: b²|c|-b|a
            fxch                                        ; 浮点栈: c|b²|-b|a
            fadd    st,st(0)                            ; 浮点栈: 2c|b²|-b|a
            fadd    st, st(0)                           ; 浮点栈: 4c|b²|-b|a
            fmul    st, st(3)                           ; 浮点栈: 4ac|b²|-b|a
            fsubp   st(1), st(0)                        ; 浮点栈: b²-4ac|-b|a
            ftst                                        ; b²-4ac 与 0.0 比较
            fstsw   ax
            sahf
            jae     froots                              ; b²-4ac≥0, 转移到 ROOTS
            fstp    st                                  ; b²-4ac<0, 无实根
            fstp    st                                  ; 将浮点栈清空
            fstp    st
            xor     ax, ax                              ; 无实根, 过程返回零值: AX←0
            jmp     frootexit                           ; 退出
froots: fsqrt                                           ; 计算 √(b²-4ac) 。浮点栈: √(b²-4ac)|-b|a
            fxch    st(2)                               ; 浮点栈: a|-b|√(b²-4ac) 。
            fadd    st,st(0)                            ; 浮点栈: 2a|-b|√(b²-4ac)
            fld     st(1)                               ; 浮点栈: -b|2a|-b|√(b²-4ac)
            fsub    st, st(3)                           ; -b-√(b²-4ac)|2a|-b|√(b²-4ac)
            fdiv    st, st(1)                           ; 计算 -b-√(b²-4ac)÷2a
                                                        ; 浮点栈 X1: |2a|-b|√(b²-4ac)
            les     bx, [bp+30]                         ; 取 X1 的逻辑地址 (远数据指针)
            fstp    qword ptr es:[bx]                   ; 保存第一个根
            fxch                                        ; 浮点栈: -b|2a|√(b²-4ac)
            faddp   st(2), st(0)                        ; 浮点栈: 2a|-b+√(b²-4ac)
            fdiv                                        ; 计算 (-b+√(b²-4ac))÷2a
                                                        ; 浮点栈: X2
            les     bx, [bp+34]                         ; 取 x2 的逻辑地址
            fstp    qword ptr es:[bx]                   ; 保存第二个根
```

```
          mov        ax, 1                          ; 有实根，过程返回非零值: AX←1
frootexit:pop bp
          ret
froot     endp
          end
```

将 lt811l.asm 汇编产生 lt811l.obj 模块文件，然后在 Turbo C 命令行进行编译连接，要使用大型模型进行编译（加上"-ML"选项）。另外，用 TCC 编译连接时，默认的选项"-F"表示采用浮点仿真库，这个选项生成的可执行程序带有浮点仿真指令（用整数指令实现浮点指令功能的一个子程序，在 emu.lib 库中）。在具有协处理器的系统中运行该程序将采用处理器浮点指令，而在不具有协处理器的系统中运行该程序则将采用浮点仿真指令。如果生成的可执行程序只能在具有协处理器的系统上运行，则可以采用"-F87"选项，此时生成的可执行文件较小，因为它不带有浮点仿真指令。

习 题 8

8.1 BF600000H 是一个单精度浮点格式数据，它表达的实数是什么？

8.2 将 28.75 表达成一个单精度浮点格式数据。

8.3 解释如下浮点格式数据的有关概念：

（1）数据上溢和数据下溢

（2）规格化有限数和非规格化有限数

（3）NaN 和无穷大

8.4 在 IEEE 标准中，单精度和双精度数据的有效数字位数分别为 23 和 52，但为什么说它们具有二进制 24 和 53 位的精度？

8.5 浮点指令集中有一些特殊操作，如结尾 P 表示的"出栈"操作，减法与除法中的"反向"操作，请全面总结。

8.6 比较浮点数据传送指令的"压栈"、"存数"、"出栈"和"交换"的操作。

8.7 总结浮点状态寄存器的 C0~C3 的作用。

8.8 FPU 存在哪 6 种异常？FPU 如何处理这些异常？

8.9 FPU 复位或初始化（如执行 FINIT 指令）后，栈顶指向的寄存器编号为_____，即 TOP= _____？

8.10 在例 8.4 中，如果要求 6 个浮点数的连乘结果，如何修改？如果对多个 32 位整数进行累加或连乘，又如何修改？上机实现本程序，并在调试器 Code View 或 Turbo Debugger 下运行，观察运行结果是否正确。

8.11 例 8.5 程序段执行结束，浮点数据寄存器栈中还有有效的数据吗？如果有，是什么内容？

8.12 说明如下各条指令的功能

（1）fstsw   ax

（2）fst   qword ptr f64data

（3）fbstp   b80data

（4）fcomi

（5）fcmovb

（6）ffree   st(2)

（7）fsave

（8）fxch

8.13   按照如下要求完成浮点程序段：

（1）确定栈顶数据是否等于寄存器 ST(2)。

（2）把寄存器 ST(3)的数据加到栈顶。

（3）将栈顶数据减去寄存器 ST(4)的数据，结果保存在寄存器 ST(4)。

（4）把 π 压入栈顶。

8.14   编写一个求栈顶数据的自然对数子程序，应该如何修改例 8.7？

8.15   现有两组浮点数据 Adata1、Adata2 和 Bdata1、Bdata2，编程计算点积：Adata1×Bdata1+ Adata2×Bdata2。

8.16   编写求长方形面积 A（等于长度 L×宽度 W）的程序。

8.17   编程产生从 2 到 10 的平方根表，结果以单精度浮点数存在 roots 表中。

8.18   有两个数组 array1 和 array2，每个包含 100 个元素双精度浮点数。编程求对应两个数组元素的乘积，并将双精度结果存入另一个数组 array3。

8.19   编写一个求单精度浮点数倒数的过程，利用 EAX 传送入口参数和出口参数。

8.20   实数 X 存于 fdataX 单元，整数 Y 存于 idataY 单元，过程 INTPOW 计算 X^Y（X 的 Y 次方），并将结果保存在 result 单元。阅读该子程序，为每条指令加上注释，并编写一个主程序验证该子程序的正确性。

```
fdatax    dq  ?
idatay    dw  ?
result    dq  ?
...
intpow    proc
          push    cx
          fld1
          mov     cx, idatay
          fld     fdatax
          jcxz    done
again:    test    cx,1
          jz      next
          fmul    st(1), st(0)
next:     fmul    st, st(0)
          shr     cx, 1
          jnz     again
done:     fstp    qword ptr result
          pop     cx
          ret
intpow    endp
```

8.21   阅读如下程序，说明子程序 SUMARRAY 的功能。然后适当改写该子程序，并用 Turbo C 或 Visual C++编写一个主程序，调用以验证该子程序的正确性。

```
count     equ 50
array     dq count dup(?)
...
sumarray  proc
```

```
          push      bx
          push      cx
          push      es
          les       bx, array
          mov       cx, count
          fldz
          jcxz      done
dosum:    fadd      dword ptr es:[bx]
          add       bx, 8
          loop      dosum
done:     pop       es
          pop       cx
          pop       bx
          ret
sumarray endp
```

第 9 章　多媒体指令及其编程

随着个人微机大量进入家庭，人们希望计算机能够反映丰富多彩的现实世界和虚拟仿真的未来世界。用户界面不仅要有文字，还要有图形图像，以及声频、动画和视频等多种媒体形式，于是多媒体微机在 20 世纪 90 年代初出现，多媒体技术也就应运而生。所谓多媒体技术，是指将多媒体信息，经计算机设备的获取、编辑、存储等处理后，以多媒体形式表现出来的技术。为了满足多媒体技术对大量数据快速处理的需要，Intel 公司在其第 5 代 Intel 80x86 微处理器 Pentium 中，加入多媒体扩展 MMX 指令、数据流 SIMD 扩展 SSE 指令、SSE2 和 SSE3 指令，形成具有多媒体处理能力的 Pentium II、Pentium III 和 Pentium 4 微处理器。本章介绍这些指令系统的特点以及基本的程序设计方法。

9.1　MMX 指令系统

MMX（Multi Mediae Xtension）意为多媒体扩展，是 1996 年 Intel 公司正式公布的微处理器增强技术。其核心是针对多媒体信息处理中的数据特点，新增 57 条多媒体指令用于处理大量的整数类型数据。MMX 技术并没有改变 IA-32 结构，而是融入 Pentium/Pentium Pro 结构，形成 MMX Pentium/Pentium II，因此具有良好的软件和硬件兼容性。本节介绍 MMX 多媒体扩展指令，以及利用 MMX 指令进行编程的基本方法。

9.1.1　MMX 的数据结构

通过对图形、图像、游戏、音乐合成、语言压缩及解压、MPEG、视频会议等软件的分析，发现多媒体应用软件具有如下显著特点——高度频繁的小整型数据的算术运算操作，同时许多操作具有高度的并行性，即：小整型数据类型（如图形像素为 8 位，声频数据为 16 位）；对小整形数据的频繁且重复的计算操作（如被频繁调用的核心算法）；许多操作具有内在的并行性（如对大量数据进行同一个加、减或乘法运算操作）。基于该分析结果，MMX 技术设计了一套基本、通用的紧缩整型指令，共 57 条，基本满足各种多媒体应用程序的需要。

紧缩（Packed）整型数据是指多个 8、16、32 位的整型数据组合成为一个 64 位数据。MMX 指令主要使用这种紧缩整型数据，又分为 4 种数据类型：紧缩字节、紧缩字、紧缩双字、紧缩四字，如图 9-1 所示。

- ❖ 紧缩字节（Packed Byte）：8 字节组合成为一个 64 位的数据。
- ❖ 紧缩字（Packed Word）：4 个字组合成为一个 64 位的数据。
- ❖ 紧缩双字（Packed Doubleword）：2 个双字组合成为 1 个 64 位的数据。
- ❖ 紧缩四字（Packed Quadword）：一个 64 位的数据。

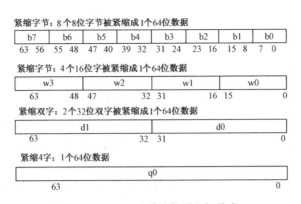

紧缩字节：8个8位字节被紧缩成1个64位数据

b7	b6	b5	b4	b3	b2	b1	b0
63 56	55 48	47 40	39 32	31 24	23 16	15 8	7 0

紧缩字节：4个16位字被紧缩成1个64位数据

w3	w2	w1	w0
63 48	47 32	31 16	15 0

紧缩双字：2个32位双字被紧缩成1个64位数据

d1	d0
63 32	31 0

紧缩4字：1个64位数据

q0
63 0

图 9-1　MMX 的紧缩整型数据格式

64 位紧缩数据可以表示 8 字节、4 个字、2 个双字或 1 个四字，对于大量使用 8、16、32 位数据的多媒体软件，这样一条 MMX 指令能同时处理 8、4、2 个数据单元，即 SIMD（Single Instruction Multiple Data，单指令多数据）结构，是 MMX 技术把机器性能提高的最根本因素。

例如，MMX 指令 PADD[B, W, D]实现两个紧缩数据的加法，如图 9-2 所示。PADDB 指令的操作数是 8 对互相独立的 8 位字节数据元素，而 PADDW 指令的操作数是 4 对互相独立的 16 位字数据元素，PADDD 指令的操作数则是 2 对互相独立的 32 位双字数据元素。各数据元素相加形成各自的结果，相互间没有关系和影响。在多媒体软件中，大量存在这种需要并行处理的数据。

	b07	b06	b05	b04	b03	b02	b01	b00
+	b17	b16	b15	b14	b13	b12	b11	b10
	b07+b17	b06+b16	b05+b15	b04+b14	b03+b13	b02+b12	b01+b11	b00+b10

	7F	FE	F0	00	00	03	12	34
+	00	03	30	00	FF	FE	43	21
	7F	01	20	00	FF	01	55	55

(a) PADDB 指令

	w03	w02	w01	w00		7FFE	F000	0003	1234
+	w13	w12	w11	w10	+	0003	3000	FFFE	4321
	w03+w13	w02+w12	w01+w11	w00+w10		8001	2000	0001	5555

(b) PADDW 指令

	d01	d00		7FFEF000	00031234
+	d11	d10	+	00033000	FFFE4321
	d01+d11	d00+d10		80022000	00015555

(c) PADDD 指令

图 9-2　环绕加法 PADD[B, W, D]指令

为了方便地使用 64 位紧缩整型数据，MMX 技术含有 8 个 64 位的 MMX 寄存器（MM0～MM7），只有 MMX 指令可以使用 MMX 寄存器。

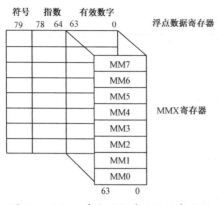

符号　指数　有效数字
79　78　64　63　　　　0　　浮点数据寄存器

MM7
MM6
MM5
MM4　　　MMX 寄存器
MM3
MM2
MM1
MM0
63　　　　0

图 9-3　MMX 寄存器与浮点数据寄存器

注意，MMX 寄存器是随机存取的，但实际上是借用 8 个浮点数据寄存器实现的。浮点处理单元 FPU 有 8 个浮点数据寄存器 FPR，以堆栈方式存取。每个浮点数据寄存器有 80 位，高 16 位用于指数和符号，低 64 位用于有效数字。MMX 利用其 64 位有效数字部分用做随机存取的 64 位 MMX 寄存器，如图 9-3 所示。Intel 通过将 MMX 寄存器映射到已有的浮点数据寄存器中，并未增加任何新的物理寄存器就得到 8 个 MMX 寄存器，同时没有增加任何状态标志等。这样就保持了与原 80x86 微处理器的软件兼容。

9.1.2　MMX 指令

MMX 指令是一组处理紧缩整型多媒体数据的通用指令，包括一般整型指令的主要类型，如表 9-1 所示。但是 MMX 的每种指令都是针对多媒体数据处理的需要精心设计的，各种指令都各具特色。

表 9-1　MMX 指令集

指令类型	助　记　符	注　　释
算术运算	PADD[B, W, D]	环绕加字节/字/双字
	PADDS[B, W]	有符号饱和加字节/字
	PADDUS[B, W]	无符号饱和加字节/字
	PSUB[B, W, D]	环绕减字节/字/双字
	PSUBS[B, W]	有符号饱和减字节/字
	PSUBUS[D, W]	无符号饱和减字节/字
	PMULHW	紧缩字乘后取高位
	PMULLW	紧缩字乘后取低位
	PMADDWD	紧缩字乘，积相加
比较类型转换	PCMPEQ[B, W, D]	紧缩比较是否相等字节/字/双字
	PCMPGT[B, W, D]	紧缩比较是否大于字节/字/双字
	PACKUSWB	按无符号饱和压缩字成字节
	PACKSS[WB, DW]	按有符号饱和压缩字/双字成字节/字
	PUNPCKH[BW, WD, DQ]	扩展高位字节/字/双字成字/双字/四字
	PUNPCKL[BW, WD, DQ]	扩展低位字节/字/双字成字/双字/四字
逻辑运算	PAND	紧缩逻辑与
	PANDN	紧缩逻辑与非
逻辑运算	POR	紧缩逻辑或
	PXOR	紧缩逻辑异或
移位	PSLL[W, D, Q]	紧缩逻辑左移字/双字/四字
	PSRL[W, D, Q]	紧缩逻辑右移字/双字/四字
	PSRA[W, D]	紧缩算术右移字/双字
数据传送	MOV[D, Q]	从 MMX 寄存器传入/传出双字/四字
状态清除	EMMS	清除 MMX 状态

MMX 指令的汇编语言格式，与普通的指令格式一样，但其助记符除传送和清除指令外，都以 P 开头。另外，多数指令的助记符有一个说明数据类型的后缀[B, W, D, Q]。如果有两个数据类型后缀字母，则第一个字母表示源操作数的数据类型，第二个字母表示目的操作数的数据类型。在表 9-1 中，表示数据类型的 B（紧缩字节）、W（字）、D（双字）、Q（四字）被列在[ ]中。例如，助记符 PADD 有 3 种操作码，记为 PADDB、PADDW、PADDD，分别表示紧缩字节、字和双字的加法。

MMX 状态清除指令 EMMS 无操作数。其他所有 MMX 指令中的源操作数可以是 MMX 寄存器，也可以是主存操作数，移位指令可以是立即操作数（表示移位次数），32 位数据传送指令 MOVD 还可以是整数寄存器（如 EAX）。

数据传送指令是唯一能以主存地址和整数寄存器作为目的操作数的 MMX 指令。其他 MMX 指令的目的操作数必须是 MMX 寄存器。

为了说明 MMX 指令允许的操作数组合，我们引入如下符号：① MM，64 位 MMX 寄存器 MM0～MM7；② M64，64 位存储器操作数单元。这样，多数 MMX 指令的格式为：

```
pxxx        mm, mm/m64
```

1. 数据传送指令

紧缩整型数据的传送指令可以实现 MMX 寄存器与 MMX 寄存器之间及 MMX 寄存器与主存之间 32、64 位数据的传送。它们是唯一可以用存储器地址作为目的操作数的 MMX 指令，只有 32 位传送 MOVD 指令可以实现整数寄存器 r32（EAX、EBX、ECX、EDX、ESI、EDI、EBP、ESP）的操作。

（1）32 位紧缩数据传送指令

```
movd        mm, r32/m32      ; 将主存 M32 或整数寄存器 R32 的 32 位数据传送到 MMX 寄存
                             ; 器的低 32 位，MMX 寄存器的高 32 位填入 0
movd        r32/m32,mm       ; 将 MMX 寄存器的低 32 位传送至主存或整数寄存器
```

例如，PDATA1=ABC09823H，MM3=74219C12 8014329BH，执行如下指令：

```
movd        mm0, pdata1      ; MM0=00000000 ABC09823H
movd        eax, mm0         ; EAX=ABC09823H
movd        pdata2, mm3      ; PDATA2=8014329BH
```

（2）64 位紧缩数据传送指令

```
movq        mm, mm/m64       ; MM←MM/M64
movq        mm/m64, mm       ; MM/M64←MM
```

例如，PDATA3=E8675A98ABC09823H，MM3=74219C128014329BH，执行如下指令：

```
movd        mm0, mm3         ; MM0=74219C128014329BH
movq        mm4, pdata3      ; MM4=E8675A98ABC09823H
movd        pdata4, mm0      ; PDATA4=74219C128014329BH
```

2. 算术运算指令

MMX 算术运算指令实现对紧缩数据的加、减和乘操作，并具有"环绕"、"饱和"和"乘-加"的特点。

（1）环绕加/减法指令

环绕（Wrap-around）运算就是通常的算术运算，是指当无符号数据的运算结果超过其数据类型界限时，进行正常进位借位运算。但是，MMX 技术没有新增任何标志，MMX 指令也并不影响状态标志，所以每个进位或借位并不能反映出来。例如，16 位字的数据界限

是 0000H～FFFFH，则环绕运算为：① 7FFEH+0003H=8001H（无进位）；② 0003H+ FFFEH =0001H（有进位）；③ 7FFEH-0003H=7FFBH（无借位）；④ 0003H-FFFEH=0005H（有借位）。

实现环绕加、减运算的 MMX 指令为：

```
paddb/paddw/paddd       mm, mm/m64
                      ；紧缩数据环绕加法（字节、字、或双字）：MM←MM+MM/M64（见图 9-2）
psubb/psubw/psubd       mm, mm/m64
                      ；紧缩数据环绕减法（字节、字、或双字）：MM←MM-MM/M64（见图 9-4）
```

	b07	b06	b05	b04	b03	b02	b01	b00
−	b17	b16	b15	b14	b13	b12	b11	b10
	b07 − b17	b06 − b16	b05 − b15	b04 − b14	b03 − b13	b02 − b12	b01 − b11	b00 − b10

	7F	FE	F0	00	00	03	12	34
−	00	03	30	00	FF	FE	43	21
	7F	FB	C0	00	01	05	CF	13

(a) PSUBB 指令

	w03	w02	w01	w00		7FFE	F000	0003	1234
−	w13	w12	w11	w10	−	0003	3000	FFFE	4321
	w03 − w13	w02 − w12	w01 − w11	w00 − w10		7FFB	C000	0005	CF13

(b) PSUBW 指令

	d01	d00		7FFEF000	00031234
−	d11	d10	−	00033000	FFFE4321
	d01 − d11	d00 − d10		7FFBC000	0004CF13

(c) PSUBD 指令

图 9-4　环绕减法 PSUB[B, W, D]指令

（2）饱和加/减法指令

MMX 指令的又一个特点是饱和（Saturation）运算，是指运算结果超过其数据界限时，其结果被最大值/最小值所替代。饱和运算有带符号数和无符号数之分，因为带符号和无符号数据的界限是不同的，如表 9-2 所示。

表 9-2　各数据类型的上、下界限

数据类型	无符号数据	有符号数据
字节	00H～FFH（255）	80H（−128）～7FH（127）
字	0000H～FFFFH（65535）	8000H（−32768）～7FFFH（32767）
双字	00000000H～FFFFFFFFH（2³²-1）	80000000H（−2147483648）～7FF FFFFH（2147483647）

对无符号数据来说，有进位或借位就是超出范围，此时出现饱和。例如，无符号 16 位字的数据界限是 0000H～FFFFH，则无符号饱和运算为：① 7FFEH+0003H=8001H（不饱和）；② 0003H+FFFEH=FFFFH（饱和）；③ 7FFEH–0003H=7FFBH（不饱和）；④ 0003H–FFFEH =0000H（饱和）。

对有符号数据来说，产生溢出就是超出范围，出现饱和。例如，带符号 16 位字的数据

界限是 8000H～7FFFH，则带符号饱和运算为：① 7FFEH+0003H=7FFFH（饱和）；② 0003H + FFFEH=0001H（不饱和）；③ 7FFEH–0003H=7FFBH（不饱和）；④ 0003H–FFFEH=0005H（不饱和）。

饱和运算对许多图形处理程序非常重要。例如，图形正在进行黑色浓淡处理时，可以有效地防止由于环绕相加导致的黑色像素突变为白色，因为饱和运算将计算结果限制到最大的黑色值，绝不会溢出成白色。

MMX 饱和加、减运算指令如下：

```
paddusb/paddusw      mm, mm/m64
                            ；无符号紧缩数据饱和加法（字节或字）：MM←MM+MM/M64
psubusb/psubusw      mm, mm/m64
                            ；无符号紧缩数据饱和减法（字节或字）：MM←MM-MM/M64
paddsb/paddsw        mm, mm/m64
                            ；有符号紧缩数据饱和加法（字节或字）：MM←MM+MM/M64
psubsb/psubsw        mm, mm/m64
                            ；有符号紧缩数据饱和减法（字节或字）：MM←MM-MM/M64
```

算术运算和类型转换指令的助记符有一个说明操作的后缀，US 表示无符号饱和式处理，S 或 SS 表示有符号饱和式处理。如果没有说明 S 或 SS，进行环绕式处理。

用饱和运算处理图 9-2 和图 9-4 相同的数据，如图 9-5～图 9-8 所示。

	7F	FE	F0	00	00	03	12	34			7FFE	F000	0003	1234
+	00	03	30	00	FF	FE	43	21		+	0003	3000	FFFE	4321
	7F	FF	FF	00	FF	FF	55	55			8001	FFFF	FFFF	5555

(a) PADDUSB 指令　　　　　　　　　　　(b) PADDUSW 指令

图 9-5　无符号饱和加法 PADDUS[B, W]指令

	7F	FE	F0	00	00	03	12	34			7FFE	F000	0003	1234
–	00	03	30	00	FF	FE	43	21		–	0003	3000	FFFE	4321
	7F	FB	C0	00	00	00	00	13			7FFB	C000	0000	0000

(a) PSUBSB 指令　　　　　　　　　　　(b) PSUBSW 指令

图 9-6　无符号饱和减法 PSUBUS[B, W]指令

	7F	FE	F0	00	00	03	12	34			7FFE	F000	0003	1234
+	00	03	30	00	FF	FE	43	21		+	0003	3000	FFFE	4321
	7F	01	20	00	FF	01	55	55			7FFF	2000	0001	5555

(a) PADDSB 指令　　　　　　　　　　　(b) PADDSW 指令

图 9-7　有符号饱和加法 PADDS[B, W]指令

	7F	FE	F0	00	00	03	12	34			7FFE	F000	0003	1234
–	00	03	30	00	FF	FE	43	21		–	0003	3000	FFFE	4321
	7F	FB	C0	00	01	05	CF	13			7FFB	C000	0005	CF13

(a) PSUBSB 指令　　　　　　　　　　　(b) PSUBSW 指令

图 9-8　有符号饱和减法 PSUBS[B, W]指令

（3）乘法指令

```
pmaddwd          mm, mm/m64          ；紧缩数据乘加
```

MMX 乘法指令对 4 对 16 位有符号紧缩字进行并行乘法操作，产生 4 个带符号 32 位的中间结果。其中，PMADDWD 指令还要对中间结果求和，PMULHW 和 PMULLW 指令则分别取 32 位中间结果的高 16 位字和低 16 位字，如图 9-9 所示。

w03	w02	w01	w00		7FFE	F000	0003	1234
w13	w12	w11	w10		0003	3000	FFFE	4321

w03×w13 + w02×w12	w01×w11 + w00×w10		FD017FFA	04C5F4AE

(a) PMADDWD 指令

	7FFE	F000	0003	1234			7FFE	F000	0003	1234
×	0003	3000	FFFE	4321		×	0003	3000	FFFE	4321
	0001	FD00	FFFF	04C5			7FFA	0000	FFFA	F4B4

(b)PMULHW 指令　　　　　　　　　　　(c) PMULHW 指令

图 9-9　乘法指令

PMADDWD 指令将源操作数的 4 个有符号字与目的操作数的 4 个有符号字分别相乘，结果产生了 4 个有符号双字；然后，低位的 2 个双字相加，并存入目的寄存器的低位双字，高位的 2 个双字相加，并存入目的操作数的高位双字。PMADDWD 指令对源和目的操作数的所有 4 个字都为 8000H 情况，结果处理为 80000000H。

具有"乘-加"运算指令 PMADDWD 是 MMX 指令的又一个特点，因为进行数据相乘然后乘积求和是向量点积、矩阵乘法、FETS 和 DCTS 变换等主要的运算，而后者又是处理图像、音频和视频等多媒体数据的最基本算法。

```
pmulhw     mm, mm/m64                ; 紧缩数据乘后取高位
```

PMULHW 指令将源操作数的 4 个有符号字与目的操作数的 4 个有符号字相乘，然后将 4 个 32 位的积的高 16 位存入目的寄存器中对应的字，积的低 16 位被丢弃。

```
pmullw     mm, mm/m64                ; 紧缩数据乘后取低位
```

PMULLW 指令将源操作数的 4 个有符号字与目的操作数的 4 个有符号字相乘，然后将 4 个 32 位的积的低 16 位存入目的寄存器中对应的字，积的高 16 位被丢弃。

3. 比较指令

MMX 比较指令单独比较两个操作数的各数据元素（字节、字或双字）。如果比较结果为真，目的寄存器中相对应的数据元素被置为全 1；否则，被置为全 0。正如与所有的 MMX 指令一样，比较指令并不设置标志位。

① 紧缩数据相等比较 PCMPEQ[B, W, D]指令分别以字节、字和双字为数据元素单位，比较目的操作数和源操作数。如果对应两个数据元素相等，相应目的寄存器数据元素被置为全 1；否则，相应目的寄存器数据元素被置为全 0。

```
pcmpeqb/pcmpeqw/pcmpeqd     mm, mm/m64
```

例如，对于 MM0=0051000300870023H，MM1=0073000200870009H 时，执行

```
pcmpeqw     mm0, mm1               ; MM0=0000 0000 FFFF 0000H
```

如果 MM0 和 MM1 不变，执行

```
pcmpeqb     mm0, mm1               ; MM0=FF00 FF00 FFFF FF 00H
```

② 紧缩数据大于比较 PCMPGT[B, W, D]指令分别以字节、字和双字为数据元素单位，比较两个有符号紧缩数据。如果对应两个数据元素中目的操作数大于源操作数，相应目的寄

存器数据元素被置为全 1；否则，相应目的寄存器数据元素被置为全 0。

```
pcmpgtb/pcmpgtw/pcmpgtd    mm, mm/m64
```

例如，对于 MM0=0051 0003 0087 0023H，MM1=0073 0002 0087 0009H 时，执行

```
pcmpgtw    mm0, mm1                 ; MM0=0000 FFFF 0000 FFFFH
```

Pentium 微处理器采用了超标量流水线技术提高机器性能，条件转移指令会使流水线出现停顿，降低处理器操作速度，所以 MMX 指令中并没有设计条件转移指令，但通常可以利用逻辑指令来避免使用转移指令。这也是 MMX 指令的一个重要特点。

4. 逻辑运算指令

MMX 逻辑指令以位方式对 64 位进行逻辑操作，结果返回 MMX 目的寄存器。

```
pand      mm, mm/m64
          ; 紧缩数据逻辑与：即对源操作数和目的操作数按位逻辑与操作
pandn     mm,mm/m64
          ; 紧缩数据逻辑非与：即先将目的操作数取反，然后再与源操作数按位逻辑与操作
por       mm, mm/m64
          ; 紧缩数据逻辑或：即对源操作数和目的操作数按位逻辑或操作
pxor      mm, mm/m64
          ; 紧缩数据逻辑异或：即对源操作数和目的操作数按位逻辑异或
```

5. 移位指令

MMX 移位指令用源操作数指定的数量，移位每个目的操作数中的数据元素（字、双字或四字）。指定移位个数的源操作数可以是 MMX 寄存器、存储器数据和 8 位立即数 i8。

① 紧缩逻辑左移 PSLL[W, D, Q]指令，分别以字、双字或 4 字为数据元素单位，按源操作数指定的数值左移目的操作数中的每个数据元素，低位用零填充。如果指定的移位个数大于 15（对字）、31（对双字）或 63（对四字），则目的寄存器为全 0。

```
psllw/pslld/psllq    mm, mm/m64/i8
```

例如，对于 MM7=0051 0003 0087 0023H，执行

```
psllw    mm7, 2                     ; MM7=0144 000C 021C 008CH
```

② 紧缩逻辑右移 PSRL[W, D, Q]指令，分别以字、双字或四字为数据元素单位，按源操作数指定的数值右移目的操作数中的每个数据元素，高位用零填充。如果指定的移位个数大于 15（对字）、31（对双字）或 63（对 4 字），则目的寄存器为全 0。

```
psrlw/psrld/psrlq mm, mm/m64/i8
```

例如，对于 MM7=0051000300870023H，执行

```
psrlw    mm7, 2                     ; MM7=0014 0000 0021 0008H
```

③ 紧缩算术右移 PSRA[W, D]指令，分别以字或双字为数据元素单位，按源操作数指定的数值右移目的操作数中的每一个数据元素，高位用该数据元素原来的符号位填充。如果指定的移位个数大于 15（对字）或 31（对双字），则目的寄存器中各数据元素全为原符号位。

```
psraw/psrad    mm,mm/m64/i8
```

例如，对于 MM7=FF51 8003 0087 0023H，执行

```
pcmpgtw    mm7, 2                   ; MM7=FFD4 E0000 021C 008CH
```

6. 类型转换指令

为了方便实现各种紧缩数据的相互转换，MMX 指令中设计有多条紧缩（Pack）和解缩（Unpack）指令。类型转换指令中的紧缩指令把紧缩双字、字压缩成为紧缩字、字节；解缩指令则相反，把紧缩字节、字、双字相应扩展成为紧缩字、双字、4 字，如图 9-10 所示。

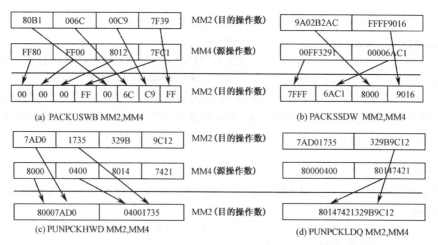

图 9-10　数据类型转换指令

① 无符号数饱和紧缩 PACKUSWB 指令，将 8 个有符号紧缩字压缩成无符号的 8 字节。如果有符号紧缩字大于 FFH（255），被饱和处理为 FFH；如果有符号字为负，将饱和处理为 00H。源操作数的 4 个字压缩后存入目的寄存器低 32 位，目的操作数的 4 个字压缩后存入目的寄存器高 32 位。

> packuswb　　　　　　　　mm, mm/m64

② 有符号数饱和紧缩 PACKSS[WB, DW]指令，将较大的有符号数（字或双字）压缩为较小的有符号数（字节或字）。如果较大数据超过了较小数据的上界，将饱和处理为上界；如果小于较小数据的下界，将饱和处理为下界。源操作数压缩后存入目的寄存器低 32 位，目的操作数压缩后存入目的寄存器高 32 位。

> packsswb/packssdw　　　　mm, mm/m64

③ 高位紧缩数据解缩 PUNPCKH[BW, WD, DQ]指令，将源操作数和目的操作数高 32 位较小的数据（字节、字或双字）交替组合成为较大的数据（字、双字或 4 字）。操作数的低 32 位被丢弃。

> punpckhbw/punpckhwd/punpckhdq　　　　mm, mm/m64

④ 低位紧缩数据解缩 PUNPCKL[BW, WD, DQ]指令，将源操作数和目的操作数低 32 位较小的数据（字节、字或双字）交替组合成为较大的数据（字、双字或 4 字）。操作数的高 32 位被丢弃。

> punpcklbw/punpcklwd/punpckldq　　　　mm, mm/m64

例如，在图像滤波程序中，为了保证数据精度，可以把 8 位像素扩展为 16 位，在 16 位字间进行运算可以不必担心溢出，滤波后的像素在存入主存前再组合成 8 位。

7．状态清除指令

> emms　　　　　　　　　　　；浮点数据寄存器清空：即使浮点标记寄存器为全 1

MMX 寄存器使用浮点数据寄存器 64 位有效数字部分，任何一条 MMX 指令（除了 EMMS）执行后，整个浮点标记字寄存器将被置为全 0。标记为 00，浮点处理单元就认为浮点数据寄存器含有有效的数据；标记为 11，则表示浮点数据寄存器没有数据、为空。因此，在处理器退出 MMX 指令程序段时，应该使浮点数据寄存器对浮点处理单元可用。EMMS 指令通过设置浮点标记字为全 1，由此清除 MMX 指令设置的标记状态，还 FPU 一个"清白"的浮点数据寄存器栈。

9.1.3 MMX 指令的程序设计

利用微软提供的免费补丁（Patch）程序，MASM 6.11 升级后就可以支持 MMX 指令的汇编。采用 MMX 指令的汇编语言程序与普通汇编语言程序大致相同，但要注意几个问题。

1. 确认支持 MMX 指令的微处理器

为了采用 MMX 指令，程序必须首先确定处理器支持 MMX 指令。EAX=1 时，执行 CPUID 指令，状态位 $D_{23}=1$，表示支持 MMX 指令。当然，较完善的程序应该首先判定当前处理器是支持 CPUID 指令的，详见第 6 章 Pentium 新增指令部分。

源程序的开始应该指定汇编 Pentium 和 MMX 指令，采用.586 和.MMX 伪指令即可。

MMX 技术被集成到了 Pentium 级 80x86 微处理器中，并保持了与现有操作系统、应用程序的完全兼容，所有基于 80x86 微处理器结构的软件都能在使用 MMX 技术的微处理器系统上运行。另一方面，为了与以前的 80x86 微处理器保持兼容，在采用 MMX 指令编程时，应用程序也应该设计有不使用 MMX 指令的程序段。

2. 不要在指令级混用 MMX 指令与浮点指令

实际系统中，往往同时存在 MMX 指令程序和浮点指令程序。由于 MMX 寄存器实际上是采用浮点数据寄存器实现的，显然程序不能同时在一个寄存器中既使用浮点数据又使用紧缩数据。另外，浮点指令和 MMX 指令之间的相互切换又要消耗一定时间。所以，不要在指令级混用 MMX 指令与浮点指令，编程原则是：① MMX 程序段和浮点程序段应分别独立在各自的代码段中；② 退出 MMX 指令部分前使用 EMMS 指令清空 MMX 状态，否则可能引起数据溢出和产生异常，在退出浮点指令部分前，也应使浮点数据寄存器栈清空；③ 任务切换时不要利用 MMX 或浮点数据寄存器传递参数。

3. 优化 MMX 程序

对于多媒体应用程序来说，尽管采用 MMX 指令后使程序性能得到提高，但是为了充分发挥处理器的优势，需要根据具体的 MMX 程序做进一步的优化处理，主要包括：合理安排指令，使多条指令尽量能够在处理器内部并行执行；合理展开循环程序，降低由于分支循环花费的时间；确定对齐数据边界等。

所以，编写 MMX 程序时，通常从利于编程和调试的角度完成指定功能的程序，然后进行优化。此时可以借助一些性能分析程序实现。

【例 9.1】 8 个元素的向量点积程序。

分析：向量 a_i 和 b_i（$i=1, \cdots, n$）的点积 $a \cdot b$ 如下计算：$a \cdot b = a_1 \times b_1 + a_2 \times b_2 + \cdots + a_n \times b_n$。

本程序需利用 MASM 6.11 以上版本汇编，只能在 Pentium 及以上处理器上运行。

```
        .model small
        .586                                    ; 汇编 Pentium 指令
        .mmx                                    ; 汇编 MMX 指令
        .stack
        .data
a_ver   dq 0002000300040005H, 0002000300040005H  ; 给出 A[I]的 8 个元素
b_ver   dq 0002000300040005H, 0002000300040005H  ; 给出 B[I]的 8 个元素
ab_ver  dd ?                                    ; 用于存放结果
nomsg   db 'MMX not found.', 13, 10, '$'
```

```
yesmsg   db  'MMX found.',13,10,'$'
okmsg    db  'Result is correct.',13,10,'$'
nokmsg   db  'Result is wrong. ',13,10,'$'
         .code
         .startup
         mov     eax, 1                  ; 判断 MMX 处理器是否存在
         cpuid                           ; Pentium 新增指令,用于判断处理器类型
         test    edx, 00800000h          ; D23=1 表示具有 MMX 功能
         jnz     mmx_found
         mov     ah, 9                   ; 提示微处理器不支持 MMX
         mov     dx, offset nomsg
         int     21h
                                         ; 采用整数指令实现元素的积之和运算
         mov     si, offset a_ver
         mov     di, offset b_ver
         mov     cx, 8                   ; 8 次乘法
start1:  mov     ax, [si]                ; 取元素 A[I]
         imul    word ptr [di]           ; 与元素 B[I]相乘
         push    dx                      ; 乘积暂存堆栈
         push    ax
         add     si, 2
         add     di, 2
         loop    start1
         mov     cx, 7                   ; 7 次加法
         pop     eax
start2:  pop     ebx                     ; 从堆栈取出乘积
         add     eax, ebx                ; 求和
         loop    start2
         mov     ab_ver, eax             ; 保存结果
         jmp     start4
mmx_found:mov    ah, 9                   ; 提示微处理器支持 MMX
         mov     dx, offset yesmsg
         int     21h
                                         ; 采用 MMX 指令实现元素的乘积求和
         movq    mm0, a_ver              ; 取元素 A[I]的前 4 个
         pmaddwd mm0, b_ver              ; 与元素 B[I]的前 4 个相乘,然后加
         movq    mm1, a_ver+8            ; 取元素 A[I]的后 4 个
         pmaddwd mm1, b_ver+8            ; 与元素 B[I]的后 4 个相乘,然后加
         paddd   mm0, mm1                ; 组合结果
         movq    mm1, mm0
         psrlq   mm1, 32
         paddd   mm0, mm1
         movd    ab_ver, mm0             ; 保存结果
         emms                            ; 退出 MMX 指令段
start4:  mov     eax, 108                ; 判断结果正确否
         cmp     eax, ab_ver             ; 2×2+3×3+4×4+5×5+
                                         ; 2×2+3×3+4×4+5×5=108
         jnz     start5
         mov     dx, offset okmsg        ; 提示程序运行正确
         jmp     start6
start5:  mov     dx, offset nokmsg       ; 提示程序运行不正确
```

```
start6:  mov     ah, 9
         int     21h
         .exit 0
         end
```

　　PMADDWD 指令可以同时处理 4 个 16 位紧缩字的乘法和 4 个 32 位乘积的两两加法，所以采用 MMX 的"乘-加"指令不仅可以减少指令条数，还可以极大地提高运算速度。

9.2　SSE 指令系统

　　采用 MMX 指令的 Pentium 和 Pentium II 处理器取得了极大的成功，推动了多媒体应用软件的发展，同时对处理器能力提出了更高的要求。Intel 公司针对互联网的应用需求，使用 MMX 指令集的关键技术"单指令流多数据流 SIMD"，在 1999 年 2 月推出具有 SSE（Streaming SIMD Extensions，数据流 SIMD 扩展）指令集的 Pentium III 处理器。

　　数据流 SIMD 扩展技术在原来的 IA-32 编程环境基础上，主要提供如下新扩展：具有 70 条指令的 SSE 指令集，支持 128 位紧缩浮点数据（SIMD 浮点数据类型），提供 8 个 SIMD 浮点数据寄存器 XMM0～XMM7。

　　SSE 指令集有 70 条指令，分为 3 组：50 条 SIMD 浮点指令，12 条 SIMD 整数指令，8 条高速缓冲存储器优化处理指令。

9.2.1　SIMD 浮点指令

　　SSE 技术的 50 条 SIMD 浮点指令是 SSE 指令系统的主要指令，也是 Pentium III 处理器性能提高的一个关键。采用与紧缩整型数据类似的紧缩浮点数据，所以多数 SIMD 浮点指令一次可以处理 4 对 32 位单精度浮点数据。Pentium III 处理器增加 8 个 128 位浮点寄存器，用于与 SSE 浮点指令相配合。一些典型的浮点运算如语音处理、图片处理的性能大大提升，而且处理的效果和质量也进一步改进。

1．紧缩浮点数据

　　SSE 技术支持的主要数据类型是紧缩单精度浮点操作数（packed single-precision floating-point），是将 4 个互相独立的 32 位单精度（Single-Precision，SP）浮点数据，组合在一个 128 位的数据中，如图 9-11 所示。32 位单精度数据格式符合 IEEE754 标准，见第 8 章。

　　128 位数据的最低有效位 LSB 是 D_0，而最高有效位 MSB 是 D_{127}，分成 16 字节，按照"低对低、高对高"的小端方式存放在主存中，如字节 0（D_0～D_7），如果在主存 1000H，则字节 15（D_{96}～D_{127}）的主存地址就是 100FH。每连续的 4 字节表示一个单精度数据。

　　（1）SIMD 浮点数据寄存器

　　SSE 技术提供 8 个 128 位的 SIMD 浮点数据寄存器。每个 SIMD 浮点数据寄存器都可以直接存取，寄存器名为 XMM0～XMM7，用于存放数据而不能用于寻址存储器。SIMD 浮点数据寄存器存放紧缩浮点数据的格式与主存中的一样。

　　SIMD 浮点寄存器是新增的随机存取的寄存器，不像 MMX 寄存器实际上是映射在 80x87 FPU 浮点数据寄存器栈上的，所以 SSE 指令可以与 MMX 指令或与浮点指令混合使用，不需要执行 EMMS 这样的特殊指令。

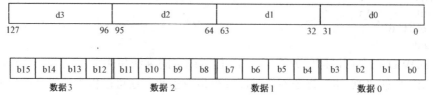

紧缩单精度浮点数据：4个32位单精度浮点数紧缩成1个128位数据

d3	d2	d1	d0

127　　　　　96 95　　　　　64 63　　　　　32 31　　　　　0

b15	b14	b13	b12	b11	b10	b9	b8	b7	b6	b5	b4	b3	b2	b1	b0

数据3　　　　　　数据2　　　　　　数据1　　　　　　数据0

图 9-11　SIMD 紧缩浮点数据格式

（2）SIMD 浮点控制/状态寄存器

SSE 技术还提供一个新的控制/状态寄存器 MXCSR（SIMD floating-point control and status register），用于屏蔽/允许数字异常处理程序、设置舍入类型、选择刷新至零模式、观察状态标志，如图 9-12 所示。复位后该寄存器的内容是 1F80H。

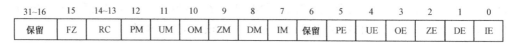

31~16	15	14~13	12	11	10	9	8	7	6	5	4	3	2	1	0
保留	FZ	RC	PM	UM	OM	ZM	DM	IM	保留	PE	UE	OE	ZE	DE	IE

图 9-12　浮点 SIMD 控制/状态寄存器

① 异常状态标志。MXCSR 的低 6 位 $D_5 \sim D_0$ 是 6 个反映是否产生 SIMD 浮点无效数值异常的状态标志。这 6 个异常标志与原来 80x87 浮点异常标志的含义相同，分别是精度错误 PE、下溢错误 UE、上溢错误 OE、被零除错误 ZE、非规格化错误 DE 和非法操作错误 IE。某个异常状态位为 1，表示发生相应的浮点数值异常。复位后，异常状态标志所有位被清 0。

② 异常控制标志。MXCSR 的 $D_{12} \sim D_7$ 是 6 个对应 SIMD 浮点数值异常的屏蔽控制标志。它们的作用也与原来 80x87 浮点异常屏蔽标志一样，分别是精度异常屏蔽 PM、下溢异常屏蔽 UM、上溢异常屏蔽 OM、被零除异常屏蔽 ZM、非规格化异常屏蔽 DM 和非法操作异常屏蔽 IM。某异常屏蔽控制位置位，相应异常被屏蔽，否则不屏蔽相应异常。复位后，异常控制标志所有位被置 1，表示屏蔽所有异常。

SIMD 指令会产生两种异常：

❖ 非数值异常——SIMD 指令产生与其他 80x86 指令同样的存储器异常，如页失效、段不存在和超出段界限等。现有的异常处理程序会处理这些异常。

❖ 数值异常——SIMD 指令产生同 80x87 一样的 6 个数值异常，但是独立于 80x87，由 MXCSR 寄存器标识和控制。在不屏蔽某个数值异常时，应用程序要保证操作系统支持非屏蔽 SIMD 浮点异常，提供相应的异常处理程序。对于被屏蔽的数值异常，微处理器将自动提供异常处理程序。

③ 舍入控制标志。MXCSR 的 $D_{14} \sim D_{13}$ 是两个舍入控制位 RC，控制 SIMD 浮点数据操作的舍入原则。同 80x87 一样，SSE 技术具有最近舍入、向下舍入、向上舍入和截断舍入 4 类。复位后，舍入控制位为 00，采用最近舍入类型。

④ 刷新至零标志。MXCSR 的 D_{15} 位是刷新至零标志 FZ（Flush-to-Zero），该位为 1，将允许刷新至零模式。复位后，FZ 位为 0，表示关闭刷新至零模式。

允许刷新至零模式在出现下溢情况时具有如下影响：返回具有真值符号的零值，精度和下溢异常标志被置位。IEEE 标准对于出现下溢情况是得到非规格化结果（逐渐下溢）。显然，刷新至零模式不与 IEEE 标准兼容，但是却以损失一点精度的代价，在经常出现下溢的应用程序中取得较快的执行速度。刷新至零模式主要是为了提高性能，当运算结果进入非规格化范围时，将使结果刷新至零。

MXCSR 的其他位是保留位，并被清 0。如果对这些位写入非 0 值，将发生一般保护性异常。

（3）SIMD 浮点指令的操作数

SIMD 浮点指令的操作数主要是 XMM 寄存器和 128 位存储单元。新增符号如下：XMM，SIMD 浮点数据寄存器 XMM0～XMM7；M128，128 位的存储器操作数单元。另外，紧缩浮点数据有两种存取模式。

① 128 位模式：用于 128 位的存储器操作数存取，SIMD 浮点数据寄存器间 128 位数据传送和逻辑、解缩、算术指令，是将这 128 位作为 4 个独立的单精度浮点数据（Packed Single-precision Floating-point）都参与操作得到结果。采用 128 位模式的 SSE 指令通常用 PS 结尾，如图 9-13 所示。

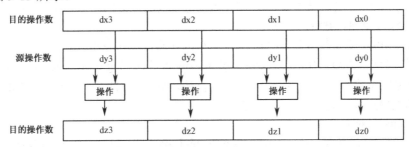

图 9-13　SSE 指令的 128 位操作模式

② 32 位模式：用于 32 位的存储器操作数存取，SIMD 浮点数据寄存器间 32 位数据传送和算术指令，是将 128 位中最低一个单精度浮点数据参与操作得到结果，其他高位的 3 个单精度数据不变，如图 9-14 所示。这种数据被称为标量单精度浮点数据（Scalar Single-precision Floating-point），SSE 指令中通常用 SS 结尾。具有 128 位存储器操作数 m128 的指令要求这个数据在主存的存储地址对齐 16 字节边界，否则产生一般保护性异常（General Protection Exception）。但是，有些特别说明的指令除外。

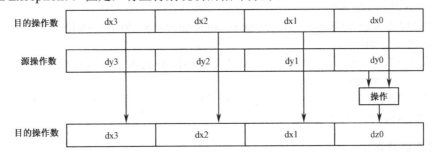

图 9-14　SSE 指令的 32 位操作模式

2. 数据传送指令

① 对齐数据传送 MOVAPS（move aligned packed single-precision floating-point），将 128 位的紧缩单精度浮点数从一个 SIMD 浮点寄存器传送到另一个 SIMD 浮点寄存器，或从存储器传送给 SIMD 浮点寄存器，或从 SIMD 浮点寄存器传送给存储器。该指令要求存储器地址对齐 16 字节边界。

```
movaps    xmm, xmm/m128
```

```
        movaps    xmm/m128, xmm
```

② 不对齐数据传送 MOVUPS（move unaligned packed single-precision floating-point）指令，与 MOVAPS 指令的功能一样，但不要求存储器地址对齐 16 字节边界。

```
        movups    xmm, xmm/m128
        movups    xmm/m128, xmm
```

③ 高 64 位传送 MOVHPS（move unaligned high packed single-precision floating-point）

```
        movhps    xmm, m64
```

该指令形式将 64 位存储器操作数传送到 XMM 寄存器的高 64 位，低 64 位没有改变。

```
        movhps    m64, xmm
```

该指令形式将 XMM 寄存器的高 64 位传送到 64 位存储器操作数单元。

④ 低 64 位传送 MOVLPS（move unaligned low packed single-precision floating-point）

```
        MOVLPS    XMM, M64
```

该指令形式将 64 位存储器操作数传送到 XMM 寄存器的低 64 位，高 64 位没有改变。

```
        movlps    m64, xmm
```

该指令形式将 xmm 寄存器的低 64 位传送到 64 位存储器操作数单元。

⑤ 64 位高送低 MOVHLPS（move high-to-low packed single-precision floating-point）指令，将作为源操作数的 XMM 寄存器的高 64 位传送到作为目的操作数的 XMM 寄存器的低 64 位，目的 XMM 寄存器高 64 位没有改变。

```
        movhlps    xmm, xmm
```

⑥ 64 位低送高 MOVLHPS（move low-to-high packed single-precision floating-point）指令，将作为源操作数的 XMM 寄存器的低 64 位传送到作为目的操作数的 XMM 寄存器的高 64 位，目的 XMM 寄存器低 64 位没有改变。

```
        movlhps    xmm, xmm
```

⑦ 屏蔽位传送 MOVMSKPS（move mask packed single-precision floating-point）指令，将 XMM 中 4 个单精度浮点数的符号位依次传送到 R32 寄存器的低 4 位（XMM 的 D_{127} 送 R32 的 D_3，XMM 的 D_{95} 送 R32 的 D_2，XMM 的 D_{63} 送 R32 的 D_1，XMM 的 D_{31} 送 R32 的 D_0），R32 的其他高位被清 0。

```
        movmskps    r32, xmm
```

⑧ 标量数据传送 MOVSS（move scalar single-precision floating-point）

```
        movss    xmm, m32
```

该指令形式将 32 位存储器数据传送到 XMM 寄存器的最低 32 位，XMM 的高 96 位被清零。

```
        movss    xmm/m32, xmm
```

该指令形式将 XMM 寄存器最低 32 位传送到 32 位存储器单元或另一个 XMM 寄存器的低 32 位，目的 XMM 寄存器的高 96 位不变。

3. 算术运算指令

（1）加法

① 紧缩浮点数加 ADDPS（add packed single-precision floating-point）指令，求 XMM 和 XMM/M128 中 4 对单精度浮点数据的各自之和，结果送目的寄存器。

```
        addps    xmm, xmm/m128
```

② 标量浮点数加 ADDSS（add scalar single-precision floating-point）指令，求 XMM 和 XMM/M32 中最低 1 对单精度浮点数据的和，结果送目的寄存器低 32 位，目的寄存器的高 96 位不变。

```
adds        xmm, xmm/m32
```

（2）减法

① 紧缩浮点数减 SUBPS（subtract packed single-precision floating-point）指令，求 XMM 和 XMM/M128 中 4 对单精度浮点数据的各自之差，结果送目的寄存器。

```
subps       xmm, xmm/m128
```

② 标量浮点数减 SUBSS（subtract scalar single-precision floating-point）指令，求 XMM 和 XMM/M32 中最低 1 对单精度浮点数据的差，结果送目的寄存器低 32 位，目的寄存器的高 96 位不变。

```
subs        xmm, xmm/m32
```

（3）乘法

① 紧缩浮点数乘 MULPS（multiply packed single-precision floating-point）指令，求 XMM 和 XMM/M128 中 4 对单精度浮点数据的各自之积，结果送目的寄存器。

```
mulps       xmm, xmm/m128
```

② 标量浮点数乘 MULSS（multiply scalar single-precision floating-point）指令，求 XMM 和 XMM/M32 中最低 1 对单精度浮点数据的积，结果送目的寄存器低 32 位，目的寄存器的高 96 位不变。

```
mulss       xmm, xmm/m32
```

（4）除法

① 紧缩浮点数除 DIVPS（divide packed single-precision floating-point）指令，求 XMM 和 XMM/M128 中 4 对单精度浮点数据的各自之商，结果送目的寄存器。

```
divps       xmm, xmm/m128
```

② 标量浮点数除 DIVSS（divide scalar single-precision floating-point）指令，求 XMM 和 XMM/M32 中最低一对单精度浮点数据的商，结果送目的寄存器低 32 位，目的寄存器的高 96 位不变。

```
divss       xmm, xmm/m32
```

（5）求平方根

① 紧缩浮点数平方根 SQRTPS（squareroot packed single-precision floating-point）指令，求 XMM/M128 中 4 个单精度浮点数据的各自平方根，结果送 XMM 目的寄存器。

```
sqrtps      xmm, xmm/m128
```

② 标量浮点数平方根 SQRTSS（squareroot scalar single-precision floating-point）指令，求 XMM/M32 中最低一个单精度浮点数据的平方根，结果送 XMM 目的寄存器的低 32 位，目的寄存器的高 96 位不变。

```
sqrtss      xmm, xmm/m32
```

（6）取最大值

① 紧缩浮点数最大值 MAXPS（maximum packed single-precision floating-point）指令，取 XMM 和 XMM/M128 中 4 对单精度浮点数据的各自最大值送目的寄存器。

```
maxps       xmm, xmm/m128
```

② 标量浮点数最大值 MAXSS（maximum scalarsingle-precision floating-point）指令，取 XMM 和 XMM/M32 中最低一对单精度浮点数据的最大值送目的寄存器低 32 位，目的寄存器的高 96 位不变。

```
maxss       xmm, xmm/m32
```

（7）取最小值

① 紧缩浮点数最小值 MINPS（minimum packed single-precision floating-point）指令，取 XMM 和 XMM/M128 中 4 对单精度浮点数据的各自最小值送目的寄存器。

```
minps    xmm, xmm/m128
```

② 标量浮点数最小值 MINSS（minimum scalar single-precision floating-point）指令，取 XMM 和 XMM/M32 中最低一对单精度浮点数据的最小值送目的寄存器低 32 位，目的寄存器的高 96 位不变。

```
minss    xmm, xmm/m32
```

（8）求倒数

① 紧缩浮点数倒数 RCPPS（compute reciprocal of packed single-precision floating-point）指令，计算 xmm/m128 中 4 个单精度浮点数据的各自倒数，结果送目的寄存器。

```
rcpps    xmm, xmm/m128
```

② 标量浮点数倒数 RCPSS（compute reciprocal of scalar single-precision floating-point）指令，计算 XMM/M128 中最低一个单精度浮点数据的倒数，结果送目的寄存器低 32 位，目的寄存器的高 96 位不变。

```
rcpss    xmm, xmm/m32
```

③ 紧缩浮点数平方根的倒数 RSQRTPS（compute reciprocal of squarerootof packed single-preci-sion floating-point）指令，求 XMM/M128 中 4 个单精度浮点数据的各自平方根，然后计算各自的倒数，结果送 XMM 目的寄存器。

```
rsqrtps    xmm, xmm/m128
```

④ 标量浮点数倒数 RSQRTSS（compute reciprocal of square root of scalar single-precision floating-point）指令，求 XMM/M32 中最低一个单精度浮点数据的平方根，然后计算其倒数，结果送目的寄存器低 32 位，目的寄存器的高 96 位不变。

```
rsqrtss    xmm, xmm/m32
```

4．逻辑运算指令

① 逻辑与 ANDPS（bit-wise logical AND for single-precision floating-point）指令，实现两个 128 位操作数的按位逻辑与。

```
andps    xmm, xmm/m128
```

② 逻辑非与 ANDNPS（bit-wise logical AND NOT for single-precision floating-point）指令，实现两个 128 位操作数的按位逻辑非与：即先对目的操作数求反，然后与源操作数相逻辑与。

```
andnps    xmm, xmm/m128
```

③ 逻辑或 ORPS（bit-wise logical OR for single-precision floating-point）指令，实现两个 128 位操作数的按位逻辑或。

```
orps    xmm, xmm/m128
```

④ 逻辑异或 XORPS（bit-wise logical XOR for single-precisionfloating-point）指令，实现两个 128 位操作数的按位逻辑异或。

```
xorps    xmm, xmm/m128
```

5．比较指令

① 紧缩浮点数比较 CMPPS（compare packed single-precision floating-point）指令，比较两个紧缩浮点数据中的 4 对单精度浮点数的大小关系，如果满足由立即数 i8（0～7）指定的

关系，则目的寄存器相应的 32 位被全置位为 1，否则被全复位为 0。

```
cmpps      xmm, xmm/m128, i8
```

利用 I8 这个立即数指示，该指令可以比较多种大小关系，如表 9-3 所示。这个指令还有另一种两个操作数的助记符形式：

```
cmpddps    xmm, xmm/m128
```

其中，DD 表示对应各种大小关系的条件码，如表 9-3 所示。

表 9-3　CMPPS/CMPSS 指令的比较关系与 I8 值

I8	条件码 DD	含　义	I8	条件码 DD	含　义
0	EQ	相等	4	NEQ	不等
1	LT	小于	5	NLT	不小于
2	LE	小于等于	6	NLE	不小于等于
3	UNORD	不可以排序	7	ORD	可以排序

② 标量浮点数比较 CMPSS（compare scalar single-precision floating-point）指令，仅比较最低一对单精度浮点数据，高 96 位不变，其中 I8 和 DD 的含义同 CMPPS 指令。

```
cmpss      xmm, xmm/m32, i8
cmpddss    xmm, xmm/m32
```

③ 设置整数标志有序标量浮点数比较 COMISS（compare scalar single-precision floating-point ordered and set EFLAGS）指令，比较低 32 位单精度数据的大小关系，相应设置整数标志 EFLAGS 寄存器的 ZF、PF、CF 标志（OF、SF、AF 标志被清除），如表 9-4 所示。如果两个操作数中有一个是不可比较的数据 NaN，则目的操作数的低 32 位也是 NaN，其他 96 位没有影响；其他情况下，两个操作数都没有变化。

```
comiss     xmm, xmm/m32
```

表 9-4　COMISS/UCOMISS 指令的标志设置

大小关系	ZF	PF	CF
不可比较	1	1	1
目的操作数>源操作数	0	0	0
目的操作数<源操作数	0	0	1
目的操作数=源操作数	1	0	0

④ 设置整数标志无序标量浮点数比较 UCOMISS（unordered compare scalar single-precision floating-pointandset EFLAGS）指令，与 COMISS 指令的功能相同，唯一的不同在于产生无效数值异常的条件。

```
ucomiss    xmm, xmm/m32
```

COMISS 指令在源操作数是 NaN（不论是 QNaN 还是 SNaN）会产生无效数值异常，而 UCOMISS 指令只在源操作数是 SNaN 时才会产生无效数值异常。

6. 转换指令

① 紧缩整数转换为浮点数 CVTPI2PS（convert packed double word integerto packed single-precision floating-point）指令，将 MMX 寄存器或 64 位存储器操作数的两个 32 位有符号整数转换为两个单精度浮点数存入 XMM 寄存器的低 64 位，XMM 寄存器的高 64 位不变。当不能精确转换时，按照 MXCSR 设置的舍入原则进行舍入。

```
cvtpi2ps       xmm, mm/m64
```

② 紧缩浮点数转换为整数 CVTPS2PI（convert packed single-precision floating-pointto packed double word Integer）指令，将 XMM 寄存器的低 64 位或 64 位存储器操作数的两个单精度浮点数转换为 2 个 32 位有符号整数存入 MMX 寄存器。当不能精确转换时，按照 MXCSR 设置的舍入原则进行舍入。当浮点数大于等于 32 位整数的最大值时，则被转换为 80000000H。

```
cvtps2pi    mm, xmm/m64
```

CVTPI2PS 和 CVTPS2PI 指令如果涉及 MMX 寄存器，将与 Pentium II 中 MMX 指令对 80x87 FPU 产生同样的影响，见 9.2.2 节说明。

③ 标量整数转换为浮点数 CVTSI2SS（convert double word integer to scalar single-precision floating-point）指令，将 32 位整数寄存器或 32 位存储器操作数的 32 位有符号整数转换为一个单精度浮点数存入 XMM 寄存器的低 32 位，XMM 寄存器的高 96 位不变。当不能精确转换时，按照 MXCSR 设置的舍入原则进行舍入。

```
cvtsi2ss    xmm, r32/m32
```

④ 标量浮点数转换为整数 CVTSS2SI（convert scalar single-precision floating-point to double word Integer）指令，将 XMM 寄存器的低 32 位或 32 位存储器操作数的一个单精度浮点数转换为一个 32 位有符号整数存入 32 位整数寄存器。当不能精确转换时，按照 MXCSR 设置的舍入原则进行舍入。当浮点数大于等于 32 位整数的最大值时，则被转换为 80000000H。

```
cvtss2si    r32, xmm/m32
```

7. 组合指令

① 紧缩浮点数组合 SHUFPS（shuffle packed single-precision floating-point）指令，使目的 XMM 寄存器的 4 个单精度浮点数组合到目的 XMM 寄存器的低 2 个单精度浮点数位置，而目的 XMM 寄存器的高 2 个单精度浮点数位置由源操作数的 4 个单精度浮点数组合，组合方法由立即数 I8 决定。其中，立即数从 $D_7 \sim D_0$ 每两位决定目的操作数一个数如何组合，如 D_1D_0 决定最低一个数如何组合，如表 9-5 所示，其中一个示例如图 9-15 所示。

```
shufps    xmm, xmm/m128, i8
```

表 9-5 SHUFPS 指令 I8 指定的组合形式

	D_7D_6	D_5D_4	D_3D_2	D_1D_0
0 0	目的 $D_{127\sim96}$=源 $D_{31\sim0}$	目的 $D_{95\sim64}$=源 $D_{31\sim0}$	目的 $D_{63\sim32}$=目的 $D_{31\sim0}$	目的 $D_{31\sim0}$=目的 $D_{31\sim0}$
0 1	目的 $D_{127\sim96}$=源 $D_{63\sim32}$	目的 $D_{95\sim64}$=源 $D_{63\sim32}$	目的 $D_{63\sim32}$=目的 $D_{63\sim32}$	目的 $D_{31\sim0}$=目的 $D_{63\sim32}$
1 0	目的 $D_{127\sim96}$=源 $D_{95\sim64}$	目的 $D_{95\sim64}$=源 $D_{95\sim64}$	目的 $D_{63\sim32}$=目的 $D_{95\sim64}$	目的 $D_{31\sim0}$=目的 $D_{95\sim64}$
1 1	目的 $D_{127\sim96}$=源 $D_{127\sim96}$	目的 $D_{95\sim64}$=源 $D_{127\sim96}$	目的 $D_{63\sim32}$=目的 $D_{127\sim96}$	目的 $D_{31\sim0}$=目的 $D_{127\sim96}$

xmm1	12.5	1.125	100.0	0.156

xmm2	201.05	2.125	200.0	0.256

xmm3	200.0	0.256	0.156	1.125

图 9-15 SHUFPS 指令示例

② 高交叉组合 UNPCKHPS（unpacked high packedsingle-precision floating-point）指令，将两个紧缩浮点操作数的高 2 个单精度浮点数交叉组合到目的 XMM 寄存器中，如图 9-16 所示。

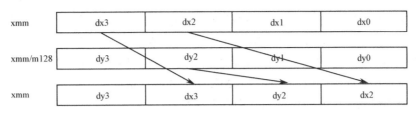

图 9-16 UNPCKHPS 指令的功能

```
unpckhps    xmm, xmm/m128
```

③ 低交叉组合 UNPCKLPS（unpacked low packedsingle-precision floating-point）指令，将两个紧缩浮点操作数的低 2 个单精度浮点数交叉组合到目的 XMM 寄存器中，如图 9-17 所示。

```
unpcklps    xmm, xmm/m128
```

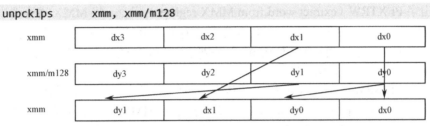

图 9-17 UNPCKHPS 指令的功能

8. 状态管理指令

① 保存 SIMD 控制/状态寄存器 STMXCSR（store SIMD floating-point control and status register）指令，将 SIMD 控制和状态寄存器 MXCSR 的内容装入 32 位存储器单元，其中保留位被存入 0。

```
stmxcsr     m32
```

② 恢复 SIMD 控制/状态寄存器 LDMXCSR（load SIMD floating-point control and status register）指令，将 32 位存储器数据装入 SIMD 控制和状态寄存器 MXCSR；如果其中的保留位被置位，则发生一般保护性异常。

```
ldmxcsr     m32
```

③ 保存所有状态 FXSAVE（save FP and MMX state and SIMD floating-point state）指令，将 FPU、MMX 和 SIMD 的所有状态（环境和寄存器）保存到存储器的 512 字节中；该指令不处理挂起的浮点异常，不像 FSAVE 指令那样清除 FPU 状态。

```
fxsave      m512
```

④ 恢复所有状态 FXRSTOR（load FP and MMX stateand SIMD floating-point state）指令，将原来保存到存储器的 512 字节中的 FPU、MMX 和 SIMD 的所有状态恢复。

```
fxrstor     m512
```

主存中所有状态的保存格式详见参考文献。SSE 技术引入了新的状态，所以在 Pentium III 处理器中必须采用这两条新指令保存和恢复所有状态。

9.2.2 SIMD 整数指令

SSE 指令集中有 12 条 SIMD 整数指令，为了增强和完善 MMX 指令系统而新增加的指令，可以使程序员改进算法，进一步提高视频和图片处理的质量。

SIMD 整数指令是原来 MMX 指令的扩展，采用 MMX 寄存器和紧缩整形数据（紧缩字节、紧缩字、紧缩双字）。所以，SIMD 整数指令应该遵循与 MMX 指令系统同样的规则。如 MMX 寄存器由 80x87 浮点数据寄存器映射得到，退出 MMX 代码部分时应该用 EMMS 指令结束，因此不要在代码级混合使用 MMX 指令和浮点指令。

这些 SIMD 整数指令的助记符主要仍以 P 开头。

① 紧缩整数求平均值 PAVGB/PAVGW（packed average）指令，按字节或字为单位求两个无符号整数的和，然后 8 个或 4 个和带进位分别独立进行右移求平均值，这样目的 MMX 寄存器的最高位就是进位状态。为了防止损失精度，当求和后（未移位前）的最低 2 位有 1 个 "1" 时，移位后最低位都被设置为 1。

```
pavgb/pavgw    mm, mm/m64
```

② 取出字 PEXTRW（extract word from MMX register）指令，将 MMX 寄存器中由立即数 I8 低 2 位指定的一个 16 位字传送到 32 位整数寄存器的 R32 低 16 位，而目的寄存器 R32 的高 16 位被清为 0。其中，I8 低 2 位为 0～3 分别指定 MMX 的从左到右的第 0～3 个字。

```
pextrw    r32, mm, i8
```

③ 插入字 PINSRW（insert word into MMX register）指令，将整数寄存器 R32 的低 16 位或 16 位存储器操作数传送到由立即数 I8 低 2 位指定的 MMX 寄存器中的一个 16 位字位，目的 MMX 寄存器的其他位没有变化。其中，I8 低 2 位为 0～3 分别指定 MMX 的从左到右的第 0～3 个字。

```
pinsrw    mm, r32/m16, i8
```

④ 紧缩整数取最大值 PMAXUB/PMAXSW（packed unsigned integer byte or signed integer word maximum）指令，将 2 个紧缩字节数据对应的 8 对无符号字节分别取最大值，结果存入目的 MMX 寄存器中。而 PMAXSW 指令将两个紧缩字数据对应的 4 对有符号字分别取最大值，结果存入目的 MMX 寄存器中。

```
pmaxub    mm, mm/m64
pmaxsw    mm, mm/m64
```

⑤ 紧缩整数取最小值 PMINUB/PMINSW（packed unsigned integer byte or signed integer word minimum）指令，将两个紧缩字节数据对应的 8 对无符号字节分别取最小值，结果存入目的 MMX 寄存器中。PMINSW 指令将 2 个紧缩字数据对应的 4 对有符号字分别取最小值，结果存入目的 MMX 寄存器中。

```
pminub    mm, mm/m64
pminsw    mm, mm/m64
```

⑥ 屏蔽位传送 PMOVMSKB（move byte mask to integer）指令，将 MMX 寄存器每字节的最高位（即 D_7，D_{15}，D_{23}，D_{31}，D_{39}，D_{47}，D_{55}，D_{63}），传送到 R32 寄存器的最低 8 位（依次对应 D_0～D_7），R32 的高位被清 0。

```
pmovmskb    r32, mm
```

⑦ 无符号高乘 PMULHUW（packed multiply high unsigned）指令，将两个紧缩字整数对应的 4 对无符号数相乘，取 32 位乘积的高 16 位存入 MMX 寄存器对应的字位置。

```
pmulhuw    mm, mm/m64
```

⑧ 绝对差求和 PSADBW（packed sum of absolute differences）指令，将 2 个紧缩字节整数对应的 8 对有符号数求绝对差值，然后将这 8 个差求和，产生的 16 位结果存入 MMX 寄存器的低 16 位，而 MMX 寄存器高位被清 0。

```
psadbw    mm, mm/m64
```

⑨ 紧缩整数组合 PSHUFW（packed shuffle word）指令，类似 SIMD 浮点指令 SHUFPS。它将两个紧缩字整数组合到目的 MMX 寄存器，组合方法由立即数 I8 决定，可以得到任意的组合形式。其中，立即数从 $D_7 \sim D_0$ 每两位决定目的操作数一个数如何组合，如 D_1D_0 决定最低一个数如何组合，如表 9-6 所示。

```
pshufw    mm, mm/m64, i8
```

表 9-6　PSHUFW 指令 I8 指定的组合形式

	D_7D_6	D_5D_4	D_3D_2	D_1D_0
0 0	目的 $D_{63\sim48}$=源 $D_{15\sim0}$	目的 $D_{47\sim32}$=源 $D_{15\sim0}$	目的 $D_{31\sim16}$=源 $D_{15\sim0}$	目的 $D_{15\sim0}$=源 $D_{15\sim0}$
0 1	目的 $D_{63\sim48}$=源 $D_{31\sim16}$	目的 $D_{47\sim32}$=源 $D_{31\sim16}$	目的 $D_{31\sim16}$=源 $D_{31\sim16}$	目的 $D_{15\sim0}$=源 $D_{31\sim16}$
1 0	目的 $D_{63\sim48}$=源 $D_{47\sim32}$	目的 $D_{47\sim32}$=源 $D_{47\sim32}$	目的 $D_{31\sim16}$=源 $D_{47\sim32}$	目的 $D_{15\sim0}$=源 $D_{47\sim32}$
1 1	目的 $D_{63\sim47}$=源 $D_{63\sim48}$	目的 $D_{47\sim32}$=源 $D_{63\sim48}$	目的 $D_{31\sim16}$=源 $D_{63\sim48}$	目的 $D_{15\sim0}$=源 $D_{63\sim48}$

9.2.3　高速缓存优化处理指令

高性能计算机系统的存储体系，在中央处理器 CPU 与主存储器之间有一级或两级高速缓冲存储器（简称高速缓存 Cache），目的是为了加速数据和程序的存取速度。

为了更好地控制 Cache 的操作，提高程序运行性能，SSE 技术针对 Pentium III 设计了 8 条高速缓存的优化处理指令。8 条 Cache 控制指令又分为两类。

1. 不进入 Cache 传送

高速缓存能够提高程序运行性能的关键是程序的局部性原理，是指程序中的许多数据和代码具有时间上和空间上的局部性，即使用过的数据可能被再次使用，该数据附近的数据也将可能被使用。但有些多媒体数据在程序中只会使用一次，近期不再使用，我们称这些数据为非时间局部性（Non-temporal）数据。对于非时间局部性数据，不希望它们进入高速缓冲存储器，以免占据宝贵的 Cache 空间（称为污染 Cache）。下面 3 条指令使数据直接写入主存而不经过 Cache 控制器的管理。

① 字节屏蔽写入 MASKMOVQ（byte mask write）指令，使目的 MMX 寄存器的内容被源 MMX 寄存器的 8 字节最高位屏蔽后，传送到 DS:(E)DI 指定的存储器单元中，写入的数据不经过 Cache。源 MMX 寄存器每字节的最高位（即 D_7、D_{15}、D_{23}、D_{31}、D_{39}、D_{47}、D_{55}、D_{63}），决定目的 MMX 寄存器相应字节写入（屏蔽位=1）还是不写入（屏蔽位=0）指定的存储器单元。

```
maskmovq    mm, mm
```

② 64 位传送 MOVNTQ（move 64 bits non-temporal）指令，将 MMX 寄存器的内容存入 64 位存储器单元，但数据不经过 Cache。

```
movntq    m64, mm
```

③ 紧缩浮点数传送 MOVNTPS（move aligned four packed single-precision floating-point non-temporal）指令，将 XMM 寄存器的内容存入 128 位存储器单元，但数据不经过 Cache。存储器地址应该是对齐 16 字节边界的。

```
movntps    m128, xmm
```

2. Cache 预取指令

采用高速缓冲存储器后，尽管提高了存取数据的速度，但是仍然会出现等待数据从主存中调进的情况。如果在代码需要数据之前，我们就事先将数据取到高速缓存中，这样在使用这些数据时就不必等待了。采用 SSE 中的 Cache 数据预取指令，可以减少 CPU 处理连续数据流的中间环节，大大提高 CPU 处理连续数据流的效率。典型的连续数据流有音频数据流、视频数据流、数据库访问、图片处理等。这样可以使音频处理速度更快，输出完美的音质，也可以使视频播放更加流畅，得到更清晰的画面和艳丽的色彩。

① 预取 PREFETCH（prefetch）指令，将 M8 指定的 Cache 行组内容（32 或更多的字节）预取进入各级高速缓存 Cache；如果内容已经在 Cache，则不会发生任何事情。

```
prefetcht0/prefetcht1/prefetcht2/prefetchnta    m8
```

PREFETCH 指令不影响程序功能本身，但使用得当会提高程序运行性能。数据进入 Cache 的形式由 T0、T1、T2H 和 NTA 决定，如下：

- ❖ T0——将数据预取进入所有各级 Cache。
- ❖ T1——将数据预取进入除第一级外的其他各级 Cache。
- ❖ T2——将数据预取进入除第一和第二级外的其他各级 Cache。
- ❖ NTA——将数据仅预取进入第一级 Cache，而且作为非时间局部性数据。

② 存储隔离 SFENCE（store fence）

```
sfence
```

采用上述各种 Cache 控制指令后，由于有些数据未经过 Cache 控制器管理，为了不至由此产生错误，程序中有时需要 SFENCE 指令。SFENCE 指令保证按照程序顺序在该指令之前的写入指令对之后的写入指令是可见的。

适当采用 Cache 预取指令可以提高程序性能，但过多使用这些指令可能反而会降低程序性能，而且这些指令在其他微处理器中会产生不兼容。

9.2.4　SSE 指令的程序设计

当使用 SSE 指令时，源程序需要使用.686 和.XMM 处理器选择伪指令，MASM 6.14 版本才能正确汇编。运行使用 SSE 指令的程序，需要 Pentium III 及以后的微处理器。

SSE 指令使用的 128 位存储器操作数由 4 个双字或单精度数据组成。每个双字或单精度数据可以用双字（DD）或单精度浮点（REAL4）数定义。源程序还可以用 OWORD（Octel Word）类型存取整个 128 位数据。

浮点 SIMD 寄存器独立于 FP 和 MMX 寄存器，所以应用程序可以混合使用 SSE 指令与 MMX 指令，或者 SSE 指令与 80x87 浮点指令。在 Pentium III 中，对于 80x87 浮点指令与 MMX 指令的限制仍然存在，如用户需要用 EMMS 指令从 MMX 指令代码转换为 80x87 指令代码。SSE 指令也不影响 80x87 FPU 的浮点标识字、控制字、状态字或异常状态，因为它们互相独立。

【例 9.2】　从单精度数组中求出最小值及其位置。

分析：传统上，采用逐个比较的方法求出最小值。利用 SSE 指令可以一次求出 4 对单精度数据各自最小值（MINPS 指令）的特点，将大大减少比较次数，提高程序性能。

```
        .model small
        .686                        ; 采用 32 位 Pentium Pro 指令
        .xmm                        ; 采用 SSE 指令
        .stack
```

```
        .data
dd_ary  dd 1234.5, -1.45, -234.9, 0.456, 2.3e-7, -1.45, 0, 0.98765
        dd 500.23, -720.12, -2.87e2, -1.45e5, 0.0123, -7.001, -3.4, 10.0
dd_size =($-dd_ary)/4            ; 求得数组元素的个数
mind    dd ?                     ; 保存最小值
mindi   dd ?                     ; 保存最小值在数组中的位置
errmsg  db 'Sorry, something is wrong with your program! $'
        .code
        .startup
        mov     ecx, dd_size     ; ECX 存放数组元素个数
        lea     esi, dd_ary      ; ESI 指向数组
        cmp     ecx, 4
        jb      mind_7           ; 对于小于 4 个元素的数组, 需要单独处理
        movups  xmm0, oword ptr dd_ary
                                 ; 等同于 MOVUPS XMM0, [ESI], 取一个 128 位紧缩单精度浮
                                 ; 点数 (由 4 个单精度浮点数组成)。因为没有对齐数据, 所
                                 ; 以只能采用不对齐数据传送指令 MOVUPS
mind_0: add     esi, 16          ; 128 位数据等于 16 字节, ESI 加 16 指向下 4 个数据
        sub     ecx, 4           ; 每次处理 4 个单精度浮点数据
mind_1: cmp     ecx, 4
        jb      mind_3           ; 剩余不足 4 个数据, 则另行处理
        movups  xmm1, [esi]      ; 再取 4 个单精度浮点数据
        minps   xmm0, xmm1       ; 同时求 4 对单精度数据各自的最小值, 保存在 MM0 中
        jmp     mind_0           ; 继续求最小值
mind_3: movups  xmm1, [esi+ecx*4-16]
                                 ; 取数组中最后 4 个单精度浮点数据
                                 ; 以当前指针 ESI 加剩余元素个数乘 4, 指向最后一个数据
                                 ; 再减 16, 则回退 4 个单精度浮点数据
        minps   xmm0, xmm1       ; 求最小值
                                 ; 至此, XMM0 中保存了 4 个各自数据对的最小值
                                 ; 现在, 需要在这 4 个数据中求出最小值
        movaps  xmm1, xmm0       ; xmm1←xmm0
        shufps  xmm1, xmm0, 0eeh
                                 ; 注意对照表 9-5 理解数据组合形式
                                 ; 组合 XMM1 和 XMM0 两个 128 位数据, 并在 XMM1 中形成新数据
                                 ; 取 XMM0 的高两个单精度数送 XMM1 的高两个数据位置
                                 ; 取 XMM1 的高两个单精度数送 XMM1 的低两个数据位置
        minps   xmm0, xmm1       ; 求出了两个最小值
                                 ; 现在只需从最小的两个数据中, 求出一个最小值
        movaps  xmm1, xmm0
        shufps  xmm1, xmm0, 0e5h
                                 ; 取 XMM0 的高两个单精度数送 XMM1 的高两个数据位置
                                 ; 取 XMM1 的 D63~D32 位数据送 XMM1 的低两个数据位置
        minss   xmm0, xmm1       ; 最终求出最小值
        jmp     mind_9

mind_7: movss   xmm0, [esi]      ; 数组元素个数小于 4 个, 只能用标量单精度数据指令处理
mind_8: add     esi, 4
        dec     ecx
        jz      mind_9
        movss   xmm1, [esi]
```

```
            minss       xmm0, xmm1          ; 求一对单精度数据的最小值
            jmp         mind_8

mind_9:     movss       mind, xmm0          ; 保存最小值

                                            ; 下面利用 4 对数据比较指令（CMPEQPS），求出最小值所在位置
            mov         ecx, dd_size
            mov         esi, offset dd_ary
            xor         edx, edx            ; EDX 记录最小值所在位置
            movaps      xmm1, xmm0
            shufps      xmm0, xmm1, 0       ; 现在 XMM0 中 4 个单精度数相同，都是最小值
mind_11:    cmp         ecx, 4
            jb          mind_17             ; 对于小于 4 个元素的数组，需要单独处理
            movups      xmm1, [esi]
            cmpeqps     xmm1, xmm0          ; 同时进行 4 个单精度数比较，判断是否为最小值。如果某个
                                            ; 数据等于最小值，则 XMM1 对应 32 位全为 1，否则全为 0
            movmskps    eax, xmm1           ; 取 XMM1 的符号位到 EAX 低 4 位，EAX 高 28 位被清 0
            cmp         eax, 0
            jnz         mind_18             ; 如果 EAX 不为 0，说明上述比较发现最小值
            add         esi, 16             ; 如果 EAX 为 0，说明上述比较没有最小值
            add         edx, 4
            sub         ecx, 4
            jmp         mind_11             ; 继续比较

mind_17:    comiss      xmm0,[esi]          ; 数组元素个数小于 4 个，逐个比较。比较结果存入标志寄
                                            ; 存器中的 ZF、PF 和 CF 标志位，对应 D6、D2 和 D0
            lahf                            ; 将低 8 位标志保存到 AH 寄存器
            and         ah,01000101B        ; 只判断上述 3 个标志状态
            cmp         ah,01000000B        ; ZF、PF 和 CF 分别为 1、0 和 0，则表示查找到最小值
            jz          mind_19
            add         esi, 4
            inc         edx
            dec         ecx
            jnz         mind_17             ; 继续下一个数据比较
            jmp         error

mind_18:    mov         ecx, 4              ; 进一步确定 4 个数据中，究竟哪个为最小值
            shr         eax, 1
            jcm         ind_19              ; 对应符号位为 1，表示对应数据为最小值
            inc         edx
            loop        mind_18

error:      mov         ah, 9               ; 如果查找不到最小值，显示有错
            mov         dx, offset errmsg
            int         21h
            jmp         done

mind_19:    mov         mindi, edx          ; 保存最小值位置。本例只求出第一个最小值的位置，没有
                                            ; 判断是否存在多个相同最小值的情况
            mov         eax, edx
            call        dispd               ; 以十进制形式显示位置
```

```
done:       .exit    0

dispd       proc                          ; 以十进制形式显示 EAX 中的数值
            push     ebx                  ; 算法见第 4 章的例 4.14
            push     edx
            test     eax, eax
            jnz      dispd0
            mov      dl, '0'
            mov      ah, 2
            int      21h
            jmp      dispd4
dispd0:     mov      ebx, 10
            push     bx
dispd2:     cmp      eax, 0
            jz       dispd3
            sub      edx, edx
            div      ebx
            add      dl,30h
            push     dx
            jmp      dispd2
dispd3:     pop      dx
            cmp      dl, 10
            je       dispd4
            mov      ah, 2
            int      21h
            jmp      dispd3
dispd4:     pop      edx
            pop      ebx
            ret
dispd       endp
            end
```

按照本例提供的数据，其最小值为从 0 开始的第 11 个，所以本程序应该显示 "11"。

为了提高性能，应该将 128 位操作数对齐 16 字节边界。因为在 DOS 平台的简化段定义无法实现，只能通过完整段定义方法实现，如本例中可以修改：

```
_data       segment
align       16                            ; 对齐 16 字节边界
dd_ary      dd 1234.5, -1.45, -234.9, 0.456, 2.3e-7, -1.45, 0, 0.98765
            ...
_data       ends
            assume   ds:_data
```

这样，程序中有 3 条指令就可以使用对齐传送指令：

```
            movaps   xmm0, oword ptr dd_ary
            movaps   xmm1, [esi]
```

也可以直接使用如下指令求最小值：

```
            minps    xmm0, [esi]
```

但是，如下指令不能改变，因为程序无法保证该存储器操作数对齐：

```
            movups   xmm1, [esi+ecx*4-16]
```

9.3 SSE2 指令系统

MMX 指令系统主要提供整型数据的并行处理能力，SSE 指令系统主要提供单精度浮点数据的并行处理能力。2000 年 11 月，Intel 公司推出 Pentium 4 微处理器，又采用 SIMD 技术加入 SSE2 指令，扩展双精度浮点并行处理能力。SSE2 指令旨在增强 IA-32 微处理器对三维图像、视频编码解码、语音识别、电子商务、互联网等方面的能力。

SSE2 指令系统在与现有 IA-32 微处理器、应用程序和操作系统保持兼容的基础上，主要增加了 6 种数据类型，以及并行处理这些数据的指令，使得整个多媒体指令更加完善。

SSE2 指令系统与 SSE 指令系统非常相似，读者在学习本节 SSE2 指令时对比 SSE 指令，就会比较自然地理解并掌握。

9.3.1 SSE2 的数据类型

SSE2 指令系统包括 IA-32 微处理器原有的 32 位通用寄存器、64 位 MMX 寄存器、128 位 XMM 寄存器，还包括 32 位的标志寄存器 EFLAGS 和浮点状态/控制寄存器 MXCSR；但并没有引入新的寄存器和指令执行状态，主要利用 XMM 寄存器新增 1 种 128 位紧缩双精度浮点数据和 4 种 128 位 SIMD 整型数据类型，如图 9-18 所示。

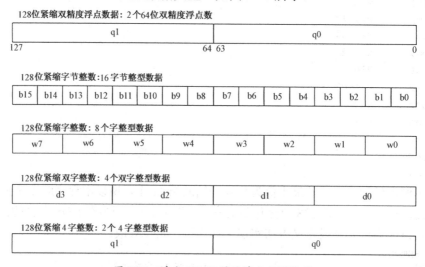

图 9-18 浮点 SIMD 紧缩浮点数据格式

① 紧缩双精度浮点数（packed double-precision floating-point）：128 位数据类型，由两个符合 IEEE 标准的 64 位双精度浮点数组成，紧缩成一个双 4 字数据。

② 128 位紧缩整数（128-bit packed integer）：可以包含 16 字节整数、8 个字整数、4 个双字整数或 2 个四字整数。

紧缩双精度浮点数据有如下两种存取模式：

① 128 位模式：将 128 位作为 2 个独立的双精度浮点数据（packed double-precision floating-point），都参与操作得到结果。用 128 位模式的 SSE2 指令通常用 PD 结尾，如图 9-19 所示。

② 64 位模式：将 128 位中最低一个双精度浮点数据参与操作得到结果，另一个双精度

数据不变，如图 9-20 所示。这种数据被称为标量双精度浮点数据（Scalar Double-precision floating-point），SSE2 指令中通常用 SD 结尾。

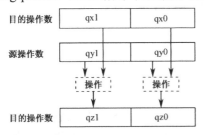

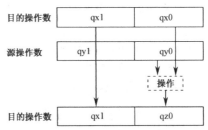

图 9-19　SSE2 指令的 128 位操作模式　　　　图 9-20　SSE2 指令的 64 位操作模式

SSE2 指令系统中最主要的指令是针对 128 位和 64 位操作模式的紧缩双精度浮点指令，还有 64 位和 128 位 SIMD 整数指令、MMX 和 SSE 技术的 128 位扩展指令、高速缓存控制指令和排序指令。

对于具有 128 位存储器操作数的指令，要求这个数据在主存的存储地址对齐 16 字节边界。但 MOVUPD 指令除外，该指令支持不对齐存取，使用 8 字节存储器操作数的 64 位操作模式指令不受对齐限制。

9.3.2　SSE2 浮点指令

SSE2 浮点指令分为 SSE2 的传送、算术运算、逻辑运算、比较、组合、转换指令等。

1. SSE2 数据传送指令

数据传送指令在 XMM 寄存器之间，或在 XMM 寄存器与主存之间传送双精度浮点数。

① 对齐数据传送 MOVAPD（move aligned packed double-precision floating-point）指令，在主存与 XMM 寄存器之间，或在 XMM 寄存器之间传送一个 128 位紧缩双精度浮点数。该指令要求主存地址必须与 16 字节的边界对齐，否则产生异常。

```
movapd    xmm, xmm/m128
movapd    xmm/m128, xmm
```

② 不对齐数据传送 MOVUPD（move unaligned packed double-precision floating-point）指令，功能与 MOVAPD 一样，但不要求主存地址必须与 16 字节的边界对齐。

```
movupd    xmm, xmm/m128
movupd    xmm/m128, xmm
```

③ 高 4 字传送 MOVHPD（move high packed double-precision floating-point）指令，在主存与 XMM 寄存器高 4 字之间传送一个 64 位双精度浮点数。XMM 寄存器低 4 字没有改变。

```
movhpd    xmm, m64
movhpd    m64, xmm
```

④ 低 4 字传送 MOVLPD（move low packed double-precision floating-point）指令，在主存与 XMM 寄存器低 4 字之间传送一个 64 位双精度浮点数。XMM 寄存器高 4 字没有改变。

```
movlpd    xmm, m64
movlpd    m64, xmm
```

⑤ 屏蔽位传送 MOVMSKPD（move packed double-precision floating-point mask）指令，提取 XMM 寄存器中两个紧缩双精度浮点数的符号位，并保存在一个 32 位通用寄存器的低 2 位中。这样，这 2 位就可以方便地用于条件转移指令的条件。

```
movmskpd    r32, xmm
```

⑥ 标量数据传送 MOVSD（move scalar double-precision floating-point）指令，在主存与 XMM 寄存器低 4 字之间传送一个 64 位双精度浮点数。XMM 寄存器作为源操作数其高 4 字没有改变，作为目的操作数其高 4 字被清 0。

```
movsd       xmm, xmm/m64
movsd       xmm/m64, xmm
```

2. SSE2 算术运算指令

SSE2 算术运算指令实现双精度浮点数的加、减、乘、除、平方根和最大值/最小值运算。

① 紧缩浮点数加 ADDPD（add packed double-precision floating-point）指令，求 XMM 和 XMM/M128 中 2 对双精度浮点数据的各自之和，结果送目的寄存器。

```
addpd       xmm, xmm/m128
```

② 标量浮点数加 ADDSD（add scalar double-precision floating-point）指令，求 XMM 和 XMM/M64 中低 1 对双精度浮点数据的和，结果送目的寄存器低 64 位，目的寄存器的高 64 位不变。

```
addsd       xmm, xmm/m64
```

③ 紧缩浮点数减 SUBPD（subtract packed double-precision floating-point）指令，求 XMM 和 XMM/M128 中 2 对双精度浮点数据的各自之差，结果送目的寄存器。

```
subpd       xmm, xmm/m128
```

④ 标量浮点数减 SUBSD（subtract scalar double-precision floating-point）指令，求 XMM 和 XMM/M64 中低 1 对双精度浮点数据的差，结果送目的寄存器低 64 位，目的寄存器的高 64 位不变。

```
subsd       xmm, xmm/m64
```

⑤ 紧缩浮点数乘 MULPD（multiply packed double-precision floating-point）指令，求 XMM 和 XMM/M128 中 2 对双精度浮点数据的各自之积，结果送目的寄存器。

```
mulpd       xmm, xmm/m128
```

⑥ 标量浮点数乘 MULSD（multiply scalar double-precision floating-point）指令，求 XMM 和 XMM/M64 中低 1 对双精度浮点数据的积，结果送目的寄存器低 64 位，目的寄存器的高 64 位不变。

```
mulsd       xmm, xmm/m64
```

⑦ 紧缩浮点数除 DIVPD（divide packed double-precision floating-point）指令，求 XMM 和 XMM/M128 中 2 对双精度浮点数据的各自之商，结果送目的寄存器。

```
divpd       xmm, xmm/m128
```

⑧ 标量浮点数除 DIVSD（divide scalar double-precision floating-point）指令，求 XMM 和 XMM/M64 中低 1 对双精度浮点数据的商，结果送目的寄存器低 64 位，目的寄存器的高 64 位不变。

```
divsd       xmm, xmm/m64
```

⑨ 紧缩浮点数平方根 SQRTPD（square root packed double-precision floating-point）指令，求 XMM/M128 中两个双精度浮点数据各自的平方根，结果送 XMM 目的寄存器。

```
sqrtpd      xmm, xmm/m128
```

⑩ 标量浮点数平方根 SQRTSD（square root scalar double-precision floating-point）指令，求 XMM/M64 中低一个双精度浮点数据的平方根，结果送 XMM 目的寄存器低 64 位，目的寄存器的高 64 位不变。

```
sqrtsd     xmm, xmm/m64
```

⑪ 紧缩浮点数最大值 MAXPD（maximum packed double-precision floating-point）指令，取 XMM 和 XMM/M128 中 2 对双精度浮点数据的各自最大值送目的寄存器。

```
maxpd      xmm, xmm/m128
```

⑫ 标量浮点数最大值 MAXSD（maximum scalar double-precision floating-point）指令，取 XMM 和 XMM/M64 中低 1 对双精度浮点数据的最大值送目的寄存器低 64 位，目的寄存器的高 64 位不变。

```
maxsd      xmm, xmm/m64
```

⑬ 紧缩浮点数最小值 MINPD（minimum packed double-precision floating-point）指令，取 XMM 和 XMM/M128 中 2 对双精度浮点数据的各自最小值送目的寄存器。

```
minpd      xmm, xmm/m128
```

⑭ 标量浮点数最小值 MINSD（minimum scalar double-precision floating-point）指令，取 XMM 和 XMM/M64 中低 1 对双精度浮点数据的最小值送目的寄存器低 64 位，目的寄存器的高 64 位不变。

```
minds      xmm, xmm/m64
```

3. SSE2 逻辑运算指令

SSE2 逻辑运算指令对紧缩双精度浮点数执行按位进行的逻辑与（ANDPD）、逻辑非与（ANDN-PD）、逻辑或（ORPD）和逻辑异或（XORPD）操作。

```
andpd      xmm, xmm/m128
andnpd     xmm, xmm/m128
orpd       xmm, xmm/m128
xorpd      xmm, xmm/m128
```

4. SSE2 比较指令

SSE2 比较指令比较双精度浮点数，将比较结果送目的操作数或 EFLAGS 寄存器。

① 紧缩浮点数比较 CMPPD（compare packed double-precision floating-point）指令，比较 2 对双精度浮点数的大小关系，如果满足由立即数 I8（0~7）指定的关系，则目的寄存器相应的 64 位被全置位为 1，否则被全复位为 0。

```
cmppd      xmm, xmm/m128, i8
```

利用 I8 这个立即数，该指令可以比较多种大小关系，见表 9-3。这个指令还有另一种两个操作数的助记符形式：

```
cmpddpd    xmm, xmm/m128
```

其中，DD 表示对应各种大小关系的条件码，见表 9-3。

② 标量浮点数比较 CMPSD（compare scalar double-precision floating-point）指令，仅比较低 1 对双精度浮点数据，高 64 位不变。

```
cmpsd      xmm, xmm/m64, i8
cmpddsd    xmm, xmm/m64
```

③ 设置整数标志有序标量浮点数比较 COMISD（compare scalar double-precision floating-point ordered and set EFLAGS）指令，比较低 64 位双精度数据的大小关系，相应设置整数标志 EFLAGS 寄存器的 ZF、PF、CF 标志（OF、SF、AF 标志被清除），见表 9-4。

```
comisd     xmm, xmm/m64
```

④ 设置整数标志无序标量浮点数比较 UCOMISD（unordered compare scalar double-precision floating-point and set EFLAGS）指令，与 COMISD 指令的功能相同，唯一的

不同是产生无效数值异常的条件。COMISD 指令在源操作数是 NaN（不论是 QNaN 还是 SNaN）时会产生无效数值异常，而 UCOMISD 指令只在源操作数是 SNaN 时才会产生无效数值异常。

```
ucomisd    xmm, xmm/m64
```

5. SSE2 组合指令

SSE2 组合指令将两对双精度浮点数进行重新组合，形成新结果存储到目的操作数。

① 紧缩双精度数组合 SHUFPD（shuffle packed double-precision floating-point）指令，将目的操作数的两个双精度浮点数之一（I8 的 D_0 位为 0，选择低位数据；为 1，选择高位数据）组合到目的操作数的低 4 字位置，将源操作数的两个双精度浮点数之一（I8 的 D_1 位为 0，选择低位数据；为 1，选择高位数据）组合到目的操作数的高 4 字位置（如图 9-21 所示）。

```
SHUFPD    XMM, XMM/M128, I8
```

② 高交叉组合 UNPCKHPD（unpack high packed double-precision floating-point）

```
unpckhpd   xmm, xmm/m128
```

③ 低交叉组合 UNPCKLPD（unpack low packed double-precision floating-point）

```
unpcklpd  xmm, xmm/m128
```

图 9-22 和图 9-23 说明了这两条指令的功能。

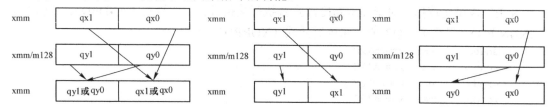

图 9-21　SHUFPD 指令的功能　　图 9-22　UNPCKHPD 指令的功能　图 9-23　UNPCKLPD 指令的功能

6. SSE2 转换指令

SSE2 转换指令将数据在双精度浮点数、单精度浮点数和双字整数之间转换。

（1）双精度与单精度浮点之间的转换

① 紧缩单精度数转换为双精度数 CVTPS2PD（convert packed single-precision floating-pointto packed double-precision floating-point）指令，将 XMM/M64 源操作数中（XMM 是低 64 位）两个单精度浮点数转换成两个双精度浮点数，存入 XMM 目的操作数。

```
cvtps2pd       xmm, xmm/m64
```

② 紧缩双精度数转换为单精度数 CVTPD2PS（convert packed double-precision floating-pointto packedsingle-precision floating-point）指令，将 XMM/M128 源操作数中两个双精度浮点数转换成两个单精度浮点数，存入 XMM 目的操作数的低 64 位。不能精确转换时，将按照 MXCSR 设置的舍入原则进行舍入。

```
cvtpd2ps       xmm, xmm/m128
```

③ 标量单精度数转换为双精度数 CVTSS2SD（convert scalar single-precision floating-pointto scalar double-precision floating-point）指令，将 XMM/M32 源操作数中（XMM 是低 32 位）一个单精度浮点数转换成一个双精度浮点数，存入 XMM 目的操作数的低 64 位，高 64 位不变。

```
cvtss2sd       xmm, xmm/m32
```

④ 标量双精度数转换为单精度数 CVTSD2SS（convert scalar double precision floating-pointto scalar singlele-precision floating-point）指令，将 XMM/M64 源操作数中（XMM 是低

64 位）一个双精度浮点数转换成一个单精度浮点数，存入 XMM 目的操作数的低 32 位，高 96 位不变。不能精确转换时，将按照 MXCSR 设置的舍入原则进行舍入。

```
cvtsd2ss        xmm, xmm/m64
```

（2）双精度浮点数与双字整数之间的转换

① 紧缩双字整数转换为双精度数 CVTPI2PD（convert packed doublewordintegerto packed double-precision floating-point）指令，将 mm/m64 源操作数中两个双字整数转换成两个双精度浮点数。

```
cvtpi2pd        xmm, mm/m64
```

② 紧缩双精度数转换为双字整数 CVTPD2PI（convert packed double-precision floating-point to Packed Doubleword integer）指令，将 XMM/M128 源操作数中两个双精度浮点数转换成两个双字整数。不能精确转换时，按照 MXCSR 设置的舍入原则进行舍入。浮点数大于等于 32 位整数的最大值时，转换为 80000000H。

```
cvtpd2pi        mm, xmm/m128
```

与 CVTPD2PI 指令不同，不能精确转换时，CVTTPD2PI 指令用截断方法进行舍入。

③ 紧缩有符号双字整数转换为双精度数 CVTDQ2PD（convert packed doubleword integer to packed double-precision floating-point）指令，将 XMM/M64 源操作数中两个有符号双字整数转换成两个双精度浮点数。

```
cvtdq2pd        xmm, xmm/m64
```

④ 紧缩双精度数转换为有符号双字整数 CVTPD2DQ（convert packed double-precision floating-point to packed double word integer）指令，将 XMM/M128 源操作数中两个双精度浮点数转换成两个有符号双字整数。不能精确转换时，按照 MXCSR 设置的舍入原则进行舍入。浮点数大于等于 32 位有符号整数的最大值时，转换为 80000000h。

```
cvtpd2dq        xmm, xmm/m128
```

与 CVTPD2DQ 指令不同，不能精确转换时，CVTTPD2DQ 指令用截断方法进行舍入。

⑤ 标量双字整数转换为双精度数 CVTSI2SD（convert doubleword integer to scalar double-precision floating-point）指令，将 R32/M32 源操作数中一个双字整数转换成一个双精度浮点数，存入 XMM 寄存器的低 64 位，高 64 位不变。

```
cvtsi2sd        xmm, r32/m32
```

⑥ 标量双精度数转换为双字整数 CVTSD2SI（convert scalar double-precision floating-point to double word integer）指令，将 XMM/M64 源操作数中（XMM 是低 64 位）一个双精度浮点数转换成一个双字整数。不能精确转换时，按照 MXCSR 设置的舍入原则进行舍入。浮点数大于等于 32 位整数的最大值时，转换为 80000000H。

```
cvtsd2si        r32, xmm/m64
```

与 CVTSD2SI 指令不同，不能精确转换时，CVTTSD2SI 指令用截断方法进行舍入。

（3）单精度浮点数与双字整数之间的转换

① 紧缩双字整数转换为单精度数 CVTDQ2PS（convert packed doubleword integer to packed single-precision floating-point）指令，将 XMM/M128 源操作数中 4 个有符号双字整数转换成 4 个单精度浮点数。

```
cvtdq2ps        xmm, xmm/m128
```

② 紧缩单精度数转换为双字整数 CVTPS2DQ（convert packed single-precision floating-point to packed double word integer）指令，将 XMM/M128 源操作数中 4 个单精度浮点数转换

成 4 个有符号双字整数。不能精确转换时，按照 MXCSR 设置的舍入原则进行舍入。浮点数大于等于 32 位有符号整数的最大值时，转换为 80000000H。

```
cvtps2dq        xmm, xmm/m128
```

与 CVTPS2DQ 指令不同，不能精确转换时，CVTTPS2DQ 指令用截断方法进行舍入。

9.3.3 SSE2 扩展指令

SSE2 技术除具有双精度浮点指令外，还在原来 MMX 和 SSE 技术基础上补充了 SIMD 扩展整数指令、高速缓存控制指令和排序指令。

1. 64 位和 128 位 SIMD 整数指令

SSE2 技术使用 XMM 寄存器增加了若干 128 位紧缩整数指令。如果合适，仍使用 MMX 寄存器提供的 64 位整数指令。

① 对齐 4 字传送 MOVDQA（move aligned double quadword）指令，在内存到 XMM 寄存器，或在 XMM 寄存器之间传送 2 个 4 字操作数，要求内存数据对齐 16 字节边界。

```
movdqa          xmm, xmm/m128
movdqa          xmm/m128, xmm
```

② 不对齐 4 字传送 MOVDQU（move unaligned double quadword）指令，在内存到 XMM 寄存器，或在 XMM 寄存器之间传送 2 个 4 字操作数，不要求内存数据对齐 16 字节边界。

```
movdqu          xmm, xmm/m128
movdqu          xmm/m128, xmm
```

③ 紧缩 4 字加法 PADDQ（packed quadword add）指令。

```
paddq           mm, mm/m64          ; 1 对 4 字数据相加，结果存入 MMX 寄存器
paddq           xmm, xmm/m128       ; 2 对 4 字数据相加，结果存入 XMM 寄存器
```

④ 紧缩 4 字减法 PSUBQ（packed quadword subtract）指令。

```
psubq           mm, mm/m64          ; 1 对 4 字数据相减，结果存入 MMX 寄存器
psubq           xmm, xmm/m128       ; 2 对 4 字数据相减，结果存入 XMM 寄存器
```

⑤ 紧缩无符号双字乘法 PMULUDQ（multiply packed unsigned double word integer）指令。

```
pmuludq         mm, mm/m64          ; 1 对无符号双字数据相乘（在 MMX 和 64 位内存数据的低
                                    ; 32 位），64 位结果存入 MMX 寄存器
pmuludq         xmm, xmm/m128       ; 2 对无符号双字数据相乘（在 XMM 和 128 位内存数据的第 1
                                    ; 个低 32 位和第 3 个 32 位），64 位结果存入 XMM 寄存器
```

⑥ 紧缩双字组合 PSHUFD（shuffle packed double word integer）指令，将 XMM/M128 源操作数中的 4 个双字组合到 XMM 目的操作数。I8 指明组合规则，见表 9-7。

```
pshufdx         mm, xmm/m128, i8
```

表 9-7 PSHUFD 指令 i8 指定的组合形式

	D_7D_6	D_5D_4	D_3D_2	D_1D_0
0 0	目的 $D_{127\sim96}$=源 $D_{31\sim0}$	目的 $D_{95\sim64}$=源 $D_{31\sim0}$	目的 $D_{63\sim32}$=源 $D_{31\sim0}$	目的 $D_{31\sim0}$=源 $D_{31\sim0}$
0 1	目的 $D_{127\sim96}$=源 $D_{63\sim32}$	目的 $D_{95\sim64}$=源 $D_{63\sim32}$	目的 $D_{63\sim32}$=源 $D_{63\sim32}$	目的 $D_{31\sim0}$=源 $D_{63\sim32}$
1 0	目的 $D_{127\sim96}$=源 $D_{95\sim64}$	目的 $D_{95\sim64}$=源 $D_{95\sim64}$	目的 $D_{63\sim32}$=源 $D_{95\sim64}$	目的 $D_{31\sim0}$=源 $D_{95\sim64}$
1 1	目的 $D_{127\sim96}$=源 $D_{127\sim96}$	目的 $D_{95\sim64}$=源 $D_{127\sim96}$	目的 $D_{63\sim32}$=源 $D_{127\sim96}$	目的 $D_{31\sim0}$=源 $D_{127\sim96}$

⑦ 紧缩低字组合 PSHUFLW（shuffle packed low word）指令，将 XMM/M128 源操作数低 64 位中的 4 个字组合到 XMM 目的操作数低 64 位，将 XMM/M128 源操作数的高 64 位直接复制到 XMM 目的操作数的高 64 位。I8 指明组合规则，如 SSE 指令 PSHUFW 中的

表 9-6 所示。

```
    pshuflw    xmm, xmm/m128, i8
```

⑧ 紧缩高字组合 PSHUFHW（Shuffle Packed Highword）指令，将 XMM/M128 源操作数高 64 位中的 4 个字组合到 XMM 目的操作数高 64 位，将 XMM/M128 源操作数低 64 位直接复制到 XMM 目的操作数低 64 位。I8 指明组合规则，见表 9-8。

```
    pshufhw    xmm, xmm/m128, i8
```

表 9-8 PSHUFHW 指令 I8 指定的组合形式

	D_7D_6	D_5D_4	D_3D_2	D_1D_0
0 0	目的 $D_{127\sim113}$=源 $D_{79\sim64}$	目的 $D_{112\sim96}$=源 $D_{79\sim64}$	目的 $D_{95\sim80}$=源 $D_{79\sim64}$	目的 $D_{79\sim64}$=源 $D_{79\sim64}$
0 1	目的 $D_{127\sim113}$=源 $D_{95\sim80}$	目的 $D_{112\sim96}$=源 $D_{95\sim80}$	目的 $D_{95\sim80}$=源 $D_{95\sim80}$	目的 $D_{79\sim64}$=源 $D_{95\sim80}$
1 0	目的 $D_{127\sim113}$=源 $D_{112\sim96}$	目的 $D_{112\sim96}$=源 $D_{112\sim96}$	目的 $D_{95\sim80}$=源 $D_{112\sim96}$	目的 $D_{79\sim64}$=源 $D_{112\sim96}$
1 1	目的 $D_{127\sim113}$=源 $D_{127\sim113}$	目的 $D_{112\sim96}$=源 $D_{127\sim113}$	目的 $D_{95\sim80}$=源 $D_{127\sim113}$	目的 $D_{79\sim64}$=源 $D_{127\sim113}$

⑨ 4 字逻辑左移 PSLLDQ（shift double quadword left logical）指令，将 XMM 中 2 个 4 字数据向左移动 I8 指定的字节数，低位补 0。

```
    pslldq     xmm, i8
```

⑩ 4 字逻辑右移 PSRLDQ（shift double quadword right logical）指令，将 XMM 中 2 个 4 字数据向右移动 I8 指定的字节数，高位补 0。

```
    psrldq     xmm, i8
```

⑪ 4 字高交叉组合 PUNPCKHQDQ（unpack high quadword）指令，将 XMM/M128 源操作数和 XMM 目的操作数中高位 4 字交叉组合到 XMM 目的操作数中，组合形式与 UNPCKHPD 指令一样。

```
    punpckhqdq    xmm, xmm/m128
```

⑫ 4 字低交叉组合 PUNPCKLQDQ（unpack low quadword）指令，将 XMM/M128 源操作数和 XMM 目的操作数中低位 4 字交叉组合到 XMM 目的操作数中，组合形式与 UNPCKLPD 指令一样。

```
    punpcklqdq    xmm, xmm/m128
```

⑬ 4 字 MMX 到 XMM 寄存器传送 MOVQ2DQ（move quadword integer from MMX to XMM register）指令，将 4 字整数从 MMX 寄存器传送到 XMM 寄存器的低 64 位，高 64 位被清 0。

```
    movq2dq    xmm, mm
```

⑭ 4 字 XMM 到 MMX 寄存器传送 MOVDQ2Q（move quadword integer from XMM to MMX register）指令，将 4 字整数从 XMM 寄存器的低 64 位传送到 MMX 寄存器。

```
    movdq2q    mm, xmm
```

2. 128 位 SIMD 整数扩展指令

MMX 指令系统和 SSE 指令系统中所有 64 位整数指令（PSHUFW 指令除外），在 SSE2 指令系统中都被扩展成使用 XMM 寄存器的 128 位整数指令。这些新指令仍然遵循最初 64 位整数指令规则。

例如，MMX 指令系统中的"PADDB MM, MM/M64"指令对 MMX 寄存器和 64 位内存操作数 M64 中 8 对字节同时求和。现在 SSE2 指令系统中，该指令"PADDBX MM, XMM/M128"可以对 XMM 寄存器和 128 位内存操作数 M128 中 16 对字节同时求和。

3. 高速缓存控制指令和排序指令

SSE2 指令系统新增了几条控制 Cache 和数据存取的指令。

① 刷新高速缓存行 CLFLUSH（flush cache line）指令，使 M8 指定地址的所有层次的 Cache 行数据无效。

```
clflush        m8
```

② 紧缩 4 字传送 MOVNTDQ（store double quadword using non-temporal hint）指令，将 XMM 寄存器中 2 个 4 字整数存入 128 位存储器单元，但数据不写入 Cache。

```
movntdq        m128, xmm
```

③ 紧缩双精度数传送 MOVNTPD（store packed double-precision floating-point using non-temporal hint）指令，将 XMM 寄存器中紧缩双精度数存入 128 位存储器单元，但数据不写入 Cache。

```
vntpd          m128, xmm
```

④ 双字传送 MOVNTI（store double word using non-temporal hint）指令，将 R32 寄存器中双字整数存入 32 位存储器单元，但数据不写入 Cache。

```
movntdq        m32, r32
```

⑤ 字节选择 4 字写入 MASKMOVDQU（store selected bytes of double quadword）指令，目的 XMM 寄存器的内容被源 XMM 寄存器的 16 字节最高位屏蔽后传送到 DS:(E)DI 指定的存储器单元，写入的数据不经过 Cache。源 XMM 寄存器每字节的最高位（即 D_7、D_{15}、D_{23}、D_{31}、D_{39}、D_{47}、D_{55}、D_{63}、D_{71}、D_{79}、D_{87}、D_{95}、D_{103}、D_{111}、D_{119}、D_{127}），决定目的 XMM 寄存器相应字节是写入（屏蔽位=1）还是不写入（屏蔽位=0）指定的存储器单元。

```
maskmovdqux    mm, xmm
```

因为采用操作数预取指令，SSE 指令系统引入 SFENCE 指令防止写入操作数指令产生错误。SSE2 指令系统又引入 LFENCE（load fence）防止读取操作数指令产生错误，MFENCE（memory fence）防止读写操作数指令产生错误。另外，SSE2 指令系统引入 PASUE 指令用于改善自等待循环（spin-wait loops）程序的性能和降低功耗。

9.3.4　SSE2 指令的程序设计

使用 SSE2 指令的前提是微处理器和操作系统支持 SSE2 技术。为了保证程序性能，应该注意将存储器操作数对齐边界，并进行适当优化。

当编写含有 SSE2 指令的源程序时，需要使用.686 和.XMM 处理器选择伪指令，并利用 MASM 6.15 进行汇编。SSE2 指令使用的 128 位存储器操作数由 2 个 4 字双精度数据组成。每个双字或双精度数据可以用 4 字（DQ）或双精度浮点（REAL8）数定义。

【例 9.3】 从双精度数组中求出最大值。

分析：参考例 9.2，利用 SSE2 指令一次求出两对双精度数据各自最大值（MAXPD 指令）的特点，减少比较次数，提高程序性能。

```
       .model small
       .686
       .xmm
       .stack
       .data
dq_ary dq 1234.5,-234.9,0,0.456,2.3e-7,-1.45e5,0,0.98765
```

```
            dq      500.23,-720.12,-2.87e2,0.0123,-7.001,1.2,-3.4,10.0
dq_size  =($-dq_ary)/8
dq_max    dq      ?
errmsg    db      'Sorry, something is wrong with your program! $'
          .code
          .startup
          mov     ecx, dq_size        ; 提供入口参数: ECX 为数组中的数据个数
          lea     esi, dq_ary         ; ESI 指向数组首数据
          call    mdouble             ; 调用求最大值子程序
          jnc     done                ; CF=0, 求得最大值存在 DQ_MAX 变量中
          mov     ah,9                ; CF=1, 说明有错, 显示出错信息
          mov     dx, offset errmsg
          int     21h
done:     .exit 0


mdouble  proc
          jecxz   maxd_10             ; 如果数据个数为 0, 设置出错标志, 返回
          test    ecx, 1              ; 判断数据个数为偶数还是奇数
          je      maxd_1              ; 元素个数为奇数, 取出最后一个数据
          movlpd  xmm0, [esi+8*ecx-8]
          unpcklpd xmm0, xmm0         ; 扩展成 2 个数据送 XMM0
          sub     ecx, 1
          jmp     maxd_3
maxd_1:   movupd  xmm0, [esi]         ; 数据个数为偶数, 取出前 2 个数据送 XMM0
maxd_2:   add     esi, 16
          sub     ecx, 2
maxd_3:   jecxz   maxd_8
          movupd  xmm1, [esi]         ; 再取出后面的 2 个数据
          maxpd   xmm0, xmm1          ; 求 2 对数据的最大值
          jmp     maxd_2

maxd_8:   movapd  xmm1, xmm0          ; XMM1←XMM0
          unpckhpd xmm1, xmm0         ; 交叉组合
          maxsdx  mm0, xmm1           ; 求低一对数据的最大值
          movlpd  dq_max, xmm0        ; 保存最大值到变量 DQ_MAX
          clc                         ; 求出最大值, 设置 CF=0, 返回
          ret
maxd_10:  stc                         ; 未求出最大值, 设置 CF=1, 返回
          ret
mdouble  endp
          ...
          end
```

上述求最大值子程序中, 每次进行两个数据的判断。假设数据个数为 N, 则需$(N-2)/2$次循环。当数据量很大时, 需要很多次循环。我们可以利用全部 8 个 XMM 寄存器, 适当展开循环, 一次循环进行 14 个数据的判断, 大大减少循环次数。这就是常用的程序优化方法之一: 循环展开 (Unroll)。程序修改是在上述子程序从标号 maxd_3 到 max_8 之间用如下程序段替代。

```
maxd_3:   cmp     ecx, 14             ; 数据个数不足 14 个, 则另行处理
          jb      maxd_5
          movupd  xmm1, [esi]         ; 连续取出 14 个双精度数据
```

```
            movupd    xmm2, [esi+16]
            movupdx   mm3, [esi+32]
            movupdx   mm4, [esi+48]
            movupdx   mm5, [esi+64]
            movupdx   mm6, [esi+80]
            movupdx   mm7, [esi+96]
            add       esi, 112          ; 112=14×8（每个数据 8 字节）
            maxpd     xmm0, xmm1
            maxpd     xmm2, xmm3
            maxpd     xmm4, xmm5
            maxpd     xmm6, xmm7
            maxpd     xmm0, xmm2
            maxpd     xmm4, xmm6
            maxpd     xmm0, xmm4        ; XMM0 保存 8 对数据中的两个最大值
            sub       ecx, 14
            jmp       maxd_3
maxd_5:     jecxz     maxd_8            ; 最后不足 14 个数据时，仍进行每次两个数据判断
            movupd    xmm1, [esi]
            add       esi, 16
            maxpd     xmm0, xmm1
            sub       ecx, 2
            jmp       maxd_5
maxd_8: …
```

9.4 SSE3 指令系统

2003 年，Intel 采用 90nm 工艺生产的 Pentium 4 引入数据流 SIMD 扩展 3（SSE3）指令。SSE3 指令系统新增 13 条指令，其中 10 条用于完善 MMX、SSE 和 SSE2 指令，1 条用于 x87 浮点处理单元编程中浮点数转换为整数的加速，另 2 条用于加速线程的同步。SSE3 指令的编程环境没有改变，也没有引入新的数据结构或新的状态。

9.4.1 SSE3 指令

SSE3 有 13 条指令用于加速数据流 SIMD 扩展技术和浮点算术的性能，分为如下几组。

1. FPU 浮点指令

```
    fisttp        m16i/m32i/m64i
```

FISTTP 指令将浮点堆栈顶部 ST(0)数据按 16 位短整数、32 位双字整数或 64 位长整数格式转换保存到存储器，同时弹出栈顶数据。FISTTP 指令类似浮点指令系统的 FISTP 指令，但在转换过程中使用截断舍入方法而不管浮点控制字的设置。

FORTRAN 和 C/C++语言规定采用截断舍入转换整数，而为了使舍入误差最小默认采用的是最近舍入。有了 FISTTP 指令，应用程序在需要截断舍入转换浮点数时就不必改变浮点控制字，从而加快浮点数转换为整数的处理速度。

2. SIMD 整数指令

```
    lddqu         xmm, m128
```

LDDQU 指令将没有对齐 16 字节边界的 128 位存储器数据传送到 XMM 寄存器。它的功能类似 SSE2 扩展的 MOVDQU 指令，但如果操作数存放在高速缓存中跨越了行边界，那么其性能相对较高。

3．SIMD 浮点指令

① 传送并复制指令

```
movshdup        xmm, xmm/m128
movsldup        xmm, xmm/m128
```

MOVSHDUP 和 MOVSLDUP 指令用于处理由 4 个单精度浮点数组成的 128 位数据，将源操作数传送给目的操作数，然后 MOVSHDUP 指令将其中第 2 和第 4 个 32 位数据分别复制到第 1 和第 3 个数据位置，MOVSHDUP 指令将其中第 1 和第 3 个 32 位数据分别复制到第 2 个和第 4 个数据位置，如图 9-24 所示。

```
movddup         xmm, xmm/m64
```

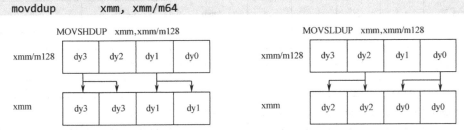

图 9-24　MOVSHDUP 和 MOVSLDUP 指令

MOVDDUP 指令将 64 位源操作数传送给目的操作数的低 64 位和高 64 位。

② 对称加减指令

```
addsubps        xmm, xmm/m128
addsubpd        xmm, xmm/m128
```

ADDSUBPS 指令将第 2 个和第 4 个单精度浮点数对进行加法运算，将第 1 个和第 3 个单精度浮点数对进行减法运算，即对称处理。

ADDSUBPD 指令对称处理的是双精度浮点数，如图 9-25 所示。

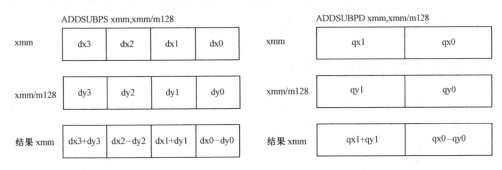

图 9-25　对称加减指令

③ 水平加法和减法指令

```
haddps          xmm, xmm/m128          ; 单精度水平加法
haddpd          xmm, xmm/m128          ; 双精度水平加法
hsubps          xmm, xmm/m128          ; 单精度水平减法
hsubpd          xmm, xmm/m128          ; 双精度水平减法
```

大多数 SIMD 指令进行垂直操作，即两个操作数的同一个位置数据进行操作，结果也保

存在该位置。水平加法和减法指令进行水平操作，即在同一个操作数的连续位置数据进行加或减，如图 9-26 所示。

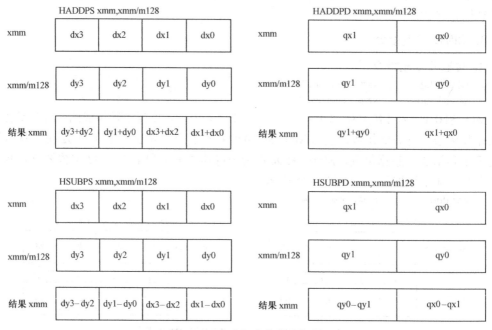

图 9-26　水平加法和减法指令

4．线程同步指令

监视 MONITOR 和监视等待 MWAIT 指令用于提高超线程技术的性能。软件可以使用线程同步指令说明线程当前没有执行有用的操作，于是处理器可以进入低功耗和性能优化状态。通过向指定存储单元写入操作，处理器从优化状态苏醒过来。

MONITOR 指令设置一个由硬件监视的线性地址范围，并启动监视器。地址范围应属于采用回写策略高速缓存的主存储器，默认用 DS 创建线性地址，可以超越，EAX 存放有效地址。该指令还使用 ECX 和 EDX 传递其他信息。执行 MWAIT 指令，让处理器在等待由 MONITOR 设置地址范围的事件或写入操作时，可以进入优化状态。

9.4.2　SSE3 指令的程序设计

使用 SSE3 指令之前，应用程序应该先检测处理器是否支持 SSE3 指令。只有在确认处理器支持新增指令时才能够使用，否则会产生无效代码异常。

MASM 是 Visual C++ 6.0 和 .NET 2002/2003 的汇编工具软件，但不支持 SSE3 指令。解决方法是创建一个包含文件，其中利用宏汇编功能将 SSE3 指令定义成宏指令。源程序中包含这个文件，程序中就可以使用 SSE3。

MASM 宏汇编程序不支持 SSE3 指令，Visual C++ .NET 的嵌入式汇编也只支持到 MMX 指令系统，不支持 SSE、SSE2 和 SSE3 指令系统。但 Visual C++ .NET 类似 Intel 的 C/C++ 编译器采用编译器内建函数（Compiler Intrinsics）形式使用各种 SSE 指令，也支持 MMX 等指令。编译器内建函数是 C/C++ 代码的扩展，通常一个内建函数对应一个多媒体指令。利用编译器内建函数，程序员可以利用 C/C++ 函数调用和变量语法使用多媒体指令，不必直接管理寄存器，而且编译器会进行优化，生成运行速度更快的可执行程序。

Visual C++ 6.0 需要安装处理器升级包（Processor Pack）才能支持编译器内建函数，也支持 MMX、SSE 和 SEE2 指令及 AMD 的 3DNow 指令，但不支持 SSE3 指令。Visual C++ .NET 2005 才支持 SSE3 指令。

习 题 9

9.1 什么是紧缩整型数据？MMX 指令支持哪 4 种数据类型？

9.2 SIMD 是什么？举例说明 MMX 指令是如何利用这个结构特点的。

9.3 为了支持 MMX 指令，处理器增加了标志和寄存器吗？

9.4 什么是环绕加/减运算和饱和加/减运算？给出如下 16 位数据的运算结果：

（1）环绕加：7F38H+1707H

（2）环绕减：1707H-7F38H

（3）无符号饱和加：7F38H+1707H

（4）无符号饱和减：1707H-7F38H

（5）有符号饱和加：7F38H+1707H

（6）有符号饱和减：1707H-7F38H

9.5 已知 PDATA64 是一个 64 位存储器操作数，说明如下 MMX 指令的功能：

（1）movd   mm0, eax

（2）movq   mm4, mm1

（3）psubd   mm1, mm2

（4）pcmpgtb   mm1, pdata64

（5）pandn   mm0, mm1

（6）psrlq   mm0, 7

（7）packsswb   mm7, pdata64

（8）punpcklbw   mm6, mm7

9.6 为什么一段 MMX 指令程序的最后通常要有 EMMS 指令？

9.7 MMX 指令系统具有哪些主要特点？举例说明这些特点有哪些应用。

9.8 上机实现例 9.1 程序。

9.9 利用 MMX 指令，编写一个实现 16 个元素的两个向量的点积通用子程序，然后利用一个 C 或 C++语言主程序调用它。

9.10 编写一个程序，用于验证 9.1.2 节 MMX 算术运算各指令举例的正确性。为了能够直观看到结果，可以编写一个以十六进制形式显示 64 位数据的子程序，供调用。

9.11 说明下列子程序的功能，共有多少个数据参加了运算？

```
sums      proc                    ; 入口参数：EBX=数组 1 首地址，EDX=数组 2 首地址
          push      ecx
          mov       ecx, 32
          .repeat
          movq      mm0, [ebx+8*ecx-8]
          paddb     mm0, [edx+8*ecx-8]
          .untilcxz
          emms
```

```
            pop     ecx
            ret
sums        endp
```

9.12　说明 SSE 指令支持的紧缩单精度浮点数据格式。

9.13　SSE 指令系统有 128 位操作模式（紧缩单精度）和 32 位操作模式（标量单精度），举例说明两种操作模式的指令有什么差别。

9.14　什么是对齐数据传送和不对齐数据传送？两者有什么差别？

9.15　上机实现例 9.2 程序。

9.16　SSE2 指令系统新引入了哪些数据类型？

9.17　为什么 SSE 和 SSE2 指令系统中都还扩展有操作 MMX 与整数的指令？

9.18　参照例 9.2，编写在例 9.3 中求出最大值所在位置并显示的程序。

第 10 章　64 位指令简介

2005 年，在 PC 用户对 64 位技术的企盼和 AMD 公司兼容 32 位 80x86 的 64 位 K8 核心处理器的压力下，Intel 公司推出了扩展存储器 64 位技术 Intel EM64T（Intel Extended Memory 64 Technology，简称 Intel 64 技术）。Intel 64 技术是 IA-32 结构的 64 位扩展，先应用于支持超线程技术的 Pentium 4 终极版（支持双核技术）和 6xx 系列 Pentium 4 处理器，现称为 Intel 64 结构。后续处理器均支持 Intel 64 技术，IA-32 指令系统也扩展为 64 位，64 位软件逐渐开始获得应用。

Intel 64 结构为软件提供 64 位线性地址空间，支持 40 位物理地址空间。IA-32 微处理器支持保护方式（含虚拟 8086 方式）、实地址方式和系统管理 SMM 方式，Intel 64 技术则引入一个新的工作方式：32 位扩展工作方式（IA-32e）。

IA-32e 有两个子工作方式。

① 兼容方式：允许 64 位操作系统运行大多数 32 位软件而无须修改，也可以运行大多数 16 位程序。虚拟 8086 方式和涉及硬件任务管理的程序不能在该方式下运行。

兼容方式由操作系统在代码段启动，这意味着一个 64 位操作系统既可以在 64 位方式支持 64 位应用程序，也可以在兼容方式支持 32 位应用程序（无须进行 64 位编译）。

兼容方式类似于 32 位保护方式。应用程序只能存取最低 4 GB 地址空间，使用 16 或 32 位地址和操作数。

② 64 位方式：允许 64 位操作系统运行存取 64 位地址空间的应用程序。

在 Intel 64 的 64 位工作方式下，应用程序还可以存取 8 个附加的通用寄存器、8 个附加的 SIMD 多媒体寄存器、64 位通用寄存器和指令指针等。

64 位方式引入一个新的指令前缀 REX 用于存取 64 位寄存器和 64 位操作数。64 位方式由操作系统在代码段启动，默认使用 64 位地址和 32 位操作数。默认操作数可以在每条指令的基础上用 REX 前缀超越，这样许多现有指令都可以使用 64 位寄存器和 64 位地址。

10.1　64 位方式的运行环境

64 位执行环境类似 32 位保护方式，不同之处在于任务或程序可寻址 2^{64} 字节线性地址空间、2^{40} 字节物理地址空间（软件可以访问 CPUID 指令获得处理器支持的实际物理地址范围）以及 64 位寄存器和操作数。

1. 存储器模型

使用 80x86 处理器的存储管理机制时，程序并不是直接寻址物理存储器，而是通过平展、分段和实地址三种存储器模型之一访问存储器。

① 平展存储器模型：对程序来说，存储器是单一的连续地址空间，被称为线性地址空

间。代码、数据和堆栈都包含在这个地址空间中，以字节为访问单位，0～$2^{32}-1$（非 64 位方式）。线性地址空间中的每字节单元都对应一个线性地址。

② 分段存储器模型：对程序来说，存储器像是一组独立的被称为段的地址空间。代码、数据和堆栈通常保存在各自的段中。要访问一个段中的字节，程序需要发出逻辑地址。逻辑地址包括一个段选择器和一个偏移地址（逻辑地址也常被称为远指针）。段选择器指示要访问的段，偏移地址说明所在段中的字节位置。32 位 80x86 微处理器的程序可以寻址达 16383 个不同类型和尺寸的段，每个段可达 4 GB。使用分段存储器的主要原因是增强程序和系统的可靠性。

③ 实地址存储器模型：Intel 8086 微处理器的存储器模型，为实现兼容目的而设置。它是一个特别的分段存储器，每个段不超过 64 KB，最大的线性地址空间是 1 MB。

保护工作方式可以使用上述任何存储器模型，实地址方式只能采用实地址存储器模型，系统管理 SMM 方式转向一个独立的存储空间，称为系统管理 RAM。运行于兼容工作方式的软件采用其保护方式的存储器模型。64 位工作方式采用 64 位线性地址空间，通常（但没有完全）禁止分段，将 CS、DS、ES 和 SS 的段基地址看成 0（这样线性地址等于有效地址），不能使用分段和实地址模型。

2. 64 位方式的寄存器

64 位方式新增了 8 个 64 位通用寄存器 R8～R15，如图 10-1 所示。所以，64 位方式下有 16 个通用寄存器，默认是 32 位，用 EAX、EBX、ECX、EDX、EDI、ESI、EBP、ESP 和 R8D～R15D 表示。16 个通用寄存器还可以保存 64 位操作数，用 RAX、RBX、RCX、RDX、RDI、RSI、RBP、RSP 和 R8～R15 表示。它们也支持 16 位通用寄存器：AX、BX、CX、DX、SI、DI、SP、BP 和 R8W～R15W，还支持 8 位通用寄存器：使用 REX 前缀是 AL、BL、CL、DL、SIL、DIL、SPL、BPL 和 R8L～R15L，没有 REX 前缀是 AL、BL、CL、DL、AH、BH、CH、DH。

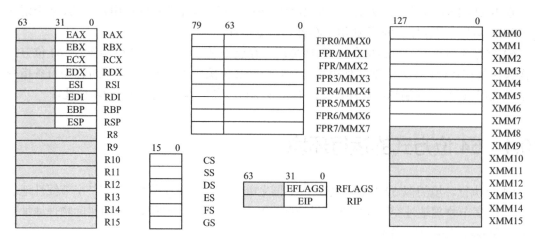

图 10-1　Intel 64 常用寄存器

64 位方式下访问字节寄存器有些限制。指令不能同时访问原高字节寄存器（如 AH、BH、CH 或 DH）和新字节寄存器（如 RAX 的低字节），但可以同时访问原低字节寄存器（如 AL、BL、CL 或 DL）和新字节寄存器（如 R8 或 RBP 的低字节）。对于使用 REX 前缀的指令，处理器将访问高字节寄存器（AH、BH、CH 和 DH）转换为访问低字节寄存器（BPL、SPL、DIL 和 SIL，即 RBP、RSP、RDI 和 RSI 的低 8 位）。

在 32 位工作方式下，64 位通用寄存器的高 32 位没有定义。当从 64 位工作方式切换到 32 位方式（保护方式或兼容方式）时，64 位通用寄存器的高 32 位不被保存，所以软件不能依靠这些数值。

在 64 位工作方式下，操作数尺寸决定了目的通用寄存器的有效位数：① 64 位操作数生成 64 位有效结果；② 32 位操作数生成 32 位结果，然后零位扩展成 64 位，保存在目的通用寄存器中；③ 8 位和 16 位生成 8 位或 16 位结果，但不修改目的通用寄存器的高 56 位或 48 位。如果 8 位或 16 位操作结果要用于 64 位地址计算，应该明确地将符号扩展成 64 位。

另外，经常使用 RDX:RAX 寄存器对表达 128 位操作数。

64 位方式为 SIMD 多媒体指令新增 8 个 XMM 寄存器 XMM8～XMM15，现共有 16 个 128 位的 XMM 寄存器 XMM0～XMM15。

标志寄存器也扩展为 64 位，称为 RFLAGS 寄存器。

3．64 位方式的寻址方式

64 位方式的存储器操作数由一个段选择器和偏移地址访问，偏移地址可以是 16 位、32 位或 64 位。偏移地址通过如下部分组合，其中基址和变址保存在 16 个通用寄存器之一中。

❖ 位移量——8 位、16 位或 32 位数值。

❖ 基址——在 32 位或 64 位通用寄存器中的一个数值。

❖ 变址——在 32 位或 64 位通用寄存器中的一个数值。

❖ 比例因子——2、4 或 8 位数值，用于乘以变址数值。

例如，如下指令的源操作数采用带比例的相对基址变址寻址方式：

```
MOV   EAX, [RBX+RSI*8+200]
```

在 64 位工作方式下，不管对应段描述符中的基地址是什么，都将 CS、DS、ES 和 SS 段寄存器的段基地址作为 0，这样就为代码、数据和堆栈创建了一个平展的地址空间。FS 和 GS 是例外，它们可用于线性地址计算的附加基地址寄存器。

64 位工作方式的寻址使用现有的 32 位寻址方式 MOD REG R/M 和 S-I-B 字段，位移量和立即数仍然是 8 位或 32 位，在有效地址计算时将符号扩展成 64 位。但是 64 位方式支持采用直接寻址的 MOV 指令使用 64 位绝对地址，如"MOV   EAX, [1234000012340000H]"。

在 64 位工作方式下，典型的立即数还是 32 位。操作数为 64 位时，处理器先将立即数符号扩展成 64 位再使用。为了支持 64 位立即数，"MOV   REG, I16/I32"指令进行了功能扩展，可以将 64 位立即数传送到 64 位通用寄存器中，如"MOV   RAX, 1122334455667788H"。

64 位工作方式的指令指针也是 64 位的，称为 RIP，所以目标地址支持 RIP 相对寻址，使用有符号 32 位移量将符号扩展成 64 位与下条指令的 RIP 计算有效地址。在 IA-32 兼容方式下，指令的相对寻址只能用于控制转移类指令；但在 64 位方式下，具有 MOD REG R/M 寻址方式字段的指令也可以使用 RIP 相对寻址方式。

在 64 位工作方式，近指针（NEAR）是 64 位的，即 64 位有效地址，所有近转移（CALL，RET，JCC，JCXZ，JMP 和 LOOP）的目的地址操作数都是 64 位的。这些指令更新 64 位 RIP。

远指针（FAR）由 16 位段选择器和 16/32 位偏移地址（操作数为 32 位）或 64 位偏移地址（操作数为 64 位）组成。软件主要使用远转移改变特权层。因为立即数通常限制到 32 位，所以在 64 位工作方式下，改变 64 位 RIP 的方法是使用间接转移寻址。也是因为这个原因，64 位方式不支持直接远转移寻址。

4．REX 前缀

REX 前缀是应用于 64 位方式的指令前缀，但并不是所有的指令都需要 REX 前缀。只有当指令访问扩展寄存器或使用 64 位操作数时才需要 REX 前缀，每条指令也只需要一个 REX 前缀。

REX 前缀是 1 字节，各位是 0100WRXB，高 4 位是 0100，所以其代码是 40H～4FH。W 位（REX.W 位）是 0，表示由代码段描述符确定操作数尺寸（16 或 32 位），W 位是 1，则表示采用 64 位操作数尺寸。例如，指令"ADD　　EAX, 8"的机器代码是 83C008；指令"ADD　　RAX, 8"的机器代码则是 48 83 C0 08。

低 3 位 RXB 是寻址方式字段的扩展位。例如，原来只有 8 个通用寄存器，代码中只需 3 位表达，现在有 16 个通用寄存器，所以需要扩展 1 位。再如，REX.R 用于寻址扩展的控制寄存器 CR8～CR15 和调试寄存器 DR8～DR15。不过，第一个实现 IA-32e 方式的处理器只增加一个 CR8 寄存器，表示任务优先权寄存器 TPR（Task Priority Register）。

10.2　64 位方式的指令

64 位方式扩展了大多数整数通用指令的功能，使得它们都可以处理 64 位数据，但有一小部分整数通用指令不被 64 位方式所支持（但非 64 位方式仍然支持）；同时，增加一些 64 位指令。为了说明指令功能，引入如下符号：① R64，64 位通用寄存器；② I64，64 位立即数；③ M64，64 位存储器操作数。

类似 IA-32 处理器 32 位指令系统对 80286 处理器 16 位指令系统的扩展，在 64 位工作方式，大多数通用指令可以处理 64 位操作数或者功能实现向 64 位的自然增强。例如：

```
mov   rax, r9
mov   edx, [rsi+8]
mov   qword ptr [ebx],rcx
mov   eax, dword ptr [ecx*2+r10+0100h]
xchg  r8, qvar              ; 假设变量定义为 QVAR    DQ 3456H
xlatb                       ; AL←[RBX+AL]
lea   r15, qvar             ; 如果是 32 位地址则零位扩展成 64 位
mov   rax, qword ptr varx   ; 对 64 位变量 VARX 和 VARY 求和
add   rax, qword ptr vary   ; 64 位操作数运算显然使用 64 位指令更加有效
add   rax, rbx
sbb   rdx, 3721h
imul  rbx                   ; RDX: RAX←RAX×RBX
```

当然，64 位方式对有些指令并没有增加其 64 位处理能力，如输入 IN 和输出 OUT 指令，还有浮点 FPU 指令和 MMX 指令。SSE、SSE2 和 SSE3 指令可以利用 REX 前缀使用 8 个新增的 XMM 寄存器 XMM8～XMM15；如果它们的操作数是通用寄存器，那么可以利用 REX.W 前缀访问 64 位通用寄存器。

有些指令已经不被 64 位方式所支持，如 64 位方式不再支持 6 条十进制调整运算指令和边界检测指令 BOUND，单字节编码的 INC 和 DEC 指令因为与 16 个 REX 前缀代码一样，所以 64 位方式不被允许，但其他 INC 和 DEC 指令都是正常的。标志寄存器低字节传送指令 LAHF 和 SAHF 只有特定处理器支持。

1．堆栈操作指令

64 位方式的堆栈指针 RSP 为 64 位，隐含使用 RSP 堆栈指针的指令（除远转移）默认采用 64 位操作数尺寸。所以 PUSH 和 POP 指令能将 64 位数据压入或弹出堆栈，但不能将 32 位数据压入或弹出堆栈，使用 66H 操作数尺寸前缀可以支持 16 位数据的压入和弹出。当将段寄存器内容压入 64 位堆栈时，指针自动调整成 64 位。64 位方式不支持 PUSHA、PUSHAD、POPA 和 POPAD 指令。

PUSHF 和 POPF 指令在 64 位方式和非 64 位方式一样。PUSHFD 总是将 64 位 RFLAGS 压入堆栈（RF 和 VM 标志被清除）；POPFD 总是从堆栈弹出 64 位数据，然后将低 32 位零位扩展到 64 位，存入 RFLAGS。

2．符号扩展指令

零位扩展指令 MOVZX 现在支持将 8 或 32 位寄存器或存储器操作数零位扩展到 64 位通用寄存器。符号扩展指令 MOVSX 也支持 8 或 16 位寄存器或存储器操作数符号扩展到 64 位通用寄存器，但 32 位寄存器或存储器操作数符号扩展到 64 位通用寄存器使用 MOVSXD 指令。例如，对于两个 32 位操作数求乘积，使用符号扩展成 64 位进行乘法更有效：

```
mov    sxdrax, dword ptr varx
mov    sxdrcx, dword ptr vary
imul   rax, rcx
```

在原有 CBW 和 CWDE 指令基础上，64 位方式新增了 CDQE 指令，后者将 EAX 数据符号扩展到 RAX。同样，CWD 和 CDQ 扩展有新指令 CQO，后者将 RAX 数据符号扩展到 RDX:RAX。

3．串操作指令

在 64 位工作方式下，串操作指令 MOVS、CMPS、SCAS、LODS 和 STOS，包括 INS 和 OUTS 的源操作数用 RSI（使用 REX.W 前缀）或 DS:ESI 指示，目的操作数用 RDI（使用 REX.W 前缀）或 DS:EDI 指示。串操作的重复前缀使用 RCX（使用 REX.W 前缀）或 ECX。64 位工作方式还增加了 4 条对 4 字数据的串操作指令：串比较 CMPSQ，串读取 LODSQ（4 字数据传送到 RAX），串传送 MOVSQ，串存储 STOSQ（将 RAX 的数据保存到主存）。

JCXZ 使用 CX 计数器，JECXZ 使用 ECX 计数器，新增的 JRCXZ 指令使用 64 位 RCX 计数器。LOOP、LOOPZ 和 LOOPNZ 指令在 64 位方式还可以使用 64 位寄存器 RCX 进行计数，但是它们仍然是短转移。

4．比较交换指令

80486 增加了比较交换指令 CMPXCHG，现在也支持"CMPXCHG   R64/M64, R64"格式，可以实现 RAX 与 R64/M64 的比较：若相等，则 ZF=1，R64/M64←R64，否则 ZF=0，RAX←R64/M64。

Pentium 增加的 8 字节比较交换指令 CMPXCHG8B 仍然可以使用，功能没有变化。现在新增 16 字节比较交换指令"CMPXCHG16B　M128"，将 RDX：RAX 中的 128 位操作数与另一个 128 位的存储器操作数 M128 比较：若相等，则 ZF=1，M128←RCX:RBX，否则 ZF=0，RDX:RAX←M128。

Pentium Pro 处理器后来增加了快速系统调用 SYSENTER 指令和快速系统返回 SYSEXIT 指令，方便处于特权层 3 的用户程序快速调用特权层 0 的系统过程或子程序，并从中返回。这些是为系统软件使用的特权指令。64 位工作方式可以使用这两条指令，同时增加了 2 个快速调用系统过程和返回的新指令 SYSCALL 和 SYSRET，以及交换 GS 段基地址寄存器值与模型专用寄存器 MSR 地址 C0000102H 内容的新指令 SWAPGS。

Intel 编译器和 Microsoft Visual C++ 2005 及以后版本支持 Intel 64 指令。例如，Visual C++ 2005 的宏汇编程序 MASM 除保留有汇编 16 位和 32 位指令的 ML.exe 程序外，又为 64 位指令系统（称为 x64 结构）提供了 ML64.exe 汇编程序。ML64.exe 程序能将 x64 结构的 ASM 源程序汇编成 x64 结构的目标代码 OBJ 文件。注意，Visual C++ 2005 文档中的 Intel 64-bit 是指安腾（Itanium）处理器的 64 位指令系统（IA64），AMD 64-bit 是指 AMD 公司的 64 位处理器指令系统（AMD64）。

C/C++编译器通常支持嵌入汇编，可以在语句中直接插入处理器指令。但是，Microsoft Visual Studio C++并不支持 x64 指令，而是提供了编译器内联函数（Compiler Intrinsics）形式。当然，也可以编写独立的汇编语言程序，使用外部汇编程序生成目标模块，进行模块连接方式的混合编程。

最后，介绍一个简单的 64 位汇编语言示例程序，有兴趣的读者可以深入阅读相关文献。

【例 10.1】 64 位汇编语言程序。

分析：本例调用 Windows 的 MessageBox 函数，弹出一个消息窗口（对比 6.5.4 节例 6.12 中的 32 位 Windows 消息窗口程序）。

```
        includelib user32.lib
        extern MessageBoxA: proc
        .data
SzCaption   db 'Win64 示例', 0
SzText      db '欢迎进入 64 位 Windows 世界!', 0
        .code
start   proc
        sub     rsp, 40              ; 预留 5 个 4 字空间
        xor     rcx, rcx            ; 参数 1: 父窗口句柄
        lea     rdx, SzText         ; 参数 2: 显示信息的地址
        lea     r8, SzCaption       ; 参数 3: 消息窗标题的地址
        xor     r9, r9              ; 参数 4: 消息窗按钮类型（MB_OK=0）
        call    MessageBoxA
        add     rsp, 40              ; 平衡堆栈
        ret
start   endp
        end
```

在 64 位 Windows 操作系统下，仍然沿用 32 位系统的库文件名称（如 kernel32.lib 和 user32.lib）。ML64 汇编程序只支持基本的伪指令，但扩展了过程定义 PROC 的功能。

64 位操作系统的调用规范有较大改变。调用规范（Calling Convention）规定了参数传递和堆栈使用的规则。例如，在 32 位 Windows 平台，调用系统 API 函数时，参数都是通过堆

栈传递的，而被调用 API 函数负责堆栈指针（ESP）的平衡。而在微软 x64 的调用规范中，前 4 个整数和指针参数从左到右依次通过 4 个通用寄存器 RCX、RDX、R8、R9 传递，如果还有更多的参数，才通过椎栈传递；调用程序需要负责椎栈空间的平衡。另外，调用程序需要为 4 个参数和返回地址在堆栈预留空间（40 字节，因为一个参数是 64 位、8 字节）。小于等于 64 位的函数返回值通过 RAX 寄存器返回。

假设文件保存为 LT1001.asm，使用 ML64 进行汇编和连接。

```
ML64 /c /Fl lt1001.asm
link lt1001.obj /subsystem:windows /entry:start
```

其中，"\entry"参数指明程序的起始执行位置。如果程序没有错误，将生成一个 64 位 Windows 应用程序，执行后弹出一个消息窗口。

注意，在 Visual C++ 2005 中有两个 64 位汇编程序。一个用于在 64 位 Windows 操作系统下进行开发，目录是 Program Files(x86)\Microsoft Visual Studio 8\VC\bin\amd64（含 ml64.exe、link.exe 和 mspdb80.dll 文件）；另一个用于在 32 位 Windows 操作系统下进行开发，目录是 Program Files(x86)\Microsoft Visual Studio 8\VC\bin\ x86_amd64（含 ml64.exe 和 link.exe 文件）。它们均使用目录 Program Files(x86)\Microsoft Visual Studio8\VC\PlatformSDK\ lib\amd64 中的导入库文件（如 kernel32.lib 和 user32.lib 等），但生成的可执行文件只能在 64 位 Windows 操作系统下运行。

附录 A 调试程序 DEBUG

DEBUG.exe 是 DOS 提供的汇编语言级的可执行程序调试工具。

A.1 DEBUG 程序的调用

在 DOS 的提示符下，可输入 DEBUG 启动调试程序（如果在 Windows 图形界面下，需要首先进入模拟 DOS 环境或者控制台窗口）：

> **DEBUG** [路径\文件名][参数1][参数2]

DEBUG 后可以不带文件名，仅运行 DEBUG 程序；需要时，再用 N 和 L 命令调入被调试程序。命令中可以带有被调试程序的文件名，此时在运行 DEBUG 的同时，还将指定的程序调入主存；参数 1 和参数 2 是被调试的可执行程序所需要的参数。

在 DEBUG 程序调入后，根据有无被调试程序及其类型相应设置寄存器组的内容，发出 DEBUG 的提示符 "–"，此时就可用 DEBUG 命令来调试程序。

- ❖ 运行 DEBUG 程序时，如果不带被调试程序，那么所有段寄存器值相等，都指向当前可用的主存段；除 SP 外的通用寄存器都设置为 0，而 SP 指示当前堆栈顶在这个段的尾部；IP=0100H；状态标志都是清 0 状态。
- ❖ 运行 DEBUG 程序时，如果带入的被调试程序扩展名不是 exe，BX 和 CX 包含被调试文件大小的字节数（BX 为高 16 位），其他同不带被调试程序的情况。
- ❖ 运行 DEBUG 程序时，如果带入的被调试程序扩展名是 exe，那么需要重新定位。此时，CS:IP 和 SS:SP 根据被调试程序确定，分别指向代码段和堆栈段。DS=ES 指向当前可用的主存段，BX 和 CX 包含被调试文件大小的字节数（BX 为高 16 位），其他通用寄存器为 0，状态标志都是清 0 状态。

A.2 DEBUG 命令的格式

DEBUG 的命令都是一个字母后跟一个或多个参数：

> **字母** [参数]

使用命令时，需要注意：① 字母不分大小写；② 只使用十六进制数，没有后缀字母；③ 分隔符（空格或逗号）只在两个数值之间是必需的，命令和参数间可无分隔符；④ 每个命令只有按了 Enter 键后才有效，可以用 Ctrl+Break 键中止命令的执行；⑤ 命令不符合规则时，将以 "ERROR" 提示，并用 "^" 指示错误位置。

许多命令的参数是主存逻辑地址，形式是 "段基地址:偏移地址"。其中，段基地址可以是段寄存器或数值；偏移地址是数值。若不输入段地址，则采用默认值，可以是默认段寄存器值。若没有提供偏移地址，则通常就是当前偏移地址。

对主存操作的命令还支持地址范围这种参数，它的形式是"开始地址结束地址"（结束地址不能具有段地址），或者是"开始地址 L 字节长度"。

A.3　DEBUG 的命令

DEBUG 调试程序只能通过执行命令实现调试，结果随后显示。命令虽然简单，却是最基本的方法，微软其他调试程序都继承了这些基本命令。

1. 显示命令 D

D（Dump）命令显示主存单元的内容，其格式如下（注意";"后的部分用于解释命令功能，不是命令本身，下同）：

```
D [地址]                    ; 显示当前或指定开始地址的主存内容
D [范围]                    ; 显示指定范围的主存内容
```

例如，显示当前（接着上一个 D 命令显示的最后一个地址）主存内容的一个示例（命令前的短画线是提示符，无须输入，下同）：

```
-D
1492:0100  41 EB EA 5E E3 0B F7 C2-01 00 74 1C 80 3C 2E 74  A..^......t..<.t
1492:0110  47 83 3E 75 E0 02 75 0A-80 3E 7C E1 34 00 81 14  G.>u..u..>|.4...
```

显示内容的左边部分是主存逻辑地址，中间是连续 16 字节的主存内容（十六进制数，以字节为单位），右边部分是这 16 字节内容的 ASCII 字符显示，不可显示字符用点"."表示。一个 D 命令仅显示"8 行×16 字节"（80 列显示模式）内容。

再如：

```
-D 100                     ; 显示数据段 100H 开始的主存单元
-D CS:0                    ; 显示代码段的主存内容
-D 2F0 L20                 ; 显示 DS:2F0H 开始的 20H 个主存数据
```

2. 修改命令 E

E（Enter）命令用于修改主存内容，它有两种格式：

```
E 地址                     ; 格式1，修改指定地址的内容
E 地址 数据表               ; 格式2，用数据表的数据修改指定地址的内容
```

格式 1 是逐个单元相继修改的方法。例如，输入"EDS:100"，DEBUG 显示原来内容，用户可以直接输入新数据，然后按空格键显示下一个单元的内容，或者按"−"键显示上一个单元的内容；不需要修改，可以直接按空格键或"−"键。这样，用户可以不断修改相继单元的内容，直到用回车键结束该命令为止。

格式 2 可以一次修改多个单元，例如：

```
-E DS:100 F3'XYZ' 8D
                    ; 用 F3/'X'/'Y'/'Z'/8D 这 5 个数据替代 DS:0100～0104 的原来内容
```

3. 填充命令 F

F（Fill）命令用于对一个主存区域填写内容，同时改写原来的内容，其格式为：

```
F 范围 数据表
```

F 命令用数据表的数据写入指定范围的主存。如果数据个数超过指定的范围，则忽略多出的项；如果数据个数小于指定的范围，则重复使用这些数据，直到填满指定范围。

4. 寄存器命令 R

R（Register）命令用于显示和修改处理器的寄存器，有 3 种格式。

```
    R                                ; 格式1，显示所有寄存器内容和标志位状态
```

例如，刚进入 DEBUG 时，就可以执行该命令，显示示例如下：

```
    AX=0000 BX=0000 CX=010A DX=0000 SP=FFFE BP=0000 SI=0000 DI=0000
    DS=18E4 ES=18E4 SS=18E4 CS=18E4 IP=0100 NV UP DI PL NZ NA PO NC
    18E4:0100 C70604023801 MOV WORD PTR [0204], 0138    DS:0204=0000
```

其中，前 2 行给出所有寄存器的值，包括各标志状态。最后一行给出当前 CS:IP 处的指令。由于这是一个涉及数据的指令，这一行的最后还给出相应单元的内容。

```
    R 寄存器名                        ; 格式2，显示和修改指定寄存器
```

例如，输入"R AX"，DEBUG 给出当前 AX 内容，":"后用于输入新数据，如不修改则按 Enter 键。

```
    RF                               ; 格式3，显示和修改标志位
```

DEBUG 将显示当前各标志位的状态。显示的符号及其状态如表 A-1 所示，用户只要输入这些符号（来自英文缩写），就可以修改对应的标志状态，输入的顺序可以任意。

表 A-1　标志状态的表示符号

标　志	置位符号	复位符号
溢出 OF	OV（overflow）	NV（no overflow）
方向 DF	DN（down）	UP（up）
中断 IF	EI（enable interrupt）	DI（disable interrupt）
符号 SF	NG（negative）	PL（plus）
零位 ZF	ZR（zero）	NZ（no zero）
辅助 AF	AC（auxiliary carry）	NA（no auxiliary）
奇偶 PF	PE（parity even）	PO（parity odd）
进位 CF	CY（carry）	NC（no carry）

5. 汇编命令 A

A（Assemble）命令用于将后续输入的汇编语言指令翻译成机器代码，其格式如下：

```
    A [地址]                          ; 从指定地址开始汇编指令
```

A 命令中如果没有指定地址，则接着上一个 A 命令的最后一个单元开始；若还没有使用过 A 命令，则从当前 CS:IP 开始。

输入 A 命令后，就可以输入 8086 和 8087 指令，DEBUG 将它们汇编成机器代码，相继地存放在指定地址开始的存储区中，记住最后要按 Enter 键结束 A 命令。

进行汇编的步骤如下：

（1）输入汇编命令 A[地址]，按回车。DEBUG 提示地址，等待输入汇编语言指令。

（2）输入汇编指令，按 Enter 键。

（3）如上继续输入汇编语言指令，直到输入所有指令。

（4）不输入内容就按回车，结束汇编，返回 DEBUG 的提示符状态。

A 命令支持标准的 8086（和 8087 浮点）指令系统及汇编语言语句基本格式，但要注意以下一些例外：① 所有输入的数值都是十六进制数，不要有后缀字母；② 段超越指令需要在相应指令前，单独一行输入；③ 段间（远）返回的助记符要使用 RETF；④ A 命令也支持最常用的两个伪指令 DB 和 DW。

6. 反汇编命令 U

U（Unassemble）命令将指定地址的内容按 8086 和 8087 机器代码翻译成汇编语言指令，其格式如下：

```
    U [地址]                          ; 从指定地址开始，反汇编32 字节（80 列显示模式）
```

| U 范围 | ; 对指定范围的主存内容进行反汇编 |

U 命令中如果没有指定地址，则接着上一个 U 命令的最后一个单元开始；若还没有使用过 U 命令，则从当前 CS:IP 开始。例如：

```
U
14C8: 0000 B8CD14      MOV     AX, 14CD
14C8: 0003 8ED8        MOV     DS, AX
14C8: 0005 BA0600      MOV     DX, 0006
14C8: 0008 B409        MOV     AH, 09
14C8: 000A CD21        INT     21
```

屏幕左边显示的是主存逻辑地址，中间是该指令的机器代码，右边则是对应的指令汇编语言格式。

7. 运行命令 G

G（Go）命令从指定地址开始执行指令，直到遇到断点或者程序结束返回操作系统。

| G [=地址][断点地址1, 断点地址2, …, 断点地址10] |

G 命令等号后的地址指定程序段运行的起始地址，如不指定则从当前的 CS:IP 开始运行。断点地址如果只有偏移地址，则默认是代码段 CS；断点可以没有，但最多只能有 10 个。

G 命令输入后，即开始运行程序，遇到断点（实际上是断点中断指令 INT3），停止执行，并显示当前所有寄存器和标志位的内容、下一条将要执行的指令（显示内容同 R 命令），以便观察程序运行到此的情况。程序正常结束，将显示"Program terminated normally"。

注意，G 命令以及后面的 T 和 P 命令要用"="指定开始地址（未指定则是当前 CS:IP 地址）；并且该地址处应该保存有正确的指令代码序列，否则会出现不可预测的结果，如"死机"。

8. 跟踪命令 T

T（Trace）命令从指定地址开始执行一条或数值参数指定条数的指令后停下来，如未指定地址则从当前的 CS:IP 开始执行。注意给出的执行地址前有一个"="，否则会被认为是被跟踪指令的条数（数值）。

| T[=地址] | ; 逐条指令跟踪 |
| T[=地址][数值] | ; 多条指令跟踪 |

T 命令执行每条指令后都要显示所有寄存器和标志位的值（及下一条指令）。

T 命令提供了一种逐条指令运行程序的方法，因此也常被称为单步命令。T 命令可以利用处理器的单步中断，使程序员能够细致地观察程序的执行情况。T 命令逐条指令执行程序，遇到子程序（CALL）、中断调用（INT n）指令及循环体也不例外，也会进入到子程序、中断服务程序及循环体当中执行。

9. 继续命令 P

P（Proceed）命令类似 T 命令，只是不会进入子程序或中断服务程序中，遇到循环指令则一并执行完所有循环。不需要调试子程序、中断服务程序以及循环体时，要应用 P 命令，而不是 T 命令。

| P[=地址] | ; 逐条指令跟踪 |
| P[=地址][数值] | ; 多条指令跟踪 |

10. 退出命令 Q

Q（Quit）命令使 DEBUG 程序退出，返回 DOS。Q 命令没有参数，也没有将主存中程序保存成磁盘文件的功能（可使用 W 命令保存）。

11. 命名命令 N

N（Name）命令定义要保存磁盘文件的文件名，格式如下：

```
N    文件标识符1[，文件标识符2]
```

文件标识符是包含路径的文件全名。有了文件标识符，才可以用 L 或 W 命令把文件装载到主存或者或把主存内容保存到磁盘。

12. 装载命令 L

L（Load）命令把磁盘文件或扇区装载到主存以便进行调试，有两种装载格式。

```
L[地址]                        ; 格式1：装入由 N 命令指定的文件
```

格式 1 的 L 命令装载一个文件到指定的主存地址处；如未指定地址，则装入 CS:100H 开始的存储区；对于 COM 和 EXE 文件，则一定装入 CS:100H 位置处。

```
L 地址 驱动器 扇区号 扇区数      ; 格式2：装入指定磁盘扇区范围的内容
```

格式 2 的 L 命令装载磁盘的若干扇区（最多 80H=128）到指定的主存地址处；缺省段地址是 CS。其中，0 表示 A 盘，1 表示 B 盘，2 表示 C 盘……例如，将硬盘 C 分区的 DOS 引导扇区（逻辑扇区号为 0 的一个扇区）内容装入，然后查看的命令是：

```
-L 0 2 0 1
-D CS:0
```

13. 写盘命令 W

W（Write）把主存内容保存到磁盘，有两种写盘格式。

```
W[地址]                        ; 格式1：把数据写入由 N 命令指定的磁盘文件
```

格式 1 的 W 命令将指定开始地址的数据写入一个文件（这个文件应该已经用 N 命令命名）；如未指定地址则从 CS:100H 开始。要写入文件的字节数要事先存入 BX（高字）和 CX（低字）寄存器中。如果采用这个 W 命令保存可执行程序，扩展名应是.com；它不能写入具有.exe 和.hex扩展名的文件。

```
W 地址 驱动器 扇区号 扇区数      ; 格式2：把数据写入指定磁盘扇区范围
```

格式 2 的 W 命令将指定地址的数据写入磁盘的若干扇区（最多 80H）；如果没有给出段地址，则默认为 CS。其他说明同 L 命令。由于格式 2 的 W 命令直接对磁盘扇区写入，没有经过 DOS文件系统管理，所以一定要小心，否则可能无法利用 DOS 文件系统读写该部分内容。

14. 其他命令

DEBUG 还有一些其他命令，简单罗列如下。

① 比较命令 C（Compare）

```
C 范围 地址                     ; 将指定范围的内容与指定地址内容比较
```

② 十六进制数计算命令 H（Hex）

```
H 数字1，数字2                  ; 同时计算两个十六进制数字的和与差
```

③ 输入命令 I（Input）

```
I 端口地址                      ; 从指定 I/O 端口输入一个字节，并显示
```

④ 输出命令 O（Output）

```
O 端口地址 字节数据             ; 将数据输出到指定的 I/O 端口
```

⑤ 传送命令 M（Move）

```
M 范围 地址                     ; 将指定范围的内容传送到指定地址处
```

⑥ 查找命令 S（Search）

```
S 范围 数据                     ; 在指定范围内查找指定的数据
```

A.4 程序片段的调试方法

调试程序 DEBUG 特别适合理解指令和程序片段的功能，建议读者配合本书第 1 章和第 2 章一起学习指令和熟悉调试方法。基本步骤如下：

（1）启动调试程序 DEBUG.exe。

（2）利用汇编命令 A，输入汇编语言指令序列，最后用回车结束。

（3）利用反汇编命令 U，观察录入的指令序列是否正确

（4）设置必要的参数，例如寄存器值、存储单元内容。

（5）利用跟踪命令 T，单步执行指令，并观察每条指令的执行情况，如结果、标志等。

（6）如果含有不需调试的子程序、系统功能调用，则利用继续命令 P，单步执行指令，并观察每条指令的执行情况，如结果、标志等。

（7）也可以设置断点，利用运行命令 G 执行指令序列，并检查程序段的执行结果与自己判断的结果是否相同；找出不相同的原因。

1．理解立即数寻址方式

下面以调试指令"MOV   AX, 0102H"为例。

（1）启动调试程序，输入汇编命令 A、回车。

（2）在提示符下输入指令"MOV   AX, 0102"，回车完成该指令汇编（注意不需要录入 H），再次回车退出 A 命令。

（3）输入反汇编命令 U，查看机器代码，注意立即数 0102H 出现在机器代码中，并按照小端方式存放高低字节数据。反汇编显示的其他指令是主存中已经没有意义的遗留内容，不是用户输入的指令。

（4）可以输入寄存器 R 命令，查看寄存器内容，如 AX=0000，并列出要执行的指令。

（5）输入跟踪命令 T，单步执行刚才输入的指令，在其显示的寄存器内容中应该观察到 AX=0102，指示指令执行结果。

2．理解直接寻址方式

下面以调试指令"MOV   AX, [2000H]"为例。

（1）启动调试程序、汇编指令并退出汇编命令；反汇编命令查看地址 2000H 出现在机器代码中。

（2）输入 R 命令可以查看 AX 执行前的内容，并在列出的要执行指令的最后，有提示主存单元 DS:2000 的内容；也可以通过显示命令 D 查看该主存单元内容，或者利用修改命令 E 显示并修改内容。

（3）通过 T 单步执行指令，观察每条指令的执行结果，AX 应该等于上述主存单元的内容。

3．调试分支程序

下面以调试例 2.43 比较数值大小的程序片段为例。

（1）启动调试程序、输入汇编命令 A，录入指令。当录入 JNB 指令时标号无法录入，也不知道标号所在的地址，可以暂时填入当前地址；继续录入指令，最后一条指令的变量也无法定位，可以假设一个地址，如[200]，并记住标号所在指令的地址。两次回车退出汇编命令。

（2）因为录入 JNB 指令的标号地址不正确，所以需要再次输入汇编命令 A，但要指明 JNB 指令所在的地址。此时录入 JNB 指令、标号就可以填上其应该跳转到的目标指令地址。两次回车退出汇编命令。可以通过反汇编查看程序片段是否正确（JNB 与 JAE 是同一条指令的不同助记符）。

（3）通过输入"RAX"和"RBX"命令为寄存器设置初值，如 AX=9000H，BX=4000H。可以通过 R、D 命令查看初值。

（4）通过 T 命令单步执行第一条 CMP 比较指令，执行的标志结果是"OV UP EI PL NZ NA PE NC"，依次表达 OF=1、DF=0、IF=1、SF=0、ZF=0、AF=0、PF=1、CF=0，这是无符号数 AX>BX 设置的标志状态。

（5）继续单步执行分支指令 JNB，现在条件成立（AX>BX，即 CF=0），所以转移到目标指令，可以看到下条要执行的指令是最后一条 MOV 指令，而不是顺序执行的 XCHG 指令。

（6）继续单步执行，通过 D 命令查看结果，应该是[200]=9000。

（7）可以重新设置 AX 和 BX 的初值（如 AX=4000H，BX=9000H），再次调试，观察顺序执行的情况。也可以重新汇编 JNB 指令为 JNL 指令，继续调试，体会无符号数和有符号数的不同执行结果。

4．调试子程序

下面以调试例 2.46 转换为 ASCII 码的程序片段为例。

（1）启动调试程序，可以在 100H 开始录入主程序指令，假设子程序安排在 200H 地址，所以 CALL 指令中的子程序名填入 200。用"A 200"命令从 200H 位置开始录入子程序。

（2）T 命令单步执行主程序，执行 CALL 指令后，观察指令指针 IP 从 0102 变成了 0200，说明实现了转移，进入子程序。同时注意堆栈指针 SP 减了 2，利用 D 命令查看堆栈，此时栈顶应该是 0105，它代表主程序 CALL 指令后下条指令的地址，即返回地址。

（3）继续单步执行，期间可以观察 AL 寄存器内容的变化，理解转换原理。最后执行 RET 返回指令，观察 IP 和 SP 值的变化，以及 AL 结果。

（4）可以重新设置 AL 寄存器内容，再次执行调用指令 CALL，进入子程序后还可以尝试修改当前栈顶数据，看能否正确返回，理解堆栈在子程序调用和返回过程中的作用。

A.5 可执行程序文件的调试方法

经汇编连接生成的可执行文件，可以载入调试程序中进行运行、调试，观察运行结果是否正确、帮助排错等。下面以第 3 章例 3.1 中的程序 lt301.exe 为例，说明调试方法。

（1）带被调试文件启动 DEBUG，如

```
debug lt301.exe
```

（2）可以首先执行寄存器命令 R，观察程序进入主存的情况，参考如下：

```
AX=0000  BX=0000  CX=0039  DX=0000  SP=0400  BP=0000  SI=0000  DI=0000
DS=0C5A  ES=0C5A  SS=0C6E  CS=0C6A  IP=0000  NV UP EI PL NZ NA PO NC
0C6A: 0000 BA6C0C        MOV      DX, 0C6C
```

其中，BX.CX 反映程序的大小，CS:IP 指向程序开始执行的第一条指令，SS:SP 指向堆栈段。DS 和 ES 不指向程序数据段，而指向程序前 100H 位置（这部分是该程序的段前缀 PSP），所以 DS

（ES）应该在程序中进行设置，正如该程序语句".STARTUP"所完成的那样。

（3）可以从第一条执行指令位置开始，执行反汇编命令 U，显示该程序的机器代码和对应汇编指令，参考如下：

```
0C6A: 0000 BA6C0C        MOV      DX,0C6C
0C6A: 0003 8EDA          MOV      DS,DX
0C6A: 0005 8CD3          MOV      BX,SS
0C6A: 0007 2BDA          SUB      BX,DX
0C6A: 0009 D1E3          SHL      BX,1
0C6A: 000B D1E3          SHL      BX,1
0C6A: 000D D1E3          SHL      BX,1
0C6A: 000F D1E3          SHL      BX,1
0C6A: 0011 FA            CLI
0C6A: 0012 8ED2          MOV      SS,DX
0C6A: 0014 03E3          ADD      SP,BX
0C6A: 0016 FB            STI
0C6A: 0017 BA0400        MOV      DX,0004
0C6A: 001A B409          MOV      AH,09
0C6A: 001C CD21          INT      21
0C6A: 001E B8004C        MOV      4C00
0C6A: 0021 CD21          INT      21
```

（4）该例程序的数据段在 DS=0C6CH，要显示的字符串起始于偏移地址 0004H。用 D 命令可以观察该程序的数据段内容，参考如下：

```
-D 0C6C:0
0C6C: 0000  4C CD 21 00 48 65 6C 6C-6F 2C 20 45 76 65 72 79   L.!.Hello, Every
0C6C: 0010  62 6F 64 79 20 21 0D 0A-24 89 3E E6 99 C6 06 E8   body!..$.>.....
```

简化段定义格式下，代码段和数据段默认从模 2 地址（偶地址 xxx0B）开始，堆栈段默认从模 16 地址（可被 16 整除地址 xxxx0000B）开始。操作系统按照代码段、数据段、堆栈段顺序将它们依次安排到主存，通常代码段和堆栈段的偏移地址是 0，但数据段的偏移地址不一定是 0。例如，在本例程序中，代码段从 0C6AH:0000H 开始，结束于 0C6AH:0022H，下一个可用地址是 0C6AH:0023H，即物理地址为 0C6C3H，所以要求起始于偶地址的数据段只能从物理地址 0C6C4H 开始。因为段地址低 4 位必须是 0000B，故将物理地址 0C6C4H 低 4 位（十六进制 1 位）取 0，作为数据段地址 0C6CH，其偏移地址就是 0004H。

数据段结束于 0C6CH:0018H（对应最后的字符'$'=24H），物理地址是 0C6D8H，代码段开始的物理地址是 0C6A0H，所以程序长度是 0C6D8H-0C6A0H=0039H 字节，即最初 R 命令显示的 CX 值。主存接着安排堆栈段，其段基地址是 0C6EH，栈顶 SP=0400H，即默认 1 KB 堆栈空间。

通过上面的静态分析之后，还可以进行单步或连续执行，进行动态分析。

（5）调入文件后，执行"G=0"，则程序执行完成并提示"Program Terminated Normally"，同时 DEBUG 将重新设置寄存器和变量等的初始值（再次执行结束会退出调试程序）。

（6）要观察程序运行之后的结果，应该执行"G=0"断点地址。这里的断点地址应该指向程序结束返回 DOS 之前，也就是如下指令"MOV   AX,4C00H"和"INT   21H"处。例如，采用"G=0, 21"命令执行本例程序，此时寄存器和存储单元保留该程序运行后的结果，可以观察到数据段寄存器 DS=0C6CH，指向程序设置的数据段起始位置，而不是初始值 0C5AH。

（7）还可以从程序起始点或者某个断点地址进行单步执行，观察每条指令执行后的中间结果，有重点地调试可能出错的指令或程序片段，基本方法参考程序片段的调试。注意，使用 P 命令单步执行系统功能调用指令（INT 21H），如果用 T 命令，则进入中断服务程序（常导致无法退出）。

A.6 使用调试程序的注意事项

由于 DOS 命令行的操作方式和调试程序本身的功能所限，使用 DEBUG 调试程序还会遇到如下一些问题，请予以注意。

（1）汇编命令 A 下的指令格式与 MASM 有一些区别

调试程序 DEBUG 的汇编命令 A 所支持的汇编语言指令格式基本与 MASM 相同，但有一些区别，请注意以下规则：① 所有输入的数值都是十六进制，没有后缀字母；② 段超越指令需要在相应指令前，单独一行输入；③ 支持基本的伪指令 DB、DW 和操作符 WORD PTR、BYTE PTR。

（2）调试程序 DEBUG 中不支持标号

例如，输入"AGAIN: CMP AL,[BX]"时，标号 AGAIN 并不能输入，只能录入"CMP AL,[BX]"，但注意该指令的偏移地址。当输入使用该标号的指令，如"LOOP AGAIN"时，标号 AGAIN 使用该指令所在的偏移地址。

但当输入指令，如"JNZ MINUS"时，MINUS 所在的偏移地址还不知道，则可以暂时添上其本身的偏移地址。等到输入具有 MINUS 标号的指令时记住该指令的偏移地址。最后，重新在"JNZ MINUS"的地址处汇编该指令，此时添入该标号 MINUS 所在指令的偏移地址。

（3）避免非正常读写和执行

进入调试程序之后，DOS 操作系统下的信息都可以读写访问，所以使用 DEBUG 进行程序调试时要小心，不然很容易导致系统死机。例如：

❖ 执行 T、P 和 G 命令时，要在等号后输入正确的地址，尤其是调试一段程序后，往往不再是默认的地址。

❖ CS/DS 值是否是该程序段的位置，否则不能执行正确的代码和观察到正确的数据段内容。

❖ G 命令要有断点地址（或者程序段最后有断点中断指令 INT 3）。

❖ 含有系统功能调用的程序段要用 P 命令单步执行（不进入功能调用本身的程序中）。

另外，调试程序仅是一个模拟的执行环境，不是所有程序段都能运行。例如，改变 TF 标志的程序段不能执行，因为调试程序本身也要使用 TF。再如，向外设端口输出内容的程序段也不应随意执行，因为有可能导致该端口对应的外设非正常运行。

（4）在 DEBUG.exe 中调试的程序片段也可以保存，以便以后使用或重复调试。

基本步骤如下：

① 利用 A 命令录入符合 DEBUG 要求的程序段。例如：

```
-A 程序段偏移地址
```

（程序段最后，最好加上一条 INT 3 指令）

② 利用 R 命令在 BX.CX（CX 为低字，BX 为高字）中存入程序段的长度（字节数）。例如：

```
-R CX
```

注意：BX 为高字，通常应该为 0，因为程序段长度通常不会超过 64 KB。

③ 利用 N 命令为文件起名，例如：

```
-N filename.com
```

文件扩展名只能是 com。

④ 利用 W 命令保存，例如：

```
-W 程序段起始偏移地址
```

⑤ 利用 Q 命令退出 DEBUG.exe。

附录 B　调试程序 CodeView

有时我们会碰到这样的情况：源程序的汇编和连接都没有出错，生成的执行文件运行后却得不到预期的结果。这说明程序中虽然没有语法错误，却存在逻辑或运行错误。汇编程序检查不出这类错误，用户可以借用调试工具跟踪程序的运行，检查中间结果，查找相应的错误。

CodeView 是 MASM 开发软件包中的源程序级调试程序，也集成于 Microsoft C/C++和 Visual C++开发环境，可用于调试用 MASM 或 Microsoft C/C++开发的 MS-DOS 或 Windows 程序。调试程序 CodeView 提供多窗口全屏幕调试环境，支持 16 位和 32 位指令（8086～80486 非保护指令），能够对照源程序给出指令代码，同时查看变量或表达式的值，是跟踪程序、查找逻辑错误的有力工具。

CodeView 可以在源程序级或机器码级上进行调试。为了充分运用 CodeView 的优势，应该在汇编（编译）和连接时选择附加 CodeView 调试信息。没有这些调试信息，就不能进行源代码级的程序调试，只能以汇编语言显示格式查看程序。另外，调试时源程序文件还必须存在于当前目录或汇编时指明的源程序文件所在路径中。

在命令行方式中，ML.exe 要带参数"/Zi"进行汇编，才会调试信息。CodeView 调试信息在执行文件中和主存中要占用大量存储空间。如果某些模块不需要全部信息，可以用"/Zd"参数。该参数使目标文件只含有行号和共用标识符信息。连接程序 LINK.exe 应使用 Microsoft Segmented Executable Linker 5.30 及以上版本，需要"/CO"（或"/CODEVIEW"）参数。另外，调试程序 CodeView 运行过程中的选项、打开的文件等状态信息被自动记录在 CURRENT.sts 文件中。

CodeView 采用菜单驱动方式，只需在键盘上同时按下 Alt 和菜单首字母键（如 Alt+F 选定 File）激活相应菜单，或者用鼠标单击菜单。菜单激活后，系统在该菜单下弹出一组相关命令，菜单命令的执行可在键盘上按下命令中的加亮字母键或者用鼠标单击命令。常用菜单命令也可以通过热键（也称为快捷键）直接激活执行。例如，Alt+F4 执行 File 菜单下的 Exit 命令，退出 CodeView。

CodeView 调试程序对应 CV.exe 文件，在 DOS 命令行中输入：

```
CV 可执行程序文件名
```

按 Enter 键后，就进入 CodeView 主窗口界面。注意，要带有被调试程序，否则还要提示输入文件名，而且一定是可执行程序。读者可以利用本书的源程序模板文件（见第 3 章）生成一个空框架可执行文件。CodeView 要求汇编语言程序必须按照标准微软高级语言格式声明逻辑段的顺序，本教材介绍的简化段定义源程序格式符合该要求。

B.1　CodeView 的菜单命令

CodeView 的操作方法是菜单驱动方式，利用鼠标、Alt 组合键或热键激活菜单命令。CodeView 的菜单共分 9 类：文件 File、编辑 Edit、搜索 Search、运行 Run、数据 Data、选项 Options、调用 Calls、窗口 Window 和帮助 Help。

（1）文件 File 菜单

Open Source——打开源程序文件或其他文本文件。

Open Module——打开程序中使用的模块对应的源程序文件。

Print——打印当前激活窗口的所有或部分内容。

DOS Shell——不退出 CodeView，临时回到 DOS 环境（输入 EXIT 命令返回）。

Exit——退出 CodeView，回到 DOS 环境。

（2）编辑 Edit 菜单

Undo——撤销刚进行的编辑操作。

Copy——将选中内容复制到系统剪切板。

Paste——从系统剪切板粘贴内容到当前光标位置。

（3）搜索 Search 菜单

Find——在源程序文件中查找。

Selected Text——在源程序文件中查找选定的文本。

Repeat last Find——重复查找上次指定的内容。

Label/Function——在程序中查找标号或函数。

（4）运行 Run 菜单

Restart——程序恢复到被调试程序未执行前的初始状态，光标回到可执行代码的第一行（程序起始点）。

Animate——激活程序开始一步一步执行（显示速度由选项菜单的 Trace Speed 命令设置）。

Load——展开装载对话框，选择被调试程序。

Set Runtime Arguments——设置程序运行时需要的参数。

Go——从当前位置执行程序，直到遇到断点停止，或者遇到程序结束终止。

Step——单步执行指令或语句，执行一条指令就停止，但执行循环 LOOP 指令将完成其指定的循环次数，执行子程序调用 CALL 指令将完成子程序执行，执行中断调用 INT n 指令将完成调用功能程序。

Trace——跟踪执行指令或语句，执行一条指令就停止，执行 LOOP、CALL、INT n 指令时也进入相应的循环体、子程序或中断服务程序。

（5）数据 Data 菜单

Add Watch——增加一个被观察的变量或表达式。

Delete Watch——删除一个被观察的变量或表达式。

Quick Watch——快速查看被观察变量或表达式的当前内容。

Set Breakpoint——设置断点，弹出的对话框用于选择多种断点设置形式。

Edit Breakpoints——编辑已有断点的形式。

（6）选项 Options 菜单

Source1 Windows——设置源程序窗口显示形式。

Memory1 Windows——设置存储器窗口显示形式。

Locals Options——设置局部变量窗口显示形式。

Preferences——选择是否显示 32 位寄存器、有无窗口滚动条等。

Language——选择表达式求值公式。

Screen Swap——启动或关闭屏幕交换功能。默认状态下，CodeView 在执行程序时会切换到用户的输出屏幕。如果用户程序没有输出，可以关闭屏幕交换，这样程序执行时将一直显示 CodeView 窗口。

Native——调试使用 p-code（非机器代码）编写的程序时，该命令可以选择显示 p-code 还是原机器指令形式。

（7）调用 Calls 菜单

列出被调试程序调用的过程或函数。该窗口的内容根据调试的内容改变。

（8）窗口 Window 菜单

利用该菜单命令可以对窗口进行恢复（Restore）、移动（Move）、调整大小（Size）、最小化（Minimize）、最大化（Maximize）、关闭（Close）、并列（Tile）、重新排列（Arrange）等操作，并打开需要的窗口。View Output 命令可以观察 DOS 下程序运行输出的结果（按任意键返回）。

B.2 CodeView 的窗口

CodeView 环境中有 10 种窗口（Windows），每种窗口都反映被调试程序静态或动态的某方面信息。程序员可以在一个窗口查看源程序代码，在另一个窗口输入命令并得到响应，而在第三个窗口观察寄存器和标志的变化。在 Windows（或 Views）菜单下数字 0～9 表示各窗口号，用户只要选择该命令，就激活相应窗口。

（1）Help 帮助窗口

提供 CodeView、ML、LINK、PWB 和汇编语言等有关的帮助信息。

（2）Source 源程序窗口

显示源程序和对应的机器代码。即使没有汇编语言源程序，CodeView 也会给出反汇编出来的机器代码。Source 窗口有两个，在 Source1 窗口调试主程序的同时，可以打开 Source2 窗口，调入包含文件或任何文本文件。

该窗口显示的内容由 Options 菜单的 Source1 Window 设置。请选中“Mixed Source and Assembly”显示模式，这样可以查看源程序和目标文件。调入可执行程序后，源程序行的左边是行号，右边是汇编语言语句，下面是该语句对应的机器代码行（可以是多行）。机器代码行的左边是主存地址，地址旁边是机器代码，右边是处理器指令。如下例所示：

```
    10:   start:  mov      ax, data
21AB: 0000 B8AA21                        mov      ax, 21aa
    11:           mov      ds, ax
21AB: 0003 8ED8                          mov      ds, ax
    12:           mov      eax, dword ptr qvar
21AB: 0005 66A10000                      mov      eax, dword ptr [0000]
    13:           mov      edx, dword ptr qvar[4]
21AB: 0009 668B160400                    mov      edx, dword ptr [0004]
    14:           mov      cx, 8
21AB: 000E B90800                        mov      cx, 0008
```

（3）Memory 存储器窗口

提供存储器单元的内容，可以有两个。它默认的地址是 DS:0，默认的显示形式是以字节为单位显示存储单元内容，左边是逻辑地址，后边是对应的 ASCII 字符。用户可以用 Options 菜单的 Memory Window 命令修改显示形式和默认地址。

在存储器窗中，可以直接改变左边的地址而显示新修改地址的内容；也可以直接修改显示的存储器内容。

（4）Register 寄存器窗口

显示所有寄存器的内容，包括标志寄存器的内容（反映标志状态的符号与调试程序 DEBUG 相同，见表 A-1）。寄存器窗口默认显示 16 位寄存器，如果选中 Options 菜单的 32-bit Registers 命令，将显示 32 位寄存器。在寄存器窗中，可以直接修改等号后面的内容以实现对相应寄存器的改变，也可以用键盘（移动光标到该标志位置，按除 Enter、Tab、Esc 外的任何键）或鼠标双击改变标志位状态。例如，改变 IP 或 CS，可以改变将要执行的指令位置；再如，改变标志状态，可以使分支向期望的方向执行。

（5）Command 命令窗口

在命令窗口可以输入调试命令，它的提示符是">"。调试命令会在命令窗口或其他窗口显示它的结果。命令窗口也显示错误信息。

CodeView 的许多功能需要通过在命令窗输入调试命令完成，例如输入汇编语言语句等。有些调试命令等同于菜单命令，有些扩展了菜单命令。表 B-1 列出了常用的调试命令，命令格式如下（类似 DOS 的调试程序 DEBUG.exe 的命令）：

命令 [参数][；命令 参数]

表 B-1　CodeView 的常用调试命令

命 令 格 式	说　明
A[地址]	汇编命令，从 CS:IP 或指定地址开始汇编
D[范围或地址]	显示命令，显示指定存储单元的内容
E 地址 [数值]	修改命令，将指定数值写入指定的存储单元
G[=地址][断点地址, …]	运行命令，从 CS:IP 或指定地址执行程序，直到程序结束或遇到断点
N[8/10/16]	基数命令，用于改变当前使用的数制为八进制、十进制、十六进制（默认为十六进制）
P[数值]	继续命令，不进入子程序等内部的单步执行
Q	退出 CodeView
R[寄存器名]	寄存器命令，显示或修改寄存器内容
T[=地址][数值]	跟踪命令，进入子程序等内部的单步执行（但不进入 DOS 功能调用）
U 范围或地址	反汇编命令，反汇编指定范围或地址的机器指令
7	显示浮点处理器的寄存器内容
?表达式[, 格式]	以指定格式显示表达式的值

调试命令有一个、两个或三个字母，字母大小写无关，后跟参数。第一个参数可以紧跟着命令，也可以用空格分隔；多个参数用空格或逗号分隔，参数与大小写有关，随命令而不同。如果在一行输入多个命令，使用"；"分隔。

参数主要有寄存器名、地址或地址范围、程序行号、表达式等形式。地址可以只有偏移地址，也可以有段地址（也允许用段寄存器表达）和偏移地址，还可以用标识符、过程名和行号（之前用一个"@"表示）。表达地址范围可以指明开始地址和结束地址（空格分隔），也可以指明开始地址，然后用 L 后跟对象长度。

（6）Locals 局部窗口

列出当前范围内的所有局部变量。用 Options 菜单的 LocalsOptions 命令可以改变当前范围。

（7）Watch 观察窗口

显示设定的变量或表达式的值。在观察窗中，可以修改这个变量、浏览结构和数组的内容以及跟踪存储器指针。

（8）8087 浮点窗口

显示浮点处理器的浮点寄存器内容。

（9）Output 输出窗口

暂时回到当前 DOS 下的显示屏幕，被调试程序运行过，会显示它在 DOS 下的运行情况，按任意键又返回 CodeView 主窗口。

B.3　CodeView 的设置

CodeView 利用 Options 菜单下的命令定制调试环境，通常采用它的默认选项，但有时需要进行必要的设置以满足特定调试要求。CodeView 需要使用 TOOLS.ini 文件，该文件保存运行 CodeView 时的推荐设置。如果没有该文件，可以将安装时形成的 TOOLS.pre 改为该文件名。

（1）源程序窗口的设置

源程序窗口常需要改变显示模式。打开 Options/Sourcel Window 可以设置源程序窗口选项，显示模式（Display Mode）有 3 种选择：① Source，仅显示源程序；② Mixed Source and Assembly，显示源程序和汇编语言指令；③ Assembly，仅显示机器代码对应的汇编语言指令。

在 CodeView 下面的状态栏中，"F3=s1Fmt"表示按下 F3 键可以改变 source1 窗口机器代码的显示形式。按键一次或用鼠标单击一次，就依次改变上述格式。在源程序（Source）下无法在宏中跟随或设置断点，但可以进入汇编（Assembly）或混合模式（Mixed Source and Assembly）跟随或设置。一般可以将显示模式设置为混合模式。

反汇编选项（Disassembly Options）通常采用默认设置：显示机器码（Show Machine Code）、显示地址（Show Addresses）和显示标识符（Show Symbolic Name）。

这样调入可执行程序后，源程序窗口中，源程序行的左边是行号，右边是汇编语言语句，下面是该语句对应的汇编语言指令行（可以是多行）。机器代码行的左边是主存地址，地址旁边是机器代码，右边是处理器指令。

（2）存储器窗口的设置

打开 Options/ Memoryl Window，可以设置存储器窗口选项，主要是要显示的存储器地址（默认为 DS:0）和格式（默认为 8 位字节形式 Byte，另可用 ASCII 或 16/32 位有、无符号等形式观察存储器数据）。调试浮点指令程序时，经常要以实数 real 形式显示浮点数据结果。在下面的状态栏中，"sh+F3=m1Fmt"表示按下 Shift 键的同时按 F3 键可以改变寄存器窗口的数据格式。按键一次或用鼠标单击一次，就依次改变格式，寄存器窗口的标题中间有一个字母表示其格式，含义如下：① a，ASCII 字符格式；② b，十六进制表达的字节量整数；③ i，十进制表达的字量有符号整数；④ ix，十六进制表达的字量整数；⑤ iu，十进制表达的字量无符号整数；⑥ l，十进制表达的双字量有符号整数；⑦ lx，十六进制表达的双字量整数；⑧ lu，十进制表达的双字量无符号整数；⑨ r，单精度浮点数；⑩ rl，双精度浮点数；⑪ rt，扩展精度浮点数。

（3）数据进制的设置

为配合源程序调试，进入 CodeView 后默认的数制是十进制。要表达十六进制数应采用 C 语言的格式，数值前加有 0x，如真值 100 用 0x64（不是 64H）表示。在命令窗输入的调试命令 A、D 等的数值参数都是这样，为此 CodeView 提供了基数命令 N。例如：

```
>d100                    ; 显示 DS:64H 的存储单元内容，等价于 D0x64
>n16                     ; 改变数制为十六进制
```

```
    >d100                    ; 显示 DS：100H 的存储单元内容
    >n10                     ; 恢复默认的十进制
```

但是 N 命令对一些情况是不起作用的，如存储器地址、寄存器内容和汇编命令模式下的数值总是十六进制的。

B.4 使用 CodeView 的调试示例

CodeView 的许多功能是针对高级语言的，对于小型汇编语言程序的调试，这些功能可能并不是必需的，上述介绍的内容主要针对汇编语言。这是因为 CodeView 一开始是配合 Microsoft C 编译程序推出的。在这些高级语言集成化开发环境中，可以找到更好的 CodeView 调试器。

程序的动态调试主要有两种方法：一是单步执行，仔细了解每个语句（指令）执行的情况；二是断点执行，通过设置断点（需要暂停执行的指令），观察一段程序执行后的情况。用户可以在寄存器窗口、存储器窗口、输出窗口检查程序运行的情况。在存储器窗口、寄存器窗口中被改变的内容将以反显形式标明。用户还可以在观察窗口跟踪程序执行过程中各个变量或表达式的值。选择 Data 菜单的 AddWatch 命令，在对话框中输入变量名或表达式，它们的当前值便会出现在观察 Watch 窗，并随着程序的执行而改变。程序员根据各个窗口内容查找程序错误。

在 CodeView 源程序 Sourcel 窗口中反显的代码语句为下一条将要执行的指令。屏幕底部的状态条给出了常用的调试命令。利用 F10 键（对应 Run/Step 菜单命令，相当于继续 P 命令）进行不调试子程序的单步执行；利用 F8 键（对应 Run/Trace 菜单命令，相当于跟踪 T 命令）进行单步跟踪，一次执行一条语句（指令）；利用 F5 键从当前行代码开始执行，直到程序结束，或在断点处停止。

断点的设置可选择 Data 菜单的 Set Breakpoint 命令，也可以双击需要设置断点的代码行。带断点的代码行以高亮度字符显示。取消断点只需要双击代码行。

针对不同的程序，需要调试的内容和重点也有所不同，具体的操作也需要实践的积累。下面结合本书中的部分例题程序简单进行操作说明，供读者参考。

1. 进行源程序调试的一般过程

下面以例 3.1 中的程序（lt301.asm）为例。

（1）生成调试信息

要进行源程序调试，需要在进行汇编连接时带上必要的参数：汇编程序 ML.exe 使用 "/Zi" 参数，连接程序 LINK.exe 使用 "/CO" 参数。本书配套的开发软件包的批处理文件 MAKE.bat 可以方便地实现这个作用（见 3.1.3 节）。

在命令行如下输入即可实现带调试信息的汇编连接（注意，使用这个批处理文件并不需要输入源程序文件的扩展名.asm）：

```
    make lt301
```

（2）启动调试程序

要启动 CodeView 调试程序，可以在命令行输入如下命令：

```
    cv lt301.exe
```

如有必要，进行选项设置，调整显示窗口的大小或位置。

（3）设置断点，进行断点调试

观察一个程序片段的运行，可以使用断点调试方法。在需要暂停的语句（指令）双击，可以设置断点，如在偏移地址为 0017 的指令建立断点，该行被高亮显示。

从 Run 菜单选择运行命令 Go（或按快捷键 F5）。程序从起始位置执行指令到刚才设置的断点处暂停。这段程序对应.STARTUP 语句，将 DS 设置成该程序的数据段并调整 SS，请注意观察寄存器窗口中 DS 和 SS 的变化（有改变的寄存器值是反显形式）。

（4）单步调试

从 Run 菜单选择单步命令 Step（或按快捷键 F10），逐条指令执行，进行单步调试。每选择一次 Step 命令（或按快捷键 F10），就执行一条指令，并在寄存器窗口、存储器窗口的相应位置能看到数据的变化。

最后程序执行 INT 21H 指令结束运行，在 CodeView 调试程序中，屏幕会提示程序正常终止。同时可以通过 File 菜单的 DOSShell 命令查看显示结果。

可以使用 Run 菜单的 Restart 命令从头开始再次调试，也可以选择退出命令结束调试过程。

2. 使用调试命令调试程序片段

利用 CodeView 提供的菜单，可以比较方便地进行程序调试。有时也需要在 Command 命令窗口中直接输入调试命令来实现源程序的汇编和执行（与使用 MS-DOS 的 DEBUG.exe 一样），如用于理解本书第 2 章中指令的功能。

（1）启动调试程序

利用本书的汇编语言程序模板文件生成可执行文件 EXAMPLE.exe，输入"CV EXAMPLE.exe"，启动 CodeView 调试程序。

（2）使用 A（汇编）命令输入指令

激活命令窗口，在其中输入 A 命令后回车（此时使用默认的当前的 CS 和 IP 的值，也可以在 A 命令后跟上地址），就可以开始输入一条条的指令。建议按 F3 键，将源程序窗口转换为只有汇编语言指令的显示模式。

在命令窗口输入完一条指令并回车后，如果没有语法错误，在源程序窗口就对应地出现已输入的指令及其机器代码，可以接着输入下一条指令；如果有语法错误，会提示错误信息并等待重新输入正确的指令；也就是说，A 命令是逐条进行汇编的。程序片段输入完成，直接按回车键即退出 A 命令，结束汇编。

A 命令的地址参数若只给出偏移地址，则以 CS 当前值作为段地址。若未输入地址，则接着上一个 A 命令的最后一个单元开始；若前面未用过 A 命令，则地址参数的默认值为 CS:IP。CodeView 的 A 命令支持 8086/8087 到 80386/80486 的处理器指令，但不支持 80386/80486 的特权保护指令。

A 命令也支持最常用的两个伪指令 DB 和 DW。段超越指令需要在相应指令前，单独一行输入；远返回的助记符为 RETF。另外，A 命令的地址参数像其他命令一样默认采用十进制（可以用 0x 开头表示采用十六进制），但 A 命令下的处理器指令的数值都是十六进制形式（不要输入后缀字母 H）。

（3）使用调试命令进行单步或断点调试

检查 A 命令输入的汇编语言指令无误后，就可以对刚才输入的程序片段进行调试，如在命令窗口输入 T 命令进行单步执行。每输入一个 T 命令即执行一条指令，寄存器窗口即显示该指令执行后的结果及状态标志位，会直观帮助大家对每条指令的理解和掌握。

变量内容可以直接在存储器窗口进行观察和修改，也可以在命令窗口使用内存显示命令 D 进行显示、使用内存修改命令 E 进行修改。寄存器内容通过寄存器窗口也可以直接查看和修改，也支持命令窗口的寄存器命令 R。

命令窗口的执行命令有跟踪命令 T（对应运行 Run 菜单的跟踪命令 Trace，快捷键 F8）、继续命令 P（对应运行 Run 菜单的单步命令 Step，快捷键 F10）和运行命令 G（对应运行 Run 菜单的运行命令 Go，快捷键 F5）。利用命令窗口的 T 和 P 命令，可以比较方便地指明单步执行的指令条数，利用 G 命令也可以方便地设置断点。

3．调试分支和循环程序

下面以例 4.7 中的程序（lt407.asm）为例说明。

参考前面的调试过程，生成可执行文件，启动 CodeView，按 F3 键设置源程序窗口只显示汇编语言指令。在偏移地址 0017H 处双击设置断点，并执行到此暂停。

单步执行下一条指令设置 BX 指向字符串，再单步执行一条指令（MOV AL, [BX]）使得 AL 保存字符串首个字符（大写字母 H，其 ASCII 值等于 48H），注意观察寄存器内容的变化，尤其注意指令指针 IP 和标志。

继续单步执行指令（OR AL, AL），零标志为 NZ，不为 0，由此判断下一个条件转移指令 JZ 的条件不成立，顺序执行比较 CMP 指令，单步执行验证这个结论。类似地，继续单步执行比较指令，注意进位标志对条件转移指令 JB 和 JA 的影响。单步执行到无条件转移 JMP 指令后，程序又折回到取字符指令处（AGAIN 标号对应的指令），进行下一次循环。此时，可以查看存储器窗口，将地址设置为数据段寄存器 DS 值，显示正在处理的字符串，现在首个字符应该是小写字母 h（ASCII 值是 68H=104）。

可以继续单步执行观察下次循环处理的情况。也可以将光标移动到循环体之外（JMP 指令之后），选择执行到光标命令（Run 菜单的 Go to Cursor 命令）执行完成整个循环。

4．调试子程序

生成带调试信息的例 4.16c 可执行文件（lt416c.exe），启动 CodeView，理解子程序结构和堆栈传递参数。

执行主程序到开始压入参数的指令位置暂停，根据此时的 S 和 SP 值（本例是 0B0D:0410）在存储器窗口输入显示的地址，调整数据显示格式为十六进制的字量形式（标记为 ix），并向上滚动显示出更低地址的数据（因为堆栈是向下的低地址区域）。

接着，按 F8 键单步执行，进入求累加和子程序，观察 SP、BP 和堆栈内的数据变化，暂停在子程序保护寄存器（PUSH BX）之后的指令位置。从偏移地址 0410H 向低地址的区域是本例程序使用的堆栈，内容依次是主程序压入的 2 个参数（偏移地址为 0004H，元素个数为 000AH），返回地址（IP =0022H），子程序压入的 BP 值（BP=0000H）。

子程序中，虽然 SP 寄存器可能变化，但 BP 一直指向进入子程序时的堆栈区域。这样通过 BP 加 4 可以访问到主程序传递过来的参数。

继续单步执行（按 F8 键单步执行循环体，或者按 F10 键完成循环），注意观察 RET 等指令对堆栈指针及其内容的改变。返回主程序后，执行调用指令后的加法指令（ADD SP, 4），堆栈指针 SP 又恢复为压入参数前的地址（本例是 0410H），实现了堆栈平衡。

附录 C 汇编程序 MASM 的 伪指令和操作符

表 C-1 MASM6.11 的主要伪指令

伪指令类型	伪 指 令
变量定义	DB/BYTE/SBYTE，DW/WORD/SWORD，DD/DWORD/SDWORD/REAL4 FWORD/DF，QWORD/DQ/REAL8，TBYTE/DT/REAL10
定位	EVEN, ALIGN, ORG
符号定义	RADIX, =, EQU, TEXTEQU, LABEL
简化段定义	.MODEL, .STARTUP, .EXIT, .CODE, .STACK, .DATA, .DATA?, .CONST, .FARDATA, .FARDATA?
完整段定义	SEGMENT/ENDS, GROUP, ASSUME, END, .DOSSEG/.ALPHA/.SEQ
复杂数据类型	STRUCT/STRUC, UNION, RECORD, TYPEDEF, ENDS
流程控制	.IF/.ELSE/.ELSEIF/.ENDIF，.WHILE/.ENDW，.REPEAT/.UNTIL[CXZ]，.BREAK/.CONTINUE
过程定义	PROC/ENDP, PROTO, INVOKE
宏汇编	MACRO/ENDM, PURGE, LOCAL, PUSHCONTEXT, POPCONTEXT, EXITM, GOTO
重复汇编	REPEAT/REPT, WHILE, FOR/IRP, FORC/IRPC
条件汇编	IF/IFE, IFB/IFNB, IFDEF/IFNDEF/IFDIF/IFIDN, ELSE, ELSEIF, ENDIF
模块化	PUBLIC, EXTRN/EXTERN[DEF], COMM, INCLUDE, INCLUDELIB
条件错误	.ERR/.ERRE, .ERRB/.ERRNB, .ERRDEF/.ERRNDEF, .ERRDIF/.ERRIDN
列表控制	TITLE/SUBTITLE, PAGE, .LIST/.LISTALL/.LISTMACRO/.LISTMACROALL/.LISTIF .NOLIST, .TFCOND, CREF/.NOCREF, COMMENT, ECHO
处理器选择	.8086, .186, .286/.286P, .386/.386P, .486/.486P, .8087, .287, .387, .NO87
字符串处理	CATSTR, INSTR, SIZESTR, SUBSTR

表 C-2 MASM 6.11 的主要操作符

操作符类型	操 作 符
算术运算符	+, −, *, /, MOD
逻辑运算符	AND, OR, XOR, NOT
移位运算符	SHL, SHR
关系运算符	EQ, NE, GT, LT, GE, LE
高低分离符	HIGH, LOW, HIGHWORD, LOWWORD
地址操作符	[ ], $,:, OFFSET, SEG
类型操作符	PTR, THIS, SHORT, TYPE, SIZEOF/SIZE, LENGTHOF/LENGTH
复杂数据操作符	(), <>, ., MASK, WIDTH, ?, DUP, '/ "
宏操作符	&, <>, !, %,;;
流程条件操作符	==, !=, >, >=, <, <=, &&, ||, !, & CARRY?, OVERFLOW?, PARITY?, SIGN?, ZERO?
预定义符号	@CatStr, @code, @CodeSize, @Cpu, @CurSeg, @data, @DataSize, @Date, @Environ, @fardata, @fardata?, @FileCur, @FileName, @InStr, @Interface, @Line, @Model, @SizeStr, @SubStr, @stack, @Time, @Version, @WordSize

附录 D 80x86 整数指令系统

表 D-1 指令符号说明

符　号	说　明
r8	任意一个 8 位通用寄存器 AH/AL/BH/BL/CH/CL/DH/DL
r16	任意一个 16 位通用寄存器 AX/BX/CX/DX/SI/DI/BP/SP
r32	任意一个 32 位通用寄存器 EAX/EBX/ECX/EDX/ESI/EDI/EBP/ESP
reg	代表 r8/r16/r32
seg	段寄存器 CS/DS/ES/SS 和 FS/GS
m8	一个 8 位存储器操作数单元
m16	一个 16 位存储器操作数单元
m32	一个 32 位存储器操作数单元
mem	代表 m8/m16/m32
i8	一个 8 位立即数
i16	一个 16 位立即数
i32	一个 32 位立即数
imm	代表 i8/i16/i32
dest	目的操作数
src	源操作数
label	标号
m64	一个 64 位存储器操作数单元
m16&32	16 位段界限和 32 位段基地址

表 D-2 16/32 位基本指令的汇编格式

指令类型	指令汇编格式	指令功能简介
传送指令	MOV reg/mem，imm	dest←src
	MOV reg/mem/seg，reg	
	MOV reg/seg，mem	
	MOV reg/mem，seg	
交换指令	XCHG reg，reg/mem	reg←→reg/mem
	XCHG reg/mem，reg	
转换指令	XLAT label	AL←DS:[(E)BX+AL]
	XLAT	
堆栈指令	PUSH reg/mem/seg	寄存器 /存储器入栈
	PUSH imm	立即数入栈
	POP reg/seg/mem	出栈
堆栈指令	PUSHA	保护所有 r16
	POPA	恢复所有 r16
	PUSHAD	保护所有 r32
	POPAD	恢复所有 r32
标志传送	LAHF	AH←FLAG 低字节
	SAHF	FLAG 低字节←AH
	PUSHF	FLAGS 入栈
	POPF	FLAGS 出栈
	PUSHFD	EFLAGS 入栈
	POPFD	EFLAGS 出栈

指令类型	指令汇编格式	指令功能简介
地址传送	LEA r16/r32，mem	r16/r32←16/32 位有效地址
	LDS r16/r32，mem	DS：r16/r32←32/48 位远指针
	LES r16/r32，mem	ES：r16/r32←32/48 位远指针
	LFS r16/r32，mem	FS：r16/r32←32/48 位远指针
	LGS r16/r32，mem	GS：r16/r32←32/48 位远指针
	LSS r16/r32，mem	SS：r16/r32←32/48 位远指针
输入输出	IN AL/AX/EAX，i8/DX	AL/AX/EAX←I/O 端口 i8/[DX]
	OUT i8/DX，AL/AX/EAX	I/O 端口 i8/[DX]←AL/AX/EAX
加法运算	ADD reg，imm/reg/mem	dest←dest+src
	ADD mem，imm/reg	
	ADC reg，imm/reg/mem	dest←dest+src+CF
	ADC mem，imm/reg	
	INC reg/mem	reg/mem←reg/mem+1
减法运算	SUB reg，imm/reg/mem	dest←dest-src
	SUB mem，imm/reg	
	SBB reg，imm/reg/mem	dest←dest-src-CF
	SBB mem，imm/reg	
	DEC reg/mem	reg/mem←reg/mem-1
	NEG reg/mem	reg/mem←0-reg/mem
	CMP reg，imm/reg/mem	dest-src
	CMP mem，imm/reg	
乘法运算	MUL reg/mem	无符号数值乘法
	IMUL reg/mem	有符号数值乘法
	IMUL r16，r16/m16/i8/i16	r16←r16×r16/m16/i8/i16
	IMUL r16，r/m16，i8/i16	r16←r/m16×i8/i16
	IMUL r32，r32/m32/i8/i32	r32←r32×r32/m32/i8/i32
	IMUL r32，r32/m32，i8/i32	r32←r32/m32×i8/i32
除法运算	DIV reg/mem	无符号数值除法
	IDIV reg/mem	有符号数值除法
符号扩展	CBW	把 AL 符号扩展为 AX
	CWD	把 AX 符号扩展为 DX.AX
	CWDE	把 AX 符号扩展为 EAX
	CDQ	把 EAX 符号扩展为 EDX.EAX
	MOVSX r16，r8/m8	把 r8/m8 符号扩展并传送至 r16
	MOVSX r32，r8/m8/r16/m16	把 r8/m8/r16/m16 符号扩展并传送至 r32
	MOVZX r16，r8/m8	把 r8/m8 零位扩展并传送至 r16
	MOVZX r32，r8/m8/r16/m16	把 r8/m8/r16/m16 零位扩展并传送至 r32
十进制调整	DAA	将 AL 中的加和调整为压缩 BCD 码
	DAS	将 AL 中的减差调整为压缩 BCD 码
	AAA	将 AL 中的加和调整为非压缩 BCD 码
	AAS	将 AL 中的减差调整为非压缩 BCD 码
	AAM	将 AX 中的乘积调整为非压缩 BCD 码
	AAD	将 AX 中的非压缩 BCD 码扩展成二进制数
逻辑运算	AND reg，imm/reg/mem	dest←dest AND src
	AND mem，imm/reg	
	OR reg，imm/reg/mem	dest←dest OR src
	OR mem，imm/reg	
	XOR reg，imm/reg/mem	dest←dest XOR src

指令类型	指令汇编格式	指令功能简介
逻辑运算	XOR mem，imm/reg	
	TES Treg，imm/reg/mem	dest AND src
	TES Tmem，imm/reg	
	NOT reg/mem	reg/mem←NOT reg/mem
移位	SAL reg/mem，1/CL/i8	算术左移 1/CL/i8 指定的次数
	SAR reg/mem，1/CL/i8	算术右移 1/CL/i8 指定的次数
	SHL reg/mem，1/CL/i8	与 SAL 相同
	SHR reg/mem，1/CL/i8	逻辑右移 1/CL/i8 指定的次数
循环移位	ROL reg/mem，1/CL/i8	循环左移 1/CL/i8 指定的次数
	ROR reg/mem，1/CL/i8	循环右移 1/CL/i8 指定的次数
	RCL reg/mem，1/CL/i8	带进位循环左移 1/CL/i8 指定的次数
	RCR reg/mem，1/CL/i8	带进位循环右移 1/CL/i8 指定的次数
串操作	MOVS[B/W/D]	串传送
	LODS[B/W/D]	串读取
	STOS[B/W/D]	串存储
	CMPS[B/W/D]	串比较
	SCAS[B/W/D]	串扫描
	INS[B/W/D]	I/O 串输入
	OUTS[B/W/D]	I/O 串输出
	REP	重复前缀
	REPZ/REPE	相等重复前缀
	REPNZ/REPNE	不等重复前缀
转移	JMP label	无条件直接转移
	JMP r16/r32/m16	无条件间接转移
	Jcc label	条件转移
	JCXZ label	CX 等于 0 转移
	JECXZ label	ECX 等于 0 转移
循环	LOOP label	CX←CX-1；若 cx≠0，循环
	LOOPZ/LOOPE label	CX←CX-1；若 CX≠0 且 ZF=1，循环
	LOOPNZ/LOOPNE label	CX←CX-1；若 CX≠0 且 ZF=0，循环
子程序	CALL label	直接调用
	CALL r16/m16	间接调用
	RET	无参数返回
	RET i16	有参数返回
中断	INT i8	中断调用
	IRET	中断返回
	INTO	溢出中断调用
高级语言支持	ENTER i16，i8	建立堆栈帧
	LEAVE	释放堆栈帧
	BOUND r16/r32，mem	边界检测
标志位操作	CLC	CF←0
	STC	CF←1
	CMC	CF← ～CF
	CLD	DF←0
	STD	DF←1
	CLI	IF←0
	STI	IF←1

指令类型	指令汇编格式	指令功能简介
处理器控制	NOP	空操作指令
	WAIT	等待指令
	HLT	停机指令
	LOCK	封锁前缀
	SEG:	段超越前缀
	ESC i8，reg/mem	交给浮点处理器的浮点指令
保护方式类指令（80286CPU 新增）	LGDT m16&32	装入 GDTR
	SGDT m16&32	保存 GDTR
	LIDT m16&32	装入 IDTR
	SIDT m16&32	保存 IDTR
	LLDT r16m16	装入 LDTR
	SLDT r16/m16	保存 LDTR
	LTR r16/m16	装入 TR
	STR r16/m16	保存 TR
	LMSW r16/m16	装入 MSW
	SMSW r16/m16	保存 MSW
	CLTS	清除任务标志
	LAR r16/r32，r16/m16	取访问权字节
	LSL r16/r32，r16/m16	取段界限
	VERR r16/m16	验证操作数满足特权规则且是可读的
	VERW r16/m16	验证操作数满足特权规则且是可写的
	ARPL r16/m16，r16	调整操作数的请求特权层

表 D-3　新增 32 位指令的汇编格式

指令类型	指令汇编格式	指令功能简介
双精度移位	SHLD r16/r32/m16/m32，r16/r32，i8/CL	将 r16/r32 的 i8/CL 位左移进入 r16/r32/m16/m32
	SHRD r16/r32/m16/m32，r16/r32，i8/CL	将 r16/r32 的 i8/CL 位右移进入 r16/r32/m16/m32
位扫描	BSF r16/r32，r16/r32/m16/m32	前向扫描
	BSR r16/r32，r16/r32/m16/m32	后向扫描
位测试	BT r16/r32，i8/r16/r32	测试位
	BTC r16/r32，i8/r16/r32	测试位求反
	BTR r16/r32，i8/r16/r32	测试位复位
	BTS r16/r32，i8/r16/r32	测试位置位
条件设置	SETcc r8/m8	条件成立，r8/m8=1；否则，r8/m8=0
系统寄存器传送	MOV CRn/DRn/TRn，r32	装入系统寄存器
	MOV r32，CRn/DRn/TRn	读取系统寄存器
多处理器	BSW AP r32	字节交换
	XADD reg/mem，reg	交换加
	CMPXCHG reg/mem，reg	比较交换
高速缓存	INVD	高速缓存无效
	WBINVD	回写及高速缓存无效
	INVLPG mem	TLB 无效
Pentium 指令	CMPXCHG8B m64	8 字节比较交换
	CPUID	返回处理器的有关特征信息
	RDTSC	EDX.EAX←64 位时间标记计数器值
	RDMSR	EDX.EAX←模型专用寄存器值
	WRMSR	模型专用寄存器值←EDX.EAX
	RSM	从系统管理方式返回
Pentium Pro 指令	CMOVccr16/r32，r16/r32/m16/m32	条件成立，r16/r32←r16/r32/m16/m32
	RDPMC	EDX.EAX←40 位性能监控计数器值
	UD2	产生一个无效操作码异常

表 D-4 状态符号说明

符　号	说　明
−	标志位不受影响（没有改变）
0	标志位复位（置 0）
1	标志位置位（置 1）
X	标志位按定义功能改变
#	标志位按指令的特定说明改变（参见指令说明）
u	标志位不确定（可能为 0，也可能为 1）

表 D-5 指令对状态标志的影响（未列出的指令不影响标志）

指　令	OF	SF	ZF	AF	PF	CF
SAHF	−	#	#	#	#	#
POPF/POPFD/IRET	#	#	#	#	#	#
ADD/ADC/SUB/SBB/CMP/NEG/CMPS/SCAS	x	x	x	x	x	x
INC/DEC	x	x	x	x	x	−
MUL/IMUL	#	u	u	u	u	#
DIV/IDIV	u	u	u	u	u	u
DAA/DAS	u	x	x	x	x	x
AAA/AAS	u	u	u	x	u	x
AAM/AAD	u	x	x	u	x	u
AND/OR/XOR/TEST	0	x	x	u	x	0
SAL/SAR/SHL/SHR	#	x	x	u	x	#
ROL/ROR/RCL/RCR	#	−	−	−	−	#
CLC/STC/CMC	−	−	−	−	−	#
SHLD/SHRD	#	x	x	u	x	#
BSF/BSR	u	u	#	u	u	u
BT/BTC/BTR/BTS	u	u	u	u	u	#
XADD/CMPXCHG	x	x	x	x	x	x
CMPXCHG8B	−	−	x	−	−	−

附录 E 常见汇编错误信息

使用 ML.exe 进行汇编的过程中，如果出现非法情况，会提示非法编号，并显示 ML.err 文件中的非法信息。

非法编号以字母 A 起头，后跟 4 位数字，形式是 Axyyy。其中，x 是非法的情况，yyy 是从 0 开始的顺序编号。

A1yyy 是致命错误（Fatal Errors），常见的致命错误信息如表 E-1 所示。

表 E-1 常见致命错误信息及中文含义

英 文 原 文	中 文 含 义
cannot open file	不能打开指定文件名的（源程序、包含或输出）文件
invalid command-line option	无效命令行选项（ML 无法识别给定的参数）
nesting level too deep	汇编程序达到了嵌套（20 层）的限制
line too long	源程序文件中语句行超出字符个数（512）的限制
unmatched macro nesting	模块没有结束标识符，或没有起始标识符
too many arguments	汇编程序的参数太多了
statement too complex	语句太复杂（汇编程序不能解析）
missing source filename	ML 没有找到源程序文件

A2yyy 是严重错误（Severe Errors），常见的严重错误信息如表 E-2 所示。

表 E-2 常见严重错误信息及中文含义

英 文 原 文	中 文 含 义
memory operand not allowed in context	不允许存储器操作数
immediate operand not allowed	不允许立即数
extra characters after statement	语句中出现多余字符
symbol type conflict	符号类型冲突
symbol redefinition	符号重新定义
undefined symbol	无定义的符号
syntax error	语法错误
syntax error inexpression	表达式中出现语法错误
invalid type expression	无效的类型表达式
.MODEL must precede this directive	该语句前必须有 .MODEL 语句
expressionexpected	当前位置需要一个表达式
operator expected	当前位置需要一个操作符
invalid use of external symbol	外部符号的无效使用
instruction operands must be the same size	指令操作数的类型必须一致（长度相等）
Instruction operand must have size	指令操作数必须有数据类型
Invalid operand size for instruction	无效的指令操作数类型
constant expected	当前位置需要一个常量
operand must be a memory expression	操作数必须是一个存储器表达式
multiple base registers not allowed	不允许多个基址寄存器（例如[BX+BP]）
multiple index registers not allowed	不允许多个变址寄存器（例如[SI+DI]）
must be index or base register	必须是基址或变址寄存器（不能是[AX]或[DX]）

英 文 原 文	中 文 含 义
Invalid use of register	不能使用寄存器
DUP too complex	使用的 DUP 操作符太复杂了
Invalid character in file	文件中出现无效字符
Instruction prefix not allowed	不允许使用指令前缀
no operands allowed for this instruction	该指令不允许有操作数
invalid instruction operands	指令操作数无效
jump destination too far	控制转移指令的目标地址太远
cannot mix 16-and32-bit registers	地址表达式不能即有 16 位寄存器又有 32 位寄存器
constant value too large	常量值太大了
instruction or register not accepted in current CPU mode	当前 CPU 模式不支持的指令或寄存器
END directive required at end of file	文件最后需要 END 伪指令
invalid operand for OFFSET	OFFSET 的参数无效
Language type must be specified	必须指明语言类型
ORG needs a const ant or local offset	ORG 语句需要一个常量或者一个局部偏移
too many operands to instruction	指令的操作数太多
macro label not defined	发现未定义的宏标号
invalid symbol type in expression	表达式中的符号类型无效
byte register cannot be first operand	字节寄存器不能作为第一个操作数
cannot use 16-bit register with a 32-bit address	不能在 32 位地址中使用 16 位寄存器
missing righ tparenthesis	缺少右括号
divide by zero in expression	表达式出现除以 0 的情况
INVOKE requires prototype for procedure	INVOKE 语句前需要对过程声明
missing operator in expression	表达式中缺少操作符
missing right parenthesis in expression	表达式中缺少右括号
missing left parenthesis in expression	表达式中缺少左括号
reference to forward macro definition	不能引用还没有定义的宏（先定义、后引用）
16 bit segments not allowed with/coff option	/coff 选项下不允许使用 16 位段
invalid.model parameter for flat model	无效的平展（flat）模型参数

A4yyy、A5yyy 和 A6yyy 依次是级别 1、2 和 3 的警告（Warnings），常见的警告信息如表 E-3 所示。

表 E-3 常见警告信息及中文含义

英 文 原 文	中 文 含 义
start address on END directive ignored with. STARTUP	.STARTUP 和 END 均指明程序起始位置，END 指明的起始点被忽略
too many arguments in macro call	宏调用时的参数多于宏定义的参数
Invalid command-line option value，default is used	无效命令行选项值，使用默认值
expected '>' on text literal	宏调用时参数缺少"＞"符号
multiple.MODEL directives found：.MODEL ignored	发现多个 .MODEL 语句，只使用第一个 .MODEL 语句
@@：labeldefined but not referenced	定义了标号，但没有被访问
typesare different	INVOKE 语句的类型不同于声明语句，汇编程序进行适当转换
calling convention not supported in flat model	平展（flat）模型下不支持的调用规范
no return from procedure	PROC 生成起始代码，但在其过程中没有 RET 或 IRET 指令

附录 F　输入/输出子程序库

为方便汇编语言的键盘输入和显示器输出，作者提供了一个 DOS 平台的输入/输出子程序库 io.lib。一方面，它可以供读者使用，简化编程；另一方面，它可以作为一个综合性的案例，由读者自己开发实现或者补充完善。

使用 io.lib 中的子程序，需要在简化段定义格式的源程序文件开始使用语句"include　io.inc"声明，并且 io.inc 和 io.lib 文件要在当前目录下。

io.inc 文件是一个文本文件，声明了子程序库 io.lib 中包含的子程序。子程序名的规则是：READ 表示读取（输入），DISP 表示显示（输出）；中间字母 B、H、UI 和 SI 依次表示二进制数、十六进制数、无符号十进制数和有符号十进制数；结尾字母 B 和 W 分别表示 8 位字节量和 16 位字量。另外，C 表示字符、MSG 表示字符串、R 表示寄存器。

io.inc 包含文件内容如下：

```
; 声明字符和字符串输入输出子程序
extern readc:near, readmsg:near, readkey:near
extern dispc:near, dispmsg:near, dispcrlf:near
; 声明二进制数输入输出子程序
extern readbb:near, readbw:near
extern dispbb:near, dispbw:near
; 声明十六进制数输入输出子程序
extern readhb:near, readhw:near
extern disphb:near, disphw:near
; 声明十进制无符号数输入输出子程序
extern readuib:near, readuiw:near
extern dispuib:near, dispuiw:near
; 声明十进制有符号数输入输出子程序
extern readsib:near, readsiw:near
extern dispsib:near, dispsiw:near
; 声明寄存器输出子程序
extern disprb:near, disprw:near, disprf:near
; 声明包含输入输出子程序库
includelib io.lib
```

调用库中子程序的一般格式如下：

```
mov     ax, 入口参数
call    子程序名
```

数据输入时，二进制、十六进制和字符输入规定的位数后自动结束，十进制和字符串需要用回车表示结束（超出范围显示出错 ERROR 信息，要求重新输入）。输出数据在当前光标位置开始显示，不返回任何错误信息。入口参数和出口参数都是计算机中运用的二进制数编码，有符号数用补码表示。

注意：子程序将输入参数的寄存器进行了保护，但输出参数的寄存器无法保护。如果仅返回低 8 位，高位部分不保证不会改变。输出的字符串要以 0 结尾，返回的字符串自动加入 0 作为结尾字符。

表 F-1　输入输出子程序

子程序名	参　数	功 能 说 明
READMSG	入口：AX=缓冲区地址 出口：AX=实际输入的字符个数（不含结尾字符 0），字符串以 0 结尾	输入一个字符串（回车结束）
READC	出口：AL=字符的 ASCII 码	输入一个字符（回显）
READKEY	出口：标志 ZF=1，无按键；ZF=0，有按键，AL=字符的 ASCII 码（无回显）	检测键盘按键
DISPMSG	入口：AX=字符串地址	显示字符串（以 0 结尾）
DISPC	入口：AL=字符的 ASCII 码	显示一个字符
DISPCRLF		光标回车换行，即到下行首列位置
READBB	出口：AL=8 位数据	输入 8 位二进制数据
READBW	出口：AX=16 位数据	输入 16 位二进制数据
DISPBB	入口：AL=8 位数据	以二进制形式显示 8 位数据
DISPBW	入口：AX=16 位数据	以二进制形式显示 16 位数据
READHB	出口：AL=8 位数据	输入 2 位十六进制数据
READHW	出口：AX=16 位数据	输入 4 位十六进制数据
DISPHB	入口：AL=8 位数据	以十六进制形式显示 2 位数据
DISPHW	入口：AX=16 位数据	以十六进制形式显示 4 位数据
READUIB	出口：AL=8 位数据	输入无符号十进制整数（≤255）
READUIW	出口：AX=16 位数据	输入无符号十进制整数（≤65535）
DISPUIB	入口：AL=8 位数据	显示无符号十进制整数（≤255）
DISPUIW	入口：AX=16 位数据	显示无符号十进制整数（≤65535）
READSIB	出口：AL=8 位数据	输入有符号十进制整数（−128～127）
READSIW	出口：AX=16 位数据	输入有符号十进制整数（−32768～32767）
DISPSIB	入口：AL=8 位数据	显示有符号十进制整数（−128～127）
DISPSIW	入口：AX=16 位数据	显示有符号十进制整数（−32768～32767）
DISPRB		显示 8 个 8 位通用寄存器内容（十六进制）
DISPRW		显示 8 个 16 位通用寄存器内容（十六进制）
DISPRF		显示 6 个状态标志的状态

参 考 文 献

[1] 钱晓捷. 汇编语言简明教程. 北京：电子工业出版社，2013.

[2] 钱晓捷. 32 位汇编语言程序设计（第 2 版）. 北京：机械工业出版社，2016.

[3] 钱晓捷. 16/32 位微机原理、汇编语言及接口技术教程（修订版）. 北京：机械工业出版社，2017.

[4] Kip R. Irvine. Intel 汇编语言程序设计（第四版）. 温玉杰等译. 北京：电子工业出版社，2004.

[5] 谭毓安，张雪兰. Windows 汇编语言程序设计教程. 北京：电子工业出版社，2005.

[6] Richard C. Deter. 80x86 汇编语言与计算机体系结构（英文版）. 北京：机械工业出版社，2004.

[7] Intel. IA-32 Intel Architecture Software Developer's Manual Volume1: Basic Architecture (25366518.pdf). http://developer.intel.com, 2006.

[8] Intel. IA-32 Intel Architecture Software Developer's Manual Volume2: Instruction Set Reference (25366618. pdf and5366718.pdf). http://developer.intel.com, 2006.

[9] Microsoft. Visual C++ Developer Center. http://msdn.microsoft.com/visualc/, 2006.